西门子运动控制系列教材

西门子变频器技术入门及实践

刘长青 编著

机 械 工 业 出 版 社

本书主要介绍西门子 G120 及相关变频器的入门实践操作。本书的特点是从应用角度，先铺垫需要的变频器基础知识，然后以西门子 G120 变频器为例，按照认知的思维习惯，介绍变频器的硬件、安装、接线、基本调试、设置、通信、维护和调试软件等内容，并从简单的硬件安装开始，循序渐进地介绍变频器相关的实践操作。

本书内容图文并茂，浅显易懂，既可以作为大中专院校机电类和自动化类专业课教材，也可以作为工业自动化方向的工程技术人员的培训教材或参考书。

图书在版编目(CIP)数据

西门子变频器技术入门及实践/刘长青编著．—北京：机械工业出版社，2020.6(2025.1 重印)
西门子运动控制系列教材
ISBN 978-7-111-65017-1

Ⅰ．①西… Ⅱ．①刘… Ⅲ．①变频器-教材 Ⅳ．①TN773

中国版本图书馆 CIP 数据核字(2020)第 039866 号

机械工业出版社(北京市百万庄大街 22 号 邮政编码 100037)
策划编辑：李馨馨 责任编辑：李馨馨 白文亭
责任校对：张艳霞 责任印制：郜 敏

三河市宏达印刷有限公司印刷

2025 年 1 月第 1 版 · 第 10 次印刷
184mm×260mm · 17.25 印张 · 426 千字
标准书号：ISBN 978-7-111-65017-1
定价：69.80 元

电话服务
客服电话：010-88361066
010-88379833
010-68326294

网络服务
机 工 官 网：www.cmpbook.com
机 工 官 博：weibo.com/cmp1952
金 书 网：www.golden-book.com
机工教育服务网：www.cmpedu.com

前　　言

党的二十大报告指出，加快建设制造强国。实现制造强国，智能制造是必经之路。随着电子技术、网络技术和人工智能的发展，工业自动化水平也越来越高。其中，变频驱动技术日趋成熟，变频器逐渐成为工业领域不可或缺的主要设备，应用也越来越广泛。相应地，需要工业自动化领域的工程技术人员，能够熟练操作、应用和维护这些驱动装置，才能更快更好更多地为社会创造价值。

本书以培养此类人才为目标，突出实用性和先进性，图文并茂，由浅入深，从理论到实际，从熟悉硬件到实际操作，循序渐进，以西门子 G120 变频器为例，指导初学者了解、熟悉和熟练操作变频器，从而培养出适应社会发展的变频器应用人才。

本书主要包含变频器基础知识、西门子 G120 变频器以及变频器实践三方面的内容。

基础知识部分包括变频器的产生、基本结构、工作原理、分类、优点和应用等，以及交流异步电动机的结构、工作原理、常用的参数、机械特性、铭牌数据、连接方式和调速方法。

西门子 G120 变频器部分从产品介绍、安装接线、基本调试、操作与设置、网络通信、保存设置、故障维护和调试软件等方面由表及里、由浅入深地进行介绍。

变频器实践部分依托一个简单的实践教学装置，循序渐进地完成一个综合任务。从最简单的安装接线、恢复出厂设置、基本调试、对 I/O 端子进行设置，到变频器与 PLC 通信、变频器与 PLC 和触摸屏通信，最终实现 PLC 和触摸屏共同控制变频器的起停及调速等功能。

本书配套资源有教学用 PPT 课件、教学大纲、微课视频，需要的教师可登录 www.cmpedu.com 免费注册、审核通过后下载，或联系编辑获取（微信：18515977506，电话：010-88379753）。

本书为“北京联合大学教材资助项目”，由北京联合大学机器人学院刘长青编著。在编写过程中，得到了北京联合大学席巍、张东波、李明海、李军、郑业明、王淑芳等老师，以及王建平、王凯鑫和张丹等学生的大力支持，同时还获得了西门子自动化培训中心王世宁、王启学等老师的热心帮助，在此一并表示感谢！

本书在编写过程中参考了部分书籍和资料，在书后的参考文献中均已列出，这里向参考文献的作者表示衷心的感谢。鉴于作者的学识水平有限，本书的不妥之处在所难免，希望同行专家和使用本书的教师和读者提出宝贵意见，以期进一步完善。

编　者

目　　录

第1章

绪　论

在工业领域，由于三相交流异步电动机价格低，易维护，自20世纪中叶就一直作为重要的电力驱动装置使用。交流异步电动机最初用于转速恒定场合，但随着变频器的发展，交流异步电动机通过变频器进行调速的应用也越来越广泛。

1.1　变频器的产生及概念

变频技术的诞生背景是交流电动机无级调速的广泛需求。1968年，以丹佛斯为代表的高技术企业开始批量化生产变频器，开启了变频器工业化的新时代。20世纪80年代中后期，美、日、德、英等发达国家的VVVF变频器技术实用化，商品投入市场，得到了广泛应用。近二十年，国产变频器逐步崛起，现已逐渐抢占高端市场。

交流电动机使用的是交流电源。对于交流电源，其电压和频率均按各国的规定有一定的标准。对于具有标准的电压和频率的交流供电电源称之为工频交流电。例如我国所使用的单相工频交流电压为220 V，三相工频交流电压为380 V，频率均为50 Hz。

通常，把电压和频率固定不变的工频交流电源变换为电压或频率可变的交流电的装置称之为“变频器”。在实际应用中，变频器主要用于三相交流异步电动机的调速，又称变频调速器。

在使用变频器对交流异步电动机进行调速时，先将50 Hz工频交流电源接入变频器，由变频器改变电源频率，输出0~50 Hz可调频率的工作电源给交流异步电动机，从而改变交流异步电动机的转动速度，如图1-1所示。

变频器的品牌众多，在国内市场占有率比较高的国外品牌主要有SIEMENS（西门子）、ABB、Yaskawa（安川）、Mitsubishi Electric（三菱电机）、Schneider Electric（施耐德电气）、Emerson（艾默生）、Fuji Electric（富士电机），另外还有中国的台达（DELTA）、汇川、英威腾、安邦信和欧瑞等。变频器实物外观如图1-2所示。

1.2　变频器的基本结构

根据变频器的变换环节，变频器分为交-交变频器和交-直-交变频器。交-交变频器是把频率固定的交流电变换成频率连续可调的交流电，而交-直-交变频器是先把频率固定的交流电整流成直流电，再把直流电逆变成频率连续可调的交流电。由于把直流电逆变成交流电的环节较易控制，因此在频率的调节范围和改善频率后电动机的特性等方面，交-直-交变频器比交-交变频器具有更大的优势。

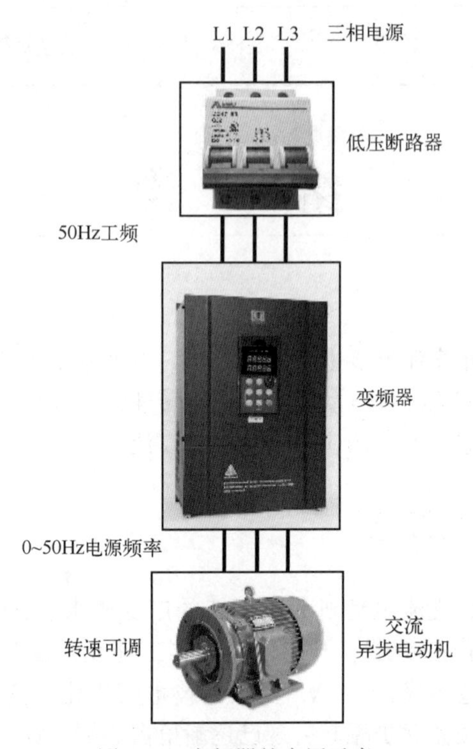

图 1-1　变频器的应用示意

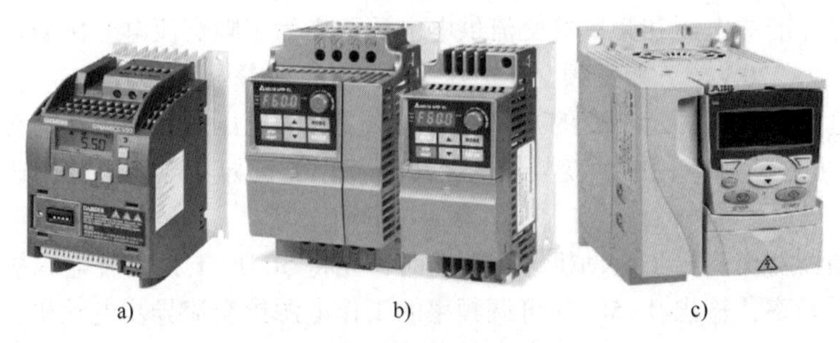

图 1-2　变频器实物外观

a）西门子变频器 V20　b）台达变频器 VFD-EL 系列　c）ABB 变频器 ACS355

以交-直-交变频器为例，变频器的基本结构主要由整流电路、滤波电路和逆变电路等组成的主电路，以及控制电路等组成，如图 1-3 所示。

通常，整流电路是由功率二极管 VD 组成的三相桥式整流电路构成，实现将外部交流电源输入的工频交流电转变成脉动直流电。

滤波电路一般由电容 C 和电阻 R 组成，其作用是将整流电路输出的脉动直流电变为较为平整的直流电。

逆变电路通常由电力电子全控功率器件 VT 和功率二极管 VD 构成，作用是将直流电变换为频率和电压可调的三相交流电。其中全控功率器件在控制电路的控制下交替导通或关断，输出一系列宽度可调和脉冲周期可调的矩形脉冲波形，使输出电压幅值和频率都可调，从而使被控电动机实现节能和调速；而功率二极管构成续流电路，为电动机和变频器之间的能量传递提供通路。

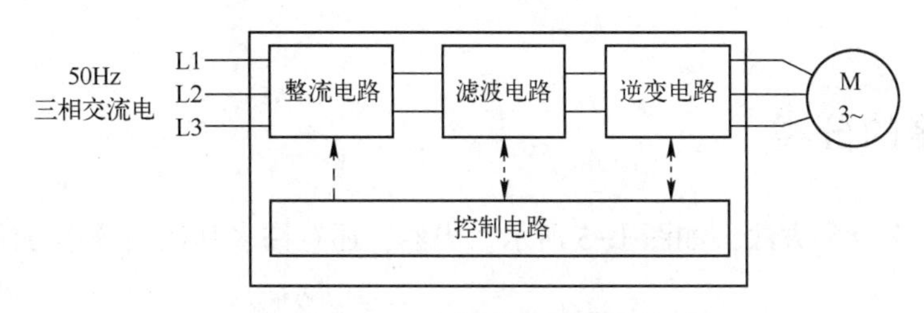

图1-3　变频器基本结构

控制电路是给变频器中的主电路提供控制信号的回路，主要包括运算电路、电压/电流检测电路、速度检测电路、驱动电路和保护电路等组成部分，主要任务是接收各种信号，并进行运算，输出计算结果，完成对整流电路的电压控制（可控型）和对逆变电路的开关控制，以及完成各种保护功能等。

1.3　变频器的工作原理

常用变频器的主电路如图1-4所示。其中，L1、L2、L3输入外部三相交流电，频率恒定（我国内地为50 Hz）；经过整流电路和滤波电路后，在PN两端输出稳定的直流电源；再经过逆变电路，通过有规律地通断开关元件VT，在U、V、W端输出频率和电压可调的电源给异步电动机，从而实现对异步电动机的速度调节等控制。

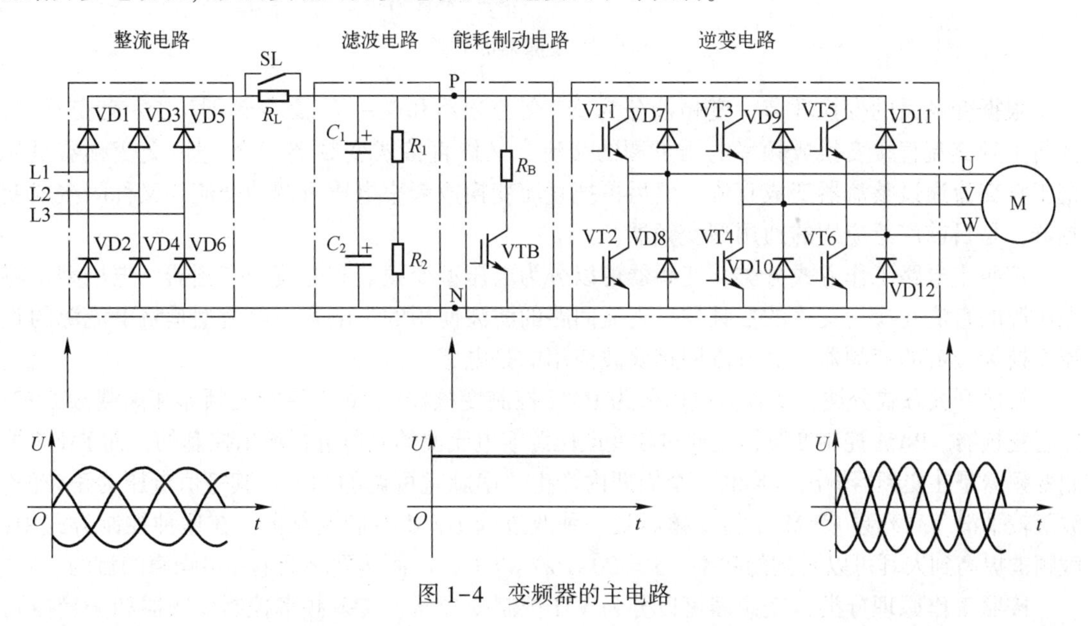

图1-4　变频器的主电路

逆变电路中，常用的开关元件有绝缘栅双极型晶体管（IGBT）、功率场效应晶体管（MOSFET）、大功率晶体管（GTR）及门极关断晶闸管（GTO）等。IGBT融合了GTR与

MOSFET 的优点，具有容量大，开关频率高（最高可达 20 kHz）等特点。目前，新型正弦波脉宽调制（SPWM）逆变器均以 IGBT 为开关元件，通过参考正弦电压波和载频三角波互相比较，决定主开关的导通时间来实现调压，利用脉冲宽度的改变来得到幅值不同的正弦基波电压。

1.4 变频器的分类

变频器有许多分类方法，如图 1-5 所示。当然，还有许多其他的分类方法。

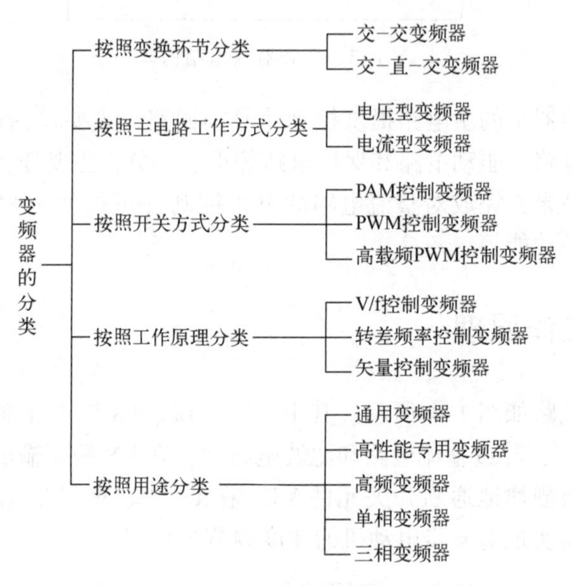

图 1-5 变频器的分类

根据变频器的变换环节，变频器分为交-交变频器和交-直-交变频器。交-交变频器，即将工频交流直接变换成频率电压可调的交流，又称直接式变频器。交-直-交变频器是先把工频交流通过整流器变成直流，然后再把直流变换成频率电压可调的交流，又称间接式变频器，是目前广泛应用的通用型变频器。

按照主电路工作方式分类，变频器可以分为电压型变频器和电流型变频器。电压型是将电压源的直流变换为交流的变频器，直流回路的滤波使用的是电容。电流型是将电流源的直流变换为交流的变频器，其直流回路滤波使用的是电感。

按照开关方式分类，变频器可以分为 PAM 控制变频器、PWM 控制变频器和高载频 PWM 控制变频器。PAM 控制变频器是通过改变电压源或电流源的幅值进行输出控制的，而 PWM 控制变频器是在变频器输出波形的一个周期内产生一串脉宽可调的脉冲，其等值电压为正弦波，波形较平滑。高载频 PWM 控制变频器是一种改进的 PWM 控制变频器，在这种控制方式中，载频被提高到人耳可以听到的频率（10~20 kHz）以上，从而达到降低电动机噪声的目的。

按照工作原理分类，变频器可以分为 V/f 控制变频器、转差频率控制变频器和矢量控制变频器等。V/f 控制是为了得到理想的转矩-速度特性，是基于在改变电源频率进行调速的同时，又要保证电动机的磁通不变的思想而提出的，但是这种变频器采用开环控制方式，不能达到较高的控制性能。转差频率控制是一种直接控制转矩的控制方式，它是在 V/f 控制的基础上，按照异步电动机的实际转速对应的电源频率，并根据希望得到的转矩来调节变频器的输出频率，从而使电动机具有对应的输出转矩，是一种闭环控制方式，可以使变频器具有良好的稳定性，并对急速的加减速和负载变动有良好的响应特性。矢量控制是通过矢量坐标电路控制电动机定子电流的大小和相位，以达到对电动机的励磁电流和转矩电流分别进行控制，进而达到控制电动机转矩的目的。

按照用途分类，变频器可以分为通用变频器、高性能专用变频器、高频变频器、单相变频器和三相变频器等。

1.5 变频器的优点及应用

变频技术的诞生背景是对交流电动机无级调速的广泛需求。随着工业自动化程度的不断提高，变频器得到了非常广泛的应用。与直接连接电网运行交流异步电动机相比，变频调速系统具有以下优点。

(1) 不产生起动冲击电流

由于变频器控制电动机起动时是从0 Hz开始逐渐提高，而不是突然将50 Hz交流电加到电动机上，因此起动时没有冲击电流。

(2) 实现灵活的软起动和制动

可以对变频器设置上升时间和下降时间，实现任意的软起动和制动。

(3) 节能

在某些时候，电动机不需要全功率运行，可通过变频器设置或调节需要的工作功率，从而实现节能。

(4) 提高生产效率

通过变频器调节电动机转速，通常可以提高生产效率。

(5) 实现可控制动

直接接电网运行的三相交流异步电动机一般只能简单地关闭电源，然后进行机械制动或通过电路实现制动（例如能耗制动或反接制动）使电动机停下来，而通过变频器控制电动机，则可以实现可控制动。

另外，变频器还有很多的保护功能，如过电流、过电压及过载保护等。

变频器主要应用于工业领域的机械和设备制造，例如：生产工业中的泵和风机应用；离心机、压机、挤出机、升降机、传送带和传输系统中的复杂单电动机驱动；纺织机械、塑料机械、造纸机械以及轧钢设备中的复合驱动系统；用于风电涡轮机控制的精密伺服驱动系统；用于机床、包装机械和印刷机械的高动态伺服系统等。当然，变频器也普遍应用于空调、冰箱及洗衣机等家用电器中。

随着微电子技术、电力电子技术及变频技术的不断发展，变频器逐渐向着主控一体、专业系统、小型集成及低磁除噪的方向发展。变频器控制精度及动态特性将逐渐趋于完善，有助于实现节省时间、节约成本的目的。

在现今互联网和智能化时代，变频技术将与智能技术和网络技术相结合，为用户提供更为高效、节能、舒适和安全的全新体验。

第 2 章

交流异步电动机

作为交流异步电动机的调速设备，变频器的技术参数与交流异步电动机紧密联系。熟练掌握交流异步电动机的基本知识，是灵活应用变频器实现工程项目需求的前提条件。

2.1　交流异步电动机的结构

电动机是指利用电源产生机械动力的旋转机器。电动机种类较多，根据所使用的电源种类不同，分为直流电动机和交流电动机。

常用的交流电动机包括异步电动机（也称感应电动机）和同步电动机两类，而异步电动机按照绕组的相数分为单相异步电动机和三相异步电动机两类。

一般来说，作为机械和装置的动力源，多数采用三相交流异步电动机，其外观和内部结构如图 2-1 所示。

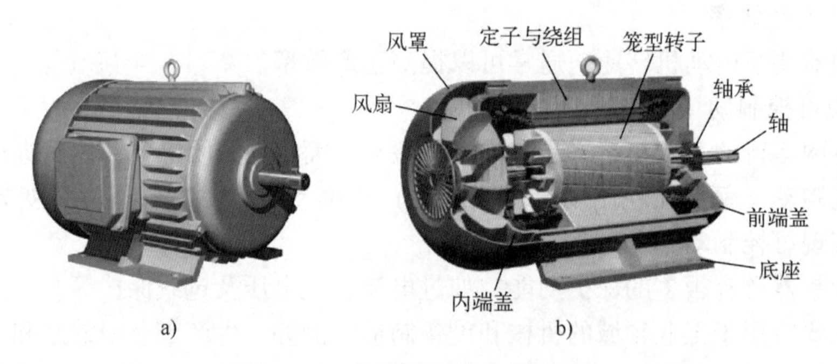

图 2-1　三相交流异步电动机结构

a）外观　b）内部结构

三相交流异步电动机主要包括定子（固定部分）和转子（旋转部分）两个基本部分。其中定子主要包括定子铁心和定子绕组（也称定子卷线或定子线圈），定子绕组分为三组，也称三相定子绕组；转子主要包括转子铁心和转子绕组，转子铁心装在转轴上。

2.2　交流异步电动机的工作原理

三相交流异步电动机的工作原理是基于定子旋转磁场和转子电流的相互作用。

将三相交流异步电动机的三相定子绕组 AX、BY 和 CZ 通过接线盒与三相交流电源相连，每一组绕组都由三相交流电源中的一相供电。如图 2-2 所示，三相定子绕组 AX、BY 和 CZ 的供电电流分别用 i_A、i_B 和 i_C 表示，每相电流的相位角相差 120°。

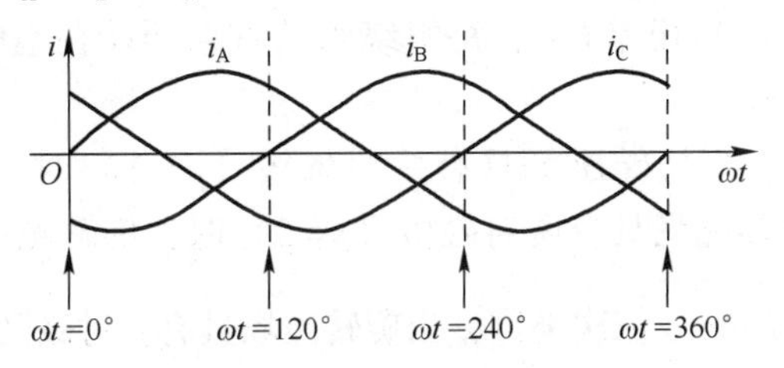

图 2-2　三相定子绕组的供电电流

相应地，定子绕组接通三相交流电源后，在定子绕组周围会产生旋转的磁场。应用右手螺旋定则（安培定则），图 2-3 表示出了相位角在 0°、120°和 240°三种情况下的旋转磁场的方向。该旋转磁场切割转子绕组，从而在转子绕组中产生感应电流。带感应电流的转子绕组在定子绕组旋转磁场的作用下产生电磁力，从而在电动机转轴上形成电磁转矩，驱动电动机旋转，电动机旋转方向与旋转磁场方向相同。

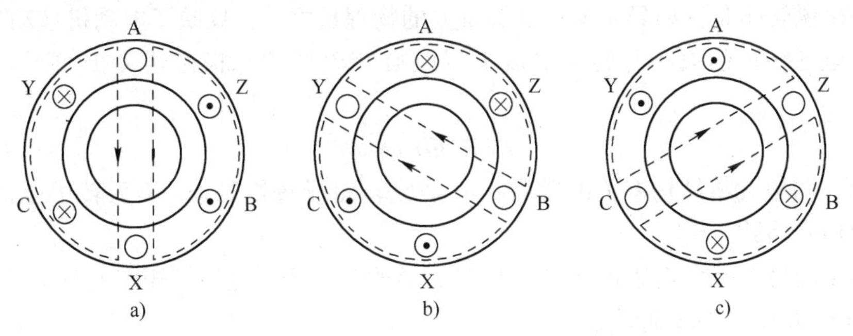

图 2-3　接通三相交流电的定子绕组的磁场方向

a）相位角为 0°　b）相位角为 120°　c）相位角为 240°

2.3　转差率、极数和电磁转矩

（1）转差率

在异步电动机旋转过程中，转子的旋转速度 n（电动机的转速）比旋转磁场的旋转速度 n_0（同步转速）要小。同步转速 n_0 与电动机的转速 n 之间的差值（n_0-n）与同步转速 n_0 的比值称为异步电动机的转差率，用 S 表示，见式（2-1）。

$$S=\frac{n_0-n}{n_0} \tag{2-1}$$

转差率 S 是分析异步电动机运行情况的主要参数。通常异步电动机在额定负载时，n 接近 n_0，故转差率很小，约为 0.015~0.060。

（2）极数和极对数

三相交流异步电动机每组定子绕组都会产生 N 和 S 磁极，而每相定子绕组所含有的磁极个数就是极数。由于磁极总是成对出现的，所以电动机有 2、4、6、8 等偶数极数。

而极对数（也称磁极对数）则是极数的一半，用 p 表示。例如，如果每相定子绕组只有一个线圈，三组绕组在空间的相位差为120°，则旋转磁场只有一对磁极，即 $p=1$；如果把定子铁心的槽数增加1倍，在绕组的布置上使每相定子绕组分成2组，而每组绕组的首端与首端、末端与末端均在空间相差60°，每组绕组的首末两端在空间分布相隔90°，则旋转磁场具有两对磁极，即 $p=2$。

电流的频率用 f 表示。当旋转磁场具有一对磁极（$p=1$）时，旋转磁场旋转的速度为 $60f$（单位：r/min）。当旋转磁场具有两对磁极（$p=2$）时，旋转磁场旋转速度仅为一对磁极的一半，即 $\frac{60f}{2}$（单位：r/min）。依次类推，当旋转磁场具有 p 对磁极时，转速 n_0 见式（2-2）。

$$n_0=\frac{60f}{p} \tag{2-2}$$

根据式（2-2），当使用标准工业频率（$f=50\,\text{Hz}$）时，对应于 $p=1$、2、3和4，同步转速分别为3000 r/min、1500 r/min、1000 r/min和750 r/min。

（3）电磁转矩

异步电动机的电磁转矩 T 是由于具有转子电流 I_2 的转子导体在磁场中受到电磁力 F 作用而产生的。电磁转矩是三相异步电动机最重要的物理量之一，反映了电动机拖动生产机械能力的大小。电磁转矩的大小与转子电流 I_2 以及旋转磁场的每极磁通 Φ 成正比，表达式见式（2-3）。

$$T=K_{\mathrm{m}}\Phi I_2\cos\varphi_2 \tag{2-3}$$

式中，K_{m} 是仅与电动机结构有关的常数；Φ 是旋转磁场每极磁通；I_2 为转子电流；$\cos\varphi_2$ 为转子回路的功率因数。

电磁转矩的另外一个表达式见式（2-4），该表达式表示电磁转矩 T 与转差率 S 的关系，$T=f(S)$ 曲线通常叫做 T-S 曲线。

$$T=K\frac{SR_2U^2}{R_2^2+(SX_{20})^2} \tag{2-4}$$

式中，K 为电动机结构参数，是一个与电源频率有关的常数；U 为定子绕组相电压，即电源电压；R_2 为转子每相绕组的电阻；X_{20} 为电动机不动时（$n=0$）转子每相绕组的感抗。

2.4 机械特性

异步电动机的机械特性是表征转子转速 n 与电磁转矩 T 之间关系的特性，以函数 $n=f(T)$ 表示。机械特性分为固有机械特性和人为机械特性。

2.4.1 固有机械特性

异步电动机在额定电压和额定功率下，用规定的接线方式，在定子和转子电路中不串联任何电阻或电抗时的机械特性称为固有机械特性，也称自然机械特性。根据式（2-1）和式（2-4），可得函数 $n=f(T)$ 的曲线，如图2-4所示。

图2-4中，固有机械特性曲线上有4个特殊点：点a、点b、点c和点d，决定了特性曲线的基本形状和异步电动机的运行性能。

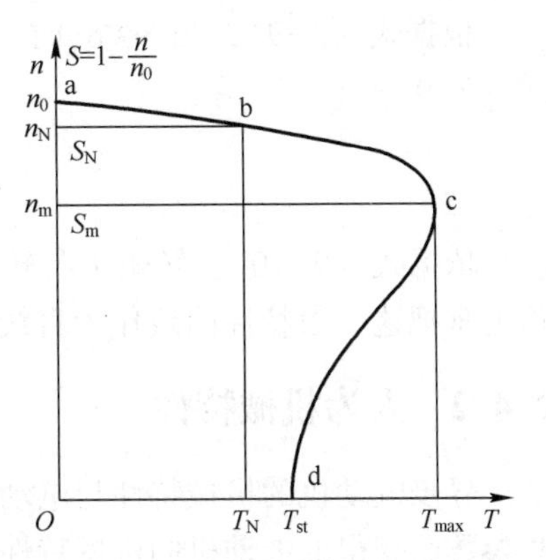

图2-4　异步电动机的固有机械特性

1）点a为电动机的空载工作点，此时 $T=0$，$n=n_0$，$S=0$。电动机的转速 n_0 为电动机的理想空载转速。

2）点b为电动机的额定工作点，此时 $T=T_N$，$n=n_N$，$S=S_N$。电动机的额定转矩 T_N 见式（2-5）。

$$T_N=9.55\frac{P_N}{n_N} \tag{2-5}$$

式中，P_N 为电动机的额定功率；n_N 为电动机的额定转速。

在电动机的额定工作点，一般 $n_N=(0.94\sim0.95)n_0$，$S_N=0.06\sim0.015$。

3）点c为电动机的临界工作点，此时 $T=T_{max}$，$n=n_m$，$S=S_m$。T_{max} 为电动机的最大转矩，是表征电动机运行性能的重要参数之一。S_m 为电动机的临界转差率。

将式（2-4）对 S 求微分，并令 $dT/dS=0$，得到 S_m，见式（2-6）。

$$S_m=\frac{R_2}{X_{20}} \tag{2-6}$$

式中，R_2 为转子每相绕组的电阻；X_{20} 为电动机不动时（$n=0$）转子每相绕组的感抗。

将 S_m 代入式（2-4），得到 T_{max}，见式（2-7）。

$$T_{max}=K\frac{U^2}{2X_{20}} \tag{2-7}$$

依据式（2-6）和式（2-7），最大转矩 T_{max} 的大小与定子每相绕组上所加的电压 U 的平方成正比，与转子电阻 R_2 无关，但临界转差率 S_m 与 R_2 成正比。故若电源电压过低，会使轴上输出转矩明显降低，若小于负载转矩，则会造成电机停转。对于绕线式异步电动机，在转子电路中串接附加电阻会使 S_m 增大，但不会改变 T_{max}。

通常，把固有机械特性上的最大电磁转矩与额定转矩之比 $\lambda_m=T_{max}/T_N$ 称为电动机的过载能力系数，用于衡量电动机承受冲击负载的能力。一般，三相异步电动机的 $\lambda_m=1.8\sim2.2$，而供起重机械和冶金机械用的YZ和YZR型绕线式异步电动机的 $\lambda_m=2.5\sim2.8$。

4）点d为电动机的起动工作点，此时 $T=T_{ST}$，$n=0$，$S=1$。T_{ST} 为电动机的起动转矩，它是衡量电动机运行性能的重要指标之一。如果起动转矩太小，在一定负载下电动机有可能起动不起来。

将 $S=1$ 代入式（2-4），可得 T_{ST}，见式（2-8）。

$$T_{ST}=K\frac{R_2U^2}{R_2^2+X_{20}^2} \tag{2-8}$$

依据式（2-8），异步电动机的起动转矩与定子每相绕组上所加电压平方成正比。

通常，把固有机械特性上的起动转矩与额定转矩之比 $\lambda_{ST}=T_{ST}/T_N$ 作为衡量异步电动机起动能力的一个重要数据。一般 $\lambda_{ST}=1\sim1.2$。

在实际应用中，使用式（2-4）计算机械特性比较麻烦，通常使用转矩-转差率特性的实用表达式，见式（2-9），也称规格化转矩-转差率特性。

$$T=2T_{max}\Big/\left(\frac{S}{S_m}+\frac{S_m}{S}\right) \tag{2-9}$$

根据式（2-9），当 $S \ll S_m$ 时，$S/S_m \ll S_m/S$，可忽略 S/S_m，此时可使用式（2-10）代替式（2-9）。

$$T=\frac{2T_{max}}{S_m}S \tag{2-10}$$

依据式（2-10），转矩 T 与转差率 S 成正比，即异步电动机的机械特性呈线性关系，工程上常把这一段特性曲线作为直线来处理，称作机械特性曲线的线性段。

2.4.2 人为机械特性

异步电动机的机械特性与电动机的参数、外加电源电压和电源频率有关，人为地改变这些参数而获得的电动机的机械特性称为人为机械特性。

（1）降低电动机电源电压的人为机械特性

依据式（2-2）、式（2-6）、式（2-7）和式（2-8），理想空载转速 n_0 和临界转差率 S_m 与电源电压 U 无关，而最大转矩 T_{max} 和起动转矩的 T_{ST} 大小均与 U^2 成正比，当降低电源电压 U 时，n_0 和 S_m 不变，而 T_{max} 大大减小。在同一转差率的情况下，人为机械特性与固有机械特性的转矩之比等于二者的电压平方之比。例如，当 $U_A=U_N$ 时，$T_A=T_{max}$；当 $U_B=0.8U_N$ 时，$T_B=0.64T_{max}$；当 $U_C=0.5U_N$ 时，$T_C=0.25T_{max}$。据此，可做出降低电动机电源电压的人为机械特性，如图 2-5 所示。降低电压后电动机的机械特性线性段的斜率增大。

由此可见，异步电动机对电源电压的波动非常敏感。运行时，如果电压降得太多，会大大降低它的过载能力和起动转矩，甚至可能发生带不动负载和无法启动的现象。此外，电网电压下降时，在负载不变的条件下，电动机的转速将下降，转差率 S 增大，电流增加，会引起电动机发热，甚至烧坏。

（2）定子电路接入电阻或电抗的人为机械特性

在电动机定子电路中外串电阻或电抗后，电动机定子绕组端电压为电源电压减去定子外串电阻或电抗上的压降。因此，定子电路接入电阻或电抗后，定子绕组相电压将降低。这种情况下的人为特性与降低电源电压时的人为特性相似，如图 2-6 所示。

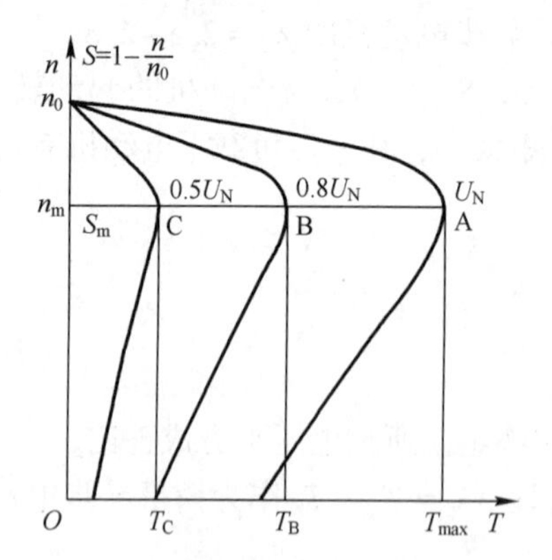

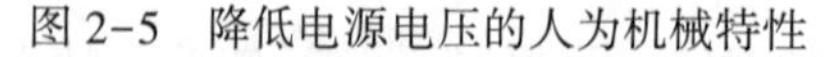
图 2-5 降低电源电压的人为机械特性

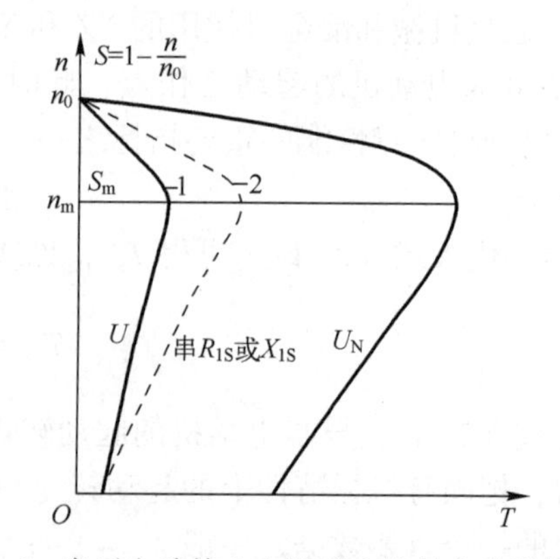

图 2-6 定子电路接入电阻或电抗的人为机械特性

在图 2-6 中，实线 1 为降低电源电压的人为特性，虚线 2 为定子电路串入电阻 R_{1S} 或电抗 X_{1S} 的人为特性。与降低电源电压的人为特性不同的是，定子电路串入 R_{1S} 或 X_{1S} 后的最大转矩要比直接降低电源电压时的最大转矩大一些。这是因为随着转速的上升和起动电流的减小，在 R_{1S} 或 X_{1S} 上的压降减小，加到电动机定子绕组上的端电压自动增大，使最大转矩增大。

（3）改变定子电源频率的人为机械特性

改变定子电源频率 f 对三相异步电动机机械特性的影响是比较复杂的。一般变频调速采用恒转矩调速，即希望最大转矩 T_{max} 保持为恒值。为此，在改变频率 f 的同时，电源电压 U 也要做相应的变化，使 U/f=常数。这在实质上是使电动机气隙磁通保持不变。在上述条件下，存在 $n_0 \propto f$，$S_m \propto 1/f$，$T_{ST} \propto 1/f$，T_{max} 不变的关系，即随着频率的降低，理想空载转速 n_0 减小，临界转差率增大，起动转矩增大，而最大转矩基本不变。故对于三相异步电动机，改变定子电源频率的人为机械特性如图 2-7 所示，其中 $f_N > f_1 > f_2$。

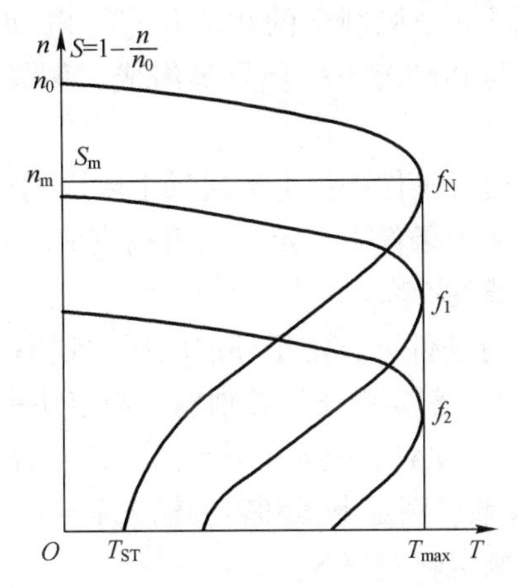

图 2-7　改变定子电源频率的人为机械特性

（4）转子电路串接电阻的人为机械特性

对于线绕式异步电动机，在转子电路内串接对称的电阻 R_{2r}，如图 2-8a 所示。此时转子电路中的电阻为 R_2+R_{2r}，由式（2-2）、式（2-6）和式（2-7）可看出，R_{2r} 的串入对理想空载转速 n_0 和最大转矩 T_{max} 没有影响，但临界转差率 S_m 则随着 R_{2r} 的增加而增大。因此，可得转子电路串接电阻的人为机械特性，如图 2-8b 所示。由图 2-8b 可知，转子电路串接电阻的人为特性的线性部分的斜率随着转子电路中串接电阻的值的增加而增大，其特性随之变软。

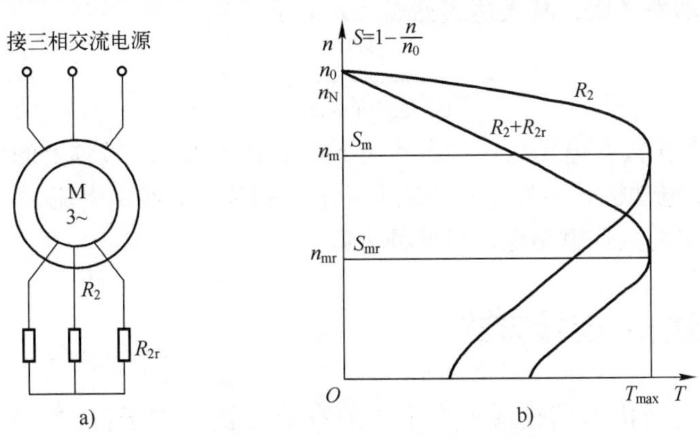

图 2-8　转子电路串接电阻的人为机械特性

a）原理接线图　b）机械特性

转子电路串入的电阻越大，临界转差率亦越大。可选择适当的电阻 R_{2r} 接入转子电路，使 T_{max} 发生在 $S_m=1$ 的瞬间，即最大转矩发生在起动瞬间，以改善电动机的起动性能。

2.5 铭牌数据

电动机在出厂时，通常将电动机正常工作的运行条件用额定值来表示，并将大部分数据标明在电动机的铭牌上。使用电动机前，需要看清楚铭牌上的数据，以保证电动机在正常的工况下运行。

电动机的铭牌通常标有下列数据。

1）型号：生产厂家为不同电动机制定的相应代号。电动机型号一般由电动机类型代号、电动机特点代号、设计序号和励磁方式代号等组成。例如电动机类型代号 Y 表示异步电动机。

2）额定功率 P_N：在额定运行条件下，电动机轴上输出的机械功率。

3）额定电压 U_N：在额定运行条件下，定子绕组端应加的线电压值。一般规定电动机的外加电压不应高于或低于额定值的 5%。

4）额定频率 f：在额定运行条件下，定子外加电压的频率（$f=50$ Hz）。

5）额定电流 I：在额定频率、额定电压和转轴输出额定功率的条件下，定子的线电流值。若标有两种电流值（例如 10.35/5.9 A），则它们是对应于定子绕组为△/Y联结的线电流值。

6）额定转速 n：在额定频率、额定电压和转轴输出额定功率的条件下，电动机的转速。与此转速相对应的转差率称为额定转差率 S_N。

7）工作方式。

8）温升（或绝缘等级）。

9）电动机重量。

一般不标在电动机铭牌上的额定值有以下几个。

1）额定功率因数 $\cos\varphi_N$：在额定频率、额定电压和转轴输出额定功率的条件下，定子相电流与相电压之间的相位差的余弦。

2）额定效率 η_N：在额定频率、额定电压和转轴输出额定功率的条件下，电动机输出的机械功率与输入电功率之比，其表达式见式（2-11）。

$$\eta_N=\frac{P_N}{\sqrt{3}U_N I_N\cos\varphi_N}\times 100\% \tag{2-11}$$

3）额定负载转矩 T_N：电动机在额定转速下输出额定功率时转轴上的负载转矩。

4）线绕式异步电动机转子静止时的集电环电压和转子的额定电流。

通常手册上给出的数据就是电动机的额定值。

2.6 定子绕组线端连接方式

三相交流异步电动机的接线端子盒上一般有 6 个接线端子：U1、V1、W1、U2、V2、W2，如图 2-9 所示。通常，这 6 个接线端子分别与定子绕组 AX、BY 和 CZ 相连，连接关系如图 2-10 所示。

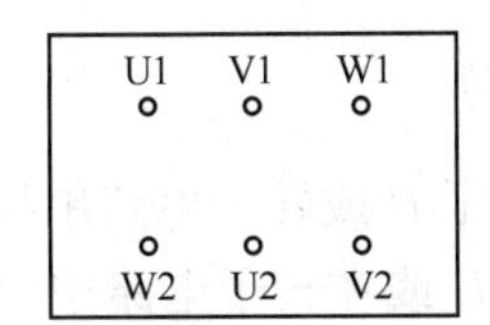

图 2-9　三相交流异步电动机接线盒的端子

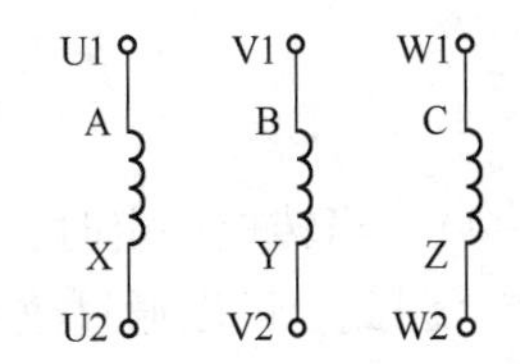

图 2-10　定子三相绕组与接线盒端子的连接关系

使用时，定子绕组有两种接线方法。对于接线盒上的 U1、V1 和 W1 端子，连接三相交流电源线 L1、L2 和 L3。对于接线盒上的 U2、V2 和 W2 端子，如果连接在一起，则对应三相定子绕组展开呈星形，称为星形联结（也称Y形联结），如图 2-11 所示，内部定子绕组的等价连接如图 2-12 所示。如果将接线盒端子 U1W2、V1U2、W1V2 分别连接在一起，则对应三相定子绕组展开呈三角形，称为三角形联结（也称△形联结），如图 2-13 所示，内部定子绕组的等价连接如图 2-14 所示。

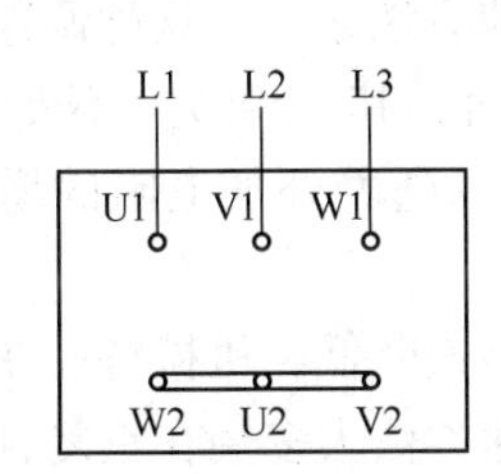

图 2-11　接线盒的端子星形联结

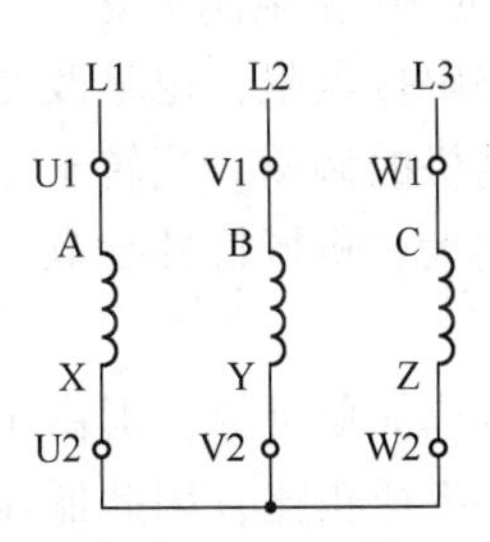

图 2-12　定子三相绕组星形联结

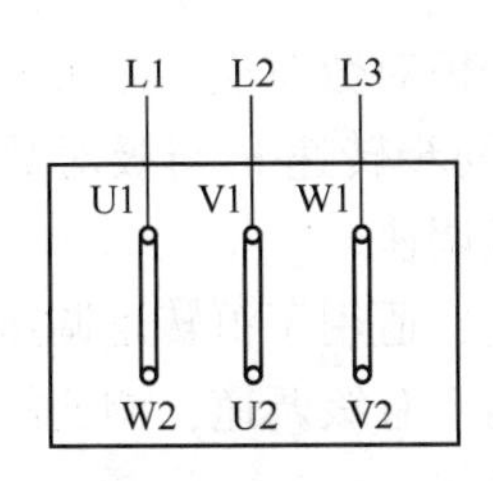

图 2-13　接线盒的端子三角形联结

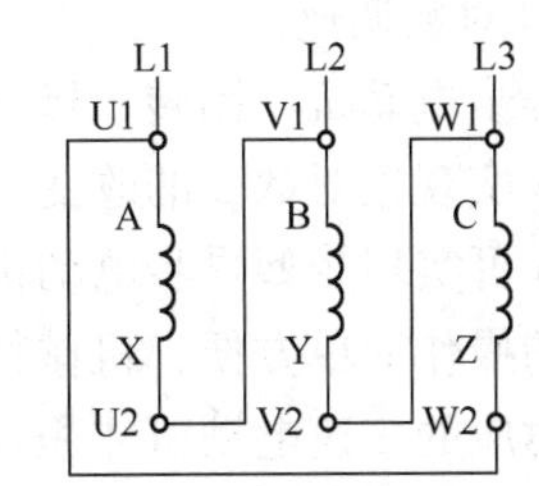

图 2-14　定子三相绕组三角形联结

可以根据电源电压和电动机的额定电压的情况，确定定子绕组的接线方法。如果电动机铭牌上给出额定电压为 380/220 V，则表明定子每相绕组的额定电压为 220 V。此时，当输入电源电压是 380 V，则需要定子绕组使用星形联结；当输入电源电压是 220 V，则需要定子绕组使用三角形联结。如果电动机铭牌上给出的额定电压为 380 V，则定子绕组需要使用三角形联结。

2.7　三相异步电动机的调速方法

三相异步电机的调速是指在同一负载下，人为改变电动机的转速。根据式（2-1）和式（2-2），可以推导出异步电动机的转速公式，见式（2-12）。因此，异步电动机的调速方法有 3 种：改变电动机定子绕组的极对数 p、改变供电电源频率 f、改变电动机的转差率 S。

$$n = n_0(1-S) = \frac{60f}{p}\times(1-S) \tag{2-12}$$

根据式（2-4），当转矩一定时，改变定子绕组相电压 U 或转子电路串接电阻，将引起转差率 S 的改变。因此，可以通过改变定子绕组相电压 U 或在转子电路中串接电阻的方法来改变转差率 S，从而实现恒转矩调速。

（1）改变定子绕组相电压调速

在定子电路中串接电阻（或电抗）和用晶闸管调压，属于通过改变定子绕组相电压从而改变电动机转差率的调速方法。根据改变异步电动机定子电压时的机械特性，n_0、S_m 不变，T_{max} 随电压降低成平方比例下降。对于恒转矩性负载 T_L，其调速范围很小；对于离心式通风机型负载，其调速范围稍大。

这种调速方法可实现无级平滑调速，但降低电压时，转矩按电压的平方比例减小，机械特性变软，调速范围不大。

（2）转子电路串接电阻调速

在转子电路串接电阻，也是改变电动机转差率的调速方法之一。这种调速方法只适用于线绕式异步电动机的调速。当转子电路串接不同的电阻时，其 n_0 和 T_{max} 不变，但 S_m 随外加电阻的增大而增大，机械特性变软。对于恒转矩负载 T_L，随着外加电阻的增大，电动机的转速降低。

这种调速方法简单可靠，但由于属于有级调速，随转速降低，机械特性变软，转子电路电阻损耗与转差率成正比，因此低速时损耗大。这种调速方法大多用在重复且短期运转的生产机械中，例如起重运输设备。

（3）改变极对数调速

对于笼型异步电动机，因转子极对数能自动地与定子极对数对应，故可通过改变定子绕组接线的方式来实现极对数 p 的改变。根据式（2-2），同步转速 n_0 与极对数 p 成反比，因此改变极对数 p 可实现笼型异步电动机的调速，也称变极调速。

变极调速的操作简单方便，机械特性较硬，效率较高，适用于恒转矩调速，也适用于恒功率调速。但对应的多速电动机体积较大，价格稍高，属于有级调速，调速的级数不多，仅适用于要求平滑调速的场合，在各种中小型机床上应用较多。

（4）变频调速

异步电动机的转速正比于定子电源的频率 f，若连续地调节定子电源频率 f，即可实现连续地改变电动机的转速。

异步电动机的电势公式见式（2-13）。其中，E_1 为定子每相绕组产生的感应电动势有效值，f_1 为供电电源频率，N_1 为定子每相绕组的匝数，Φ 为定子每相绕组的磁通。

$$E_1 = 4.44 f_1 N_1 \Phi \tag{2-13}$$

由于定子绕组相电压 U_1 近似等于 E_1，故 $\Phi \propto U_1/f_1$。在外加电压不变时，磁通 Φ 与电源频率 f_1 成反比。当减小 f_1 时，会降低电动机运行速度，但会导致磁通 Φ 的增大，从而引起磁路过分饱和，使励磁电流大大增加，增加涡流的损耗；当增加 f_1 时，会提高电动机运行速度，但会引起磁通 Φ 的下降，使电动机容量得不到充分的利用。因此，通常在变频调速过程中使电压 U_1 与频率 f_1 成比例地变化，从而保持磁通 Φ 不变。

第 3 章

西门子 G120 变频器

西门子 G120 变频器采用模块化设计，配置灵活，性价比高，适用于泵送、通风、压缩及移动等过程加工，在通用机械制造以及汽车、纺织和包装行业得到广泛应用。

3.1 西门子变频器产品

根据使用范围和工艺需求的不同，西门子变频器分为低压变频器、高压变频器和直流变频器。

低压变频器主要包括 SINAMICS V 高品质变频器系列、SINAMICS G 高性能单机驱动变频器系列及 SINAMICS S 高性能单/多机驱动变频器系列，另外还有 MICROMASTER 通用型变频器、SIMOVERT MASTERDRIVE 工程型变频器及用于 SIMATIC ET200 IO 站的变频器，以及 SIMODRIVE 变频器系统、Loher DYNAVERT 专用型驱动系统及 SINAMICS 大功率光伏电站专用逆变单元等。

高压变频器包括适用于电压等级为 2.3~11 kV 的各种不同 SINAMICS 系列变频器，例如 SINAMICS 系列的 GH180、GM150、SM150、GL150 和 SL150 等。

直流变频器包括 SINAMICS DCM、SIMOREG DC-MASTER 和 SIMOREG CM 等，应用于直流电压场合。

3.1.1 SINAMICS 系列驱动产品

在西门子变频器产品中，SINAMICS 系列驱动产品是西门子变频器最新的驱动平台，其类型及应用见表 3-1。

表 3-1 SINAMICS 系列驱动产品的类型及应用

类　型	低压交流			直流电压	中压交流
	V 系列	G 系列	S 系列	DCM	中压系列
功率	0.12~30 kW	0.37~6600 kW	0.15~5700 kW	6 kW~30 MW	0.15~85 MW

其中，SINAMICS V 系列产品注重基本性能，该产品坚固耐用，易于安装使用，成本低，操作简单，例如 V20。SINAMICS G 系列产品属于常规性能变频器，对电动机的转速的动态性能要求不太高，适用于对动态性能有基本或中等需求的场合，例如 G120。SINAMIC S 系

列是高性能变频器，有高动态性能和精度要求，适用于工厂和机械制造中苛刻的单轴和多轴应用，以及广泛的运动控制任务，应用场合最为复杂，例如 S110、S120 和 S150。SINAMICS DCM 变频器适用于直流电压场合。SINAMICS 中压系列变频器适用于额定功率较高的场合，交流电压等级范围为 2.3~11 kV。

3.1.2 SINAMICS G120 系列变频器

对于 SINAMICS G 系列变频器，主要包括 G110、G110D、G120、G120P、G120C、G120D、G120L、G130 和 G150 等。

其中，G120 系列变频器可实现对交流异步电动机进行低成本、高精度的转速/转矩控制。从结构形式的不同，主要分为内置式变频器（例如 G120、G120P、G120L）、紧凑型变频器（例如 G120C）和分布式变频器（例如 G120D）。

（1）G120 内置式变频器

G120 内置式变频器是一种包含各种功能单元的模块化变频器系统，功率范围为 0.37~250 kW。G120 内置式变频器尤其适合用作整个工业与贸易领域内的通用变频器，例如可在汽车、纺织、印刷、化工等领域以及一般高级应用（如输送应用）中使用。

（2）G120P 内置式变频器

G120P 内置式变频器是专门针对工业环境以及供暖、通风和空调应用而设计的，适用于楼宇自动化、水处理及过程工业。功率范围为 0.37~90 kW（IP55），0.37~75 kW（IP20）。它是一种经济、节能和易于操作的变频器，功能广泛，适用于泵、风机和压缩机，是通风风机的闭环速度控制、加热和冷却系统的循环泵、增压泵或液位控制泵等应用的理想解决方案。

（3）G120L 内置式变频器

G120L 内置式变频器采用模块化设计，并提供丰富的可选件以便使客户根据具体应用定制具体的传动解决方案，并可集成到电控柜中，适用于大功率变频调速系统。功率范围目前涵盖 280~630 kW，电源适用 50 Hz、380~690 V 三相交流电。G120L 变频器可广泛用于各领域变频调速控制任务，特别是工业环境下的风机、水泵和压缩机等设备的调速应用。SINAMICS G120L 传动系统最佳适用于涉及运动、传送、泵送或对固体、液体或气体进行压缩的所有应用，特别适用于供水、污水处理、农业灌溉、集中供热/供冷、计量泵和冲洗泵、压缩机和风机等。

（4）G120C 紧凑型变频器

G120C 紧凑型变频器是一款真正全能的一体式变频器，具有结构紧凑、高功率密度等优点，同时它还具有操作简单和功能丰富的特点。这个系列的变频器与同类相比相同的功率具有更小的尺寸，并且它安装快速，调试简便。G120C 变频器现有 7 种外形尺寸，功率范围为 0.55~132 kW。G120C 变频器可以覆盖众多通用的应用需求，例如传送带、搅拌机、挤出机、水泵、风机、压缩机以及一些基本的物料处理机械等。

（5）G120D 分布式变频器

G120D 分布式变频器具有较高防护等级，防护等级为 IP65。G120D 变频器额定功率最高可达 7.5 kW，因此，无须使用电气柜对几乎所有与变频器相关的应用进行设计。G120D 变频器适用于对工业应用中的感应电动机进行开环及闭环控制。该变频器可在复杂输送系统中使用，例如汽车生产中具有众多分布式单电动机驱动器的输送系统。并且，该变频器还适用于机场、食品与饮料（干燥区域）等领域中的高性能应用，以及物料配送系统中的悬挂式电动单轨。

3.2　G120 内置式变频器

SINAMICS G120 内置式变频器由多种不同的功能单元组成，其中两种必要的单元包括控制单元（Control Unit，CU）和功率模块（Power Module，PM），如图 3-1 所示。在 CU 模块正面的铭牌和 PM 模块侧面的铭牌上标有型号、订货号和版本等信息，在 PM 模块的铭牌上还标有电压和电流等技术参数。

SINAMICS G120 内置式变频器凭借模块化设计，具有选型简便、维修成本低、部件更换快速、扩展简便、集成通信及高度可靠性等优点。由功率模块 PM、控制单元 CU 和作为可选项的操作面板组成的变频器，通常称为标准型变频器，如图 3-2 所示。

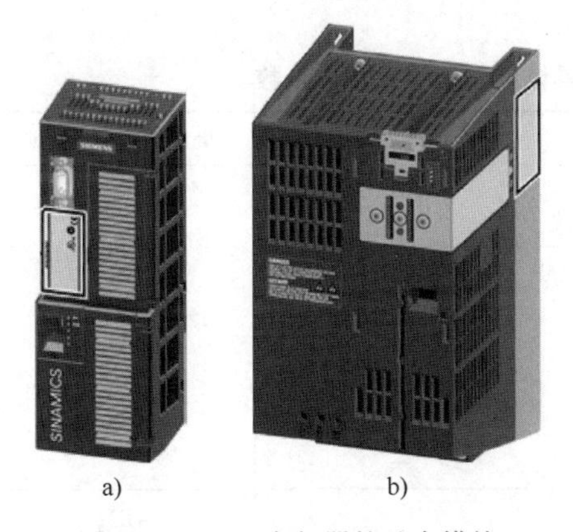

图 3-1　G120 变频器的基本模块
a）控制单元 CU　b）功率模块 PM

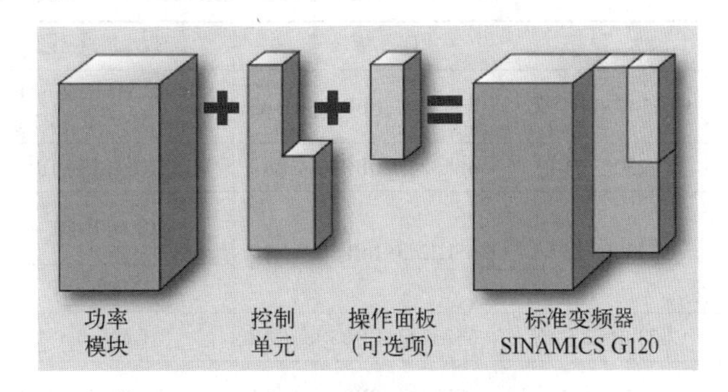

图 3-2　标准型变频器组成

在使用时，首先根据所需电动机功率、供电电压以及制动周期，选择最佳功率模块；再根据 I/O 数量以及所需的功能（如安全集成），或者特殊的泵、风机和压缩机功能，来选择最佳的控制单元；最后根据要求选择诸如操作面板或者密封盖板等附加部件。

3.2.1　控制单元 CU

SINAMICS G120 系列内置式变频器的控制单元 CU 可以以多种方式对功率模块 PM 和所接的电动机进行控制和监控，它为变频器提供闭环控制功能，可根据应用的需要进行相应的参数化。对于 SINAMICS G120 标准型变频器，控制单元 CU 的型号主要包括 CU230P-2、CU240B-2、CU240E-2 和 CU250S-2 等系列。

（1）CU230P-2 系列控制单元

CU230P-2 系列控制单元专门设计了用于泵、风机、压缩机和楼宇技术领域的应用，适用于 G120P 变频器和 G120P 变频调速柜，符合要求型号的 CU230P-2 系列控制单元适用于 G120L 变频器。工艺功能可选择自有功能块（FFB）、4×PID 控制器、级联电路、睡眠模式、应急模式及多区控制等。

（2）CU240B-2 系列控制单元

CU240B-2 系列控制单元针对采用可调速驱动的基本应用，适用于普通机械制造领域的各种应用，例如输送带、混料机和挤出机，无编码器。工艺功能可选择自有功能块（FFB）、1×PID 控制器及电动机抱闸等。

（3）CU240E-2 控制单元

CU240E-2 控制单元针对普通机械制造领域的标准应用，例如传输带、混料机和挤出机，无编码器。工艺功能可选择自有功能块（FFB）、1×PID 控制器及电动机抱闸等。

（4）CU250S-2 控制单元

CU250S-2 控制单元适用于对转速控制有高要求的独立驱动（如挤出机和离心机）以及定位任务（如输送带和升/降机），也可实现无直流耦合的多电动机驱动，例如拉丝机及简易物料输送带。工艺功能可选择自有功能块（FFB）、1×PID 控制器及电动机抱闸等。

G120 标准型变频器的 CU 模块的具体型号及相关技术参数见表 3-2，其他详细参数可查看硬件手册。

表 3-2　G120 标准型变频器的 CU 模块的具体型号及相关技术参数

型　号	订　货　号	现场总线	协　议	集成的 I/O 接口
CU230P-2HVAC	6SL3243-0BB30-1HA3	USS，Modbus RTU BACnet MS/TP，P1 协议	—	6DI 3DO 4AI 2AO
CU230P-2DP	6SL3243-0BB30-1PA3	PROFIBUS-DP	PROFIdrive	
CU230P-2PN	6SL3243-0BB30-1FA0	PROFINET	PROFIdrive PROFIenergy	
		EtherNet/IP	—	
CU230P-2 CAN	6SL3243-0BB30-1CA3	CANopen	—	
CU240B-2	6SL3244-0BB00-1BA1	USS，Modbus RTU	—	4DI 1DO 1AI 1AO
CU240B-2DP	6SL3244-0BB00-1PA1	PROFIBUS-DP	PROFIdrive	
CU240E-2	6SL3244-0BB12-1BA1	USS，Modbus RTU	—	6DI 3DO 2AI 2AO 1F-DI
CU240E-2DP	6SL3244-0BB12-1PA1	PROFIBUS-DP	PROFIdrive PROFIsafe	
CU240E-2PN	6SL3244-0BB12-1FA0	PROFINET	PROFIdrive PROFIsafe PROFIenergy	
		EtherNet/IP	—	
CU240E-2-F	6SL3244-0BB13-1BA1	USS，Modbus RTU	—	6DI 3DO 2AI 2AO 3F-DI
CU240E-2DP-F	6SL3244-0BB13-1PA1	PROFIBUS-DP	PROFIdrive PROFIsafe	
CU240E-2PN-F	6SL3244-0BB13-1FA0	PROFINET	PROFIdrive PROFIsafe PROFIenergy	
		EtherNet/IP	—	

（续）

型　　号	订　货　号	现 场 总 线	协　　议	集成的 I/O 接口
CU250S-2	6SL3246-0BA22-1BA0	USS，Modbus RTU	—	11DI 3DO 2AI 2AO 4DI/DO 3F-DI 1F-DO
CU250S-2DP	6SL3246-0BA22-1PA0	PROFIBUS-DP	PROFIdrive PROFIsafe	
CU250S-2PN	6SL3246-0BA22-1FA0	PROFINET	PROFIdrive PROFIsafe PROFIenergy	
		EtherNet/IP	—	
CU250S-2CAN	6SL3246-0BA22-1CA0	CANopen	—	

SINAMICS G120 标准型变频器提供具有集成的安全功能（Safety Integrated），集成的安全功能类型见表 3-3。设备提供的集成的安全功能种类取决于控制单元的类型，不同的控制单元所集成的安全功能见表 3-4。

表 3-3　集成的安全功能类型

类型	名　　称	功 能 说 明	应　　用
STO	安全转矩截止	• 防止驱动意外启动 • 驱动安全切换至无转矩状态；由于不需要预充电时间，所以运动能够快速恢复	如传送带运输行李/包裹、输送供应及转移
SS1	安全停车 1	• 快速、安全地在监控下停车，尤其是转动惯量大的应用 • 无须编码器	如锯床、开卷机、挤出机、离心机及堆料机的提升
SBC	安全抱闸控制	• 安全控制抱闸，可在无电流状态下激活 • 防止悬挂/牵引负载下落	如起重机、收卷机
SLS	安全限速	• 降低驱动速度并持续监控，该功能可在设备运行时投入使用 • 无须编码器	如压机、冲床、收卷机、传送带及磨床
SDI	安全转向	• 该功能确保驱动仅可在选定方向上转动	如堆垛机、压机及开卷
SSM	安全速度监控	• 当驱动速度低于特定限值时，该功能将会发出一个安全输出信号	如磨床、输送线、钻床、铣床及包装机

表 3-4　控制单元所集成的安全功能

控 制 单 元	基本安全功能			扩展安全功能		
	STO	SS1	SBC①	SLS	SDI	SSM
CU230P-2	—	—	—	—	—	—
CU240B-2	—	—	—	—	—	—
CU240E-2	√	—	—	—	—	—
CU240E-2 F	√	√	—	√	√	√②
CU250S-2	√	√	√	√③	√③	√③

① SBC 功能需要安全制动继电器。

② SSM 可能只适用于 CU240E-2 DP-F/CU240E-2 PN-F 控制单元（带 PROFIsafe）。

③ 带扩展安全功能许可证。

SINAMICS G120 变频器的控制单元 CU 在使用时，必须插入 MMC 存储卡。相应的存储卡插槽位于控制单元的顶部。MMC 存储卡中存有变频器的参数设置。

3.2.2 功率模块 PM

SINAMICS G120 的功率模块 PM 用于对电动机供电，由控制单元 CU 里的微处理器进行控制，从而对需要调速的交流电动机进行驱动。SINAMICS G120 内置式变频器主要的功率模块型号包括：PM230、PM240、PM240-2 和 PM250，外形尺寸有 FSA、FSB、FSC、FSD、FSE、FSF 和 FSGX 等规格。另外，PM330L 功率模块为 G120L 变频器的功率模块，只准许柜内安装，且只可与 CU230P-2 相应型号的控制单元匹配使用，这里不做介绍。

（1）PM230 功率模块

PM230 功率模块是按照不进行再生能量回馈设计的，适用于泵、风机和压缩机的驱动，功率因数高，谐波小。它不带内置制动斩波器，最大直流母线电压控制制动斜坡。该功率模块防护等级有 IP20、IP20PT、IP55 三种，可与 CU230P-2、CU240B/E-2 等控制单元匹配使用。

（2）PM240 功率模块

PM240 功率模块是按照不进行再生能量回馈设计的，制动中产生的再生能量通过外接的制动电阻转化为热能进行消耗。PM240 功率模块广泛适用于通用的机械制造领域，它的防护等级为 IP20，可与所有类型的控制单元匹配使用。

（3）PM240-2 功率模块

PM240-2 功率模块是按照不进行再生能量回馈设计的，制动中产生的再生能量通过外接的制动电阻转化为热能进行消耗。PM240 功率模块可穿墙式安装，广泛适用于通用的机械制造领域，它的防护等级有 IP20 和 IP54 两种，可与所有类型的控制单元匹配使用。

（4）PM250 功率模块

PM250 功率模块采用了一种创新的电路设计，它可以与电源进行能量交换。这种创新的电路允许再生的能量回馈到电网，达到节能的目的。PM250 适合的应用场合与 PM240 完全相同，它的防护等级为 IP20，可与所有类型的控制单元匹配使用。

SINAMICS G120 变频器的功率模块 PM 的功率参数见表 3-5。

表 3-5 SINAMICS G120 变频器的功率模块 PM 的功率参数

功率模块 电压	PM230	PM240	PM250	PM240-2
1 AC：200~240 V +/-10%	—	0.12~0.75 kW	—	0.55~4 kW
3 AC：200~240 V +/-10%	—	—	—	5.5~55 kW
3AC：380~480 V +/-10%	0.37~75 kW	0.37~250 kW	7.5~90 kW	0.55~250 kW
3 AC：500~690 V +/-10%	—	—	—	11~132 kW

功率模块 PM240-2 和 PM250 支持集成安全功能。外形尺寸为 FSGX 的功率模块 PM240（即功率在 160 kW 以上）仅适用于基本安全功能（STO、SS1 和 SBC）。

控制单元 CU 与功率模块 PM（IP20）的组合使用见表 3-6。另外，集成 A 级或 B 级滤波器、防护等级 IP55/UL 12 型、功率范围 0.37~90 kW 的功率模块 PM230 是 G120P 变频器

(用于泵、风机及压缩机等）的组成部分。

表 3-6　G120 变频器控制单元与功率模块的组合

控制单元 / 功率模块（IP20）	CU230P-2	CU240B-2	CU240E-2	CU250S-2
PM230	√	√	√	—
PM240-2	√	√	√	√
PM240	√	√	√	√
PM250	√	√	√	√

3.2.3　操作面板 BOP/IOP

SINAMICS G120 变频器的操作面板可以很方便地实现对变频器进行本地操作和监控。操作面板的类型包括基本操作面板（BOP-2）和智能操作面板（IOP），如图 3-3 所示。

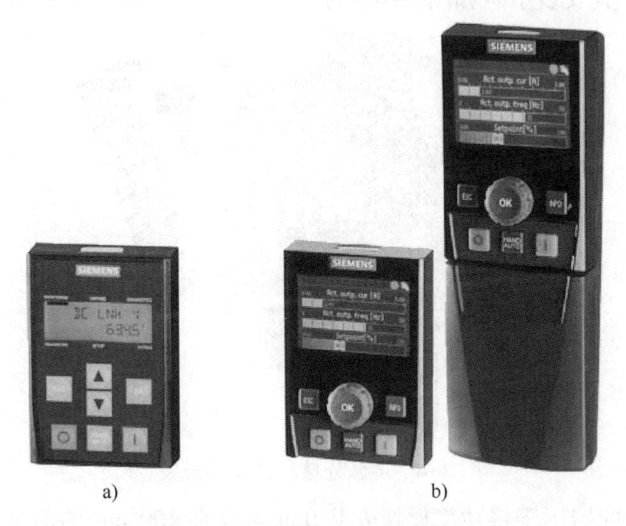

图 3-3　变频器 G120 操作面板
a）基本操作面板（BOP-2）　b）智能操作面板（IOP）

（1）基本操作面板（BOP-2）

基本操作面板（BOP-2）采用两行文本显示屏，文本中最多可带有 2 个过程值。通过基本操作面板上的导航键，可以方便地对变频器进行本地控制。该操作面板可同时显示参数和参数值，方便直观，可提供菜单提示式诊断。变频器的参数可以复制上载到操作面板，并在必要的时候下载到相同类型的变频器中。

对于基本操作面板（BOP-2），可直接安装在控制单元上，也可以通过柜门安装套件安装在开关柜的柜门上（防护等级可达 IP54/UL 12 型）。

（2）智能操作面板（IOP）

智能操作面板（IOP）采用较大的纯文本显示、菜单提示和应用向导，使标准型变频器的调试十分便捷。由于 IOP 是以纯文本、说明性帮助文本以及参数过滤器显示参数，故无须查看纸质的操作手册中的参数列表，即可基本上完成调试。如果变频器发生故障，则 IOP 会以纯文本显示故障和报警，进而能够以十分友好的方式排除故障。IOP 使用 INFO 键可显示说明性帮助文本，该操作面板的状态显示屏最多可以显示 4 个图形或数字式过程值，还可以显示过程值的技术单位。

智能操作面板（IOP）不仅可以直接安装在控制单元上，或通过柜门安装套件安装在开关柜的柜门上（防护等级可达 IP54/UL 12 型），还提供手持规格。智能操作面板（IOP）通过手持可方便地实现现场调试。

3.2.4 变频器系统其他部件

为使变频器适用于不同的使用场合和环境条件，SINAMICS G120 变频器还有很多可选的部件，例如屏蔽连接套件、DIN 导轨安装适配器、进线滤波器、电源电抗器、输出电抗器、正弦滤波器、制动电阻和制动继电器等。

（1）屏蔽连接套件和 DIN 导轨安装适配器

屏蔽连接套件为电源电缆和电动机电缆提供了理想的屏蔽元件和保护，它由屏蔽板、齿形卡圈和螺钉组成，其安装示意如图 3-4 所示。

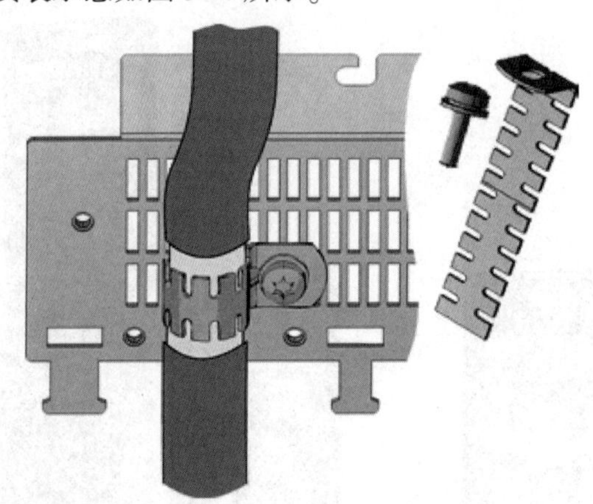

图 3-4　屏蔽连接套件及其安装

DIN 导轨安装适配器用于将功率模块安装在间隔只有 100 mm 的两个导轨之间。

需要注意的是，并不是所有功率模块都配有屏蔽连接套件和导轨适配器。PM230 和 PM240-2 功率模块本身配有屏蔽连接套件，其他功率模块的屏蔽连接套件是选装部件，需单独订购。与 PM240、PM250 和 PM260 功率模块相配套的屏蔽连接套件以及 DIN 导轨安装适配器的订货号见表 3-7。

表 3-7　屏蔽连接套件以及 DIN 导轨安装适配器的订货号

外形尺寸	用于功率模块的屏蔽连接套间		DIN 导轨安装适配器
	PM240，PM250	PM260	
FSA	6SL3262-1AA00-0BA0	—	6SL3262-1BA00-0BA0
FSB	6SL3262-1AB00-0DA0	—	6SL3262-1BB00-0BA0
FSC	6SL3262-1AC00-0DA0	—	—
FSD	6SL3262-1AD00-0DA0	6SL3262-1FD00-0CA0	—
FSE	6SL3262-1AE00-0DA0	—	—
FSF	6SL3262-1AF00-0DA0	6SL3262-1FF00-0CA0	—

（2）进线侧电源组件

进线滤波器、进线电抗器、熔断器和断路器为可用于 G120 变频器基本单元的进线侧电源组件。

① 进线滤波器

加装附加的进线滤波器的功率模块可以提高抗射频干扰的等级。进线滤波器实物外观如图 3-5 和图 3-6 所示，分别适用于 FSA 尺寸的 PM240 和 FSGX 尺寸的 PM240。带有集成电源滤波器的变频器无须外部滤波器。

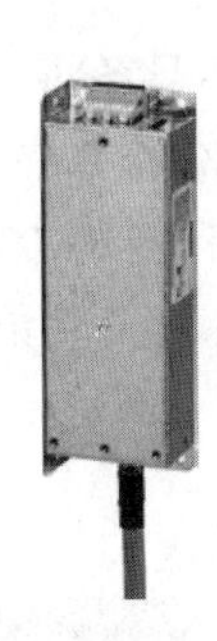

图 3-5　用于 PM240 FSA 的进线滤波器

图 3-6　用于 PM240 FSGX 的进线滤波器

机座号为 FSA/FSB/FSC/FSD/FSE/FSF、防护等级为 IP20 的 PM230 电源模块可以供带/不带 A 级集成式进线滤波器的产品使用。机座号为 FSGX 的 PM240 电源模块可以使用外部 A 级进线滤波器。机座号为 FSC 的 PM250 电源模块只供带集成式 A 级过滤器型产品使用，要想达到 B 级要求，必须为其额外安装一个 B 级基本型过滤器。进线滤波器的规格选择取决于所使用的功率模块。

② 进线电抗器

进线电抗器可提供过电压保护，抑制电网谐波，并减少整流电路换相时产生的电压缺陷。当系统的故障率高时，需要加装进线电抗器以保护变频器不受过大的谐波电流的干扰，从而防止过载，并将进线谐波限制在允许的值内。适用于 FSA 尺寸的 PM240-2 和适用于 FSGX 尺寸的 PM240 进线电抗器实物外观如图 3-7 和图 3-8 所示，而机座尺寸为 FSD/FSE/FSF 的 PM240-2 功率模块中集成了一个直线母线电抗器，不需要进线电抗器。进线电抗器的规格选择取决于所使用的功率模块。

图 3-7　适用于 PM240-2 FSA 的进线电抗器

图 3-8　适用于 PM240 FSGX 的进线电抗器

需要注意的是，在某些功率模块型号和主电源上，如果不使用电源电抗器，可能会损坏变频器以及电气设备或系统中的其他组件。

另外，要符合 IEC 标准，还必须考虑加装如熔断器和断路器等进线侧部件。

（3）直流母线部件

G120 变频器可以选择制动电阻、制动模块和制动继电器作为直流母线部件。

① 制动电阻

制动电阻用于消耗直流母线的多余能量，可以使大转动惯量的负载迅速制动。功率模块可以通过集成的制动削波器来控制制动电阻。

由于功率模块 PM240 和 PM240-2 集成了制动斩波器，且不具备将再生能量回馈至供电系统的能力，因此需要搭配使用制动电阻。适用于 FSD 尺寸规格的 PM240-2 的制动电阻和适用于 FSGX 尺寸规格的 PM240 的制动电阻实物外观如图 3-9 和图 3-10 所示。对于再生式运行，例如制动转动惯量较大的质量体时，必须连接制动电阻，从而将能量转化为热能。制动电阻的规格选择取决于所使用的功率模块。

图 3-9　适用于 PM240-2 FSD 的制动电阻

图 3-10　适用于 PM240 FSGX 的制动电阻

制动电阻可以安装在功率模块 PM240 和 PM240-2 的侧面，与尺寸 FSD/FSE/FSF/FSGX 的功率模块配套的制动电阻则应安装在开关柜或控制室外，以便使发散出的热量能够远离功率模块所在的区域，这样可降低空气调节装置的能耗。每个制动电阻均配备了一个温度开关（UL 认证），必须对温度开关进行分析，从而在制动电阻热过载的情形下避免对其造成损害。

② 制动模块

为了在掉电时实现驱动的可控停车（例如紧急回退或急停类别 1），以及在短暂的再生式运行中限制直流母线电压，需要使用一个制动模块，并为其搭配外部电阻。制动模块独立于变频器控制而自主工作，运行期间，直流母线中的多余电能由外部制动电阻转换为热量。制动模块实物外观如图 3-11 所示。

图 3-11　制动模块

制动模块组件用于配合 FSGX 尺寸的功率模块 PM240，其结构设计针对内置式安装，并通过功率模块的风扇进行冷却，电子器件由直流母线供电。该模块通过供货范围中包含的汇流排套件连接至直流母线。标准配置的制动模块配备 1 个直流母线接口、1 个制动电阻接口、1 路数字量输入（禁用制动模块/应答故障）、1 路数字量输出（禁用制动模块）、1 个 DIP 开关（用于调节响应阈值）。制动模块硬件接线原理图如图 3-12 所示。

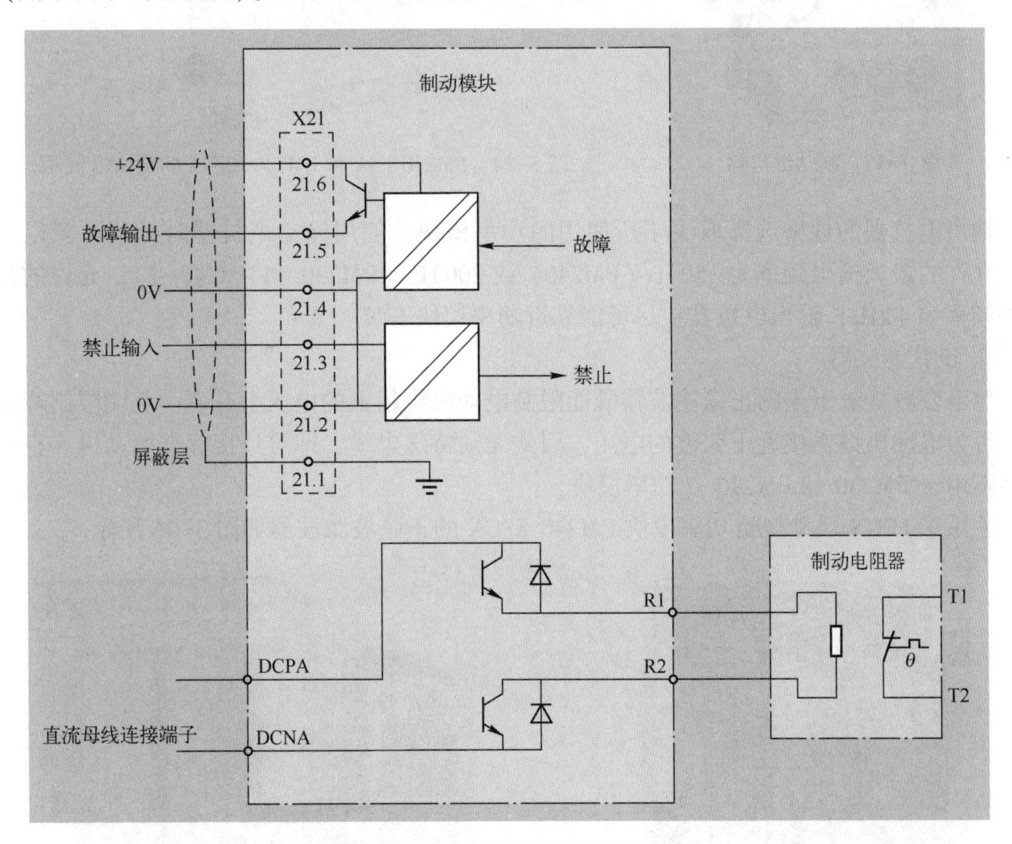

图 3-12　制动模块硬件接线原理图

③ 制动继电器

制动继电器有一个用于控制电动机抱闸线圈的开关触点（常开触点），西门子订货号为 6SL3252-0BB00-0AA0 的制动继电器实物外观如图 3-13 所示。

（4）输出侧电源组件

G120 变频器的输出侧电源组件包括输出电抗器、正弦波滤波器等。

① 输出电抗器

由于 G120 变频器内部快速接通的 IGBT 会产生很高的电压急升，使用较长的电动机电缆时，逆变器中的每个换向操作都会对电缆电容进行快速充电。这样，逆变器就会承受巨大的附加电流尖峰。

使用输出电抗器，可以通过电抗器的电感对电缆电容进行缓慢充电，降低附加电流尖峰的高度。即输出电抗器用于降低电压上升率和电流尖峰值，允许连接更长的电动机电缆。部分输出电抗器的实物如图 3-14 和图 3-15 所示。

图 3-13　制动继电器

图 3-14　PM230 FSA 和 PM240-2FSA 的输出电抗器

输出电抗器的规格选择取决于所使用的功率模块。使用输出电抗器时必须注意以下几点：允许的最大输出频率为 150 Hz（PM240）或 200 Hz（PM230 和 PM240-2），允许的最大脉冲频率为 4 kHz；输出电抗器应尽可能靠近功率模块安装。

② 正弦滤波器

位于变频器输出端的正弦滤波器既能限制电动机绕组上的电压上升率，也能限制峰值电压，可为电动机提供接近正弦波的电压，因此无须特殊电缆，即可连接标准电动机。正弦滤波器不用于 PM230 和 PM240-2 功率模块。

适用于 FSGX 尺寸规格功率模块 PM240 FSGX 的正弦波滤波器如图 3-16 所示。

图 3-15　PM240 FSGX 的输出电抗器

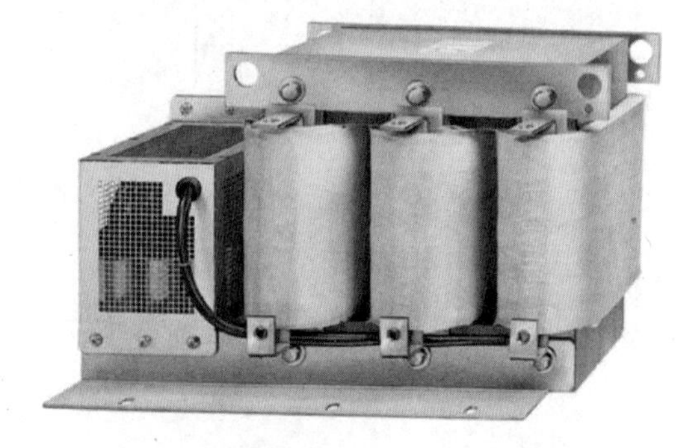

图 3-16　适用 PM240 FSGX 的正弦滤波器

正弦滤波器与输出电抗器一样，允许连接更长的电动机电缆，最大电动机电缆长度可增加到 300 m。此外，由于轴承电流显著降低，故可以在 G120 变频器上运行带标准绝缘或不带绝缘轴承的标准电动机。

正弦滤波器在电磁兼容性方面也起到积极作用，因而从电磁兼容的角度，当电动机电缆较短时，不再绝对强制要求使用屏蔽型电动机电缆。

应用正弦滤波器，电动机上由变频器造成的额外损耗和噪声也都明显降低，电动机的噪声等级因此与直接在电网上运行时差不多。

使用正弦滤波器时必须注意以下几点：运行时脉冲频率只允许在 4~8 kHz 之间，而功率在 110 kW 以上的功率模块（根据铭牌）只允许 4 kHz 的脉冲频率；变频器功率降低 5%；电压位于 380~480 V 之间时，变频器的最大输出频率为 150 Hz；正弦滤波器不可以空转，连接了电动机后方可运行和调试；无须输出电抗器。

3.2.5　选型、配置和调试软件

对于 SINAMICS G120 标准型变频器，可以使用电子选型、配置和调试软件工具进行硬件选型、配置和调试。

（1） Drive Technology Configurator （DT Configurator）

该软件工具作为选型指南，集成在西门子交互式产品样本中，包含在西门子离线版网上商城（DVD 光盘）中，含有超过 100000 多个驱动技术产品。使用 Drive Technology Configurator 软件，可以从丰富的驱动产品中选择最合适的变频器和电动机。

（2） DT Configurator

DT Configurator 软件工具可以免安装、直接在线使用。通过地址 www.siemens.com/dt-configurator，即可访问西门子网上商城中的 DT Configurator 软件工具。

（3） SIZER for Siemens Drives 选型工具

SIZER for Siemens Drives 选型工具可方便地实现对 SINAMICS 及 MICROMASTER 4 系列驱动的选型。该软件可选择执行驱动任务所需的硬件组件和固件组件，涵盖了整个驱动系统的选型设计。

（4） Drive ES 软件

Drive ES 软件是一种配置系统，可以组态、分析、诊断和启动西门子运动控制单元，通过该系统可将西门子驱动技术以简便、省时且经济高效的方式集成在 SIMATIC 自动化系统中，涉及通信、选型和数据维护。Drive ES 软件包含 Drive ES Basic 和 Drive ES PCS 等多个版本。

（5） STARTER 调试工具

变频器调试软件 STARTER 可使用菜单帮助向导实现变频器的调试、优化和诊断，不仅可以用于 SINAMICS 变频器，还可以用于 MICROMASTER4 系列等变频器。

（6） SINAMICS Startdrive 调试工具

SINAMICS Startdrive 调试工具作为选件集成在 TIA 博途中，用于 SINAMICS 系列驱动的配置、调试及诊断。通过 SINAMICS Startdrive 可使用 SINAMICS G110M、SINAMICS G120、SINAMICS G120C、SINAMICS G120D 和 SINAMICS G120P 系列变频器应对各种驱动任务。此调试工具在 TIA 博途软件平台中使 PLC、HMI 和驱动纳入统一的共同工作环境。

3.3　G120 分布式变频器和紧凑型变频器

对于 G120 系列的变频器，除了有内置式的变频器，还有紧凑型变频器和分布式变频器。

3.3.1　分布式变频器 G120D

SINAMICS G120D 分布式变频器由两部分组成：控制单元（CU）和功率模块（PM）。

G120D 分布式变频器的控制单元为 CU240D-2，其外观及型号等信息见表 3-8；G120D 分布式变频器的功率模块为 PM250D，其外观及型号等信息见表 3-9。

表 3-8　控制单元 CU240D-2

外　观	型　号	接　口	编码器类型	订货号
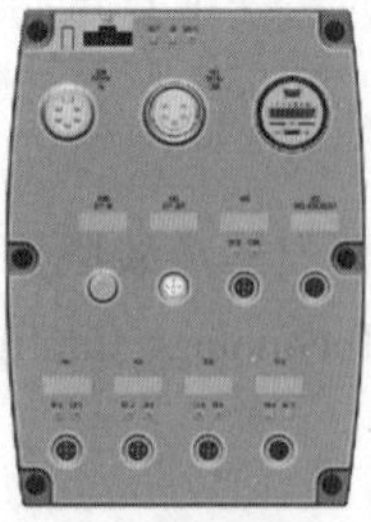	CU240D-2DP	PROFIBUS	HTL 编码器	6SL3544-0FB20-1PA0
	CU240D-2 DP-F	PROFIBUS	HTL 编码器	6SL3544-0FB21-1PA0
	CU240D-2 PN	PROFINET，EtherNet/IP	HTL 编码器	6SL3544-0FB20-1FA0
	CU240D-2 PN-F	PROFINET，EtherNet/IP	HTL 编码器	6SL3544-0FB21-1FA0
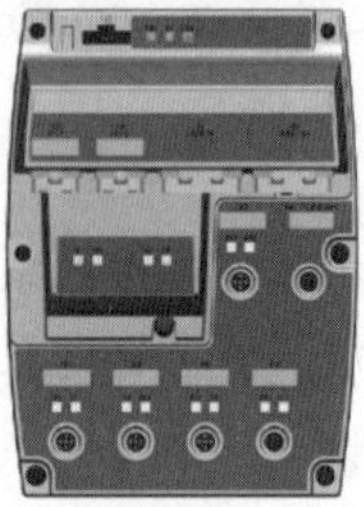	CU240D-2PN-F PP	PROFINET，EtherNet/IP 推拉式连接器	HTL 编码器	6SL3544-0FB21-1FB0
	CU240D-2 PN-F FO	PROFINET，EtherNet/IP LWL 连接器	HTL 编码器	6SL3544-0FB21-1FC0

表 3-9　功率模块 PM250D

外　观	尺寸规格	额定输出功率 /kW	额定输出电流 /A	订　货　号
		基于重过载能力（HO）		
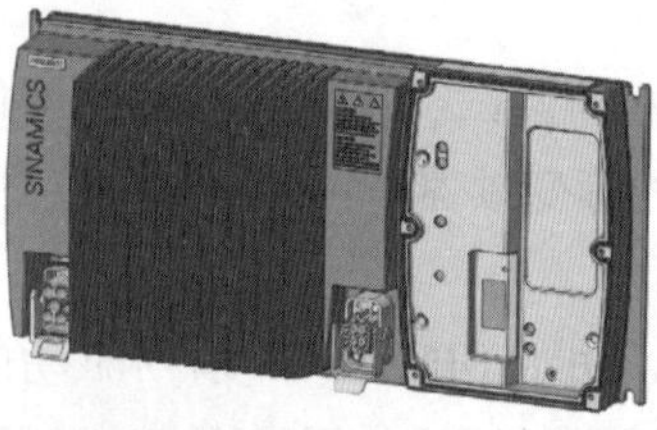	FSA	0. 75	2. 2	6SL3525-0PE17-5AA1
		1. 5	4. 1	6SL3525-0PE21-5AA1
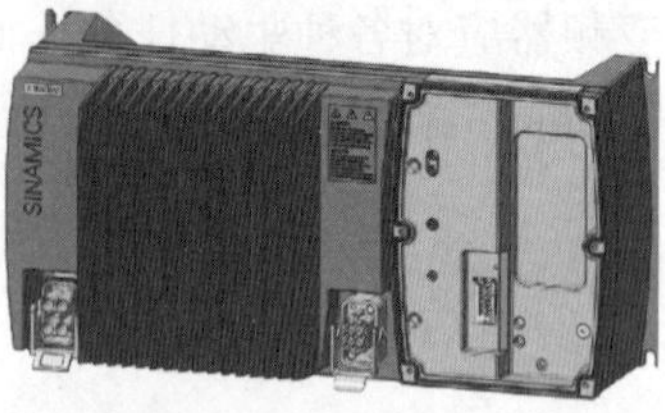	FSB	3. 0	7. 7	6SL3525-0PE23-0AA1
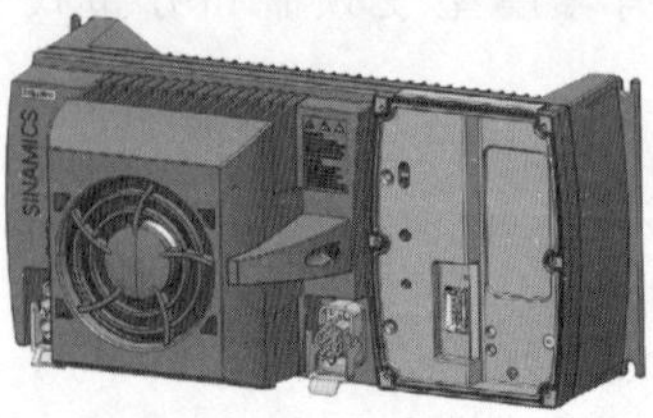	FSC	4. 0	10. 2	6SL3525-0PE24-0AA1
		5. 5	13. 2	6SL3525-0PE25-5AA1
		7. 5	19. 0	6SL3525-0PE27-5AA1

G120D 变频器在进行调试前必须将控制单元装配至功率模块。将控制单元安装于功率模块上需要使用密封圈，如图 3-17 所示，在①~⑥处正确安装密封圈。如果密封圈安装不正确，驱动将无法达到防护等级 IP65，此时，变频器不防水也不防灰尘，可能会损坏变频器。

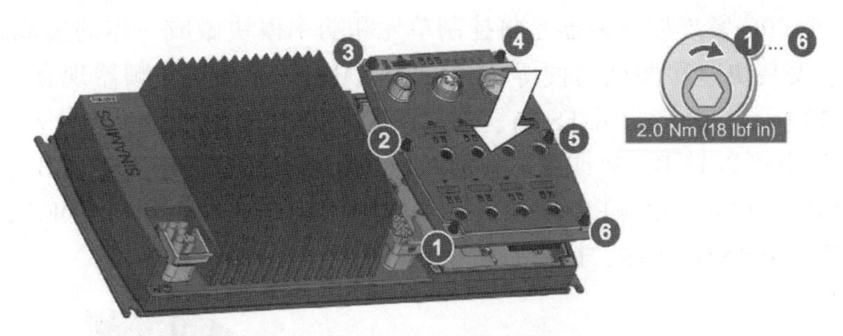

图 3-17　将 G120D 控制单元装配至功率模块

G120D 变频器有许多接口，例如 I/O 接口和通信接口等，如图 3-18 所示。

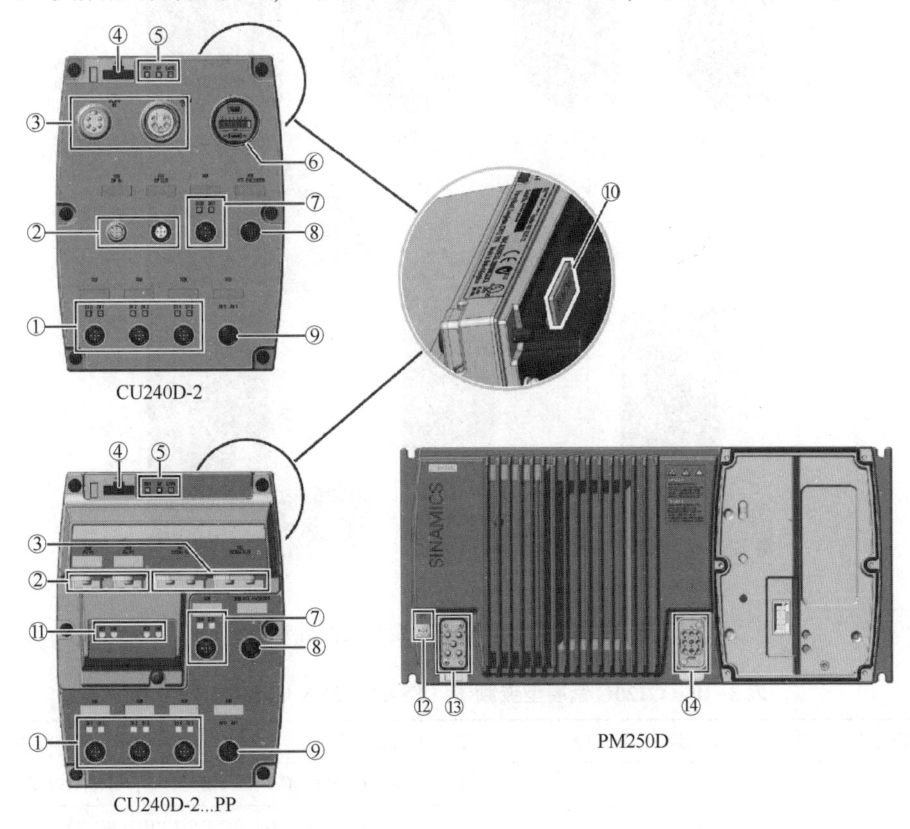

图 3-18　G120D 变频器接口一览

①—带状态LED的数字输入0…5
②—总线IN和OUT（PROFINET或PROFIBUS）
③—DC 24V电源（IN和OUT）
④—手持型操作面板IOP的光纤接口
⑤—变频器状态LED
⑥—USB-PC接口，PROFIBUS地址开关和总线终端开关
⑦—带状态LED的数字量输出0和1
⑧—HTL编码器接口
⑨—模拟量输入0和1
⑩—存储卡的插槽在控制单元的背面
⑪—PROFINET状态LED
⑫—保护接地端子
⑬—电源连接器
⑭—连接器，用于接入电动机、抱闸和温度传感器

G120D 变频器的安装接线及调试请查阅相关手册。

3.3.2 紧凑型变频器 G120C

SINAMICS G120C 紧凑型变频器是将控制单元和功率模块做成一体的集成式变频器，故具有结构紧凑、安装快速和调试简便等优点。SINAMICS G120C 变频器现有 7 种外形尺寸，其外观如图 3-19 所示。外形尺寸 FSAA、FSA、FSB、FSC 的型号及参数见表 3-10，其中订货号中的“□”中可以是 B、P 或 F，分别对应 SINAMICS G120C USS/MB（USS，Modbus RTU）、SINAMICS G120C DP（PROFIBUS）、SINAMICS G120C PN（PROFINET，EtherNet/IP）型号。外形尺寸 FSD、FSE、FSF 的型号及参数见表 3-11。

图 3-19　G120C 紧凑型变频器的外观

表 3-10　G120C 紧凑型变频器（FSAA、FSA、FSB、FSC）

外形尺寸	额定输出功率/kW	额定输出电流/A	型号（无滤波器）	型号（带滤波器）
	基于轻过载		B：SINAMICS G120C USS/MB（USS，Modbus RTU）	
			P：SINAMICS G120C DP（PROFIBUS）	
			F：SINAMICS G120C PN（PROFINET，EtherNet/IP）	
FSAA	0.55	1.7	6SL3210-1KE11-8U□2	6SL3210-1KE11-8A□2
	0.75	2.2	6SL3210-1KE12-3U□2	6SL3210-1KE12-3A□2
	1.1	3.1	6SL3210-1KE13-2U□2	6SL3210-1KE13-2A□2
	1.5	4.1	6SL3210-1KE14-3U□2	6SL3210-1KE14-3A□2
	2.2	5.6	6SL3210-1KE15-8U□2	6SL3210-1KE15-8A□2

（续）

外形尺寸	额定输出功率/kW	额定输出电流/A	型号（无滤波器）	型号（带滤波器）
	基于轻过载		B：SINAMICS G120C USS/MB（USS，Modbus RTU）	
			P：SINAMICS G120C DP（PROFIBUS）	
			F：SINAMICS G120C PN（PROFINET，EtherNet/IP）	
FSA	3.0	7.3	6SL3210-1KE17-5U□1	6SL3210-1KE17-5A□1
	4.0	8.8	6SL3210-1KE18-8U□1	6SL3210-1KE18-8A□1
FSB	5.5	12.5	6SL3210-1KE21-3U□1	6SL3210-1KE21-3A□1
	7.5	16.5	6SL3210-1KE21-7U□1	6SL3210-1KE21-7A□1
FSC	11.0	25.0	6SL3210-1KE22-6U□1	6SL3210-1KE22-6A□1
	15.0	31.0	6SL3210-1KE23-2U□1	6SL3210-1KE23-2A□1
	18.5	37.0	6SL3210-1KE23-8U□1	6SL3210-1KE23-8A□1

表 3-11　G120C 紧凑型变频器（FSD、FSE、FSF）

外形尺寸	额定输出功率/kW	额定输出电流/A	型号（无滤波器）	型号（带滤波器）
	基于轻过载		SINAMICS G120C PN（PROFINET，EtherNet/IP）	
FSD	22	43	6SL3210-1KE24-4UF1	6SL3210-1KE24-4AF1
	30	58	6SL3210-1KE26-0UF1	6SL3210-1KE26-0AF1
	37	68	6SL3210-1KE27-0UF1	6SL3210-1KE27-0AF1
	45	82.5	6SL3210-1KE28-4UF1	6SL3210-1KE28-4AF1
FSE	55	103	6SL3210-1KE31-1UF1	6SL3210-1KE31-1AF1
FSF	75	136	6SL3210-1KE31-4UF1	6SL3210-1KE31-4AF1
	90	164	6SL3210-1KE31-7UF1	6SL3210-1KE31-7AF1
	110	201	6SL3210-1KE32-1UF1	6SL3210-1KE32-1AF1
	132	237	6SL3210-1KE32-4UF1	6SL3210-1KE32-4AF1

拆下 SINAMICS G120C 变频器操作面板（如果有）并打开正面门盖，可以看到控制单元正面的接口。外形尺寸为 FSAA、FSA、FSB、FSC 的 G120C 变频器控制单元接口如图 3-20 所示，外形尺寸为 FSD、FSE、FSF 的 G120C 变频器控制单元接口如图 3-21 所示。

在 G120C 变频器的底部有现场总线接口 X126、X128 和 X150。现场总线接口 X126 为 SINAMICS G120C USS/MB（USS，Modbus RTU），现场总线接口 X128 为 SINAMICS G120C DP（PROFIBUS），现场总线接口 X150 为 SINAMICS G120C PN（PROFINET，EtherNet/IP）。

G120D 变频器的安装、接线及调试请查阅手册。

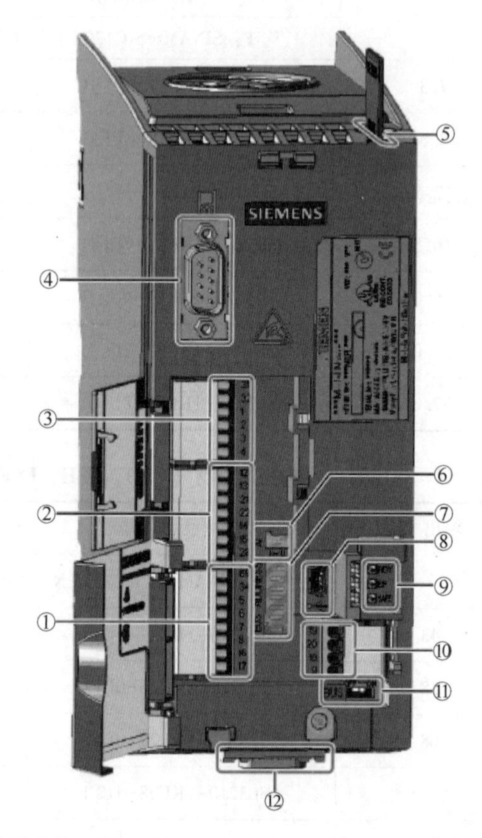

图 3-20　外形尺寸为 FSAA、FSA、FSB、FSC 的 G120C 变频器控制单元接口

①—端子排-X138
②—端子排-X137
③—端子排-X136
④—操作面板接口-X21
⑤—存储卡插槽
⑥—AI0的开关

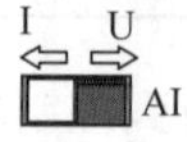

• 电流输入0/4～20mA
• 电压输入-10/0～10V

⑦—总线地址开关
仅在G120C DP和G120C USS/MB上

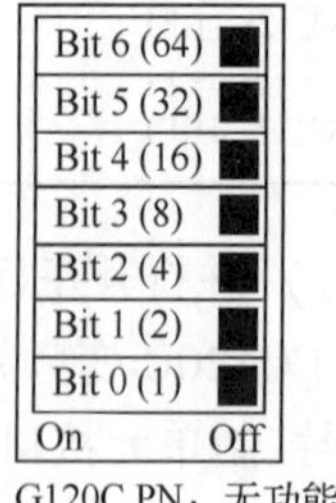

G120C PN：无功能

⑧—USB接口-X22，用于连接PC

⑨—LNK1　RDY　状态LED
LNK2　BF
SAFE　仅在G120C PN上的LNK1/2

⑩—端子排-X139

⑪—OFF　ON　总线终端开关，仅在G120C USS/MB上
G120 DP和G120C PN：无功能

⑫—底部的现场总线接口-X126、X128、X150

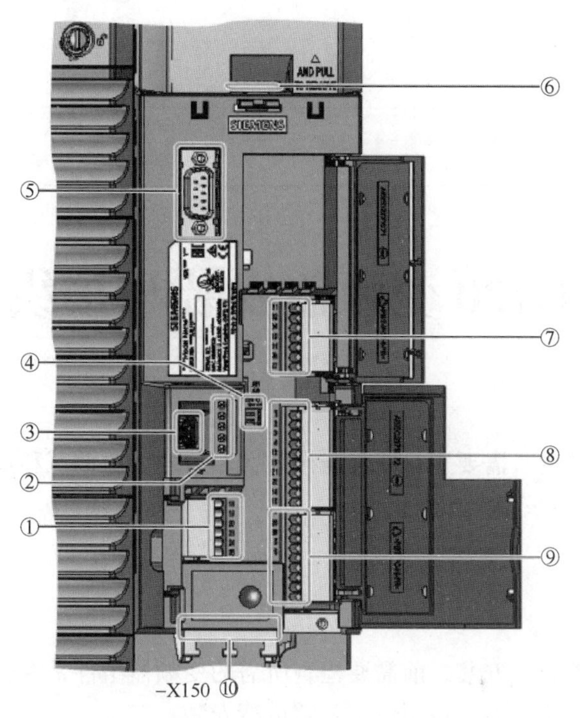

图 3-21　外形尺寸为 FSD、FSE、FSF 的 G120C 变频器控制单元接口

①—端子排-X134

②— RDY BF SAFE LNK1 LNK2 状态LED

③—USB接口-X22，用于连接PC

④— AI1 AI0 I U 模拟量输入AI0和AI1的开关
- 电流输入0/4～20mA
- 电压输入-10/0～10V

⑤—操作面板接口-X21

⑥—存储卡插槽

存储卡插槽位于外盖下面，插入或拔出存储卡时必须暂时拆除盖板。

⑦—端子排-X130

⑧—端子排-X132

⑨—端子排-X133

⑩—底部的现场总线接口-X150

第 4 章

G120 变频器安装与接线

购买变频器组件之后，需要进行安装与接线，然后才可以调试和投入使用。本章重点介绍 G120 标准型变频器的安装与接线。

4.1 机械安装

对于标准型变频器，在安装之前需要检查所需的变频器组件是否齐全、安装所需的工具和组件及零部件是否齐全，然后按照以下步骤进行安装。

1）依据安装说明安装功率模块的附件（电抗器、滤波器或制动电阻）。

2）安装功率模块。

3）安装控制单元和操作面板。

标准型变频器安装完毕示意如图 4-1 所示。

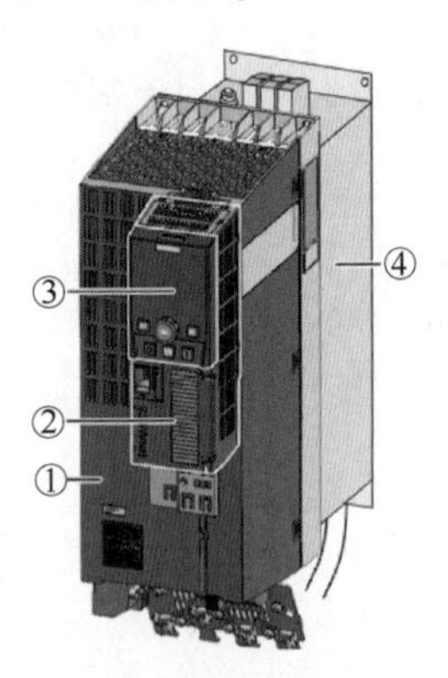

图 4-1 标准型变频器安装完毕示意

①—功率模块 ②—控制单元 ③—操作面板 ④—功率模块附件

4.1.1 安装功率模块附件

安装功率模块的附件时，可以依照功率模块的外形尺寸，进行底部安装和侧面安装。对于外形尺寸 FSA、FSB 和 FSC 的功率模块 PM240 和 PM250，电抗器、滤波器和制动电阻为底座型部件，允许的底座型部件的组合方式如图 4-2 所示。

底座型部件也可以和其他组件一样，安装在功率模块的侧面。

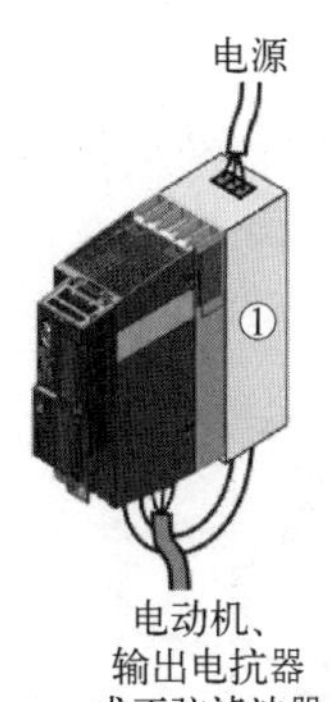

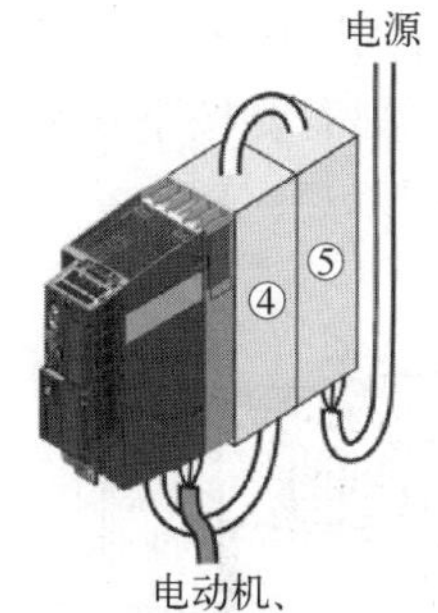

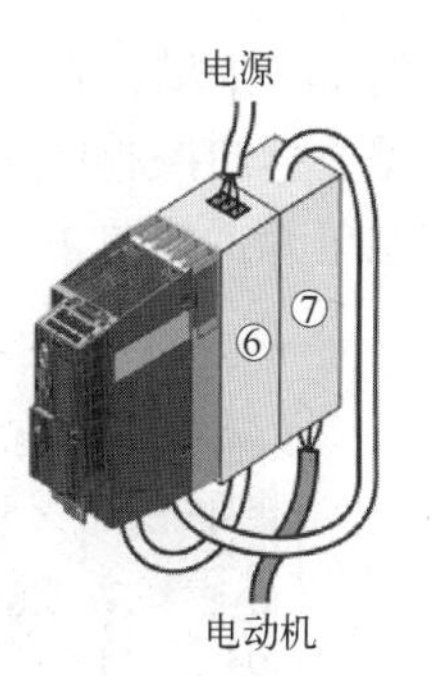

电源

⑥ ⑦

电动机

图 4-2　允许的底座型部件的组合方式

①—电源滤波器、电源电抗器、制动电阻、输出电抗器或正弦滤波器　②—电源滤波器或电源电抗器　③—制动电阻　④—电源滤波器　⑤—电源电抗器　⑥—电源滤波器或电源电抗器　⑦—输出电抗器或正弦滤波器

4.1.2　安装功率模块

以安装防护等级 IP20 的功率模块为例，安装步骤如下。

1）将功率模块安装在控制柜中。

2）保持与控制柜中其他组件之间的最小间距。

3）垂直安装功率模块。安装方向如图 4-3 所示，电源和电动机端子朝下，不允许装在其他位置上。

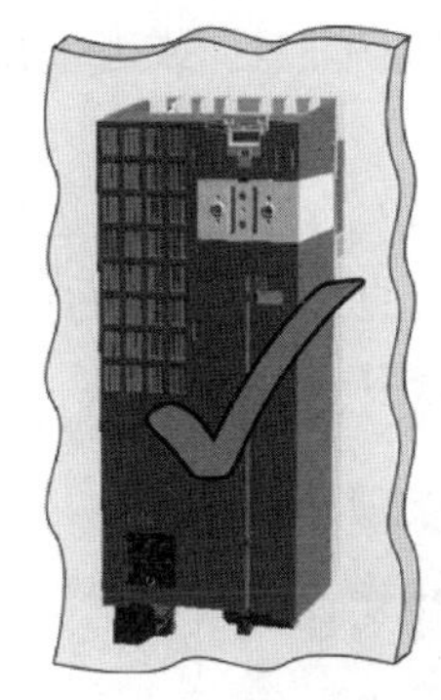
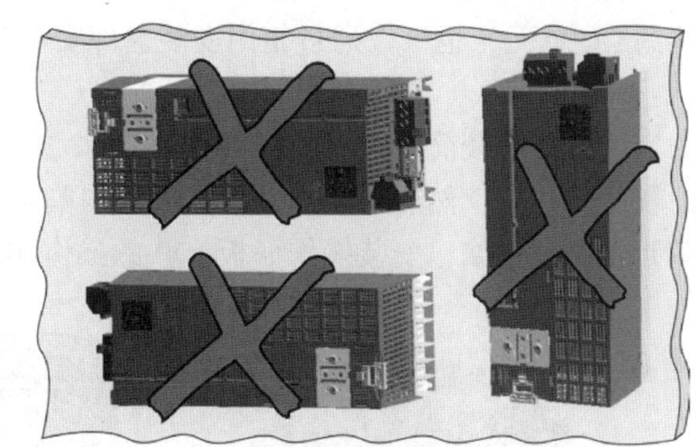

图 4-3　功率模块的安装方向

4）将功率模块放置在控制柜中，以便根据端子配置连接电动机电缆和电源电缆。

5）使用紧固件，按照要求的紧固扭矩（3 N · m）对功率模块进行固定和安装。

如果安装穿墙式功率模块，则在将穿墙式设备装入控制柜内时，需要使用一块安装框架。西门子安装框架配有必要的密封件和外框，可保证安装达到防护等级 IP54。

为满足电磁兼容要求，必须将变频器安装在没有喷漆的金属表面上。

4.1.3　安装控制单元

控制单元的安装比较简单。功率模块正面有 4 个狭窄矩形卡槽，安装时，先将控制单元背面突起部分斜向下卡在功率模块正面下方的两个卡槽上，然后将控制单元平推并卡入功率模块正面的所有卡槽，直到听到咔嚓一声，如图 4-4 所示。

如果需要拆卸控制单元，则需要按下功率模块上方的蓝色释放按钮，然后向外再向斜上方取下控制单元，如图 4-5 所示。

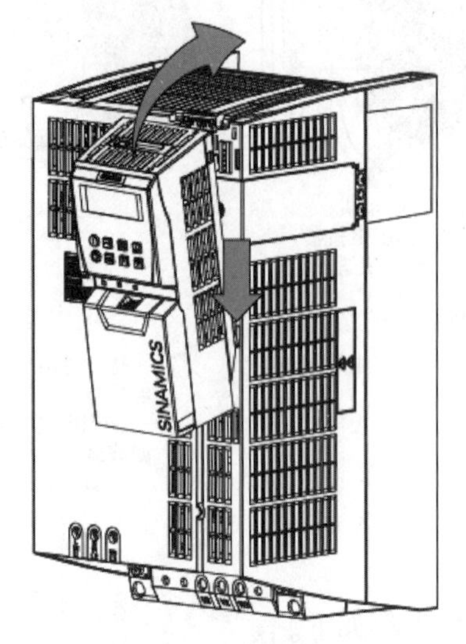

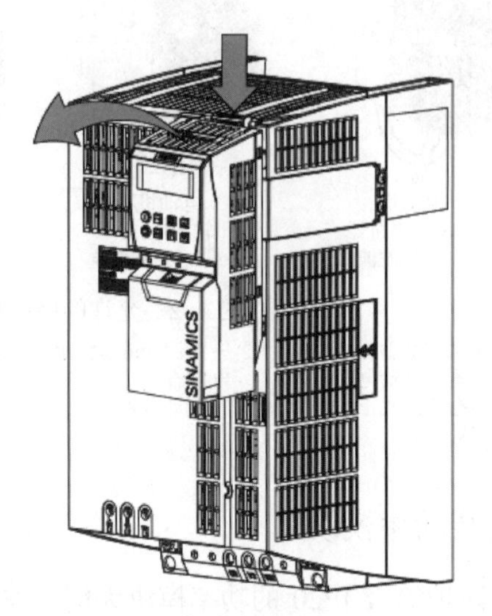

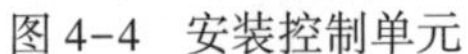

图 4-4　安装控制单元　　图 4-5　拆卸控制单元

4.1.4　安装操作面板

使用 BOP-2 基本操作面板或 IOP 智能操作面板对变频器进行调试，可以将操作面板直接连接于变频器的 CU 单元，也可以通过柜门安装套件安装于柜门上，或者使用手持式操作面板。

操作面板的直接安装比较简单。将操作面板 BOP-2 或 IOP 的外壳的底边插入控制单元壳体正面中间的较低凹槽位，然后将操作面板推入控制单元，直至操作面板顶部的蓝色释放按钮卡入控制单元壳体。例如，安装操作面板 IOP 的操作如图 4-6 所示。

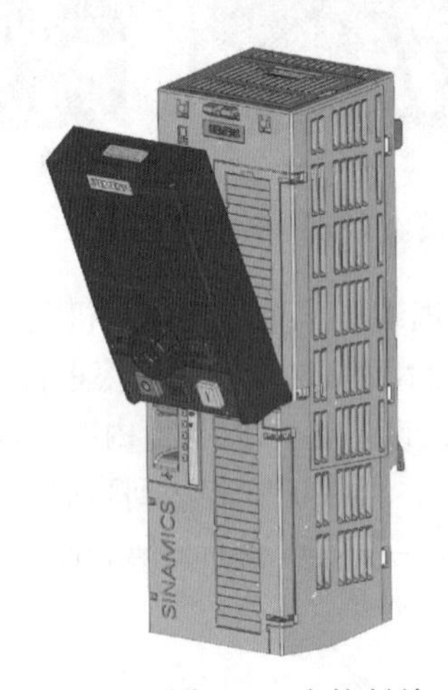

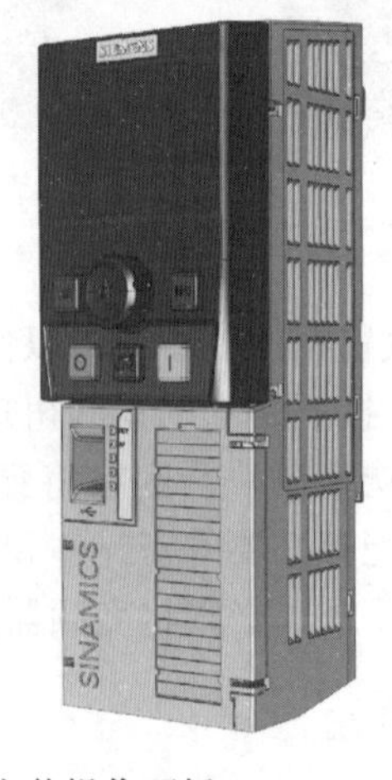

图 4-6　在控制单元上安装操作面板

若要将操作面板从控制单元上移除，只需按下操作面板上的释放按钮并将操作面板沿斜上方从控制单元取出即可。

通过柜门安装套件连接操作面板如图 4-7 所示。如果使用手持式 IOP 操作面板，可以使用 RS-232 电缆（最长 5 m）将 IOP 操作面板连接于变频器的 CU 单元，连接示意如图 4-8 所示。

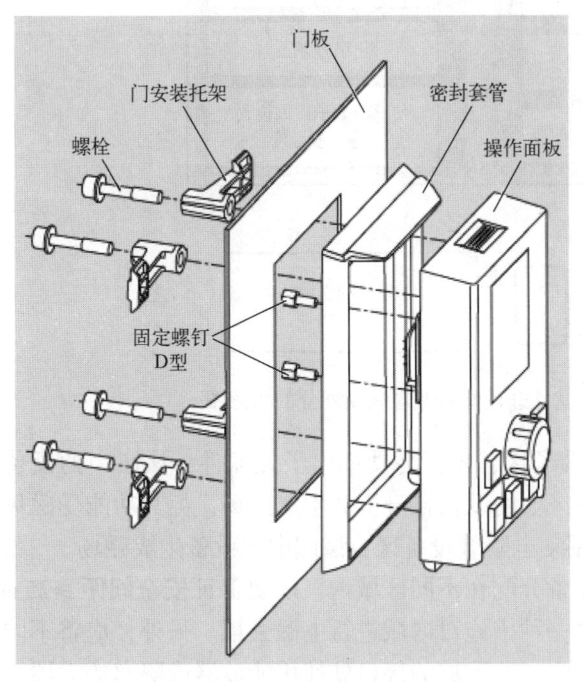

图 4-7　通过柜门安装套件连接操作面板

图 4-8　通过电缆连接手持式 IOP

4.2　电气连接

对 G120 变频器进行电气连接时，必须保证可靠接地。如果 G120 变频器没有正确的接地，可能会出现非常危险的情况。另外，必须保证 G120 变频器接入正确的电源，绝不允许接入超过允许范围上限的电源电压。对电源和电动机使用电缆连接或改动接线时，必须将电源断开。

为确保对变频器的保护，可以通过一个变压器将变频器与电源隔开；也可以使用跳闸电流为 300 mA 的 B 型漏电保护器 RCD 或漏电监视器 RCM（例如西门子公司的 SIQUENCE 保护开关），每个 RCD/RCM 只连接一个变频器，电动机电缆必须经过屏蔽且不超过 5 m。

4.2.1　电磁兼容安装

变频器设计用于高电平磁场的工业环境中。因此，在工业上，只有采用电磁兼容安装才能确保运行的可靠与稳定。图 4-9 为控制柜与机器或设备进行电磁兼容区域划分的示意图。

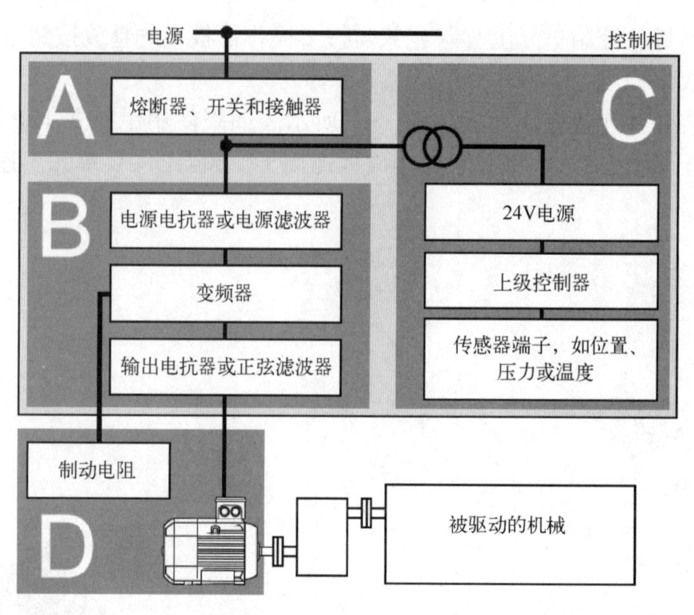

图 4-9　控制柜与机器或设备进行电磁兼容区域划分的示意图

图 4-9 中，控制柜内的 A 区为电源端子区；B 区为功率电子元器件，该区中的设备生成磁场；C 区为控制系统和传感器区，该区中的设备自身不会生成磁场，但其功能受磁场的影响；位于控制柜外的 D 区为电动机和制动电阻等设备区，该区中的设备生成磁场。

将设备安装在控制柜中，不仅要将设备分配在不同区域内，还要保证安全间距≥25 cm，并使用独立金属外壳或大面积隔板等其中一种措施对区域进行电磁去耦。另外，应将不同区域的电缆敷设在分开的电缆束或电缆通道中，在区域的接口处使用滤波器或隔离放大器，以便于实现电磁兼容安装。

详细电磁兼容安装准则请查阅相关手册。

4.2.2　功率模块的接口

所有 G120 变频器的功率模块均配备了 PM-IF 接口、通过螺钉端子或螺栓连接的电动机接口、2 个 PE/ 保护接地线接口以及屏蔽连接板；有的功率模块还提供了电动机制动器接口和制动电阻器接口。其中，PM-IF 接口用于将功率模块连接至控制单元，功率单元通过集成的电源组件向控制单元供电。例如，集成或未集成进线滤波器的功率模块 PM230、PM240 和 PM250 的接口如图 4-10、图 4-11、图 4-12、图 4-13 及图 4-14 所示。

FSA/FSB/FSC 型功率模块上有易拆式和可交换端子连接器。FSA/FSB/FSC 型功率模块 PM240-2 的接线端子连接器如图 4-15 所示。图 4-15 中的①为解扣杆，用于取下端子连接器。当按压解扣杆时，可拔出端子连接器。

对于 FSD/FSE/FSF/FSG 型功率模块，为将电源、电动机和制动电阻连接到变频器上，必须拆下接口盖板。此外，对于 FSD 和 FSE 型设备，还需松开电动机和制动电阻接口上的两个端子螺钉并拔出绝缘插头。对于 FSF 和 FSG 型设备，需使用定距侧刀或细齿锯从接口盖板中打通功率接口的开孔。FSD/FSE/FSF/FSG 型功率模块上与电源、电动机和制动电阻的接线端子连接器如图 4-16 所示。为了在连接变频器后重新确保变频器的接触安全，必须再次装上接口盖板。

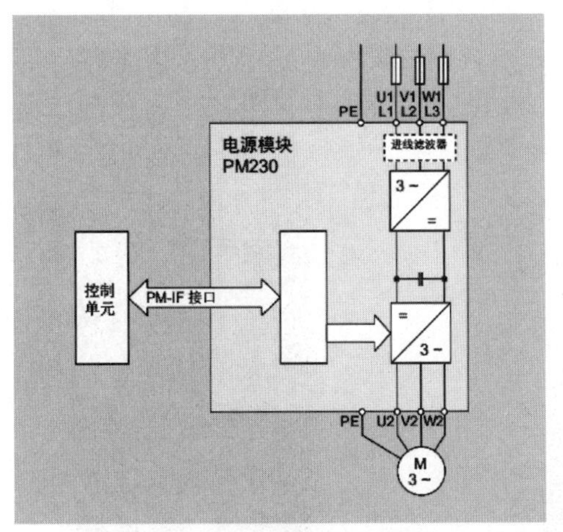

图 4-10　功率模块 PM230 接口

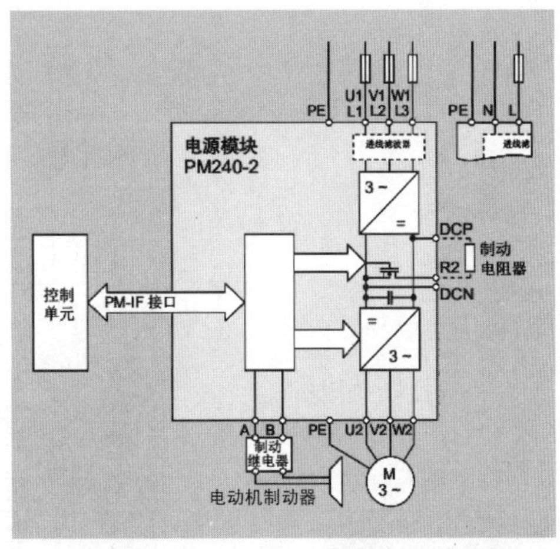

图 4-11　机座号为 FSA/FSB/FSC 的 PM240-2 接口

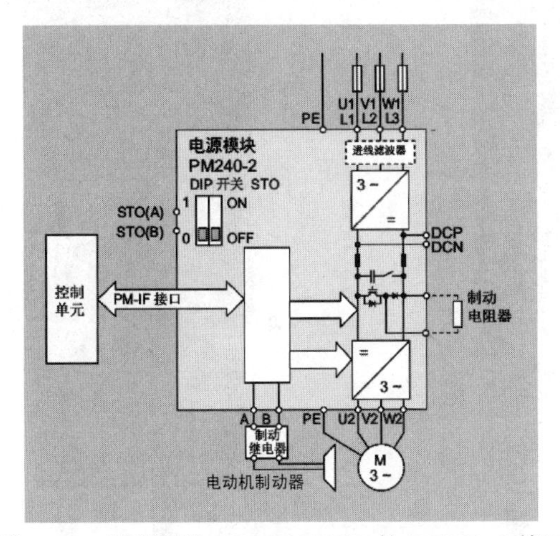

图 4-12　机座号为 FSD/FSE/FSF 的 PM240-2 接口

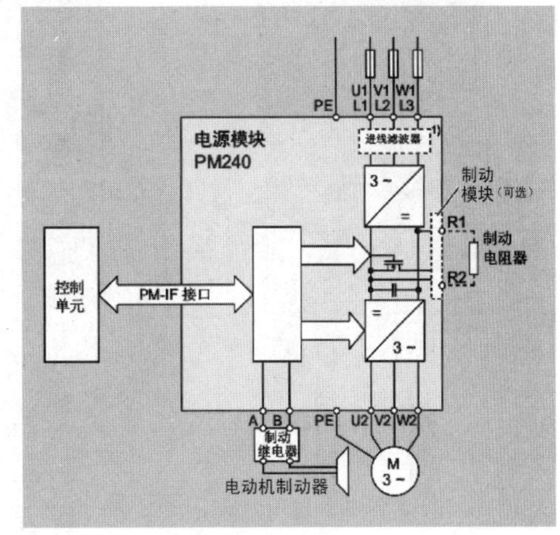

图 4-13　机座号为 FSGX 的 PM240 接口

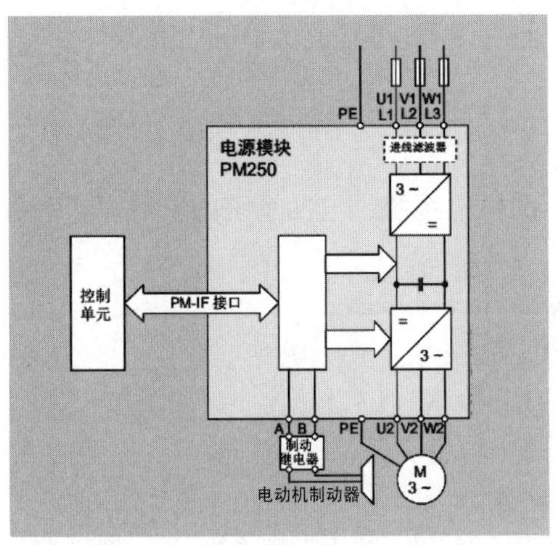

图 4-14　功率模块 PM250 接口

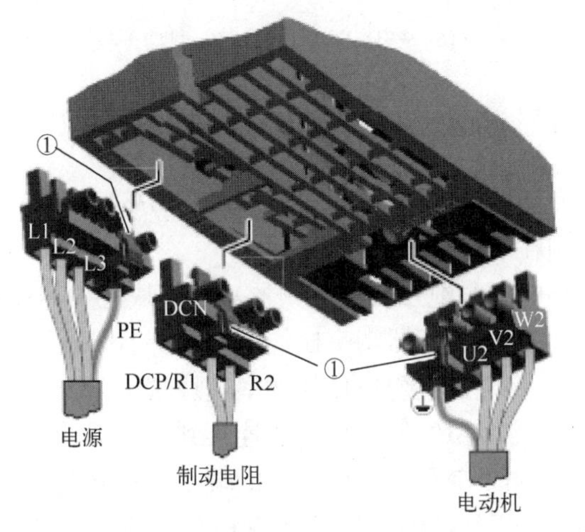

图 4-15　FSA/FSB/FSC 型功率模块 PM240-2 的接线端子连接器

①—解扣杆

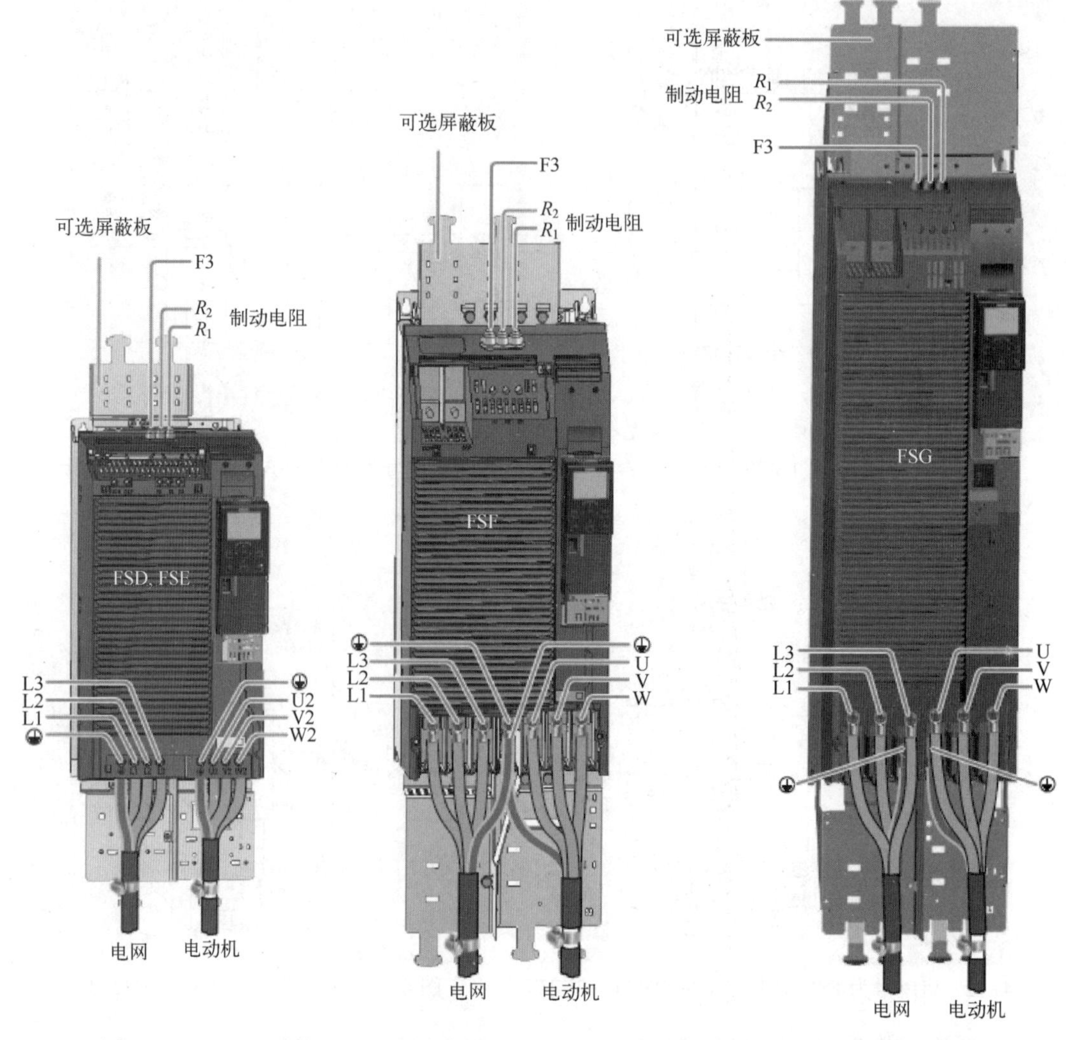

图 4-16 FSD/FSE/FSF/FSG 型功率模块上电源、电动机和制动电阻的接线端子连接器

4.2.3 变频器功率模块与电源的连接

变频器设计用于以下符合 IEC 60364-1（2005）的供电系统，电网系统的安装海拔高度被限制在 2000 m 以下。

将电源电缆连接到变频器功率模块上，需要遵循以下 4 个步骤。

1）如果变频器功率模块的端子上有外盖，打开外盖。

2）将电源电缆连接到功率模块端子 U1/L1，V1/L2 和 W1/L3 上。

3）将电源的保护接地线连接到变频器功率模块的 PE 端子上。

4）如果变频器功率模块的端子上有外盖，合上外盖。

根据现行的国家标准《低压配电设计规范》（GB50054），低压配电系统有三种接地形式，即 IT 系统、TT 系统和 TN 系统。

其中，第一个字母表示电源端与地的关系，“T”表示电源变压器中性点直接接地，

“I”表示电源变压器中性点不接地，或通过高阻抗接地；第二个字母表示电气装置的外露可导电部分与地的关系，“T”表示电气装置的外露可导电部分直接接地，此接地点在电气上独立于电源端的接地点；“N”表示电气装置的外露可导电部分与电源端接地点有直接电气连接。

（1）TN 系统

TN 系统通过一根导线将保护接地线传送到安装好的设备。TN 系统可以分开或组合传送中性线 N 和保护接地线。TN 系统中的星点通常是接地的，也有带接地外导体的 TN 系统。

其中，内置或带有外部电源滤波器的变频器允许在带有接地星点的 TN 系统上运行，不允许在带有接地外导体的 TN 系统上运行；不带电源滤波器的变频器允许在所有 TN 系统上运行。图 4-17 为变频器连接分开传送 N 和 PE 且带有接地星点的 TN 系统示例。

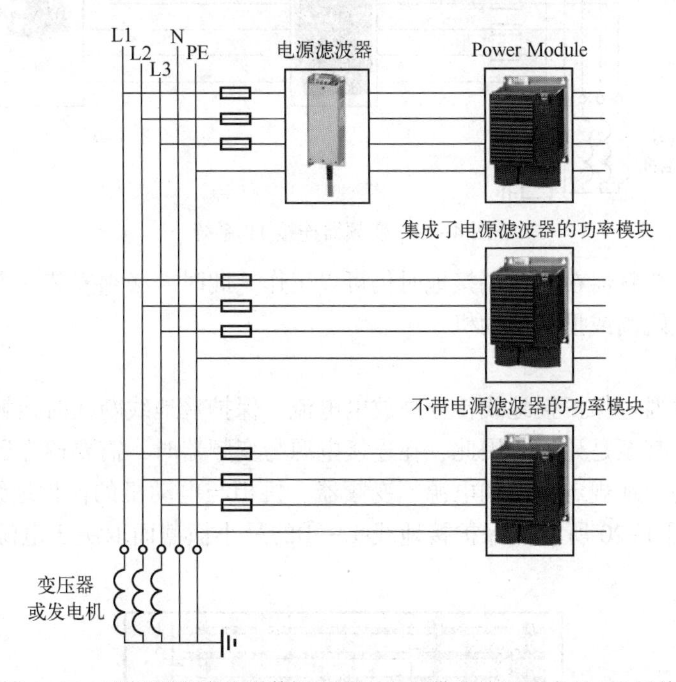

图 4-17　变频器连接分开传送 N 和 PE 且带有接地星点的 TN 系统

（2）TT 系统供电

在 TT 系统中，变压器的接地与安装都是独立进行的，包括传送或不传送中性线 N 的两种情况。

其中，内置或带有外部电源滤波器的变频器，允许在带有接地星点的 TT 系统上运行，不允许在不带接地星点的 TT 系统上运行；不带电源滤波器的变频器，允许在 TT 系统上运行。图 4-18 为变频器连接传送中性线 N 的 TT 系统示例。

（3）IT 系统

IT 系统中的所有导线都与保护接地线进行了隔离或是通过一个阻抗与保护接地线相连，包括传送或不传送中性线 N 的两种情况。

其中，内置或带有外部电源滤波器的变频器不允许在 IT 系统上运行；不带电源滤波器的变频器允许在 IT 系统上运行。图 4-19 为变频器连接 IT 系统示例。

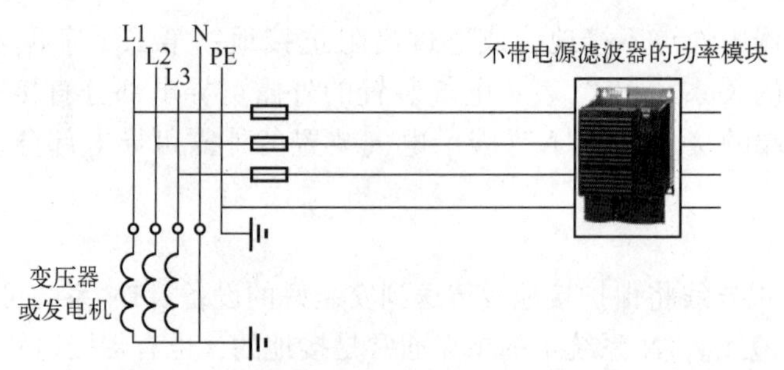

图 4-18　变频器连接传送中性线 N 的 TT 系统

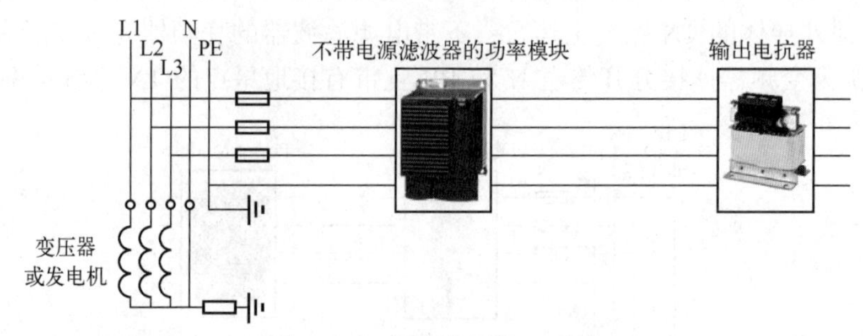

图 4-19　变频器连接 IT 系统

某些情况下，变频器在输出端接地时仍可以工作。此时，必须安装一个输出电抗器，以避免变频器过电流跳闸或损坏电动机。

（4）保护地线

由于驱动部件通过保护接地线传导高放电电流，保护接地线断线时接触导电的部件可能会导致人员重伤，甚至是死亡。因此，在连接电源与变频器时，需要遵守运行现场高放电电流时保护接地线的当地规定。例如电源、变频器、机柜与电动机的保护地线（①-④，为黄绿色线）连接如图 4-20 所示。保护接地线①-④的最小横截面取决于电源或电动机连接线的横截面的大小。

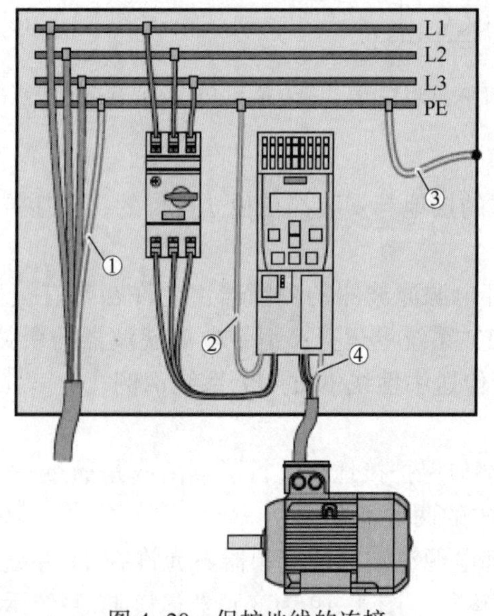

图 4-20　保护地线的连接

对于安装海拔为 2000~4000 m 的情况，只能连接在带有接地星点的 TN 系统上，不允许连接带有接地外导体的 TN 系统，可通过一个隔离变压器为 TN 系统提供接地星点，不可以降低相间电压。

4.2.4　变频器功率模块与异步电动机的连接

变频器与异步电动机之间，需要使用电动机电缆将二者连接起来。

（1）电动机电缆连接到变频器的步骤

1）如果变频器功率模块的端子上有外盖，打开外盖。

2）将电动机电缆连到变频器功率模块端子 U2、V2 和 W2 上，这里需要按照电磁兼容（EMC）的布线规定连接变频器。

3）将电动机电缆的保护接地线连接到变频器的 PE 端子上。

4）如果变频器的端子上有外盖，合上外盖。

（2）电动机电缆连接到异步电动机的步骤

1）打开电动机的接线盒。

2）采用星形接法的电动机接线盒接线和电动机三相绕组对应关系如图 4-21 所示，采用三角形接法的电动机接线盒接线和电动机三相绕组对应关系如图 4-22 所示。

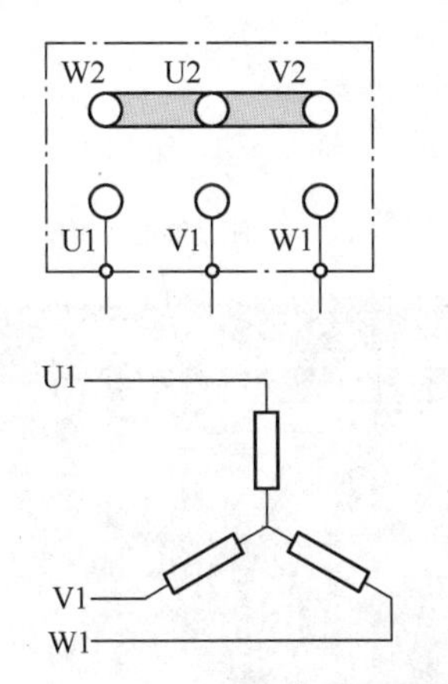

图 4-21　异步电动机的星形接线

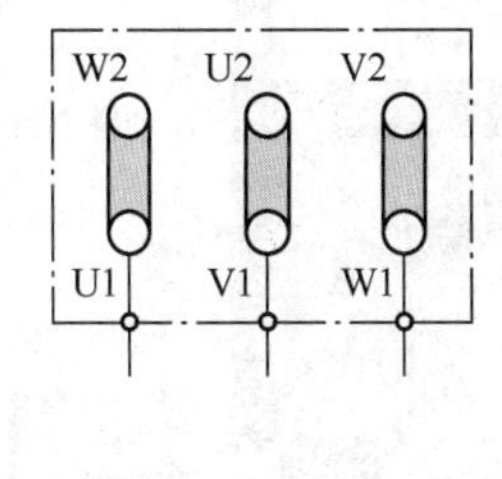

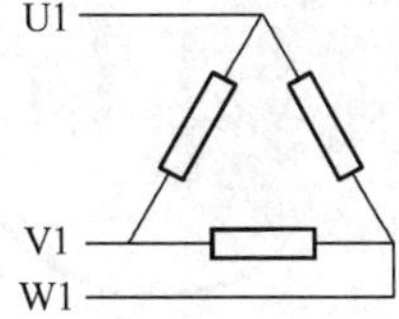

图 4-22　异步电动机的三角形接线

如果需要屏蔽电动机电缆，必须先剥除接线盒进线孔周围电动机电缆的护套，使屏蔽层裸露出来，然后通过电动机接线盒上合适的电缆密封头使屏蔽层接地。

3）将电动机电缆连接至异步电动机的接线盒的 U1、V1 和 W1 端子上。

注意：一旦变频器通电，变频器的电动机接口上就可能会带有危险电压。如果电动机已连到变频器而电动机接线盒打开，则接触电动机接口可引发电击危险。故在接通变频器前关上电动机的接线盒。

4.2.5　连接电动机抱闸

制动继电器（Brake Relay）是功率模块和电动机抱闸线圈之间的接口，如图 4-23 所示。制动继电器可以安装在安装板、控制柜柜壁及变频器的屏蔽连接板上。

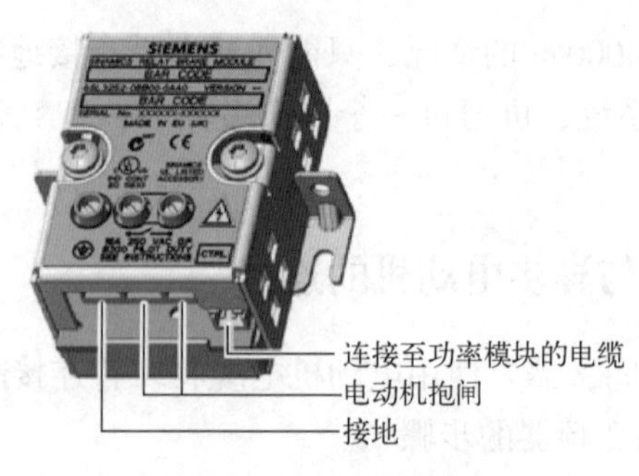

图 4-23　制动继电器

电动机抱闸线圈和变频器之间的连接主要包括以下步骤。

1）通过产品自带的预制电缆将制动继电器和功率模块连在一起。其中，FSA/FSB/FSC 尺寸的功率模块与制动继电器的连接接口位于正面，FSD/FSE/FSF 尺寸的功率模块上连接制动继电器的接口位于底部，如图 4-24 所示。

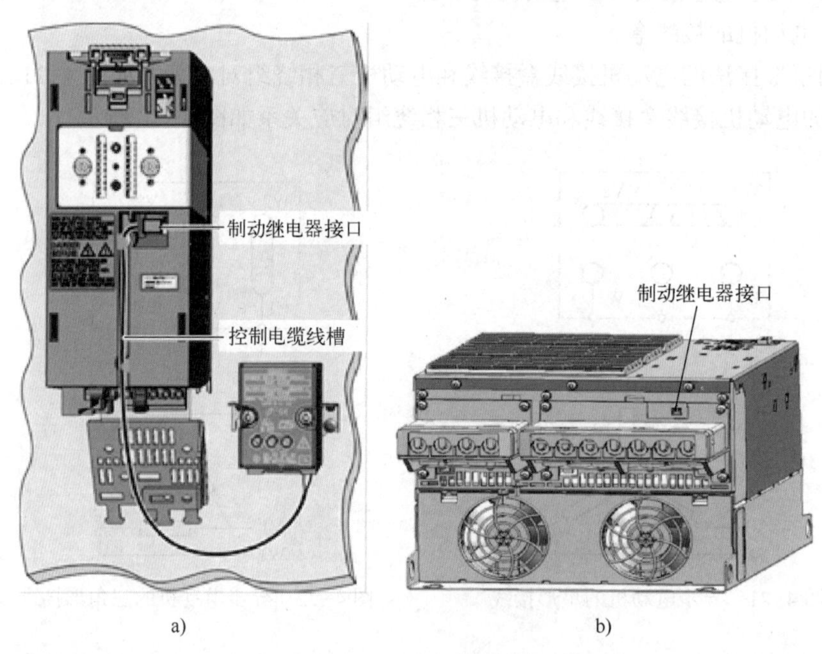

图 4-24　功率模块与制动继电器的连接

a）FSA/FSB/FSC 尺寸规格的 PM　b）FSD/FSE/FSF 尺寸规格的 PM

2）将电动机抱闸连到制动继电器的接线端子上，如图 4-25 所示。

4.2.6　连接制动电阻

按照以下步骤，可以将制动电阻连接至变频器上，并监控制动电阻的温度。

1）将制动电阻连到变频器上的接线端子 R1 和 R2 上。

2）直接将制动电阻接到控制柜的接地排上，制动电阻不允许通过变频器上的 PE 端子接地。

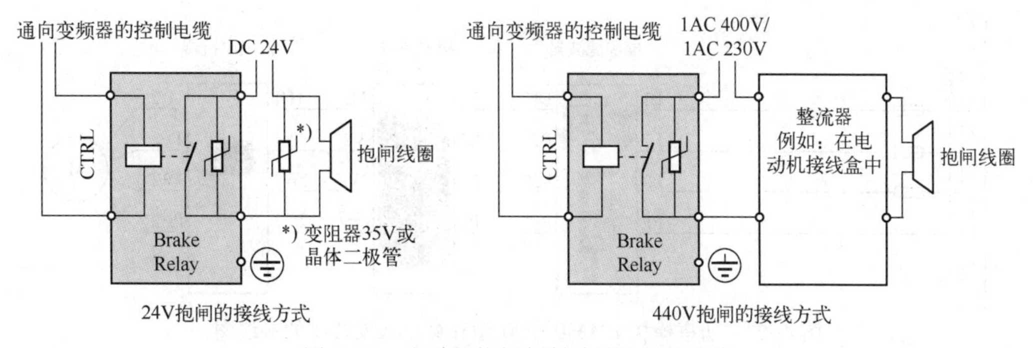

图 4-25　电动机抱闸与制动继电器的连接

3）遵循屏蔽规定，确保符合电磁兼容要求。

4）将制动电阻的温度监控端子（制动电阻上的端子 T1 和 T2）连接至变频器上空闲的数字量输入。将数字量输入的功能定义为输出外部故障，例如，对于数字量输入 DI3，设置 p2106=722. 3。

例如，通过 DI3 连接温度监控端子，制动电阻与变频器连接的电路接线如图 4-26 所示。

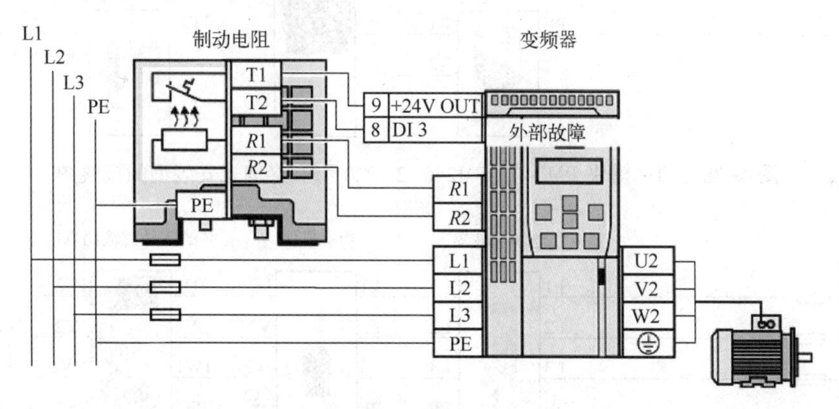

图 4-26　制动电阻与变频器连接的电路接线

注意：不适当安装或不正确安装制动电阻可导致火灾，引发生命危险；使用不配套的制动电阻可引发明火和烟雾，从而导致人员伤亡或财产损失。因此，只允许使用和变频器配套的制动电阻，并且按规定安装制动电阻，同时监控制动电阻的温度。

另外，由于制动电阻的温度在工作期间会急剧上升，接触高温表面可导致烫伤，故在运行期间不要接触制动电阻。

4.2.7　电源、电动机和变频器功率模块连接示例

图 4-27、图 4-28、图 4-29、图 4-30 及图 4-31 为各种变频器功率模块与电源和电动机的连接示例。

4.2.8　控制单元端子定义与接线

打开控制单元正面门盖，可以看到控制单元正面的接口，如图 4-32 所示。

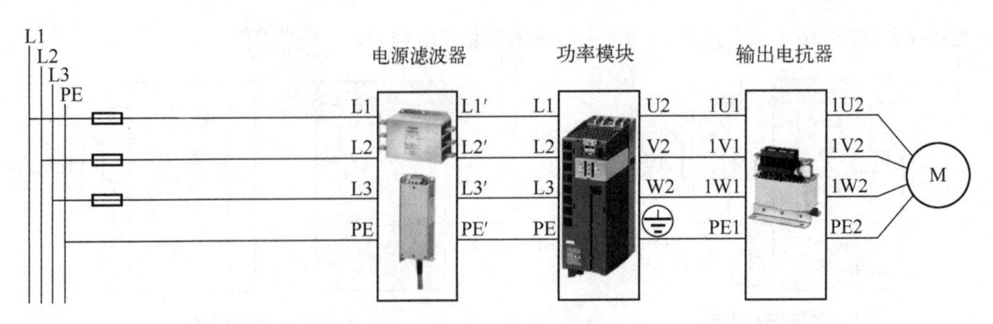

图 4-27　功率模块 PM230 IP20 型和穿墙式安装型的接线图

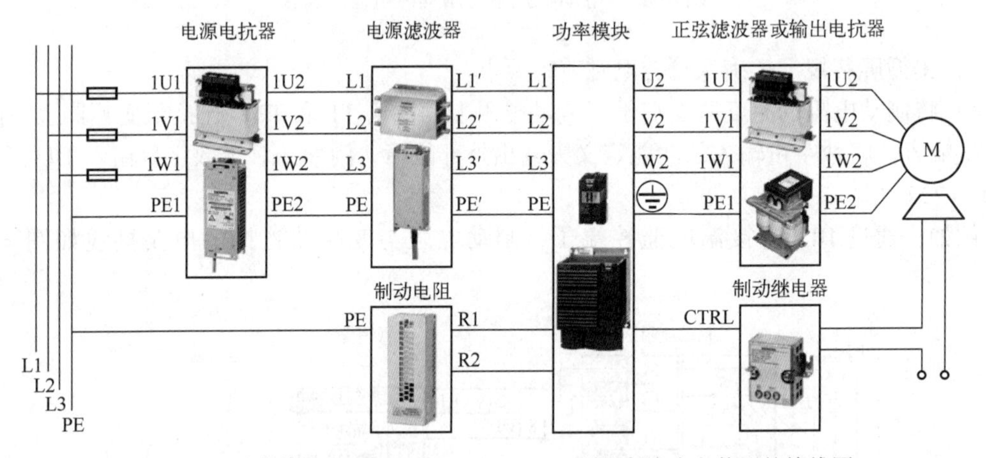

图 4-28　功率模块 PM240、PM240-2 IP20 型和穿墙式安装型的接线图

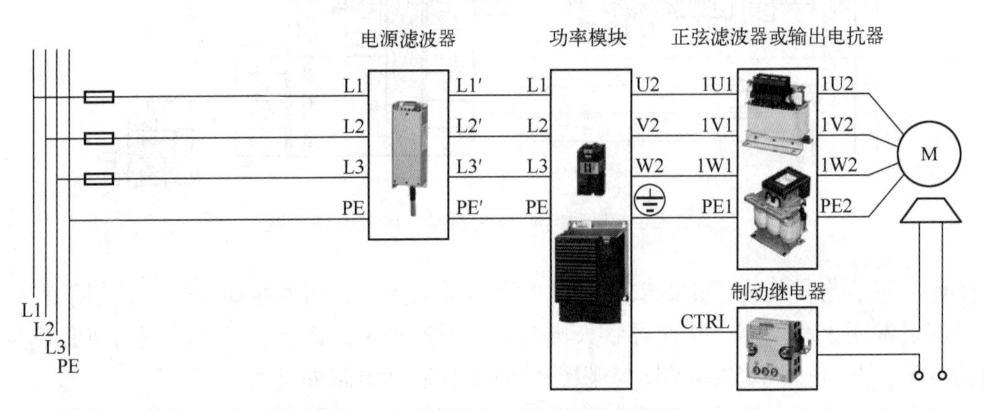

图 4-29　功率模块 PM250 的接线图

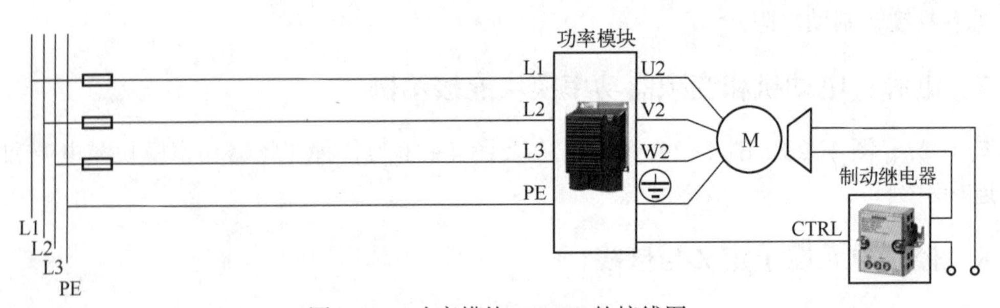

图 4-30　功率模块 PM260 的接线图

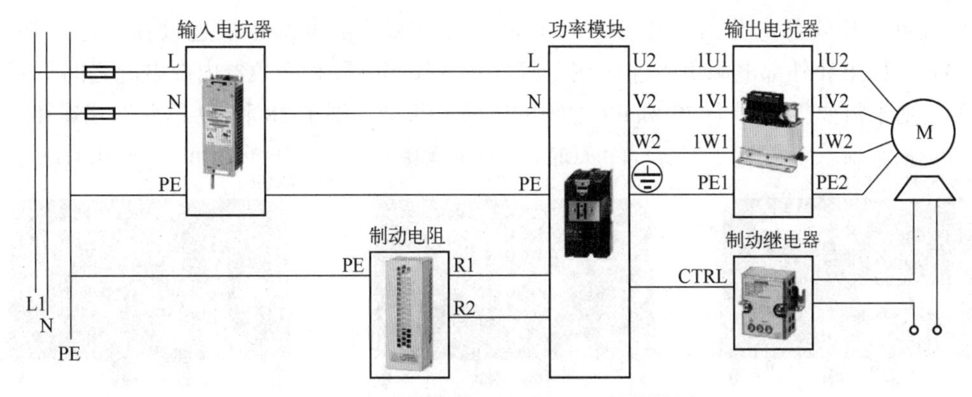

图 4-31　功率模块 PM340 1AC 的接线图

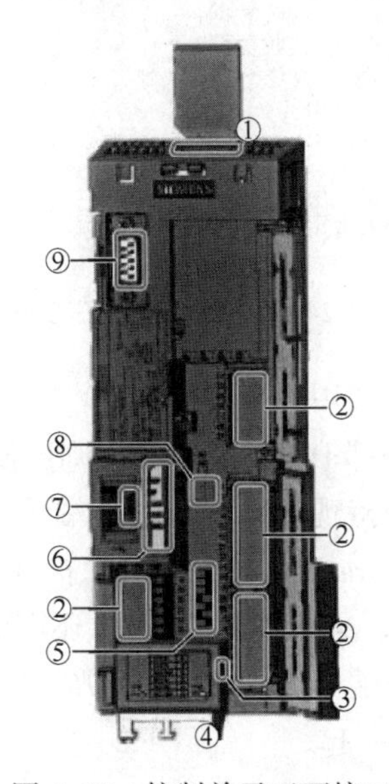

图 4-32　控制单元正面接口

①—存储卡插槽

②—端子排–X130、–X132、–X133、–X134

③—总线终端，仅用于现场总线USS和Modbus

ON
OFF

④—底部的现场总线接口–X127、–X128、–X150

⑧—AI0和AI1[1]开关（电压输入/电流输入）

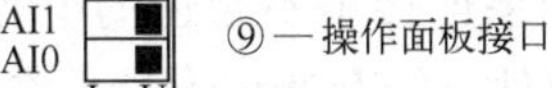

[1] 控制单元CU240B-2上没有AI1

⑤—选择现场总线地址（除了CU240E-2 PN和CU240E-2 PN-F以外的所有控制单元）

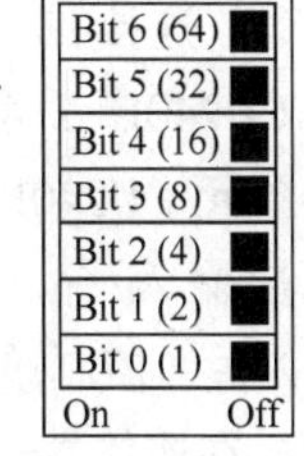

⑥—状态LED

⑦—USB接口，用于连接PC

⑨—操作面板接口

（1）底部的现场总线接口

以控制单元 CU240B-2 和 CU240E-2 为例，底部的现场总线接口如图 4-33 所示。

（2）CU240B-2 系列控制单元端子排接线

控制单元 CU240B-2 系列控制单元上的端子排及接线如图 4-34 所示。

当数字量输入使用内部电源时，端子 9（+24 V OUT）的接线如图 4-34 所示，端子 69（DI COM）必须和端子 28（GND）连接在一起。当数字量输入使用外部电源，端子 69（DI

COM）既可以和外部电源负极连接在一起，也可以和外部电源正极连接在一起。端子 69（DI COM）如果和外部电源负极连接在一起，并且外部电源和变频器内部电源之间不需要电流隔离，则不需要拆除端子 28 和 69 之间的电桥；否则，端子 28 和 69 不允许互连在一起。

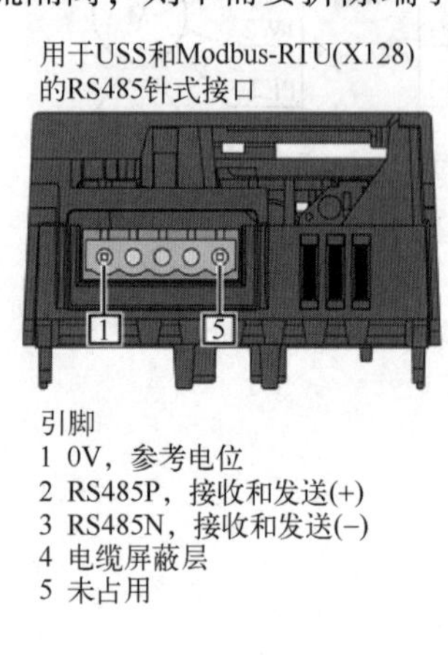

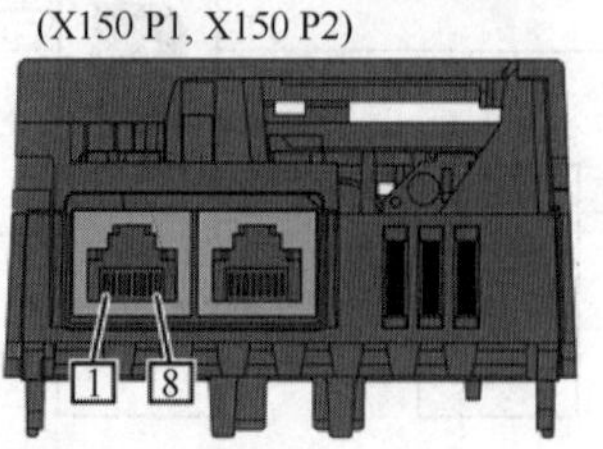
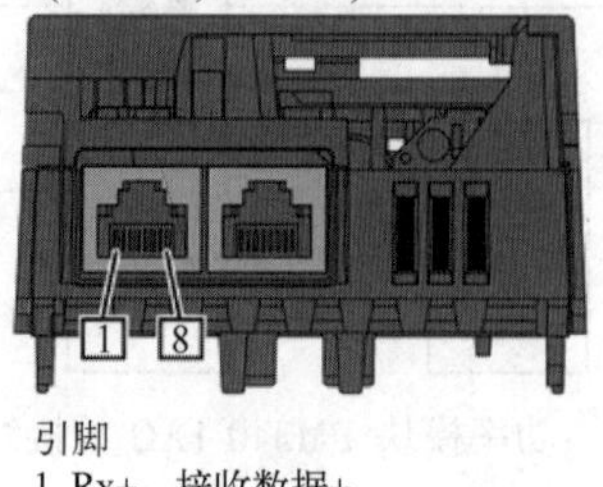
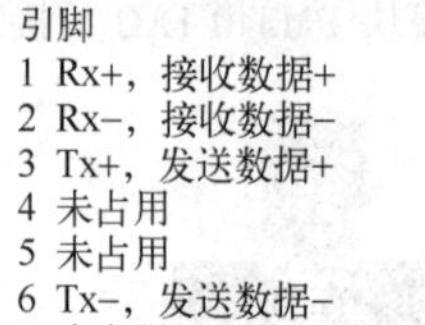

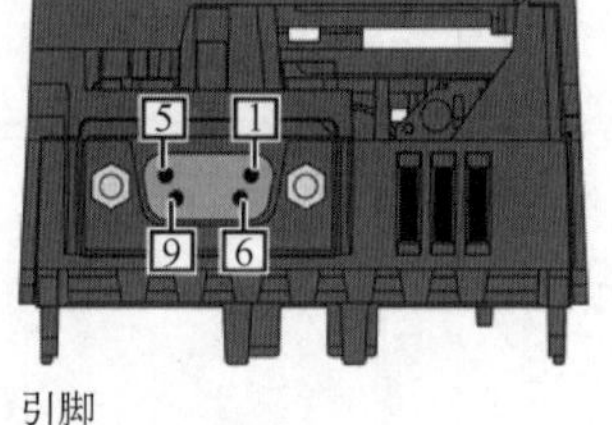

图 4-33　控制单元 CU240B-2 和 CU240E-2 底部的现场总线接口

数字量输出可以和数字量输入共用一个电源。

端子 31 和端子 32 如果连接外部 DC 24 V 电源，则即使功率模块从电网断开，控制单元仍保持运行状态，使控制单元能保持现场总线通信。端子 31 和端子 32 如果连接外部电源，则需要使用带 PELV（Protective Extra Low Voltage，保护低压）的 24 V 直流电源（针对在美国和加拿大的应用：使用 NEC 2 类 24 V 直流电源），还需要将电源的 0 V 端子和保护接地线连接在一起。如要使用外部电源对端子 31、32 以及数字量输入供电，则端子 69（DI COM）必须和端子 32（GND IN）连接在一起。

模拟量输入端子 3 和端子 4 可以使用内部 10 V 电源，此时必须将端子 4（AI 0-）与端子 2（GND）连接在一起。当然，模拟量输入端子 3 和端子 4 也可以使用外部电源。

（3）CU240E-2 系列控制单元端子排接线

控制单元 CU240E-2 系列控制单元上的端子排及接线如图 4-35 所示。

数字量输入/输出端子、模拟量输入/输出端子、控制单元外部电源端子的接线与 CU240B-2 系列控制单元类同。

注意：在连接端子排时，如果连接了不合适的电源，所产生的危险电压可引发生命危险；在出现故障时，接触带电部件可能会造成人员重伤，甚至是死亡。所有的连接和端子只允许使用可以提供 SELV（Safety Extra Low Voltage，安全低压）或 PELV（Protective Extra Low Voltage，保护低压）输出电压的电源。24 V 输出短路时会损坏控制单元 CU240E-2 PN 和 CU240E-2 PN-F，同时出现下列条件时，可能会导致控制单元故障。

① 变频器运行时，端子 9 上的 24 V 输出出现短路。

② 环境温度超过允许的上限。

③ 在端子 31 和端子 32 上连接了一个外部 24 V 电源，端子 31 上的电压超出允许的上限。

另外，变频器的数字量输入和 24 V 电源上的长电缆可能会在开关过程中产生过电压，因而可能会损坏变频器。所以，当数字量输入和 24 V 电源上的电缆长度大于 30 m 时，应在端子及其参考电位之间连接一个过电压保护元件。

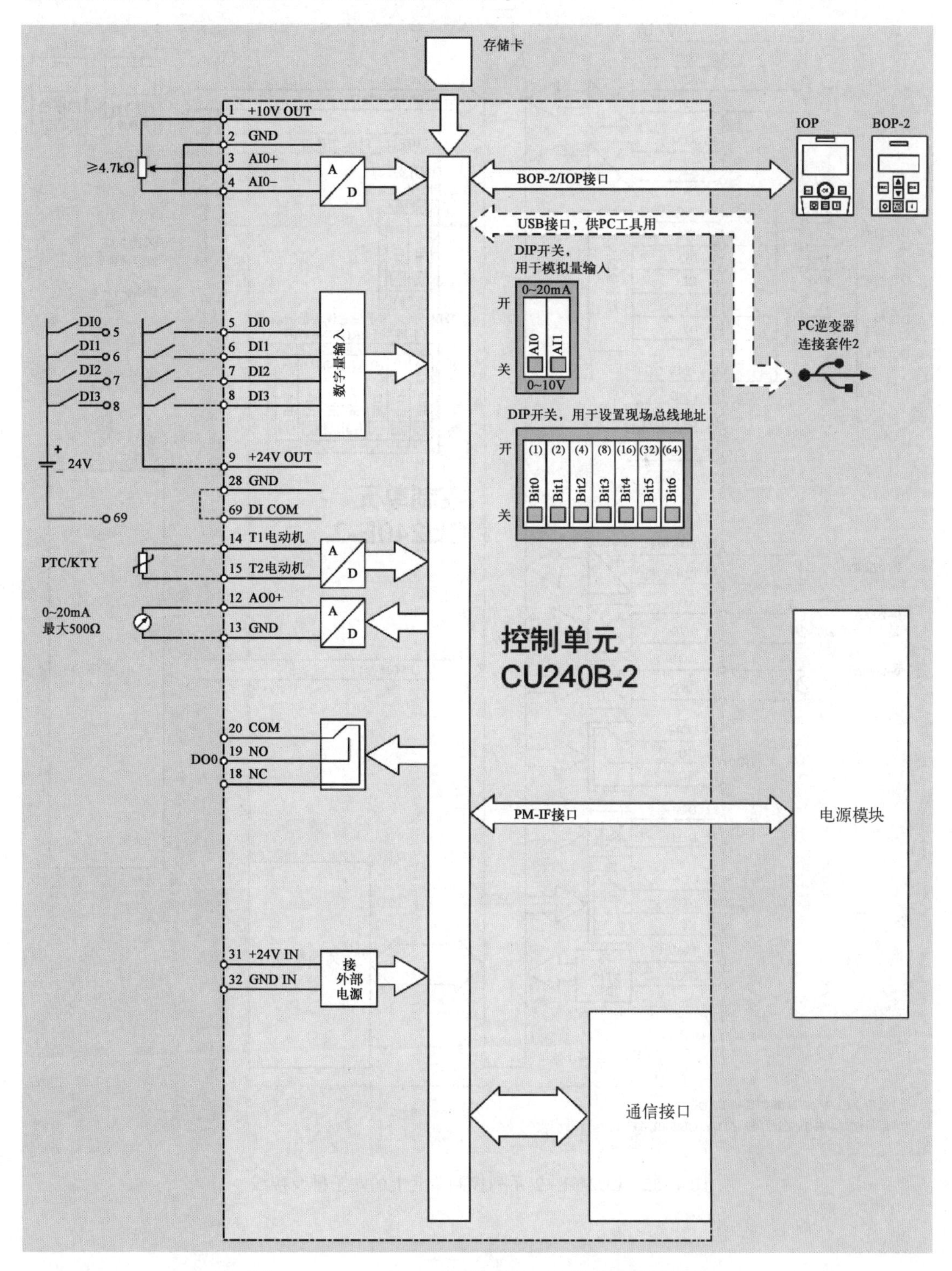

图 4-34　CU240B-2 系列控制单元上的端子排及接线

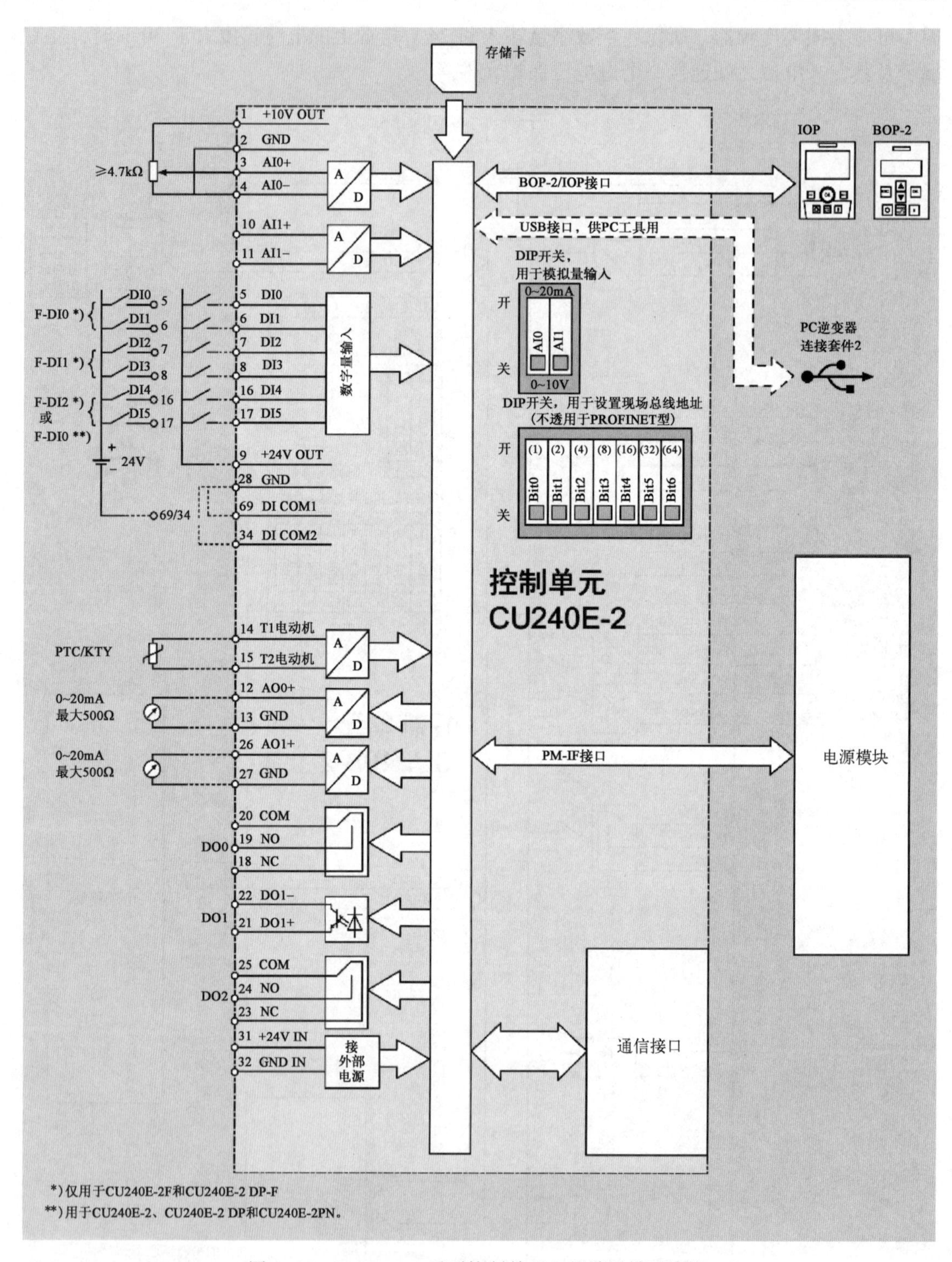

图 4-35　CU240E-2 系列控制单元上的端子排及接线

第 5 章

G120 变频器的基本调试

G120 变频器在使用之前，需要使用操作面板或软件对其进行基本调试和参数设置。G120 变频器可以使用操作面板 BOP、智能操作面板 IOP、基于网络的操作单元 Smart Access、安装有 STARTER 软件或 Startdrive 软件的 PC 进行基本调试。

5.1 操作面板简介

G120 变频器可以使用操作面板对 G120 变频器完成基本调试功能。G120 变频器操作面板包括基本操作面板 BOP-2 和智能操作面板 IOP。

5.1.1 基本操作面板 BOP-2

基本操作面板 BOP-2 通过一个 RS-232 接口连接到变频器，它能自动识别 SINAMICS 系列 G120 的控制单元，包括 CU230P-2、CU240B-2 和 CU240E-2。

基本操作面板 BOP-2 的实物外观如图 5-1 所示，正面主要有一液晶显示屏和 7 个按键，背面贴有产品铭牌，并有 4 个用于安装于柜门或其他位置的螺孔，还有一个 RS-232 接口。

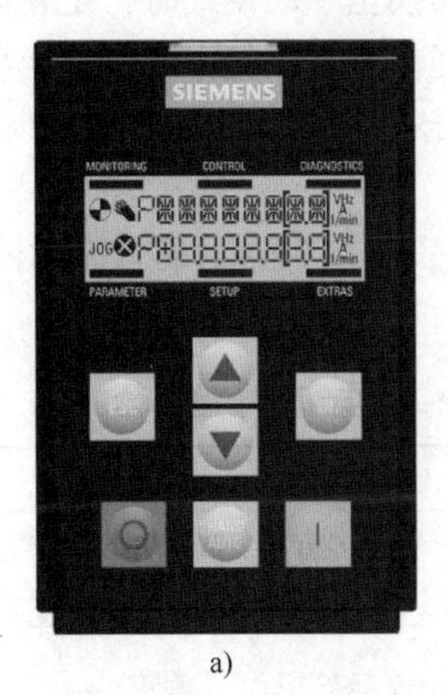

a)

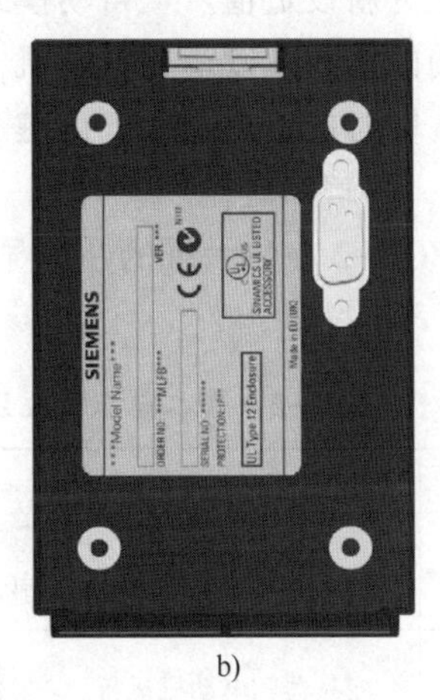

b)

图 5-1　基本操作面板 BOP-2

a）正面　b）背面

基本操作面板 BOP-2 正面上的按键功能见表 5-1。

表 5-1 基本操作面板 BOP-2 的按键功能

按键	名称	功能
OK	确认键	• 浏览菜单时，按确认键确定选择一个菜单项 • 进行参数操作时，按确认键允许修改参数。再次按确认键，确认输入的值并返回上一页 • 在故障屏幕时，确认键用于清除故障
▲	向上键	• 浏览菜单时，按向上键向上移动选择 • 编辑参数值时增加显示值 • 如果激活手动模式和点动，同时长按向上键和向下键，则当反向功能开启时，关闭反向功能；当反向功能关闭时，开启反向功能
▼	向下键	• 浏览菜单时，按向下键向下移动选择 • 编辑参数值时减小显示值
ESC	退出键	• 如果按下时间不超过 2 s，则 BOP-2 返回到上一页；如果正在编辑数值，新数值不会被保存 • 如果按下时间超过 3 s，则 BOP-2 返回到状态屏幕 在参数编辑模式下使用退出键时，除非先按确认键，否则数据不能被保存
I	开机键	• 在自动模式下，开机键未被激活，即使按下它也会被忽略 • 在手动模式下，按下它使变频器起动，变频器将显示驱动器运行图标
O	关机键	• 在自动模式下，关机键不起作用，即使按下它也会被忽略 • 如果按下时间超过 2 s，变频器将执行 OFF2 命令，电动机将关闭停机 • 如果按下时间不超过 3 s，变频器将执行以下操作：如果两次按关机键不超过 2 s，将执行 OFF2 命令；如果在手动模式下，变频器将执行 OFF1 命令，电动机将在参数 P1121 中设置的减速时间内停机
HAND AUTO	手动/自动键	切换 BOP（手动）和现场总线（自动）之间的命令源 • 在手动模式下，按手动/自动键将变频器切换到自动模式，并禁用开机和关机键 • 在自动模式下，按手动/自动键将变频器切换到手动模式，并启用开机和关机键 在电动机运行时也可切换手动模式和自动模式

从手动模式切换至自动模式时，如果开机信号激活，新的设定值启用，模式切换后变频器自动将电动机更改为新设定值。从自动模式切换至手动模式时，变频器不会停止电动机运行，将以按下键之前的相同速度运行电动机，任何正在进行中的斜坡函数将停止。

为防止误操作，同时按退出键和确认键 3 s 或以上，则锁定 BOP-2 键盘；同时按退出键和确认键 3 s 或以上，则解锁键盘。

基本操作面板 BOP-2 在显示屏的左侧显示表示变频器当前状态的图标，这些图标的含义见表 5-2。

表 5-2 基本操作面板 BOP-2 显示屏中的图标含义

符号	功能	状态	备注
	命令源	手动	当手动模式启用时，显示该图标。当自动模式启用时，无图标显示
	变频器状态	变频器和电动机运行	这是一个静态图标，不旋转
JOG	点动	点动功能激活	
	故障/报警	故障或报警等待： 闪烁的符号=故障 稳定的符号=警告	如果检测到故障，变频器将停止，用户必须采取必要的纠正措施，以清除故障。报警是一种状态（例如，过热），它并不会停止变频器运行

基本操作面板 BOP-2 是一个菜单驱动设备，菜单结构如图 5-2 所示，主要有监控“MONITOR”、控制“CONTROL”、诊断“DIAGNOS”、参数“PARAMS”、设置“SETUP”和附加“EXTRAS”6 个菜单，可以通过向下键浏览菜单，通过确认键选择进入该菜单。

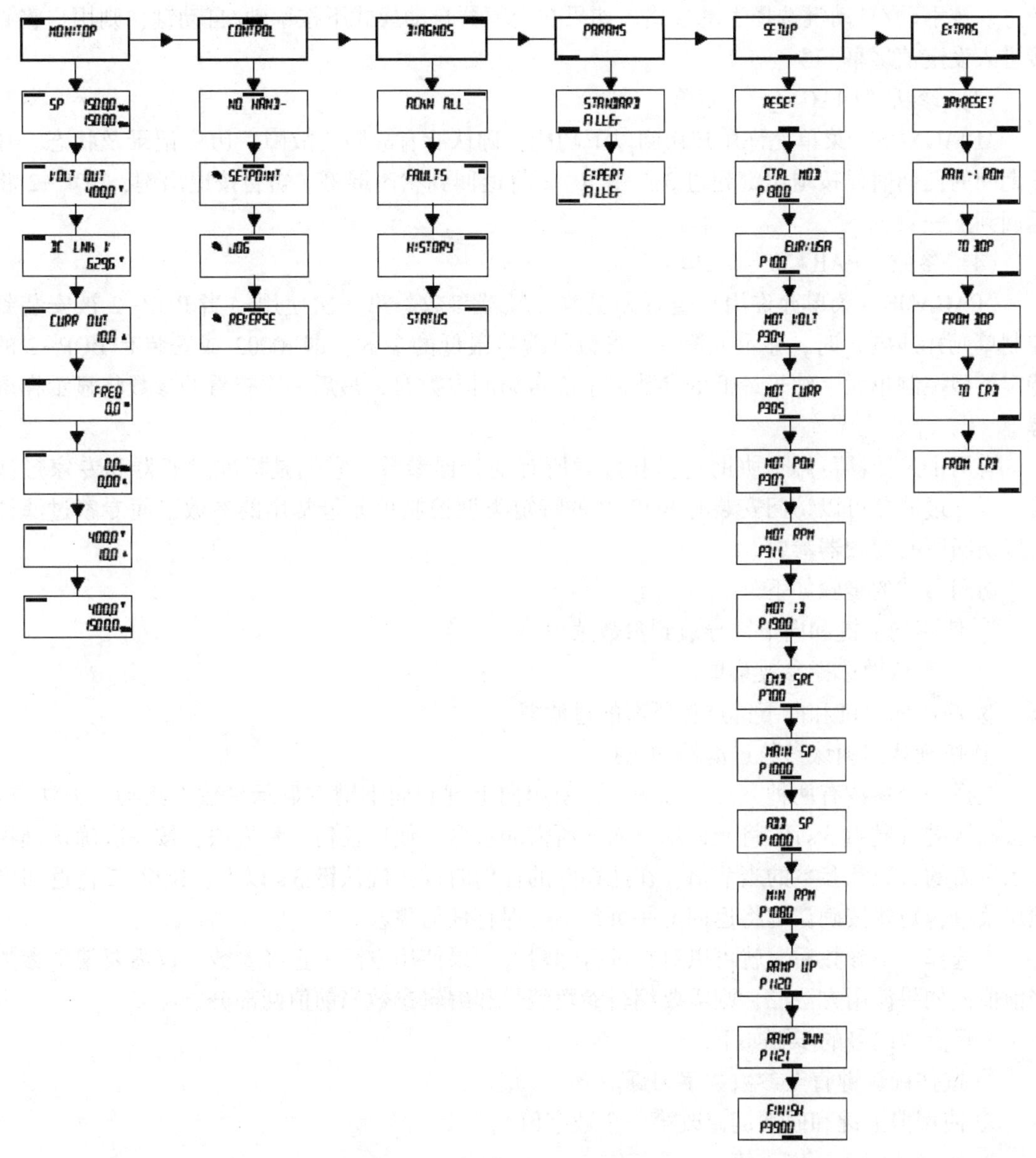

图 5-2　BOP-2 操作面板菜单结构

（1）监控“MONITOR”菜单

“MONITOR”菜单允许用户轻松访问各种显示变频器/电动机系统实际状态，例如电动机转速设定值、电动机转速实际值、变频器输出到电动机的实际输出电压、直流母线端子的实际直流电压、变频器输出到电动机的实际输出电流及电动机运行的实际频率等。通过使用向上键和向下键移动菜单栏至所需的菜单，按键确认选择并显示该菜单。在监控屏幕上显示的信息是只读信息，不能修改。

（2）控制“CONTROL”菜单

“CONTROL”菜单允许用户访问变频器的设定值、点动和反向等功能。在访问任何功能前，变频器必须为手动模式。如果没有选择手动模式，屏幕会显示变频器未启动手动模式的信息。按手动/自动键选择手动模式。如果在变频器自动模式下按手动/自动键，则用户将直接进入设定值屏幕。

（3）诊断“DIAGNOS”菜单

“DIAGNOS”菜单允许用户访问以下功能：确认所有故障、故障、历史记录及状态。在此期间的任何时候按退出键超过 3 s，BOP-2 将返回到状态屏幕。短暂按退出键，BOP-2 将返回到上一页。

（4）参数“PARAMS”菜单

“PARAMS”菜单允许用户查看和更改变频器参数。第一次使用（当 BOP-2 被安装到控制单元并通电）时，显示的第一个参数是编号最低的参数，即 r0002 或安装有 BOP-2 的特定类型控制单元上编号最低的参数。下次再访问参数时，最后一次查看的参数将显示在屏幕上。

有两个过滤器可用于协助选择和搜索所有变频器参数，它们是标准过滤器和专家过滤器。标准过滤器可以访问安装有 BOP-2 的特定类型控制单元最常用的参数，而专家过滤器可以访问所有变频器参数。

访问参数的步骤如下。

① 使用向上键和向下键导航到参数菜单。

② 按确认键选择参数菜单。

③ 使用向上键和向下键选择所需的过滤器。

④ 按确认键确认参数过滤器的选择。

选择一个参数有两种方法。方法一：使用向上键和向下键在显示参数上滚动。方法二：长按确认键（超过 3 s），将允许用户输入所需的参数。使用任何一种方法，按一次确认键将显示所需的参数和参数的当前值。在此期间的任何时候按确认键 3 s 以上，BOP-2 将返回到顶层菜单；短暂按确认键将返回上一页，不会保存任何更改。

当选择一个参数后，就可以对它进行编辑。如果使用方法一选择参数，仅需要编辑参数当前值；如果使用方法二，则需要编辑参数编号和编辑参数当前值两部分。

编辑参数编号的步骤如下。

① 按住确认键直至参数数字闪烁。

② 使用向上键和向下键修改第一个数字值。

③ 按确认键接受修改值。

④ 编号中的下一个数字开始闪烁。

⑤ 按步骤②、③的方法，完成参数编号所有数字的修改。

⑥ 最后按确认键，显示参数当前值或与输入参数值最接近的参数值。

然后按住确认键直至参数值闪烁，就可以对该参数的当前值进行编辑了。

编辑参数当前值的步骤如下。

① 使用向上键或向下键在所需的参数值数字上滚动。

② 按确认键接受修改值。

③ 参数值中的下一个数字开始闪烁。

④ 按照步骤①、②完成参数值中所有数字的修改。

编辑参数时需要注意：在对参数编号或参数值输入时，按一次退出键，将返回到该参数编号或参数值第一位数字重新开始编辑。在参数编号或参数值编辑时按两次退出键，则退出参数编号或参数值编辑模式。

（5）设置“SETUP”菜单

“SETUP”菜单是按固定顺序显示屏幕，从而允许用户执行变频器的基本调试。一旦一个参数值被修改，就不可能取消基本调试过程。在这种情况下，必须完成基本调试过程。如果没有修改参数值，短暂按退出键返回上一页或长按退出键（超过 3 s）返回到顶层监控菜单。

当一个参数值被修改，新的数据通过按确认键确认，之后将自动显示基本调试顺序中的下一个参数。

基本调试过程中要求输入与变频器相连的电动机的具体数据。连接电动机的相关数据可从电动机的铭牌上获取。由于电动机的最大转速将在电动机基本调试计算过程中自动计算，故在基本调试过程中不需要用户输入电动机的最大转速。如果用户想查看或编辑电动机的最高转速参数 p1082，仍可以通过“参数”菜单进入。

“设置”菜单下包括复位、控制方式、电动机数据、电动机电压、电动机电流、电动机功率、电动机转速、电动机识别、命令源、主设定值、附加设定值、最低转速、加速时间、减速时间及结束等子菜单。

“复位”子菜单：按下确认键，将执行复位变频器操作。复位操作可确保在应用调试新参数值之前，将所有参数值设置为默认值。

“控制方式”子菜单：按下确认键，可设置变频器的开环和闭环控制模式。

“电动机数据”子菜单：设置电动机的区域设置，例如千瓦和赫兹。

“电动机电压”子菜单：设置电动机输入电压。电动机铭牌的输入电压必须与电动机的接线（星形/三角形）相符。

“电动机电流”子菜单：根据电动机铭牌上的信息设置电动机电流值（单位：A）。

“电动机功率”子菜单：根据电动机铭牌上的信息设置电动机功率值（单位：kW 或 hp）。

“电动机转速”子菜单：根据电动机铭牌上的信息设置电动机转速值（单位：r/min）。

“电动机识别”子菜单：设置电动机数据识别和速度控制器优化。

“命令源”子菜单：设置变频器命令源。对于不带现场总线通信的变频器，命令源默认为终端（2），如果带现场总线通信，则默认设置为现场总线（6）。

“主设定值”子菜单：设置变频器的设定值源。对于不带现场总线通信的变频器，命令源默认为终端（2），如果带现场总线通信，则默认设置为现场总线（6）。

“附加设定值”子菜单：设置变频器的第二个设定值源。设置的默认值是 0，即没有二次设定值源。

“最低转速”子菜单：设置电动机不受频率设定值影响而运行的最低速度。

“加速时间”子菜单：设置电动机从静止加速到参数设置为 p1082 的最高转速所需的时间（单位：s）。

“减速时间”子菜单：设置电动机从最高转速（p1082）到静止所需的时间（单位：s）。

“结束”子菜单：确认调试过程结束。变频器将执行电动机计算，更改控制模块内的所有相关参数。

在更改变频器信息参数过程中，显示器显示“BUSY”。调试过程完成后，BOP-2 将显示“DONE”。如果发生问题或最后进程被中断，则 BOP-2 将显示“FAILURE”，此时，变频器被视为不稳定，必须查明失败原因并重新启动调试过程。

（6）附加“EXTRAS”菜单

“EXTRAS”菜单主要有以下子菜单，允许用户执行以下功能。

① DRVRESET：变频器复位到出厂默认设置。

② RAM->ROM：从变频器随机存取内存复制数据到变频器光盘。

③ TO BOP：从变频器内存写参数数据到 BOP-2 上。

④ FROM BOP：从 BOP-2 读取参数数据到变频器内存中。

⑤ TO CRD：从变频器内存写参数数据到记忆卡上。

⑥ FROM CRD：从记忆卡读取参数数据到变频器内存中。

5.1.2 智能操作面板 IOP

变频器智能操作面板 IOP 的实物外观如图 5-3 所示。其正面有一显示屏，显示屏下方有 6 个按键：确定（OK）滚轮键、开启/运行键（开机键）、关闭键（关机键）、退出（ESC）键、帮助（INFO）键和手动/自动（HAND/AUTO）键。这些按键的功能见表 5-3。

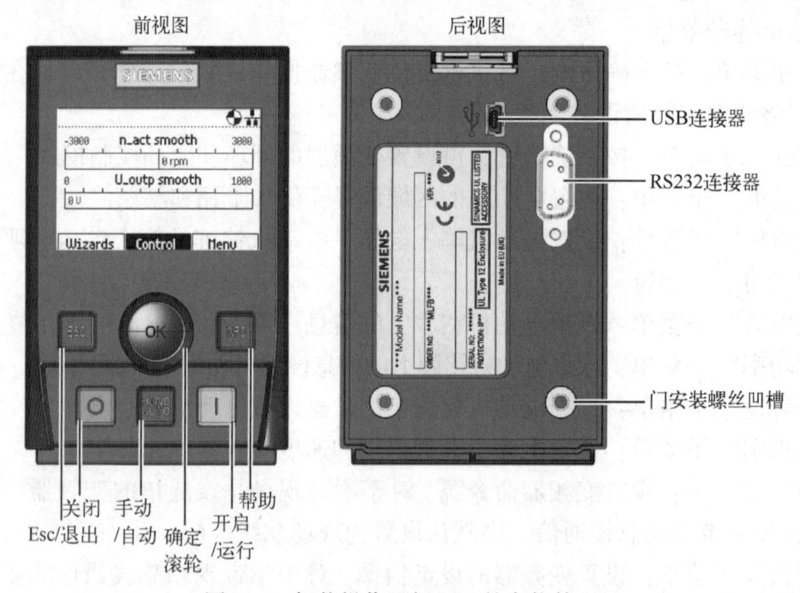

图 5-3　智能操作面板 IOP 的实物外观

表 5-3　IOP 面板按键功能

按键	名称	功　能
OK	确定滚轮键	• 在菜单中通过旋转滚轮改变选择 • 当选择突出显示时，按压滚轮确认选择 • 编辑一个参数时，旋转滚轮改变显示值；顺时针增加值和逆时针减小显示值 • 编辑参数或搜索值时，可以选择编辑单个数字或整个值。长按滚轮（>3 s），在两个不同的值编辑模式之间切换

（续）

按键	名称	功　　能
HAND AUTO	手动/自动键	该键切换手动（HAND）和自动（AUTO）模式之间的命令源 • HAND 设置到 IOP 的命令源 • AUTO 设置到外部数据源的命令源，例如现场总线
I	开启/运行键	• 在 AUTO 模式下，屏幕显示为一个信息屏幕，说明该命令源为 AUTO，可通过按 HAND/AUTO 按键改变 • 在 HAND 模式下起动变频器，变频器状态图标开始转动 注意 对于固件版本低于 4.0 的控制单元：在 AUTO 模式下运行时，无法选择 HAND 模式，除非变频器停止 对于固件版本为 4.0 或更高的控制单元：在 AUTO 模式下运行时，可以选择 HAND 模式，电动机将继续以最后选择的设定速度运行 如果变频器在 HAND 模式下运行，切换至 AUTO 模式时电动机停止
O	关闭键	• 如果按下时间超过 3 s，变频器将执行 OFF2 命令；电动机将关闭停机 注意：在 3 s 内按 2 次 OFF 按键也将执行 OFF2 命令 • 如果按下时间不超过 3 s，变频器将执行以下操作：在 AUTO 模式下，屏幕显示为一个信息屏幕，说明该命令源为 AUTO，可使用 HAND/AUTO 按键改变，变频器不会停止；如果在 HAND 模式下，变频器将执行 OFF1 命令，电动机将以参数设置为 p1121 的减速时间停机
ESC	退出键	• 如果按下时间不超过 3 s，则 IOP 返回到上一页，或者如果正在编辑数值，新数值不会被保存 • 如果按下时间超过 3 s，则 IOP 返回到状态屏幕 • 在 IOP 启动时长按 ESC 按键，会使 IOP 进入 DEMO 模式。重启 IOP 即可退出 DEMO 模式 在参数编辑模式下使用退出按键时，除非先按确认按键，否则数据不能被保存
INFO	帮助键	• 显示当前选定项的额外信息 • 再次按下 INFO 按键会显示上一页 • 在 IOP 启动时按下 INFO 按键，会使 IOP 进入 DEMO 模式。重启 IOP 即可退出 DEMO 模式

IOP 操作面板的 DEMO 模式可实现 IOP 演示且不影响相连的变频器。在此模式下，可进行菜单浏览和功能选择，但与变频器的所有通信都被封锁，以确保变频器不会对 IOP 发出的信号做出响应。

在 IOP 操作面板启动完成后，可锁定 IOP 按键。同时按 ESC 按键和 INFO 按键 3 s 或以上可以锁定 IOP 按键，同时按 ESC 按键和 INFO 按键 3 s 或以上解锁 IOP 按键。如果 IOP 按键在启动完成前处于锁定状态，则 IOP 会进入 DEMO 模式。

IOP 在显示屏的右上角边缘显示许多图标，表示变频器的各种状态或当前情况，图标的功能说明见表 5-4。

表 5-4　IOP 显示屏右上角图标功能说明

符　　号	功 能 说 明	备　　注
	自动模式	—
JOG	点动	点动功能激活时显示
	手动模式	—

（续）

符　号	功能说明	备　注
	变频器就绪	—
	变频器运行	电动机运行时，图标旋转
	故障	—
	报警	—
	保存至 RAM 功能激活	表示所有数据目前已保存至 RAM。如果断电，所有数据将会丢失
	PID 自动调整功能激活	—
	休眠模式激活	—
	写保护功能激活	参数不可更改
	专有技术保护功能激活	参数不可浏览或更改
	ESM 功能激活	基本服务模式
	完全充电状态	电池状态，只有使用 IOP 手持套件时才显示
	3/4 充电状态	
	1/2 充电状态	
	1/4 充电状态	
	无充电	
	正在充电	

IOP 操作面板是一个菜单驱动设备，菜单结构如图 5-4 所示。

旋转 IOP 操作面板上的确定滚轮按键，选择需要的菜单选项，然后按下确定滚轮按键，进入该菜单的下一级菜单选项，直到找到需要的选项进行浏览或设置。

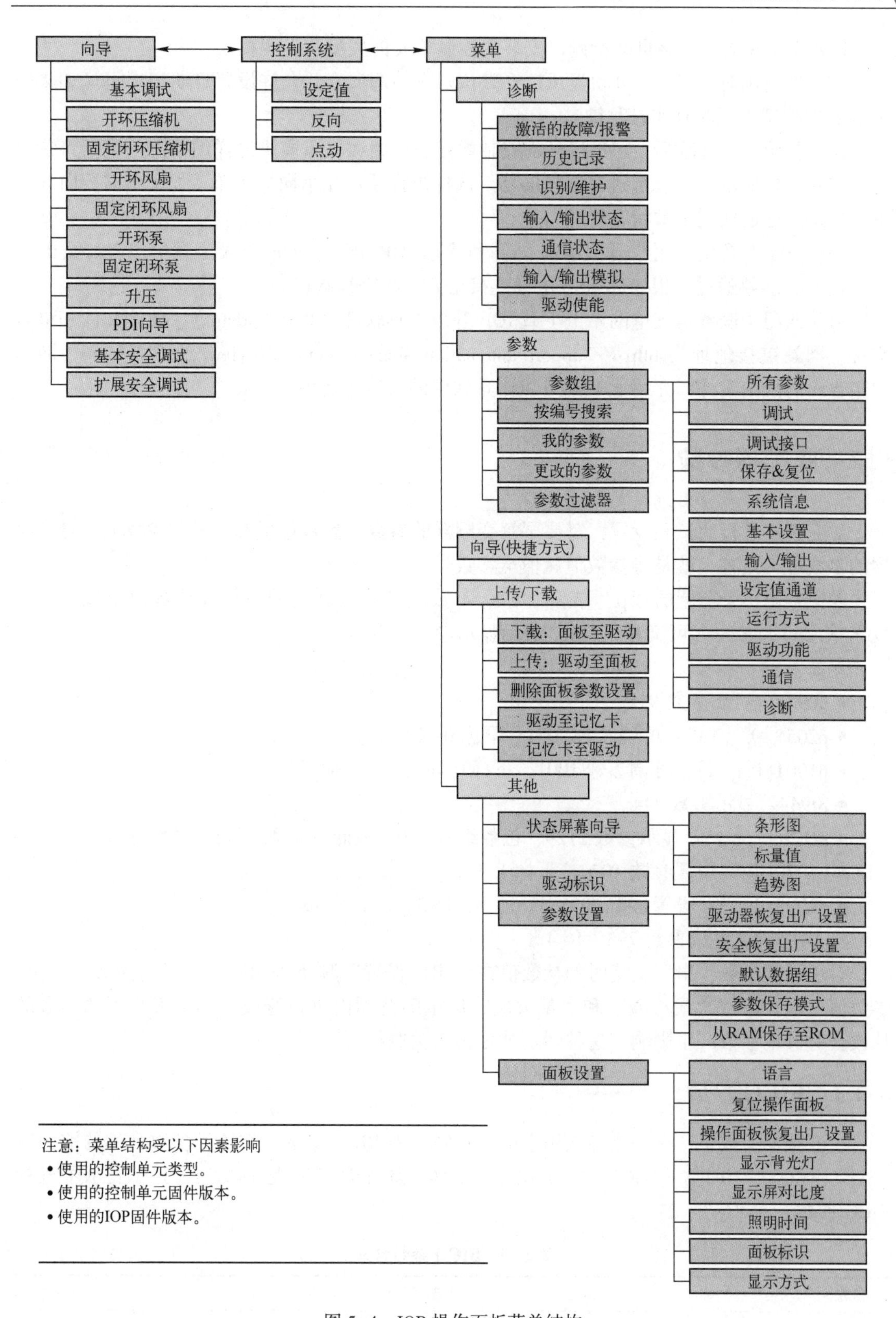

图 5-4　IOP 操作面板菜单结构

IOP 安装并通电后会自动检测已安装的控制单元的类型和电源模块。

在首次使用时，IOP 会自动显示选择默认语言的选项，并允许设置日期和时间（如果安装 IOP 的控制单元配有实时时钟）。

显示初始启动屏幕后，IOP 将显示控制单元的类型和电源模块的详细信息，包括订货号码。识别屏幕显示后，显示语言选择屏幕。选择语言后，显示向导菜单。如果不需要向导菜单，按退出键返回到正常状态屏幕。

IOP 升级工具允许用户升级 IOP 固件和管理 IOP 语言。IOP 升级工具中包含必要的驱动，使 IOP 能够通过一根迷你 USB 电缆连接至 PC 的 USB 端口。

可从西门子服务与支持网站上下载 IOP 升级工具软件（IOP Updater）、硬件文件和语言文件，网站链接地址为 http://support. automation. siemens. com/CN/view/zh/67273266。网站中包含入门指南文件，介绍了 IOP 升级工具软件的安装与使用。

5.2 变频器参数

对变频器进行调试和设置，需要了解变频器的参数。参数包括参数号和参数值。对变频器的参数进行设置，就是将参数值赋值给参数号。

参数号由一个前置的“p”或者“r”、参数编号和可选用的下标或位数组组成。其中“p”表示可调参数（可读写），“r”表示显示参数（只读）。

例如：

- p0918：可调参数 918。
- p2051[0...13]：可调参数 2051，下标 0~13。
- p1001[0...n]：可调参数 1001，下标 0~n（n =可配置）。
- r0944：显示参数 944。
- r2129. 0...15：显示参数 2129，位数组从位 0（最低位）到位 15（最高位）。
- p1070[1]：设置参数 1070，下标 1。
- p2098[1].3：设置参数 2098，下标 1，位 3。
- p0795. 4：可调参数 795，位 4。

对于可调参数，出厂交货时的参数值在“出厂设置”项下列出，方括号内为参数单位。参数值可以在通过“最小值”和“最大值”确定的范围内进行修改。如果某个可调参数的修改会对其他参数产生影响，这种影响被称为“关联设置”。

5.2.1 BICO 参数

在变频器参数中，有一类参数用于信号互联，为 BICO 参数，在该类参数名称的前面有“BI:”“BO:”“CI:”“CO”“CO/BO:”字样，具体含义见表 5-5。图 5-5 展示了五种 BICO 参数。

表 5-5 BICO 参数含义

参数	含 义
BI	二进制互联输入（Binector Input），该参数用来选择数字量信号源

（续）

参数	含　义
BO	二进制互联输出（Binector Output），该参数可作为数字量信号供继续使用
CI	模拟量互联输入（Connector Input），该参数可用来选择“模拟量”信号的来源
CO	模拟量互联输出（Connector Output），该参数可作为“模拟量”信号供继续使用
CO/BO	模拟量/二进制互联输出（Connector/Binector Output），该参数可作为“模拟量”信号，也可作为数字量信号供继续使用

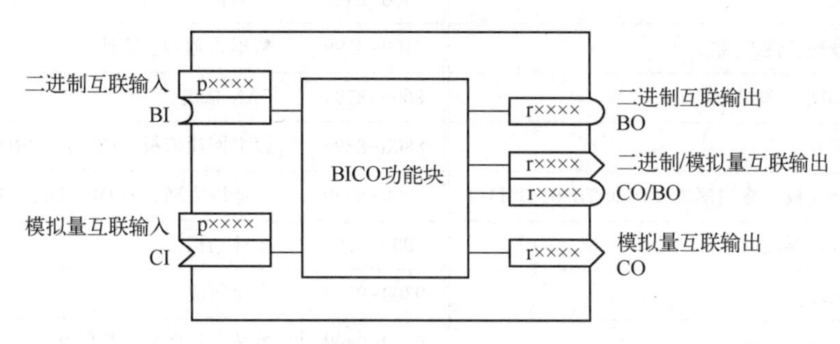

图 5-5　BICO 参数

5.2.2　参数的序号范围

SINAMICS 驱动系列的参数序号范围见表 5-6。

表 5-6　SINAMICS 驱动系列的参数序号范围

参数范围	功 能 说 明	参数范围	功 能 说 明
0000-0099	显示与操作	1800-1899	选通单元
0100-0199	调试	1900-1999	功率部件与电机识别
0200-0299	功率单元	2000-2009	基准值
0300-0399	电动机	2010-2099	通信（现场总线）
0400-0499	编码器	2100-2139	故障和报警
0500-0599	工艺和单位，电动机专用数据等	2140-2199	信号和监控
0600-0699	热监控、最大电流及电动机数据等	2200-2359	工艺控制器
0700-0799	控制单元端子、测量插口	2360-2399	预备、休眠
0800-0839	CDS 数据组、DDS 数据组及电动机转接	2500-2699	位置闭环控制（LR）和简单定位（EPOS）
0840-0879	顺序控制（例如 ON/OFF1 的信号源）	2700-2719	基准值显示
0880-0899	ESR，驻留功能，控制字和状态字	2720-2729	负载齿轮箱
0900-0999	PROFIBUS/PROFIdrive	2800-2819	逻辑运算
1000-1199	设定值通道（例如斜坡函数发生器）	2900-2930	固定值（例如百分比，转矩）
1200-1299	功能（例如电动机抱闸）	3000-3099	电动机识别结果
1300-1399	V/f 控制	3100-3109	实时钟（RTC）
1400-1799	控制器	3110-3199	故障和报警

（续）

参数范围	功 能 说 明	参数范围	功 能 说 明
3200-3299	信号和监控	7700-7729	外部信息
3400-3659	供电闭环控制	7770-7789	NVRAM，系统参数
3660-3699	电压监控模块（VSM），内部制动模块	7800-7839	EEPROM 可读可写参数
3700-3779	高级定位控制（APC）	7840-8399	系统内部参数
3780-3819	同步	8400-8449	实时钟（RTC）
3820-3849	摩擦特性曲线	8500-8599	数据管理和宏管理
3850-3899	功能（例如长定子）	8600-8799	CAN 总线
3900-3999	管理	8800-8899	以太网通信板（CBE），PROFIdrive
4000-4599	终端板，终端模块（例如 TB30、TM31）	8900-8999	工业以太网，PROFINET，CBE20
4600-4699	编码器模块	9000-9299	拓扑结构
4700-4799	跟踪	9300-9399	安全集成
4800-4849	函数发生器	9400-9499	参数一致性和参数保存
4950-4999	OA 应用	9500-9899	安全集成
5000-5169	主轴诊断	9900-9949	拓扑结构
5200-5230	电流设定值滤波器 5-10（r0108.21）	9950-9999	内部诊断
5400-5499	系统下垂控制（例如波发生器）	10000-10199	安全集成
5500-5599	动态电网支持（太阳能）	11000-11299	自由工艺控制器 0、1、2
5600-5614	PROFIenergy	20000-20999	自由功能块（FBLOCKS）
5900-6999	SINAMICS GM/SM/GL/SL	21000-25999	DCC：驱动控制图
7000-7499	功率单元的并联	50000-53999	SINAMICS DC MASTER（直流闭环控制）
7500-7599	SINAMICS SM120	61000-61001	PROFINET

5.3 调试前的准备工作及调试步骤

5.3.1 需要注意的警告事项

只有经过培训并认证合格的人员才可以调试或起动变频器设备。任何时候都应特别注意遵守说明书中要求采取的安全措施和给予的警告。

需要注意的警告事项主要包括以下几点。

1）SINAMICS G120 变频器是在高电压下运行。

2）电气设备运行时，设备的某些部件上存在危险电压。

3）变频器不运行时，电源、电动机及相关的端子仍可能带有危险电压。

4）按照 EN60204 IEC204（VDE0113）的要求，“紧急停车设备”必须在控制设备的所有工作方式下都保持可控性。无论紧急停车设备是如何停止运转的，都不能导致电气设备不可控的或者未曾预料的再次起动。

5）无论短路故障出现在控制设备的什么地方，都有可能导致重大的设备损坏，甚至是严重的人身伤害（即存在潜在的危险故障）。因此，还必须采取附加的外部预防措施或者另外安装用于确保安全运行的装置（例如独立的限流开关、机械联锁等）。

6）在输入电源故障并恢复后，一些参数设置可能会造成变频器的自动再起动。

7）为了保证电动机的过载保护功能正确动作，电动机的参数必须准确地配置。

8）本设备可按照 UL508C 标准在变频器内部提供电动机过载保护。电动机的过载保护功能也可以采用外部 PTC 或 KTY84 温度传感器来实现。

5.3.2　调试前的准备工作

在开始调试前，需要明确变频器的数据、被控电动机的数据、变频器需要满足的工艺要求以及上级控制系统通过哪个接口控制变频器。

1）需要明确被控的电动机要在哪个地区使用，不同地区的供电频率和功率单位可能不同。例如，如果是欧洲（IEC），则供电电源频率为 50 Hz，功率单位为 kW；如果是北美洲（NEMA），则供电电源频率为 60 Hz，功率单位为 hp 或 kW。

2）需要记住电动机铭牌上的数据。例如，某电动机铭牌上的数据如图 5-6 所示。需要注意，根据电动机铭牌输入电动机数据时，必须和电动机的接线（星形接线Y或三角形接线△）相符。对于西门子电动机，使用调试工具 STARTER 软件调试变频器时，只需要选择该电动机的订货号。

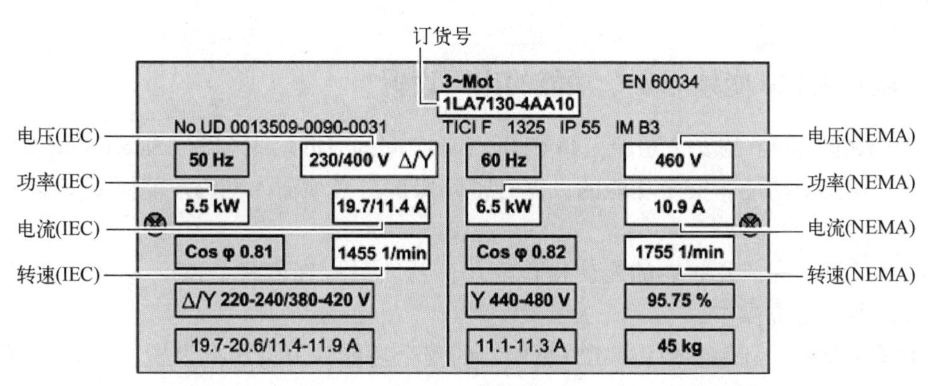

图 5-6　电动机铭牌

3）需要了解电动机运行所在地的温度。如果电动机实际环境温度与变频器出厂设置温度（20℃）不符，则需要修改。

4）需要明确电动机的应用场合，根据电动机的应用场合，确定电动机的控制方式。

异步电动机有两种不同的控制方式：V/f 控制（借助特性曲线计算电动机的电压）和矢量控制（磁场定向控制）。V/f 控制可覆盖大多数需要异步电动机变速工作的应用场合，典型应用有电泵、风机、压缩机和水平输送机。矢量控制和 V/f 控制相比，负载变化时转速更稳定，设定值变化时加速时间更短，可以按照设置的最大转矩加/减速，为电动机提供更完善的保护，在静止状态下能达到满转矩。矢量控制的典型应用有起重机、垂直输送机、卷取机和挤出机。

5）确定电动机应用的更多要求。例如，需要明确电动机最小转速、最大转速、加速时间和减速时间等。

5.3.3 调试步骤

对于 G120 变频器，可以按以下步骤进行调试。

1）确定应用对变频器的要求。

2）如果需要，将变频器恢复为出厂设置。

3）检查变频器的出厂设置是否满足应用要求，如果不满足，则执行快速调试。

4）如果快速调试不能满足需要，则进行扩展调试，例如调整端子排的功能、调整变频器上的通信接口及设置变频器中的其他功能等。

5）保存设置。

5.4 恢复出厂设置

在某些情况下，可能会导致 G120 变频器的调试出现异常。例如调试期间突然断电，使调试无法结束。此时，需要将 G120 变频器恢复至出厂设置。另外，对于因某些原因无法继续设置变频器参数，或对变频器已经做了哪些参数的修改还不甚清楚，均可以考虑将变频器恢复至出厂设置。

恢复出厂设置不会影响通信设置和电动机标准设置（IEC/NEMA），这两个设置仍保持不变。

5.4.1 恢复 G120 变频器安全功能的出厂设置

如果已使能变频器的安全功能，如 STO（Safe Torque Off）或 SLS（Safely LimitedSpeed），则必须先复位安全功能。安全功能的设置有密码保护，必须输入密码才能恢复安全功能的出厂设置。

利用参数设置完成变频器的复位操作应用广泛，可以在软件、BOP 及 IOP 等多种情况下进行变频器的复位操作。

使用操作面板，利用参数将 G120 变频器的安全功能恢复为出厂设置，主要按照以下步骤进行。

① 设置变频器参数 p0010=30，激活恢复出厂设置。

② 进入变频器参数 p9761，输入安全功能的密码。

③ 设置变频器参数 p0970=5，开始恢复出厂设置。

④ 等待，直至变频器设置 p0970=0。

⑤ 设置 p0971=1。

⑥ 等待，直至变频器设置 p0971=0。

⑦ 切断变频器的电源。

⑧ 等待片刻，直到变频器上所有的 LED 灯都熄灭。

⑨ 给变频器重新上电。

此时，G120 变频器的安全功能恢复为出厂设置。

5.4.2　恢复 G120 变频器的出厂设置（无安全功能）

将 G120 变频恢复至出厂设置，可以使用操作面板 BOP-2 或 IOP 实现，还可以使用变频器调试软件实现。

（1）使用操作面板利用参数复位实现

在安全功能恢复为出厂设置后，利用参数将 G120 变频器恢复为出厂设置，主要按照以下步骤进行。

① 设置变频器参数 p0010=30，激活恢复出厂设置。

② 设置变频器参数 P0970=1，开始复位。

③ 等待变频器完成恢复出厂设置，对变频器做重新上电操作。

（2）使用 BOP-2 操作面板的菜单复位实现

通过 BOP-2 操作面板的菜单操作，也可以快捷实现将 G120 变频器恢复出厂设置，主要按照以下操作步骤进行。

① 在菜单“Extras”中选择“DRVRESET”。

② 按下“OK”键，确认将变频器恢复出厂设置。

③ 等待。在此过程中 BOP-2 将显示“BUSY”，直至 BOP-2 显示“DONE”，变频器恢复出厂设置完成。

④ 按“OK”键或“ESC”键返回“EXTRAS”顶层菜单。

⑤ 对变频器做重新上电操作。

（3）使用 IOP 操作面板的菜单复位实现

使用智能操作面板 IOP 将 G120 变频器恢复出厂设置，主要按照以下步骤进行。

① 通过滚轮键选择“菜单”选项，确认进入。

② 选择“工具”选项，确认进入。

③ 选择“参数设置”菜单命令，确认进入。

④ 选择第一项“恢复驱动出厂设置”一项，确认，进行恢复出厂设置。

⑤ 等待，直到弹出恢复出厂设置完成界面，按下 OK 键确定，并对变频器做重新上电操作。

5.4.3　变频器的出厂设置

出厂时，变频器已在异步电动机上根据功率模块的额定功率进行了匹配设置。在出厂设置中，变频器的输入/输出和现场总线接口都具备一定的功能。

（1）CU240B-2 接口的出厂设置

CU240B-2 接口端子排的出厂设置取决于控制单元 CU 支持哪种现场总线。

对于配有 PROFIBUS 接口的控制单元，现场总线接口和数字量输入 DI0、DI1 的功能取决于 DI3，出厂设置如图 5-7 所示。当 DI3=1 时，转速设定值和点动功能通过端子排对变频器控制；当 DI3=0 时，转速设定值通过现场总线由控制器对变频器控制。参数 p1070[0]=2050[1]，表示转速设定值由 PZD 报文设定。

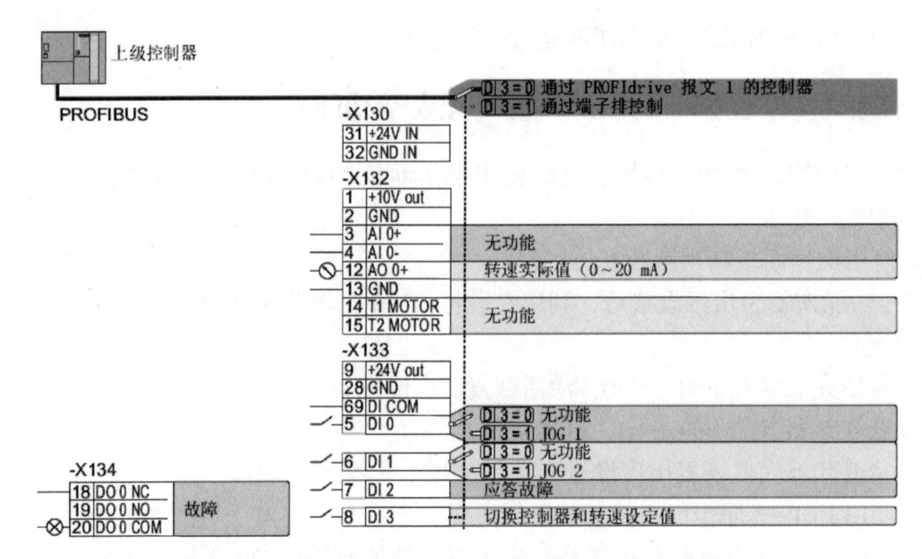

图 5-7　CU240B-2 接口端子出厂设置（PROFIBUS 接口）

对于配有 USS 接口的控制单元 CU，现场总线接口无效，其端子出厂设置如图 5-8 所示。参数 p1070[0]=755[0]，表示转速设定值由 CU 接口端子 AI0 进行设置。

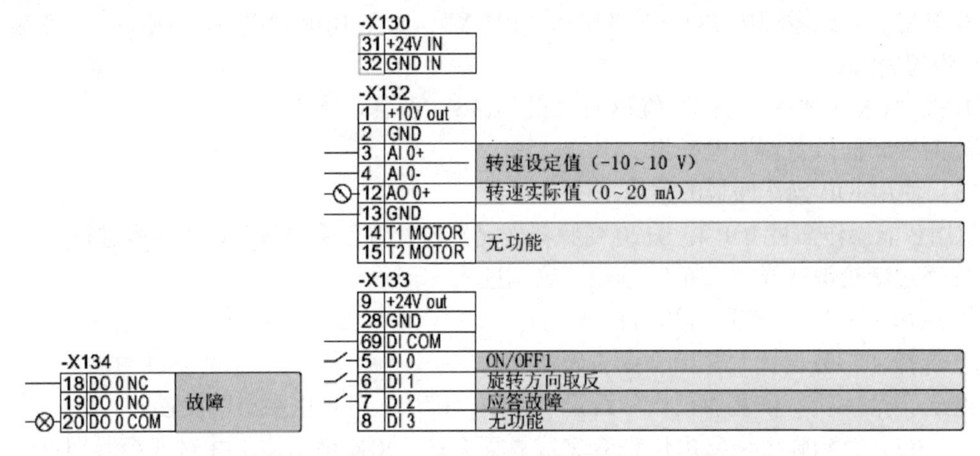

图 5-8　CU240B-2 接口端子出厂设置（USS 接口）

（2）CU240E-2 接口的出厂设置

CU240E-2 接口端子排的出厂设置也取决于控制单元 CU 支持哪种现场总线。

对于配有 PROFIBUS 或 PROFINET 接口的控制单元，现场总线接口和数字量输入 DI0、DI1 的功能取决于 DI3，如图 5-9 所示。参数 p1070[0]=2050[1]，即转速设定值由 PZD 报文设定。

对于配有 USS 接口的控制单元 CU，现场总线接口无效，其端子出厂设置如图 5-10 所示。p1070[0]=755[0]，表示转速设定值由 CU 接口端子 AI0 进行设置。

（3）接通和关闭电动机

在变频器的出厂设置中：变频器发出 ON 指令后，电动机会在在接通后的 10 s 内加速到转速设定值（1500 r/min）；发出 OFF1 指令后，变频器会使电动机制动，并在 10 s 内减速至静止；发出反向指令时，电动机转换旋转方向。应用变频器的出厂设置，电动机的接通、换向和关闭的时序图如图 5-11 所示。

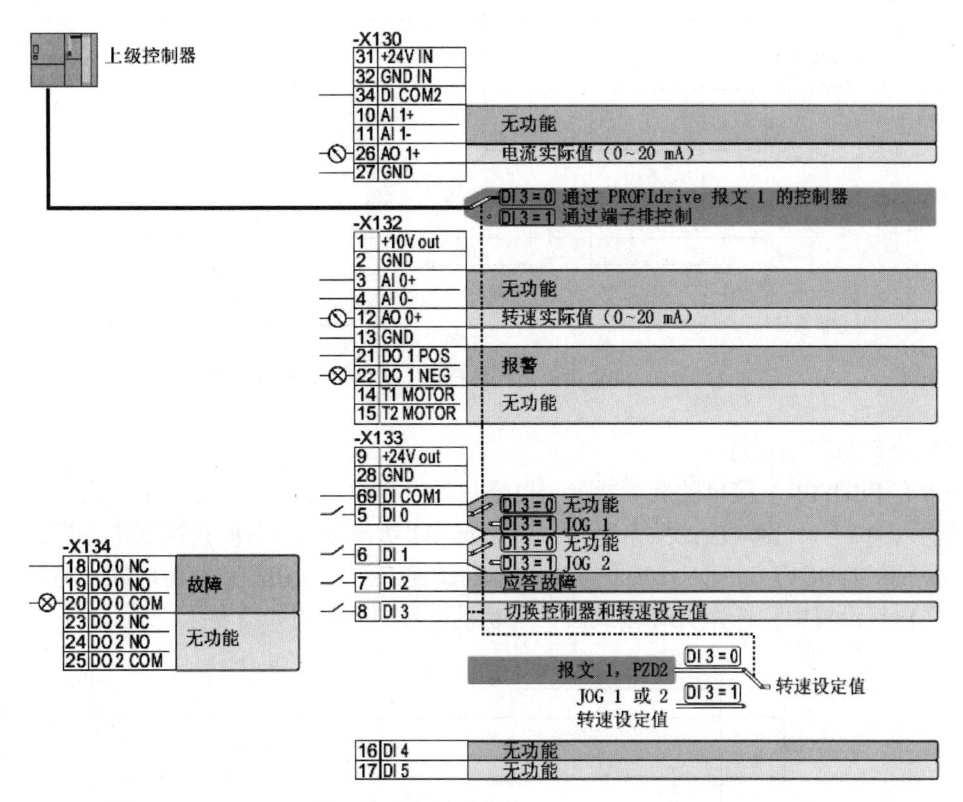

图 5-9　CU240E-2 接口端子的出厂设置（PROFIBUS 或 PROFINET 接口）

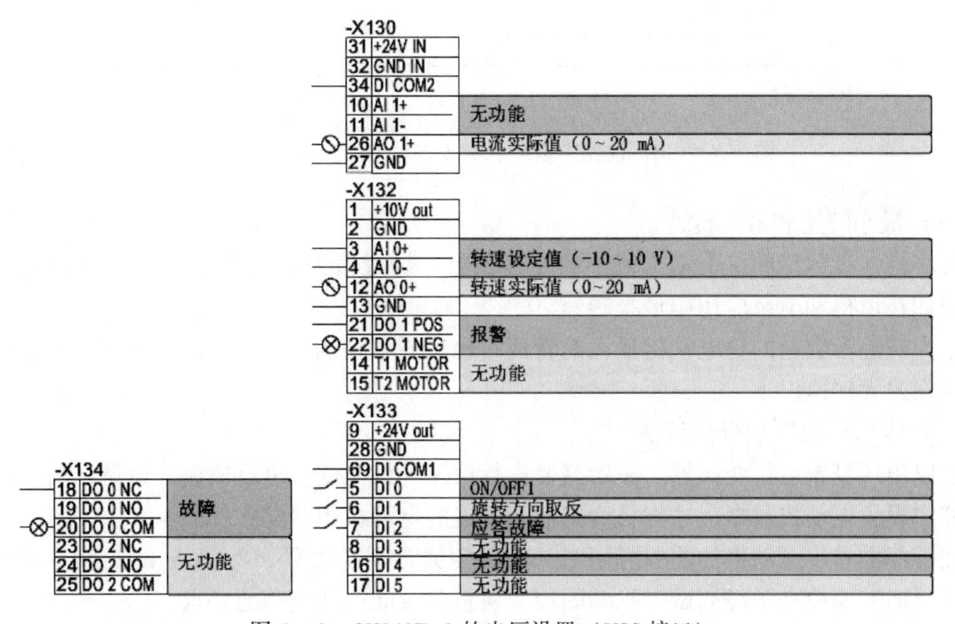

图 5-10　CU240E-2 的出厂设置（USS 接口）

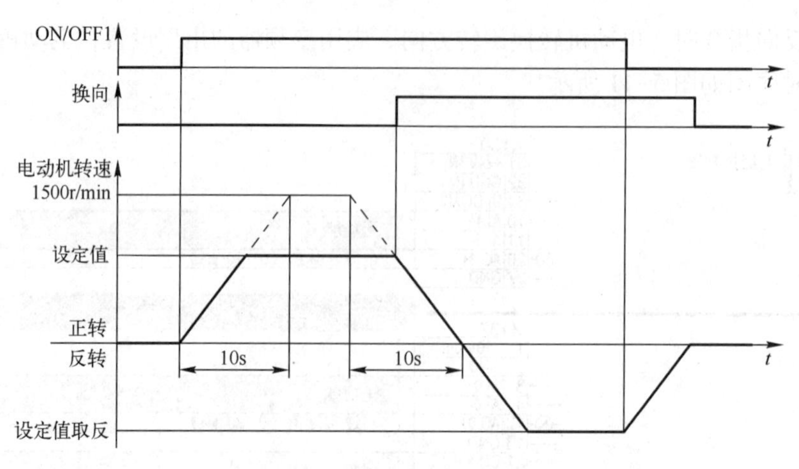

图 5-11　出厂设置中电动机的接通、换向和关闭的时序图

（4）电动机点动运行

在带有 PROFIBUS 接口的变频器上，可通过数字量输入 DI 3 切换操作模式。如果选择数字量输入 DI3=1，则对应的数字量输入 DI0 或 DI1 给出点动（JOG）控制指令后，电动机以+150 r/min（JOG1）或-150 r/min（JOG2）的转速工作，加速和减速时间同接通和关闭电动机。在出厂设置中，选择 JOG 模式后，电动机运行的时序图如图 5-12 所示。

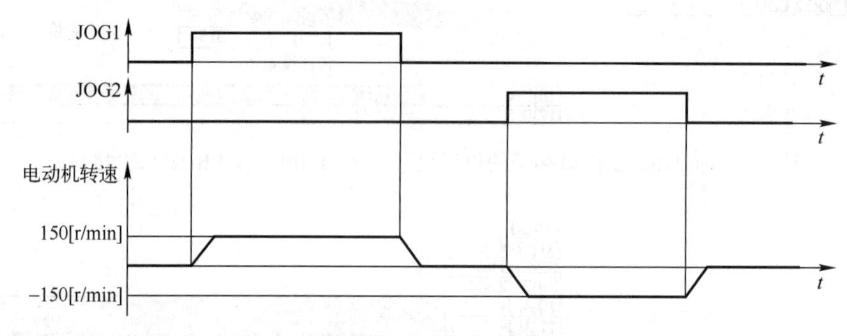

图 5-12　出厂设置中选择 JOG 模式后电动机运行的时序图

（5）最小转速和最大转速

最小转速参数指的是电动机最小的转速，出厂设置值为 0 r/min，不受转速设定值的影响。例如在风机和电泵应用中最小转速>0。

最大转速参数指的是电动机最大的转速，出厂设置值为 1500 r/min。变频器将电动机转速控制在最大转速以下。

（6）以出厂设置运行变频器

若以出厂设置运行变频器，一般需要进行快速开机调试。进行快速开机调试时，需要在变频器中设置电动机数据，才能将变频器与所连的电动机相匹配。

在带标准异步电动机的简单应用中，可以尝试对额定功率<18.5 kW 的驱动不经调试直接运行，但需要检查不经调试时驱动的控制质量是否能达到应用的要求。

5.5　使用操作面板 BOP-2 快速调试

对于系统调试，所有通信接口和 I/O 接口都要重新初始化，这样将导致短时通信中断或数字输出转换。因此，在启动系统调试之前，必须小心确保潜在危险负载的安全，可采取将负载放在地面上或用电动机停机抱闸钳住负载等安全措施。

本节以 BOP-2 操作面板为例，叙述 G120 变频器的快速调试。

5.5.1　使用 BOP-2 面板快速调试步骤

快速调试是通过设置电动机参数、变频器的命令源及速度设定源等基本参数，达到简单快速运转电动机的一种操作模式。

使用操作面板 BOP-2 对 G120 变频器进行快速调试的步骤如图 5-13 所示。

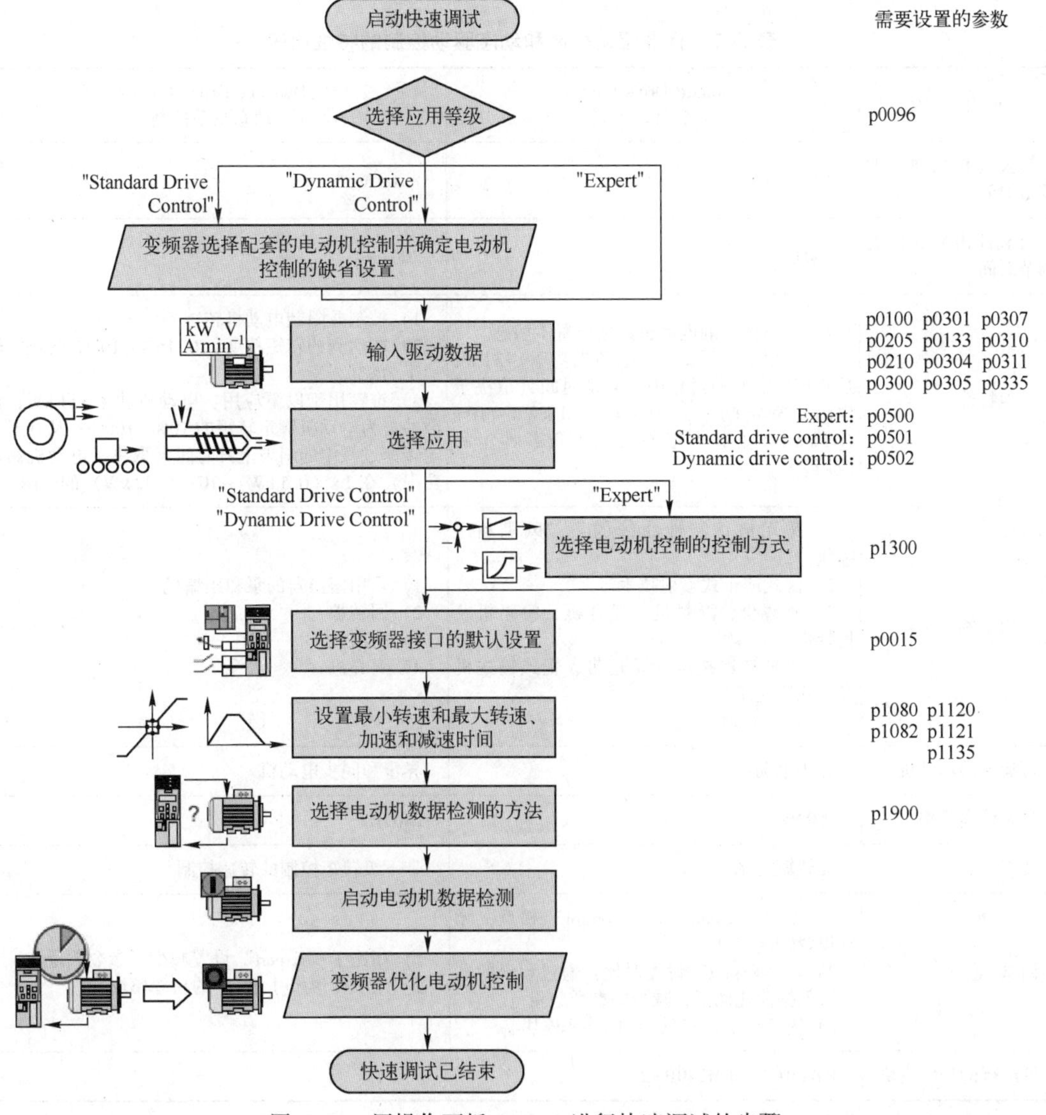

图 5-13　用操作面板 BOP-2 进行快速调试的步骤

使用操作面板 BOP-2 对 G120 变频器启动快速调试并选择应用等级的具体步骤如下。

1）接通电源，操作面板显示设定值和实际值。

2）按下退出键（ESC），通过向上键或向下键，将光标移动到"SETUP"菜单。

3）按确认键，进入"SETUP"菜单，显示"RESET"，选择是否执行恢复出厂设置，即工厂复位。如果需要复位，则按确认键，然后通过向上键或向下键选择"YES"，再按确认键，开始工厂复位，面板显示"BUSY"；如果不需要工厂复位，则按向下键。

4）当面板显示"DRV APPL"时，按确认键，进入 p96 参数，选择应用等级。

G120 变频器调试的应用等级有标准驱动控制（Standard Drive Control）、动态驱动控制（Dynamic Drivie Control）和专家（Expert）三种。

选择了应用等级时，变频器会为电动机控制匹配合适的默认设置。如果 BOP-2 不显示"DRV APPL"时，请按"Expert"中的说明继续调试。

其中，标准驱动控制和动态驱动控制的特性比较见表 5-7。

表 5-7　标准驱动控制和动态驱动控制的特性比较

应用等级	Standard Drive Control 标准驱动控制	Dynamic Drivie Control 动态驱动控制
转速变化后典型的调节时间	100～200 ms	<100 ms
负载冲击后典型的调节时间	500 ms	200 ms
其他特性	1）对不精确的电动机数据设置不敏感 2）适用于以下要求：电动机功率<45 kW；从 0 至额定转速过程中的起动时间（取决于电动机额定功率）为 1 s（0.1 kW）～10 s（45 kW）；负载力矩增大但无负载冲击的应用。	1）控制并限制电动机转矩 2）能达到的转矩精度：在 15%～100% 的额定转速下为±5% 3）推荐用于以下应用：电动机功率>11 kW；负载冲击为电动机额定转矩的 10%～100%；从 0 至额定转速过程中的斜坡上升时间（取决于电动机额定功率）在 1 s（0.1 kW）～10 s（132 kW）的范围。
应用示例	1）采用流体特性曲线的泵、风机和压缩机 2）湿式或干式喷射技术 3）研磨机、混料机、捏合机、粉碎机及搅拌机 4）水平输送技术（输送带、辊式输送机及链式输送机） 5）简单主轴	1）采用压出器的泵和压缩机 2）回转炉 3）挤出机 4）离心机
可运转的电动机	异步电动机	异步和同步电动机
最大输出频率	550 Hz	240 Hz
转矩控制	无转矩控制	带下级转矩控制的转速控制
调试	1）与"Dynamic Drive Control"相反，无须设置转速控制器 2）与"Expert"设置对比：通过预设的电动机数据简化调试；减少的参数数量 3）用于外形尺寸 A～C 的功率模块	1）相比于"Expert"设置减少了参数数量 2）用于外形尺寸 D～F 的功率模块
可运行的功率模块	PM240-2、PM240P-2	

5）当面板显示“EUR/USA”时，按确认键，进入 p100 参数，设置电动机标准。

- p100=0（IEC 电动机，频率 50 Hz，功率单位为 kW）。
- p100=1（NEMA 电动机，频率 60 Hz，功率单位为 hp）。
- p100=2（NEMA 电动机，频率 60 Hz，功率单位为 kW）。

6）当面板显示“INV VOLT”时，按确认键，进入 p210 参数，设置变频器的输入电压。

7）当面板显示“MOT TYPE”时，按确认键，进入 p300 参数，设置电动机类型。如果电动机铭牌上印着 5 位的电动机代码，则可使用电动机代码选择相应的电动机类型。

8）如果使用电动机代码选择了电动机类型，则在面板出现“MOT CODE”时，进入 p301 参数，输入该电动机代码。

9）当面板显示“87 HZ”字样时，表示电动机以 87 Hz 运行。只有选择了 IEC 作为电动机标准（EUR/USA，P100=kW 50 Hz），BOP-2 面板才会显示该步骤。

10）当面板显示“MOT VOLT”时，按确认键，进入 p304 参数，设置电动机额定电压。

11）当面板显示“MOT CURR”时，按确认键，进入 p305 参数，设置电动机额定电流。

12）当面板显示“MOT POW”时，按确认键，进入 p307 参数，设置电动机额定功率。

13）当面板显示“MOT FREQ”时，按确认键，进入 p310 参数，设置电动机额定频率。

14）当面板显示“MOT PRM”时，按确认键，进入 p311 参数，设置电动机额定转速。

15）当面板显示“MOT COOL”时，按确认键，进入 p335 参数，设置电动机冷却方式。

- p335=0（SELF：自然冷却）。
- p335=1（FORCED：强制冷却）。
- p335=2（LIQUID：液冷）。
- p335=128（NO FAN：无风扇）。

16）当面板显示“TEC APPL”时，按确认键，选择电动机闭环控制的基础设置或合适的应用。

① 如果之前的应用等级选择的是标准驱动控制（Standard Drive Control），则进入 p501 参数，参数选项如下。

- VEC STD：恒定负载，典型应用为输送驱动。
- PUMP FAN：取决于转速的负载，典型应用为泵和风机。

② 如果之前的应用等级选择的是动态驱动控制（Dynamic Drivie Control），则进入 p502 参数，参数选项如下。

- OP LOOP：对于标准应用所推荐的设置。
- CL LOOP：对于短时间斜坡上升和下降时间应用所推荐的设置。
- HVY LOAD：对于高起动转矩应用所推荐的设置。

③ 如果之前的应用等级选择的是专家（Expert），则进入 p500 参数，参数选项如下。

- VEC STD：在所有与其他设置不匹配的应用中。
- PUMP FAN：泵和风机的应用。
- SLVC 0 HZ：斜坡上升和下降时间较短的应用，但是该设置不适用于提升装置和起重装置。
- PUMP 0 HZ：效率优化时的泵和风机应用，仅在转速变化缓慢的稳态运行时的设置生效。如果不能排除运行中的负载冲击，则建议采取 VEC STD 设置。

● V LOAD：高起动转矩应用，例如挤出机、压缩机或研磨机。

选择方式取决于所使用的功率模块。使用功率模块 PM230 时，无选择方式。

17）如果应用等级选择的是专家（Expert），则面板会出现“CTRL MOD”字样，此时需要设置 p1300 参数，选择控制方式。如果应用等级选择的不是专家（Expert），则不会出现“CTRL MOD”。

控制方式主要有以下四种。

● VF LIN：采用线性特性曲线的 V/f 控制。

● VF LIN F：磁通电流控制（FCC）。

● VF QUAD：采用平方矩特性曲线的 V/f 控制。

● SPD N EN：无编码器的矢量控制。

其中，前面三种控制方式与无编码器的矢量控制的特性比较见表 5-8。

表 5-8　控制方式特性比较

控制方式	V/f 控制或磁通电流控制（FCC）	无编码器矢量控制
特性	1）转速变化后典型的调节时间：100～200 ms 2）负载冲击后典型的调节时间：500 ms 3）该控制方式适用于以下要求：电动机功率<45 kW；从 0 至额定转速过程中的起动时间（取决于电动机额定功率）为 1 s（0.1 kW）～10 s（45 kW）；负载力矩增大但无负载冲击的应用 4）该控制方式对不精确的电动机数据设置不敏感	1）转速变化后典型的调节时间：<100 ms 2）负载冲击后典型的调节时间：200 ms 3）该控制方式控制并限制电动机转矩 4）能达到的转矩精度：在 15%～100% 的额定转速下为±5% 5）推荐该控制方式用于以下应用：电动机功率>11 kW；负载冲击为电动机额定转矩的 10%～100% 6）从 0 至额定转速过程中的斜坡上升时间（取决于电动机额定功率）在 1 s（0.1 kW）～10 s（250 kW）的范围时，使用该控制方式非常有必要
应用示例	1）采用流体特性曲线的泵、风机和压缩机 2）湿式或干式喷射技术 3）研磨机、混料机、捏合机、粉碎机及搅拌机 4）水平输送技术（输送带、辊式输送机及链式输送机 5）简单主轴	1）采用压出器的泵和压缩机 2）回转炉 3）挤出机 4）离心机
可运转的电动机	异步电动机	异步和同步电动机
最大输出频率	550 Hz	240 Hz
转矩控制	无转矩控制	带/不带叠加转速控制的转矩控制
调试	与“无编码器矢量控制”不同的是无须设置转速控制器	
可运行的功率模块	无限制	

18）当面板显示“MAc PAr”时，按确认键，进入 p15 参数，选择与应用相适宜的变频器接口缺省设置。

19）当面板显示“MIN RPM”时，按确认键，进入 p1080 参数，设置电动机的最小转速。

20）当面板显示“MAX RPM”时，按确认键，进入 p1082 参数，设置电动机的最大转速。

21）当面板显示“RAMP UP”时，按确认键，进入 p1120 参数，设置电动机的上升时间。

22）当面板显示“RAMP DWN”时，按确认键，进入 p1121 参数，设置电动机的下降时间。

23）当面板显示“OFF3 RP”时，按确认键，进入 p1135 参数，设置符合 OFF3 指令的斜降时间。

24）当面板显示“MOT ID”时，按确认键，进入 p1900 参数，选择变频器测量所连电动机数据的方式。

电动机数据检测的方式选择主要有以下 6 种。

① OFF（p1900=0）：无电动机数据检测。

② STIL ROT（p1900=1）：测量静止状态下的电动机数据和旋转状态下的电动机数据，优化速度控制器。在电动机数据检测结束后，变频器会关闭电动机。

③ STILL（p1900=2）：推荐设置，测量静止状态下的电动机数据。在电动机数据检测结束后，变频器会关闭电动机。电动机不能自由旋转时（例如由于机械限位），请选择该设置。

④ ROT（p1900=3）：测量正在旋转的电动机的数据，优化速度控制器。在电动机数据检测结束后，变频器会关闭电动机。

⑤ ST RT OP（p1900=11）：设置同 STIL ROT，但在电动机数据检测结束后，电动机会加速至当前设定值。

⑥ STILL OP（p1900=12）：设置同 STILL，但在电动机数据检测结束后，电动机会加速至当前设定值。

如果设置 p1900 不等于 0，则在快速调试后变频器会显示报警 A07991，提示已激活电动机数据检测，等待起动命令。

25）当面板显示“FINISH”时，按确认键，再通过向上键或向下键选择“YES”，按下确认键，确认结束快速调试。此时面板显示“BUSY”，变频器进行参数计算。当计算完成后，短暂显示“DONE”界面，随后光标返回“MONITOR”菜单，快速调试结束。

5.5.2　检测电动机数据并优化控制器

在快速调试过程中，通过设置 p1900 参数，可选择变频器测量所连电动机数据的方式。

变频器可通过电动机数据检测测量静止电动机的数据。此外，变频器还能根据旋转电动机的特性进行适当的矢量控制设置。

检测电动机数据并优化控制器需要两个前提条件。

1）在快速调试时已经选择了一种电动机数据检测的方式，例如对 p1900 参数设置为 STILL 方式，在静止时测量电动机数据，快速调试结束后，变频器输出报警 A07991。

2）电动机已冷却到环境温度，电动机温度太高会导致电动机数据检测的结果错误。

需要注意，当电动机数据检测生效时机器意外运动。例如，静态检测会导致电动机旋转几圈，旋转检测使电动机加速至额定转速。因此，开始电动机数据检测前应确保危险设备部件的安全：接通电动机前确保没有工作人员在电动机上作业或停留在电动机工作区内；采取措施，防止人员无意中进入电动机工作区内；将垂直负载降至地面。

使用操作面板检测电动机数据的操作步骤如下。

1）按下键 HAND/AUTO（手动/自动）键，进入 HAND（手动）运行模式。

2）按下开机键，接通电动机。

3）进行电动机数据检测。在该期间，BOP-2 面板上的“MOT-ID”会闪烁。

此时变频器起动，向电动机注入电流，电动机会发出吱吱的电磁噪声。该过程持续的时间因电动机功率不同会有很大差异，电动机功率越大，持续时间越长。小功率电动机通常只需要十几秒钟。

4）如果变频器再次输出报警 A07991，变频器会等待新的 ON 指令用于启动旋转测量（如果出现 F7990，表示电动机数据检测错误，可能由于电动机铭牌数据不准确或电动机接法错误导致）。

当不发生报警 A07991 时，关闭电动机并将变频器控制由 HAND（手动）切换为 AUTO（自动）运行模式，结束电动机数据检测。

5）按下开机键，接通电动机，以启动旋转测量。

6）进行电动机数据检测。

7）根据电动机数据检测设置方式，在电动机数据检测结束后，变频器会关闭电动机或使电动机加速至当前设定值。必要时请关闭电动机。

8）将变频器控制由 HAND（手动）切换为 AUTO（自动），完成电动机数据检测。

电动机数据检测成功后，快速调试便完成。

5.6 使用 IOP 调试变频器

以版本为 4.4 或以上的控制单元为例，通过 IOP 操作面板对 G120 变频器进行基本调试的步骤如下。

1）从向导菜单选择“基本调试…”选项，如图 5-14 所示。

2）在“基本调试”窗口的“恢复出厂设置”选项下，选择“是”或“否”，如图 5-15 所示。注意，需要在保存基本调试过程中所做的所有参数变更之前恢复出厂设置。

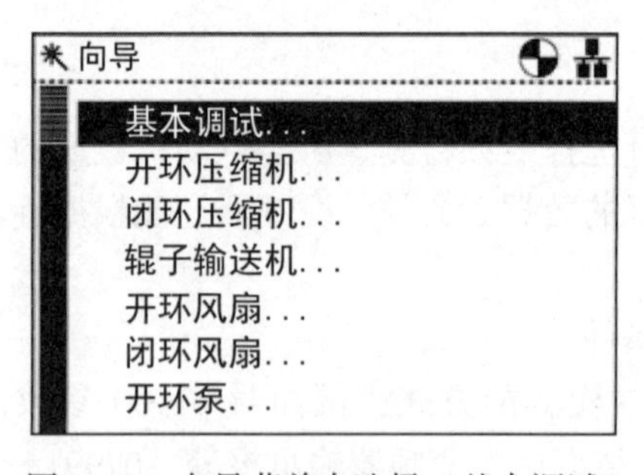

图 5-14　向导菜单中选择“基本调试”

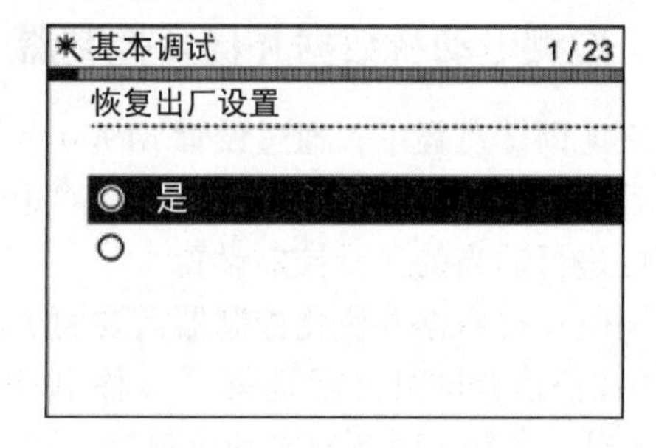

图 5-15　“恢复出厂设置”选项

3）选择连接电动机的控制模式，如图 5-16 所示。

4）选择变频器和连接电动机的正确电动机数据，如图 5-17 所示。该数据用于计算该应用的正确速度和显示值。

5）选择变频器和连接电动机的正确频率，如图 5-18 所示。

6）进入“电动机连接”选项，选择“继续”，进入下一步，如图 5-19 所示。

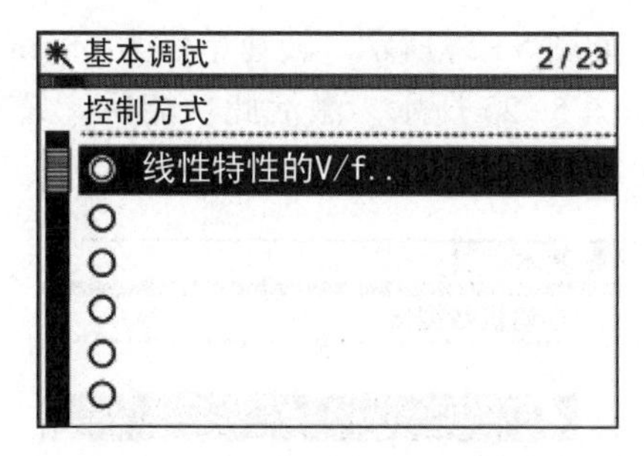

图 5-16　“控制方式”选项

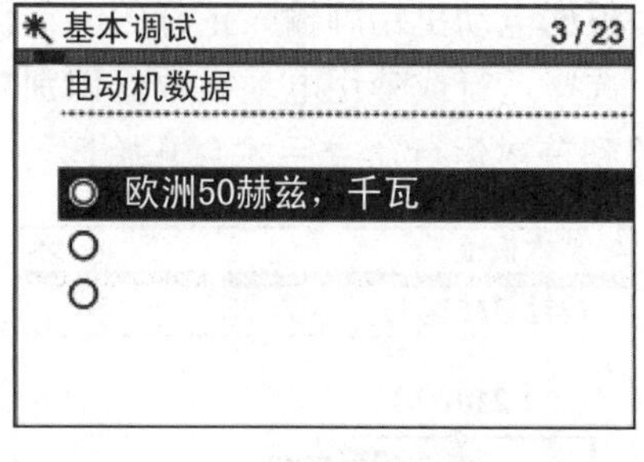

图 5-17　“电动机数据”选项

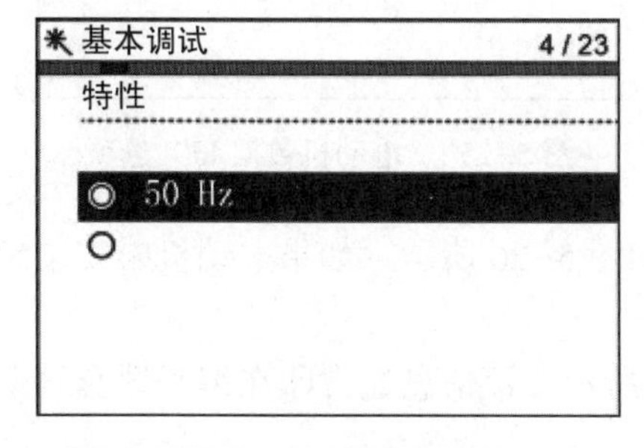

图 5-18　“特性”选项

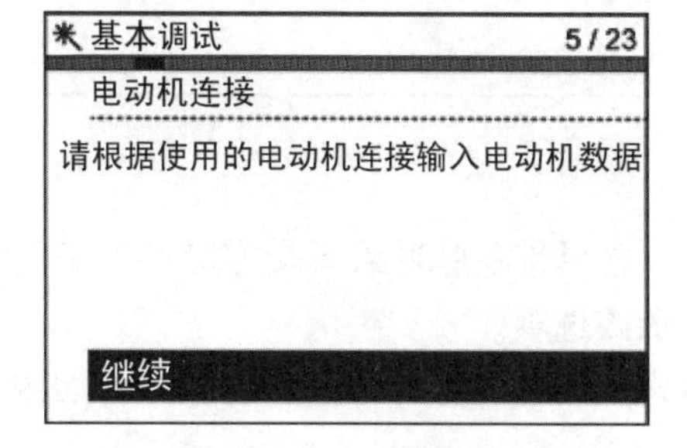

图 5-19　“电动机连接”选项

7）屏幕显示连接电动机的频率特点，选择“继续”，进入下一步，如图 5-20 所示。

8）根据电动机铭牌数据，输入正确的电动机电压，如图 5-21 所示。

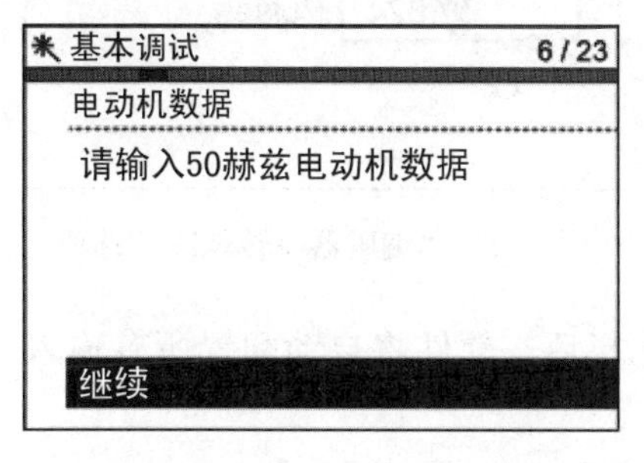

图 5-20　“电动机数据”选项（连接电动机的频率特点）

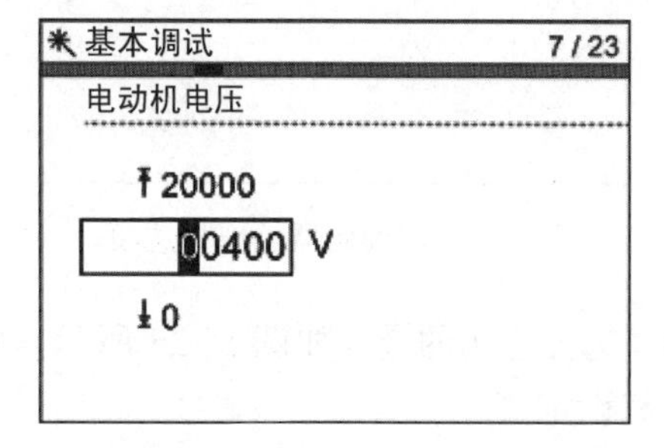

图 5-21　“电动机电压”选项

9）根据电动机铭牌输入正确的电动机电流，如图 5-22 所示。

10）根据电动机铭牌输入正确的电动机功率，如图 5-23 所示。

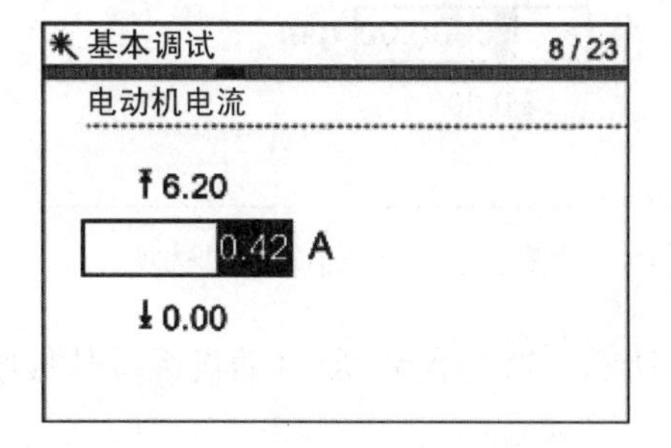

图 5-22　“电动机电流”选项

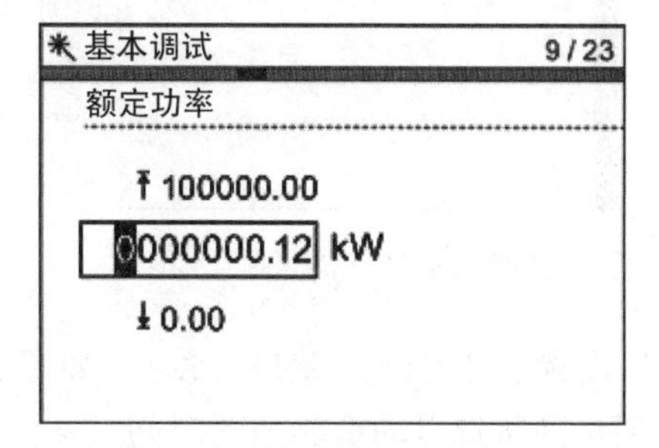

图 5-23　“额定功率”选项

11）根据电动机铭牌输入正确的电动机转速，如图5-24所示。转速单位为r/min。

12）选择运行或禁用电动机数据识别功能，如图5-25所示。激活此功能后，只有当变频器接收到首次运行命令后才会开始运行。

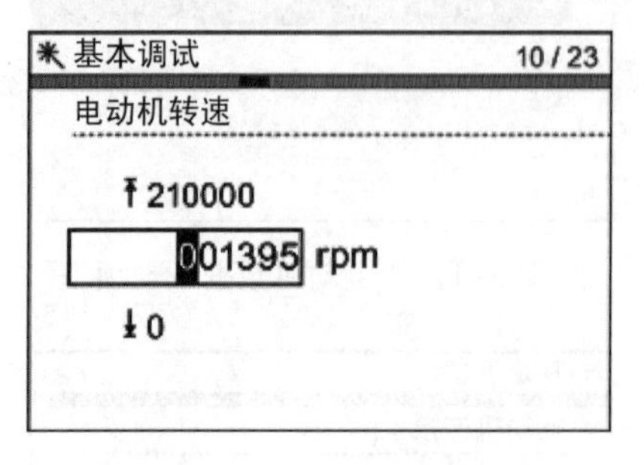

图5-24 “电动机转速”选项

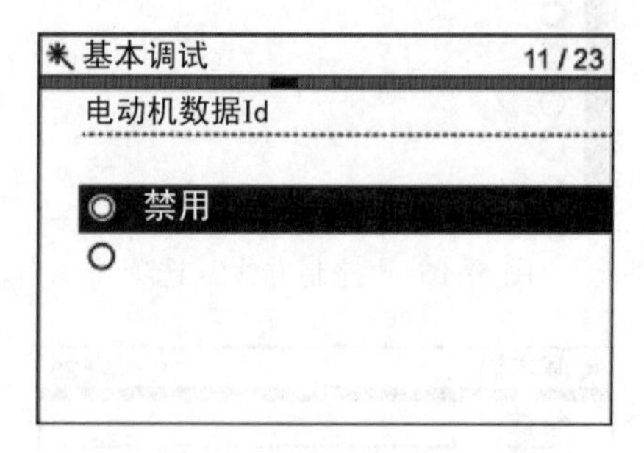

图5-25 “电动机数据Id”选项

13）选择带零脉冲或不带零脉冲的编码器，如图5-26所示。如果电动机未安装编码器，则不显示该选项。

14）输入编码器每转正确的脉冲，如图5-27所示。该信息通常印在编码器套管上。

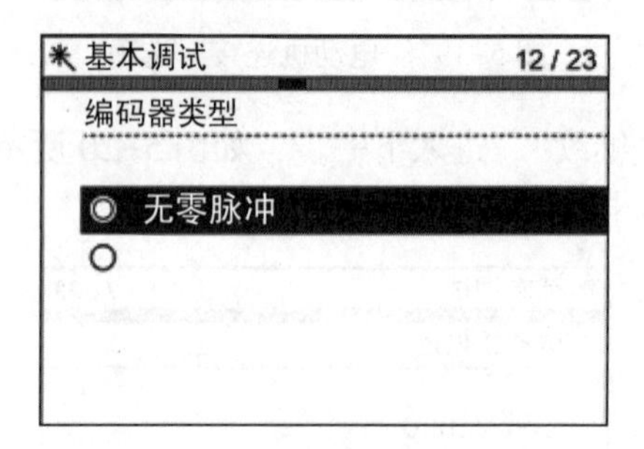

图5-26 “编码器类型”选项

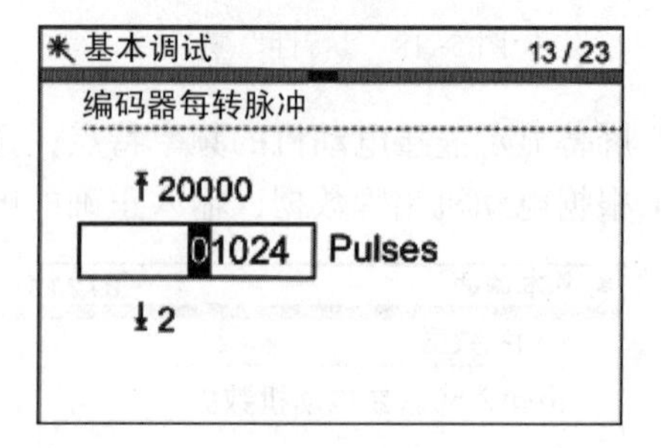

图5-27 “编码器每转脉冲”选项

15）选择应用的宏，如图5-28所示。一旦选择后，软件将自动配置所有输入、输出、命令源和设定值。

16）设置连接电动机应该运行的最小速度，如图5-29所示。

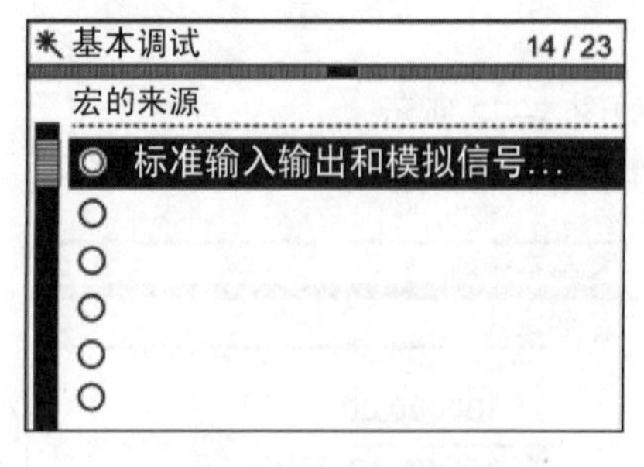

图5-28 “宏的来源”选项

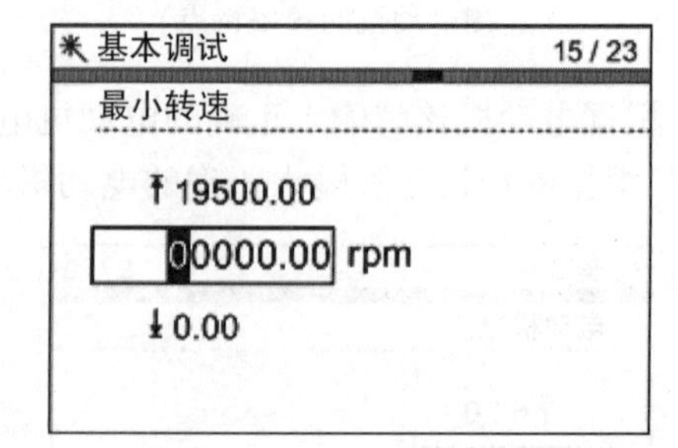

图5-29 “最小转速”选项

17）设置加速时间（单位：秒），如图5-30所示。这是变频器/电动机系统从接收到运行命令到达到所选电动机转速的时间。

18）设置减速时间（单位：秒），如图5-31所示。这是变频器/电动机系统从接收到

OFF1 命令到停止的时间。

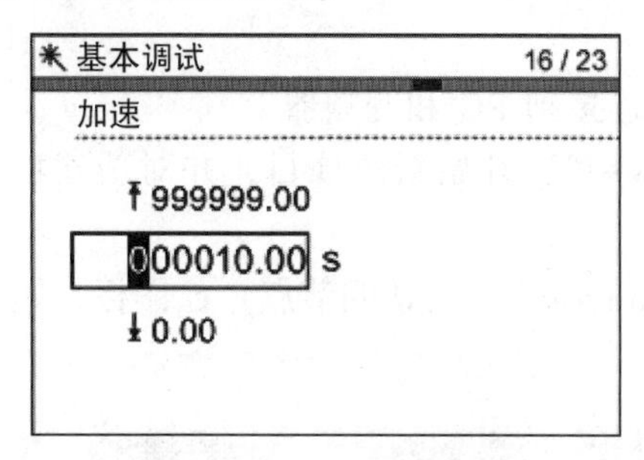

图 5-30　“加速” 选项

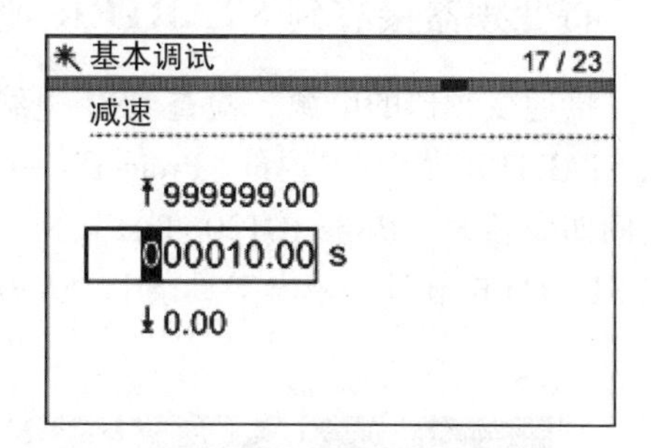

图 5-31　“减速” 选项

19）显示所有的设置概要，如图 5-32 所示。如果设置正确，选择“继续”，进入下一步。

20）最后，屏幕有两种选项：保存设置和取消向导。如果选择保存，恢复出厂设置并将设置保存到变频器内存，如图 5-33 所示。

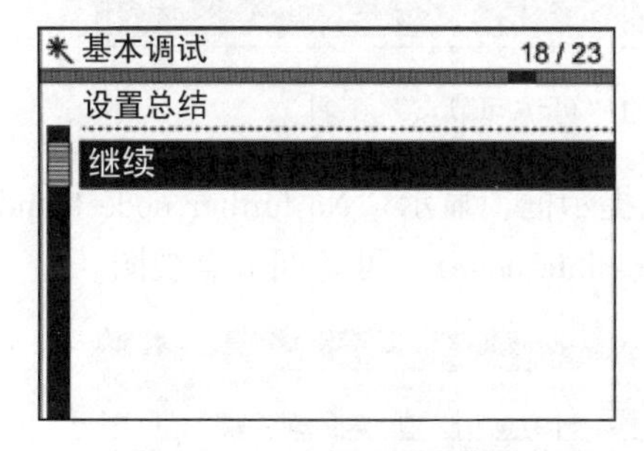

图 5-32　“设置总结” 选项

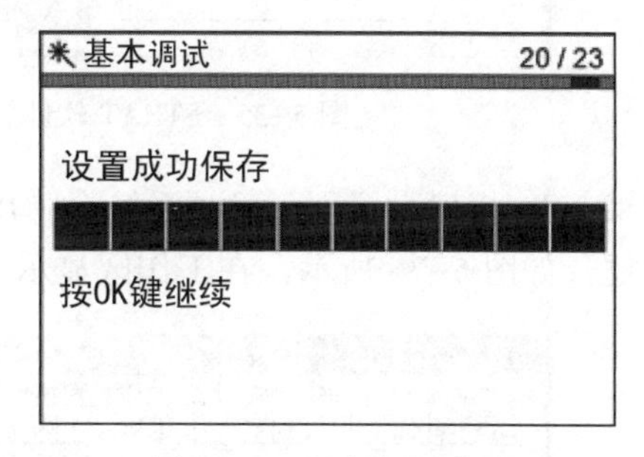

图 5-33　保存出厂设置

可在“菜单”的“参数设置”中使用“参数保存模式”功能分配安全数据的位置。

这样，就完成了 G120 变频器的基本调试。

5.7　使用 STARTER 软件进行快速调试

调试前，准备好已安装完毕的传动系统（电动机和变频器）、安装了 Windows7 系统和 STARTER 软件的计算机。初次调试 G120 变频器时，优先使用 USB 连接方式。使用配套的 USB 电缆，一端连接计算机的 USB 端口，一端连接变频器控制单元的 USB 端口；也可以通过 PROFIBUS 或 PROFINET 网络方式将二者进行连接。变频器与 PC 连接示意如图 5-34 所示。

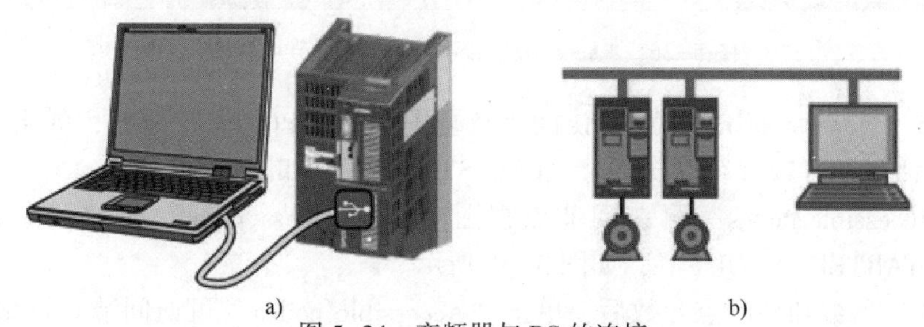

图 5-34　变频器与 PC 的连接

a）USB 连接　b）FROFIBUS 或 PROFINET 网络方式连接

5.7.1 将变频器接收到 STARTER 项目

首先接通变频器的电源，检查 USB 电缆是否连接到 PC 和变频器上。

在 STARTER 菜单中选择“Project”→“New…”，开始新建项目，并对新建项目进行命名，例如命名为“ProjectG120-Test”。

在 STARTER 软件中单击工具条中“Accessable nodes”（可访问节点）图标，如图 5-35 所示。

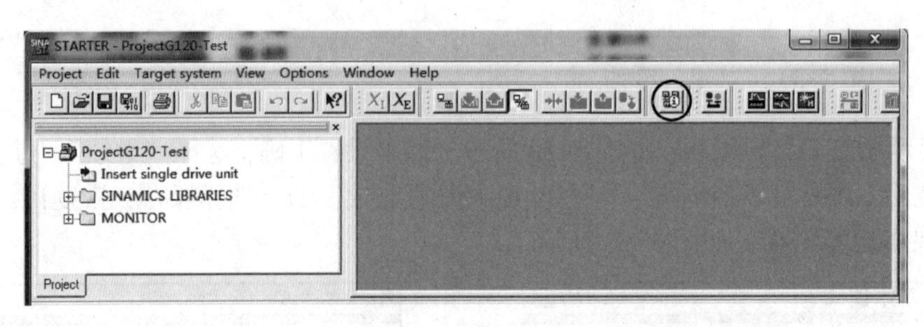

图 5-35 STRAT 软件界面中的“可访问节点”工具

如果 USB 接口设置不正确，系统会弹出信息提示框，显示“No further node found”。关闭提示框，如图 5-36 所示，在工作区显示“Accessible nodes”可访问节点视图。

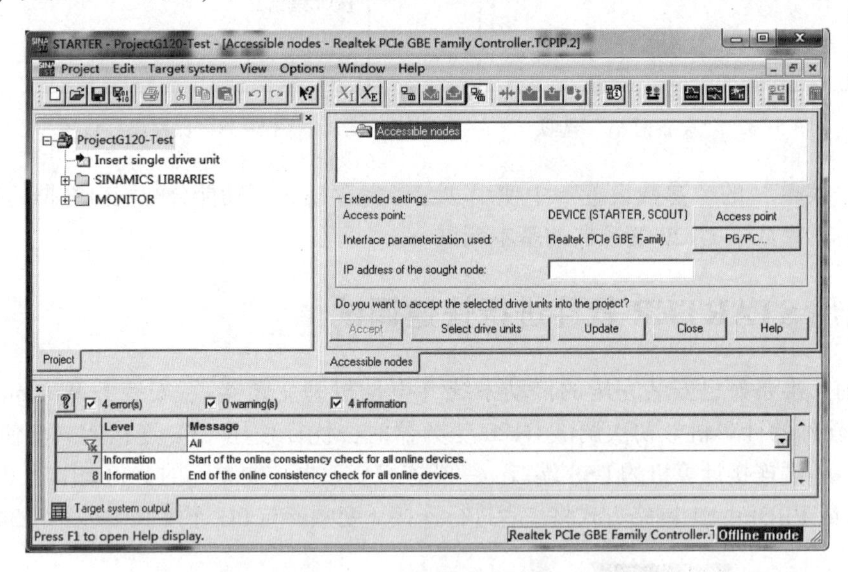

图 5-36 “Accessible nodes”可访问节点视图

通过单击“Accessible nodes”可访问节点视图中的“PG/PC”按钮，弹出“设置 PG/PC 接口”对话框，将接口参数设置为“USB. S7USB. 1”，如图 5-37 所示。

单击“Accessible nodes”可访问节点视图中的“Access point”按钮，将访问点设为“DEVICE（STARTER，SCOUT）”，如图 5-38 所示。

设置完接口参数和访问点参数后，单击“Accessible nodes”可访问节点视图中的“Update”按钮。如果上述通信接口参数设置正确，在“Accessible nodes”可访问节点视图中会显示可访问的变频器，如图 5-39 所示。

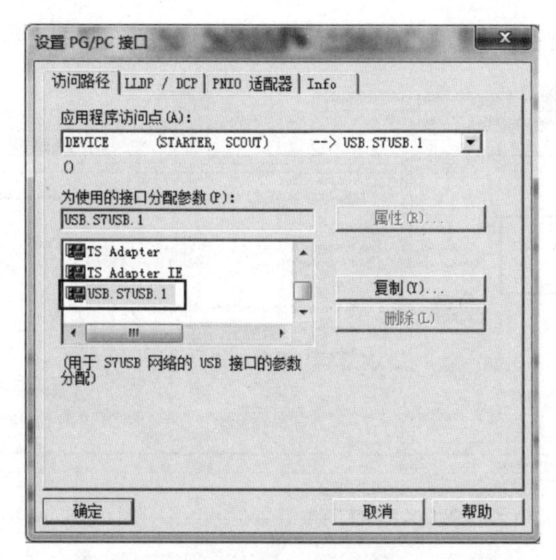

图 5-37 设置接口参数

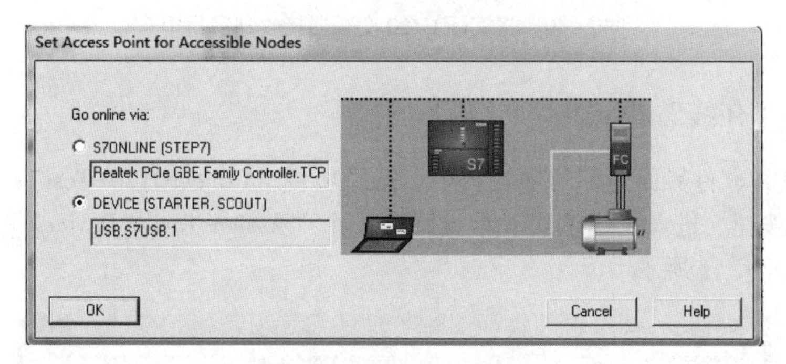

图 5-38 设置访问点参数

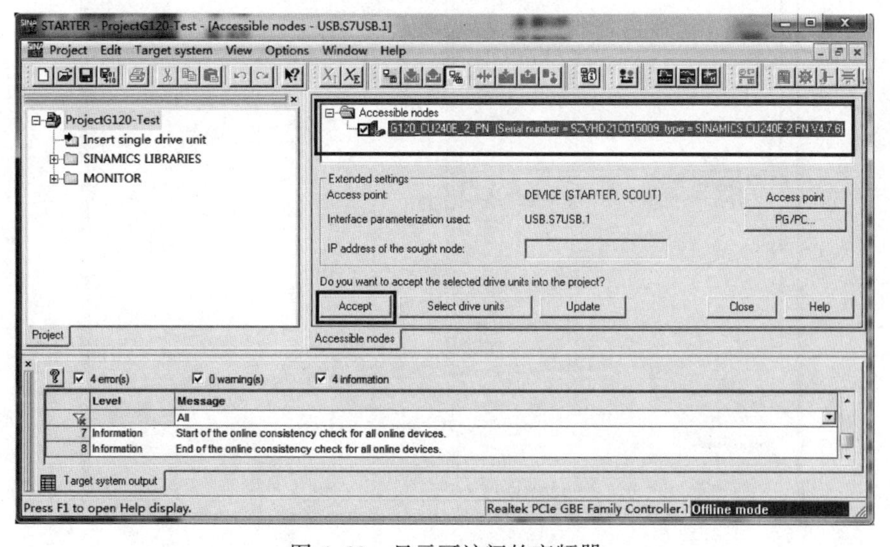

图 5-39 显示可访问的变频器

选中可访问节点视图中搜索到的变频器，单击“Accept”（确定）按钮，则弹出“transfer drive units to the project”提示框，提示已将变频器传输到项目中，且在项目视图的项目下，增加了一个 G120 驱动设备，例如“G120_CU240E_2_PN”，如图 5-40 所示。

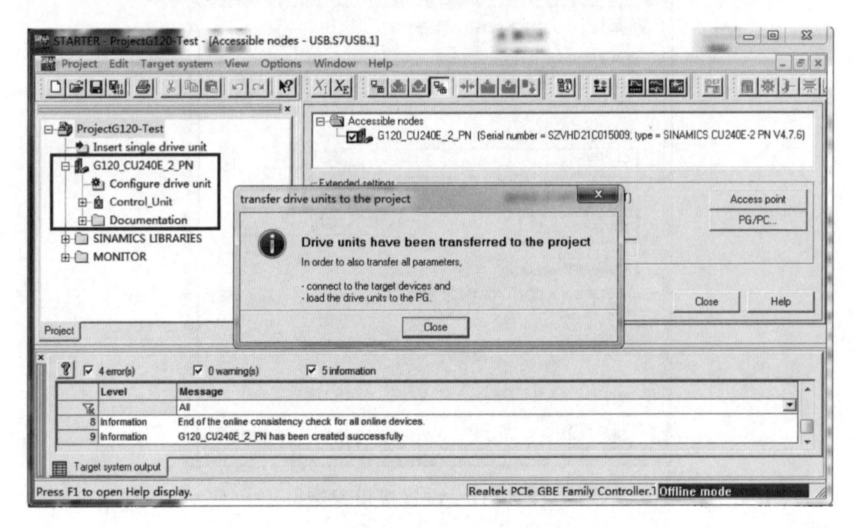

图 5-40　将实际 G120 变频器接收到项目中

5.7.2　进入“在线”模式

在 STARTER 软件界面左侧的项目树中，选择项目“ProjectG120-Test”，单击工具条中的“在线” 按钮，进入在线模式。首先弹出一个“Assign Target Devices”分配目标设备的对话框，如图 5-41 所示。

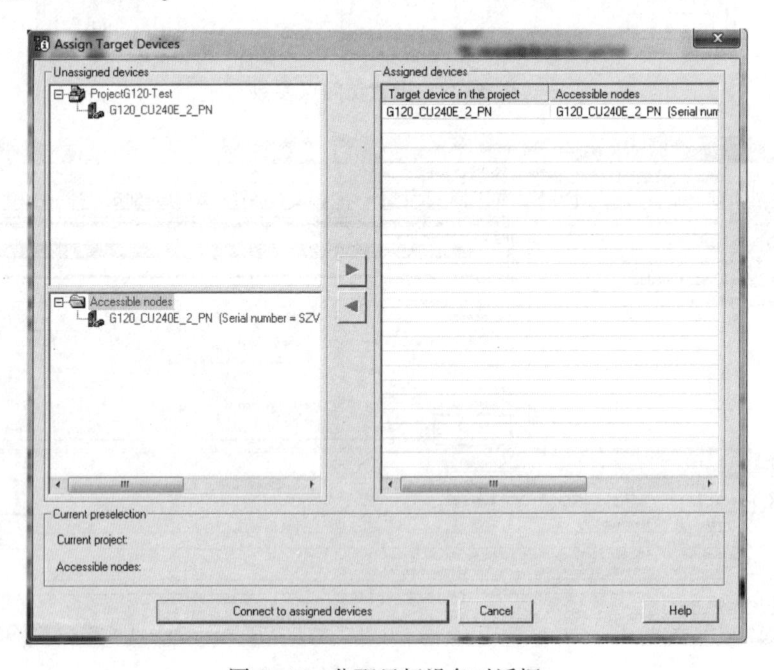

图 5-41　分配目标设备对话框

选择需要在线访问的设备，单击“Connect to assigned devices”连接分配设备按钮，弹出“Online/offline comparison”在线/离线比较对话框，如图 5-42 所示。

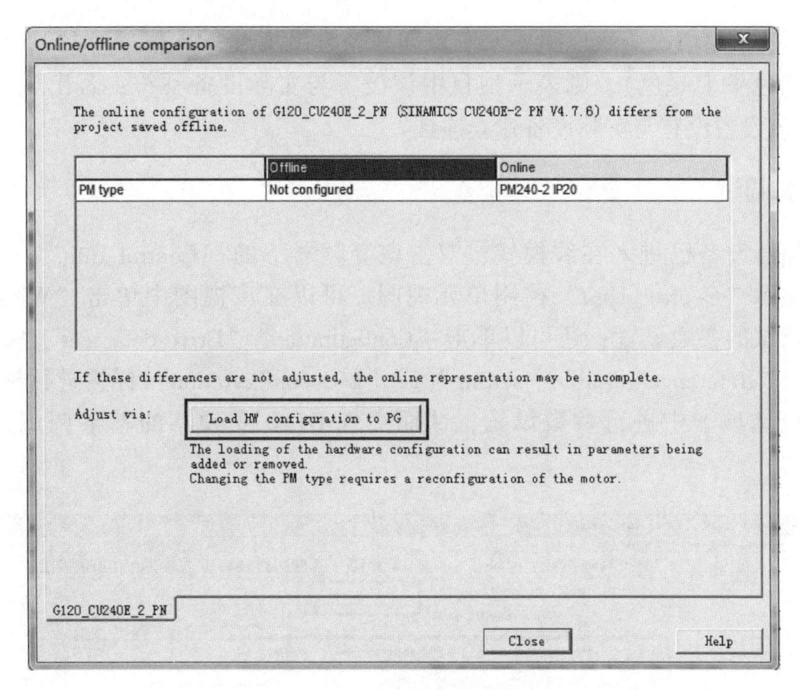

图 5-42　在线/离线比较对话框

此时，可以单击“Load HW configuration to PG”装载硬件组态到编程器按钮，将在线连接的 G120 变频器的硬件配置载入到当前项目（PG 或 PC）中，结果如图 5-43 所示。其中，左侧项目树下的变频器名称左侧出现图标，表示该变频器已成功与实际 G120 变频器一致，并实现在线连接；窗口右下角显示“Online mode”，表示进入在线模式。

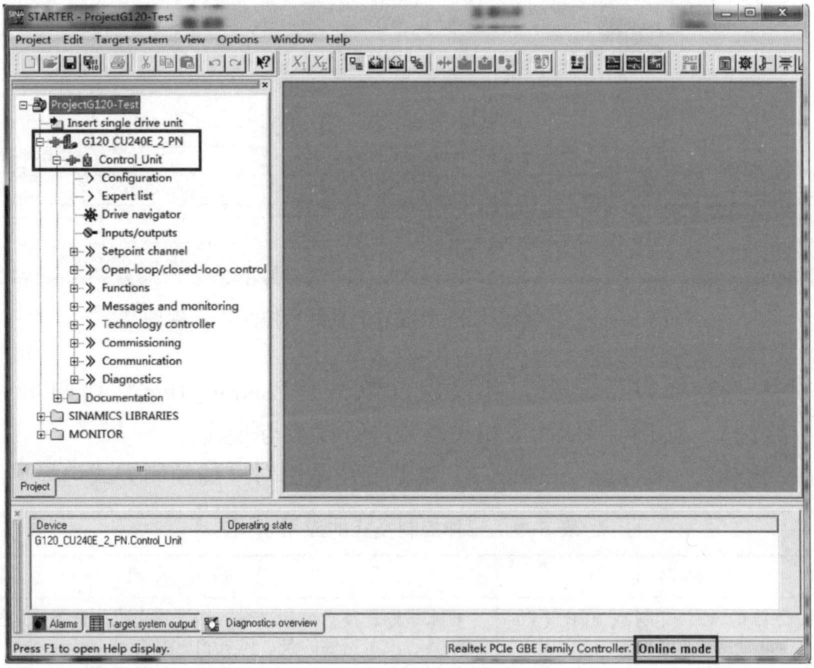

图 5-43　在线模式

项目视图中，驱动设备或控制单元左边如果没有出现的图标（绿色），而是出现图标（一半红色一半绿色），则表示项目中该设备与实际设备不符；若出现图标（红色），则表示该设备没有与实际设备建立连接。

5.7.3　基本调试

如果变频器设备已进入在线模式，双击该变频器下的“Control Unit”（控制单元），则在工作区显示“Control_Unit”控制单元视图。可以在该视图中单击“Wizard”向导按钮进行基本调试的参数设置；还可以单击“Configuration”“Drive data sets”“Command data sets”“Units”“Reference variables-setting”或“I/O configuration”标签进行标签选项卡切换，并在相应选项卡中进行参数设置，从而实现 G120 变频器的基本调试，如图 5-44 所示。

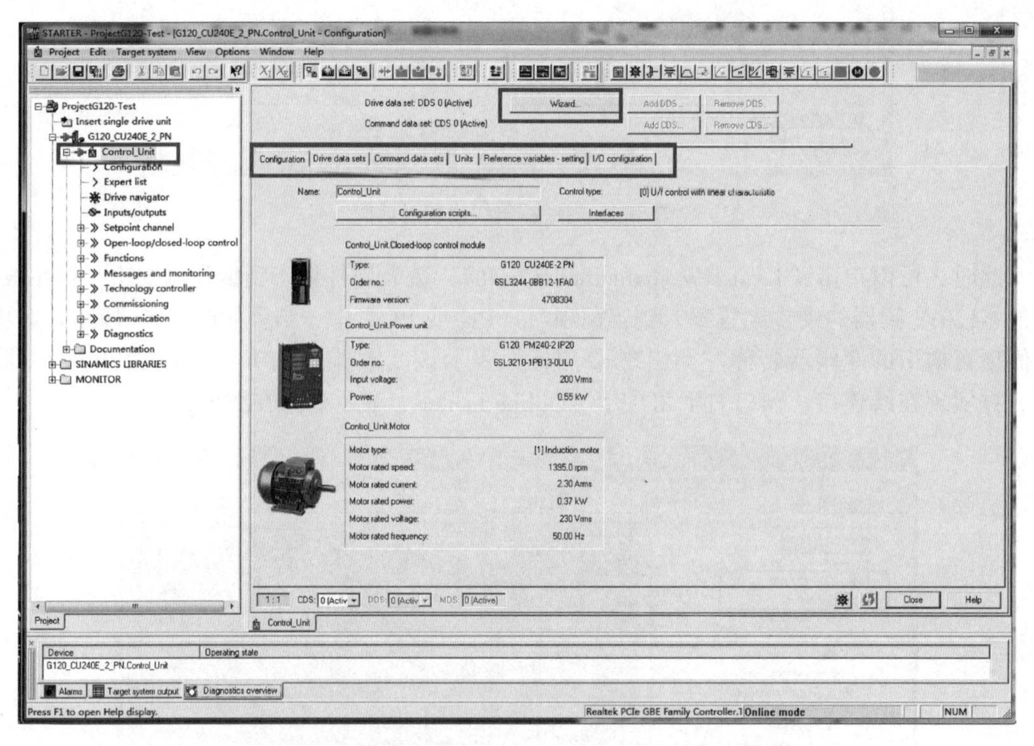

图 5-44　在线模式下“Control_Unit”控制单元视图

基本调试主要包括以下步骤，可以通过单击“Control_Unit”控制单元视图中的“Wizard”向导按钮，利用向导依次对相关参数进行设置与调试。

1）选择控制模式（Control structure）。典型应用示例对应的控制方式选择见表 5-9。

表 5-9　三种控制模式的应用示例

序号	控制模式	应用示例
1	无编码器的 V/f 控制或 FCC（Flux Current Control，磁通电流控制）	• 水平输送技术（传送带、辊子输送机及链条输送机） • 具有流量特性的泵、风机和压缩机

（续）

序号	控制模式	应用示例
2	无编码器的矢量控制	• 水平输送技术（传送带、辊子输送机及链条输送机） • 挤压机 • 离心机 • 带有排水设备的泵和压缩机
3	带编码器的矢量控制	• 垂直输送技术（传送带、辊子输送机及链条输送机） • 升/降机 • 堆垛机

2）选择变频器接口的默认设置（Defaults of the setpoint）。允许的配置方式包括输入/输出端的出厂设置和输入/输出端的预设置。

3）选择变频器的应用（Drive setting）。低动态的轻过载应用，例如电泵或风机；高动态的重过载应用，例如传送带。

4）选择电动机（Motor）。

5）根据电动机的铭牌输入电动机数据（Motor data）。如果选择了电动机的订货号，则电动机数据自动录入。

6）设置设备功能（Drive functions）。控制方式设置为“矢量控制”时，推荐设置“[1] Identify motor data at standstill and with motor rotating”。此时，变频器会对转速控制器进行优化。如果控制方式设置为“矢量控制”，但是电动机不能自由旋转（例如受到机械限位限制），或者选择了控制方式“V/f 控制”，选择设置“［2］Identify motor data at standstill”。

7）根据实际应用设置重要参数（Important parameters）。

8）设置电动机数据计算选项（Calculation of the motor），建议设置“Calculate motor data only”，如图 5-45 所示。

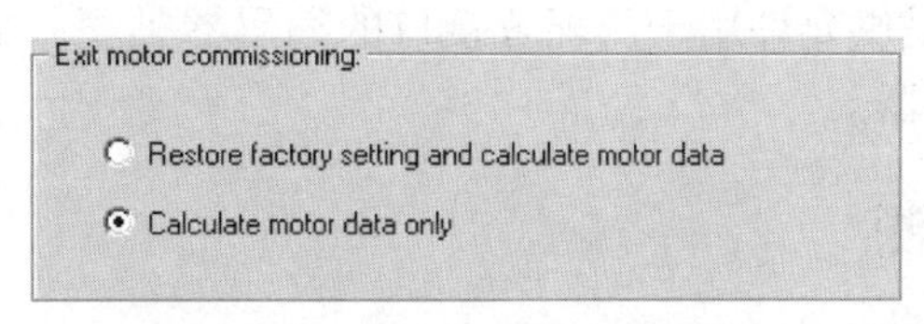

图 5-45　设置电动机数据计算选项

9）设置编码器。如果电动机的中心轴上装有一个编码器用来测量转速，请在此选择一个标准编码器或直接输入编码器数据，如图 5-46 所示。

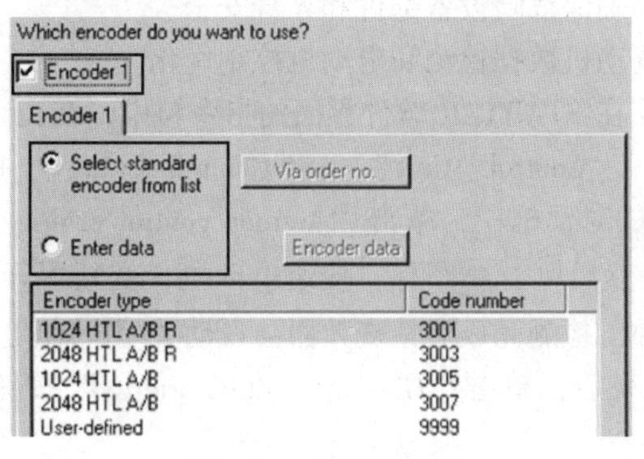

图 5-46　设置编码器

最后，勾选“Copy RAM to ROM”，将数据掉电保存在变频器中，结束基本调试。

在变频器基本调试过程中，如果选择了一个和实际编码器不完全相符的编码器类型，且已配置了驱动，则可以使用STARTER软件调整编码器数据。

在STARTER软件界面的指令树中，鼠标双击在线设备的“控制单元”→“开环/闭环控制”→“电动机编码器”（“Control_Unit”→“Open-loop/closed-loop control”→“Motor encoder”）选项，在弹出的对话框中，单击“编码器数据”（“Encoder data”）按钮，如图5-47所示。在“编码器数据”（“Encoder data”）中，可以更改所有编码器数据，也可以选择其他编码器类型。通过上述操作，即可完成编码器数据调整。

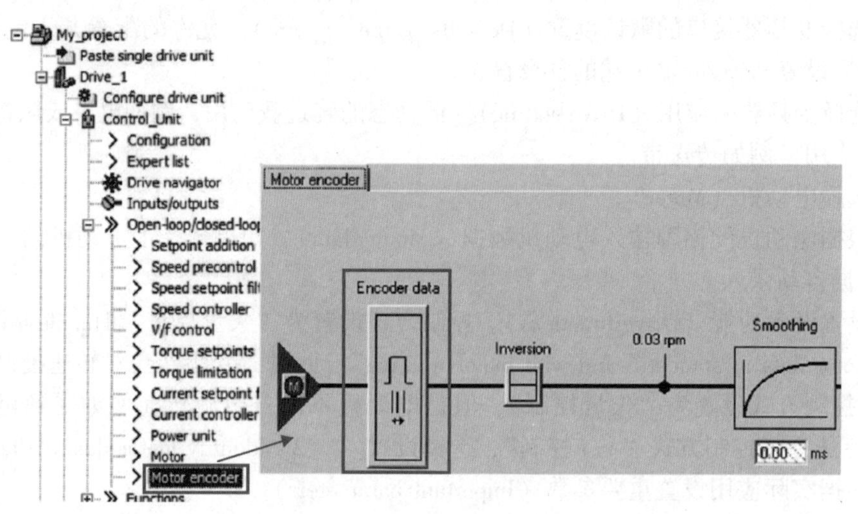

图5-47　编码器数据调整

注意：STARTER只提供允许用于已配置接口的编码器类型。如果想要设置其他编码器接口，则需重新配置变频器。

5.7.4　电动机数据检测

在基本调试中，如果已经选择了电动机数据检测（MOT ID），则变频器在结束基本调试后会发出报警A07991。此时，需要在电动机冷却到环境温度后进行数据检测。

需要注意的是，接通电动机后进行电动机数据检测会引起危险的电动机运动，故在开始电动机数据检测前，需要确保危险设备部件和人身安全。

根据以下步骤启动电动机数据检测和电动机控制优化。

1）如图5-48所示，在STARTER软件界面的指令树中，在在线模式下双击需要操作的变频器下的控制面板（“Control_Unit”→“Commissioning”→“Control panel”）；在STARTER软件界面下方的对话框中，单击“Assume control priority”，获取对变频器的控制权，并勾选“Enables”，然后单击I图标，接通电动机，变频器开始启动电动机数据检测。检测过程可能持续数分钟，检测完成后，变频器会自动关闭电动机。

2）在电动机检测结束后，单击“Give up control priority”按钮，重新交还控制权给变频器。

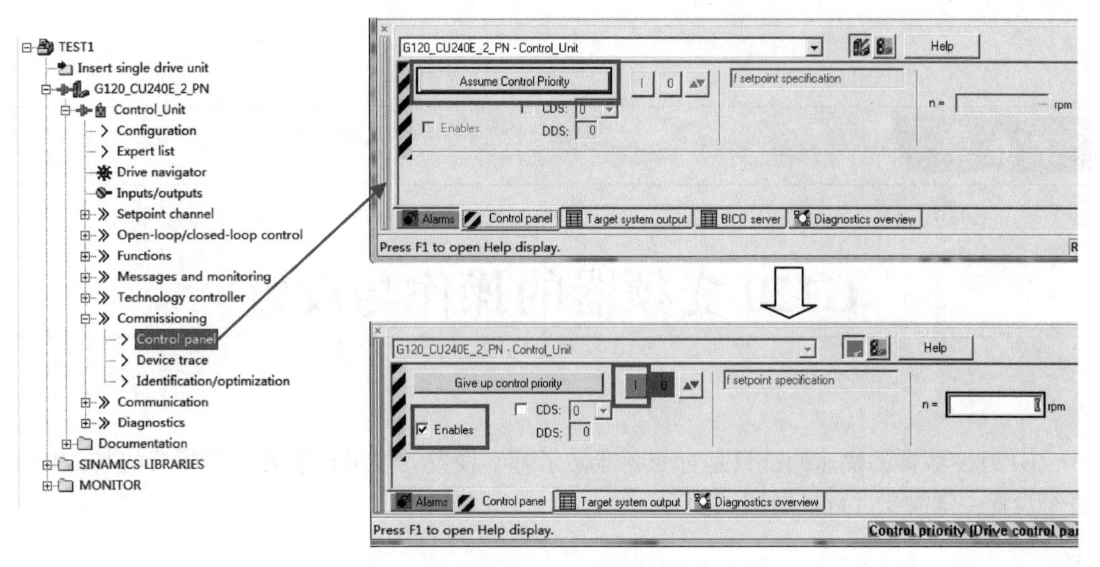

图 5-48　电动机数据检测

3）单击工具条中 Copy RAM to ROM 图标，进行保存。

如果除了静态电动机数据检测外，还选择了包含矢量控制自动优化的旋转电动机检测，必须再次给变频器通电，按上述步骤执行优化。

第 6 章

G120 变频器的操作与设置

G120 变频器的快速调试只是对变频器做了基本设置，如果还需要对变频器的其他功能进行设置，则需要进行扩展调试。

6.1　变频器的功能

变频器的功能主要分为常用功能和特殊功能，功能一览如图 6-1 所示。常用功能通常在基本调试期间就进行设置，以便在很多应用中无须其他设置便可直接运行电动机，如图 6-1 的灰色显示。而特殊功能则需要根据需求调整参数来实现，如图 6-1 的白色显示。

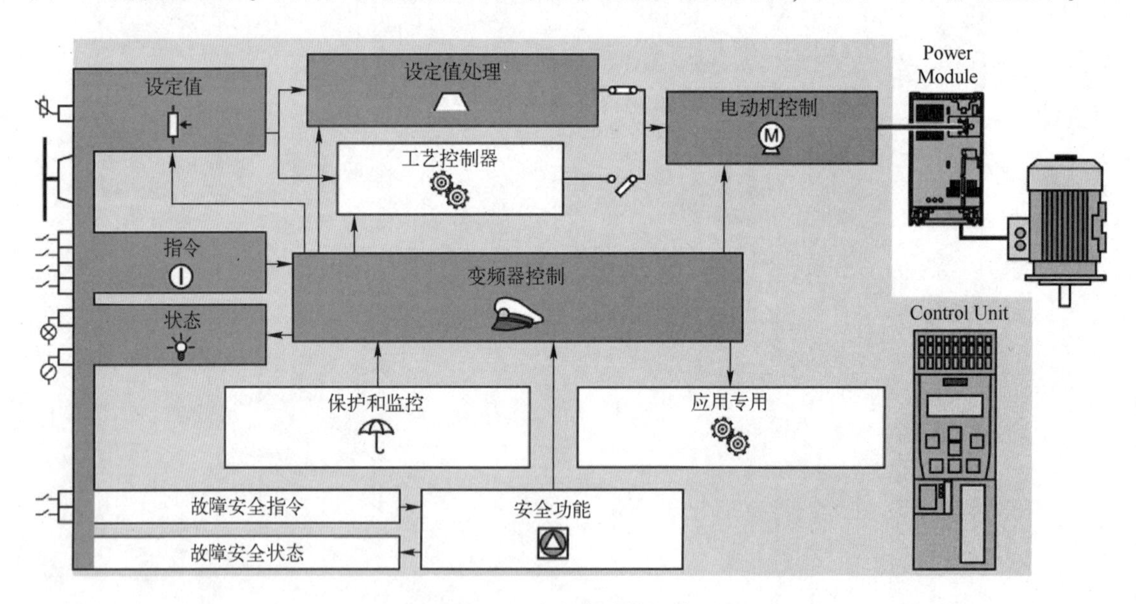

图 6-1　变频器功能一览

6.1.1　常用功能

常用功能主要包括变频器控制、指令、状态、设定值、设定值处理及电动机控制。

（1）变频器控制

变频器控制的权限大于所有其他功能，它定义了变频器如何响应上级控制器指令。

（2）指令

上级控制器的指令通过数字量输入或现场总线发送给变频器。

（3）状态

变频器将它的状态信息反馈给控制单元输出端或现场总线。

（4）设定值

必须确定一个设定值，比如转速设定值。

（5）设定值处理

设定值处理用于避免斜坡函数发生器使转速剧烈变化，并将转速制在最大值以下。

（6）电动机控制

电动机控制用于使电动机跟踪转速设定值。控制方式可以选择矢量控制或 V/f 控制。

6.1.2　特殊功能

特殊功能主要包括保护和监控、应用专用、安全功能、故障安全指令及故障安全状态等。

（1）保护和监控

保护及监控功能可以避免损坏电动机、变频器和工作机械，如通过温度监控或转矩监控。

（2）应用专用

应用专用功能可控制例如电动机抱闸，或通过工艺控制器使能上位压力控制或温度控制。

（3）安全功能

安全功能用于对变频器功能的安全性有高要求的应用场合。扩展的安全功能监控驱动转速。

（4）故障安全指令

上级控制器的故障安全指令通过故障输入或现场总线发送给变频器。

（5）故障安全状态

变频器将故障安全的状态信息反馈给控制单元输出端或现场总线。

6.2　设置 I/O 端子

变频器 G120 的 I/O 端子类型主要包括数字量输入（DI）端子、数字量输出（DO）端子、模拟量输入（AI）端子和模拟量输出（AO）端子。

变频器 G120 的 I/O 端子的功能都是可以设置的。为了避免逐一地更改端子，可通过预设置同时对多个端子进行设置，也称为默认设置。

6.2.1　I/O 端子默认设置

对于配有 USS 接口的 CU 端子的出厂设置符合默认设置 12（双线制控制，方法 1），对于配有 PROFIBUS 或 PROFINET 接口的 CU 端子的出厂设置符合默认设置 7（通过 DI 3 在现场总线和 JOG 之间切换）。

1. CU240B-2 端子的默认设置

CU240B-2 端子的默认设置主要有以下 8 种。其中，DI 0～DI 3 的状态参数分别为 r0722.0～r0722.3，DO 0 的设置参数为 p0730，AI 0 的状态参数为 r0755[0]，AO 0 的设置参数为 p0771[0]。

（1）默认设置 7

通过 DI 3 在现场总线和 JOG 之间切换选择方式。

该默认设置与带 PROFIBUS 接口的变频器的出厂设置相同。对于 STARTER 软件，该默认设置的名称为“带数据组切换的现场总线”，对于 BOP-2 操作面板，该默认设置名称为“FB CDS”。I/O 端子的默认设置如图 6-2 所示。

在默认设置 7 中，转速设定值（主设定值）p1070[0]=2050[1]，JOG 1 转速设定值 p1058 对应出厂设置值（150 r/min），JOG 2 转速设定值 p1059 对应出厂设置值（-150 r/min）。

（2）默认设置 9

电动电位器（MOP）选择方式。

该默认设置对于 STARTER 软件，其默认设置的名称为“带 MOP 的标准 I/O”，对于 BOP-2 操作面板，其默认设置名称为“STD MOP”。I/O 端子的默认设置如图 6-3 所示。

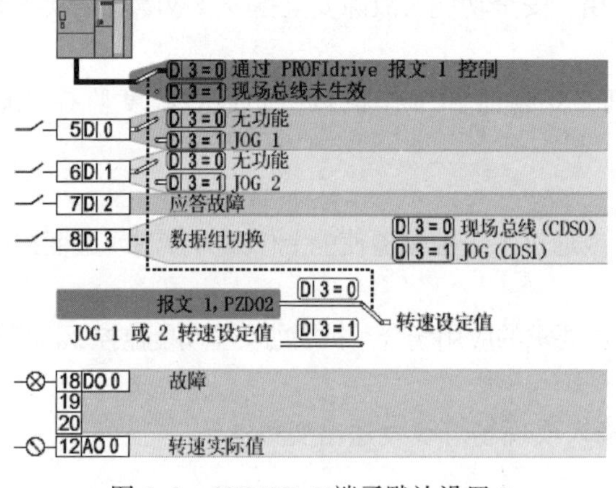

图 6-2　CU240B-2 端子默认设置 7

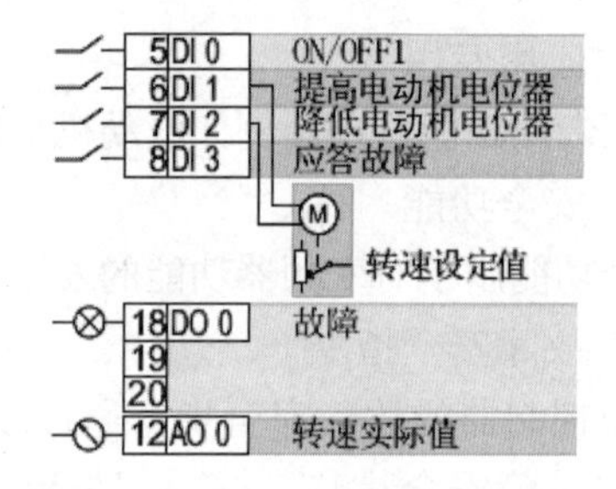

图 6-3　CU240B-2 端子默认设置 9

在默认设置 9 中，电动电位器斜坡功能发生器后的设定值可查看参数 r1050，转速设定值（主设定值）p1070[0]=1050。

（3）默认设置 12

双线制控制，方法 1 选择方式。

该默认设置与带 USS 接口的变频器的出厂设置相同。对于 STARTER 软件，该默认设置的名称为“带模拟量设定值的标准 I/O”，对于 BOP-2 操作面板，该默认设置名称为“STD ASP”。I/O 端子的默认设置如图 6-4 所示。

在默认设置 12 中，转速设定值（主设定值）p1070[0]=755[0]。

（4）默认设置 17

双线制控制，方法 2 选择方式。

对于 STARTER 软件，该默认设置的名称为“2 线制（向前/向后 1）”，对于 BOP-2 操作面板，该默认设置名称为“2-WIRE 1”。I/O 端子的默认设置如图 6-5 所示。

在默认设置 17 中，转速设定值（主设定值）p1070[0]=755[0]。

（5）默认设置 18

双线制控制，方法 3 选择方式。

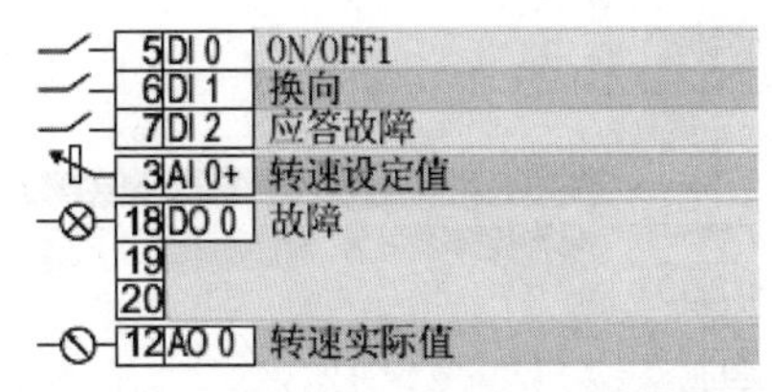

图 6-4　CU240B-2 端子的默认设置 12

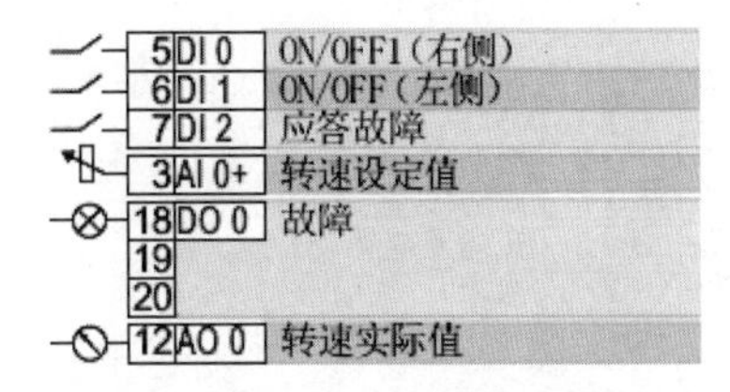

图 6-5　CU240B-2 端子的默认设置 17

对于 STARTER 软件，该默认设置的名称为“2 线制（向前/向后 2）”，对于 BOP-2 操作面板，该默认设置名称为“2-WIRE 2”。I/O 端子的默认设置如图 6-6 所示。

在默认设置 18 中，转速设定值（主设定值）p1070[0]=755[0]。

（6）默认设置 19

三线制控制，方法 1 选择方式。

对于 STARTER 软件，该默认设置的名称为“3 线制（使能/向前/向后）”，对于 BOP-2 操作面板，该默认设置名称为“3-WIRE 1”。I/O 端子的默认设置如图 6-7 所示。

在默认设置 19 中，转速设定值（主设定值）p1070[0]=755[0]。

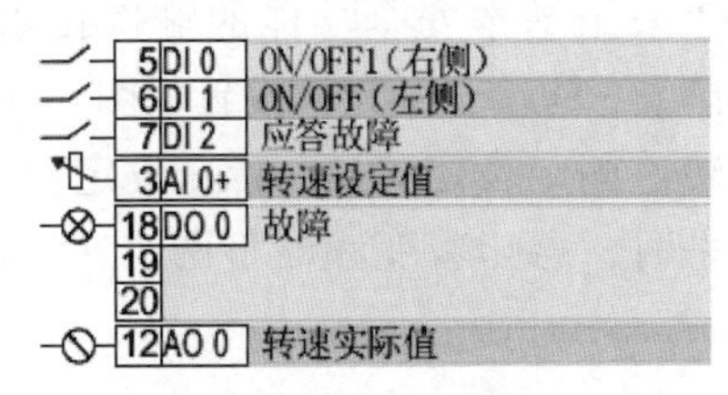

图 6-6　CU240B-2 端子的默认设置 18

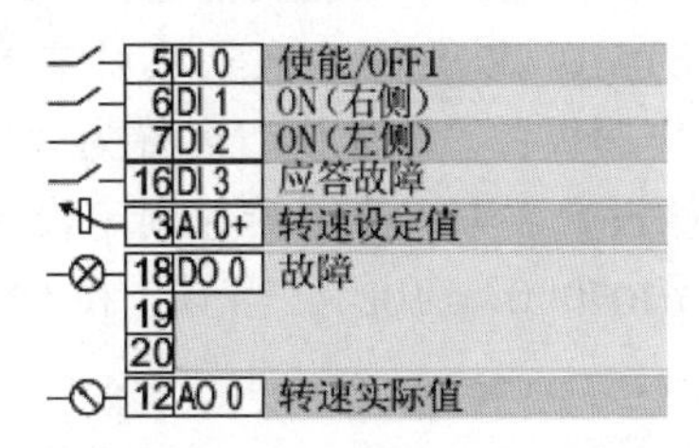

图 6-7　CU240B-2 端子的默认设置 19

（7）默认设置 20

三线制控制，方法 2 选择方式。

对于 STARTER 软件，该默认设置的名称为“3 线制（使能/正转/反转）”，对于 BOP-2 操作面板，该默认设置名称为“3-WIRE 2”。I/O 端子的默认设置如图 6-8 所示。

在默认设置 20 中，转速设定值（主设定值）p1070[0]=755[0]。

（8）默认设置 21

USS 现场总线选择方式。

对于 STARTER 软件，该默认设置的名称为“USS 现场总线”，对于 BOP-2 操作面板，该默认设置名称为“FB USS”。I/O 端子的默认设置如图 6-9 所示。

在默认设置 21 中，转速设定值（主设定值）p1070[0]=2050[1]。

2. CU240E-2 端子的默认设置

CU240E-2 端子的默认设置主要有以下 18 种。其中，DI 0~DI 5 的状态参数分别为 r0722.0~r0722.5，DO 0 和 DO 1 的设置参数分别为 p0730 和 p0731，AI 0 的参数为 r0755[0]，AO 0 和 AO 1 的信号类型设置参数分别为 p0771[0]和 p0771[1]。另外，默认设置 1~3 中转速固定设定值 1~4 的参数分别为 p1001~p1004，转速固定设定值生效参数 r1024；默认设置 8、9、14、15 中电动电位器斜坡功能发生器后的设定值参数为 r1050。

（1）默认设置 1

两个固定转速选择方式。

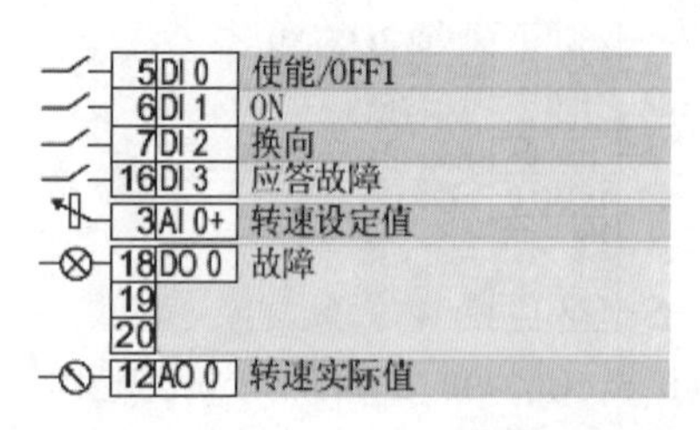

图 6-8　CU240B-2 端子的默认设置 20

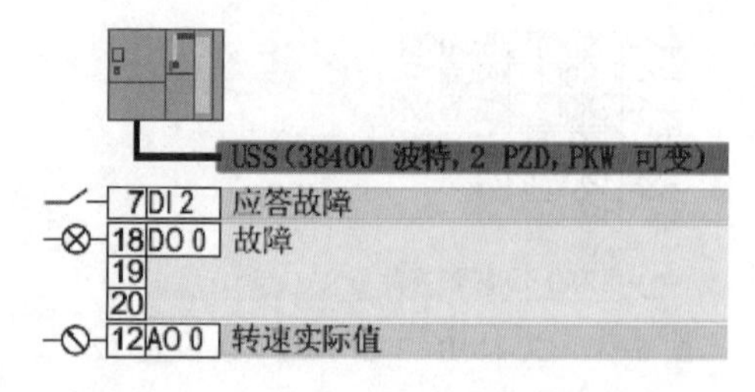

图 6-9　CU240B-2 端子的默认设置 21

对于 STARTER 软件，该默认设置的名称为“采用 2 种固定频率的输送技术”，对于 BOP-2 操作面板，该默认设置名称为“CON 2 SP”。I/O 端子的默认设置如图 6-10 所示。

在默认设置 1 中，使用转速固定设定值 3 和转速固定设定值 4，转速设定值（主设定值）参数 p1070[0]=1024。当 DI4 和 DI5 为高电平时，意味着变频器将两个转速固定设定值相加。

（2）默认设置 2

两个固定转速，带安全功能选择方式。

对于 STARTER 软件，该默认设置的名称为“采用基本安全功能的输送技术”，对于 BOP-2 操作面板，该默认设置名称为“CON SAFE”。I/O 端子的默认设置如图 6-11 所示。

在默认设置 2 中，使用转速固定设定值 1 和转速固定设定值 2，转速设定值（主设定值）参数 p1070[0]=1024。当 DI0 和 DI1 为高电平时，意味着变频器将两个转速固定设定值相加。

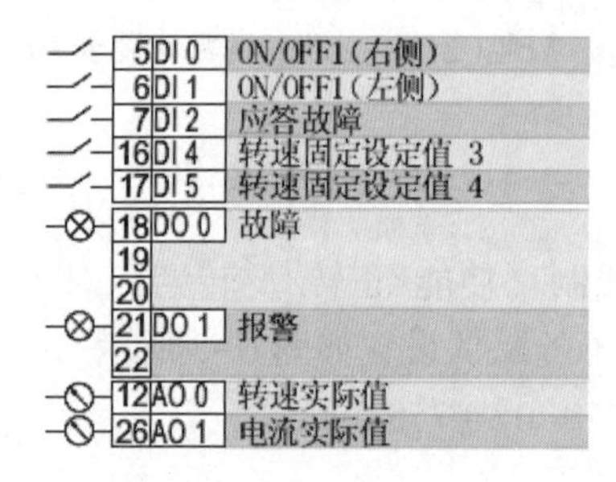

图 6-10　CU240E-2 端子的默认设置 1

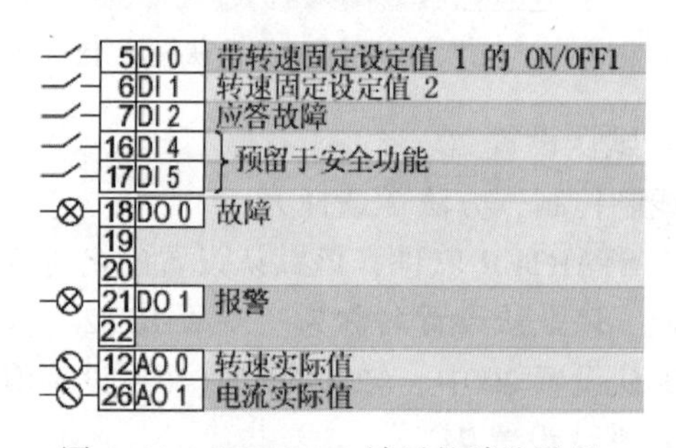

图 6-11　CU240E-2 端子的默认设置 2

（3）默认设置 3

4 个固定转速选择方式。

对于 STARTER 软件，该默认设置的名称为“采用 4 种固定频率的输送技术”，对于 BOP-2 操作面板，该默认设置名称为“CON 4 SP”。I/O 端子的默认设置如图 6-12 所示。

在默认设置 3 中，使用转速固定设定值 1、转速固定设定值 2、转速固定设定值 3 和转速固定设定值 4，转速设定值（主设定值）参数 p1070[0]=1024。当 DI 0、DI 1、DI 4 和 DI 5 中多个 DI 为高电平时，变频器将相应的各个转速固定设定值相加。

（4）默认设置 4

PROFIBUS 或 PROFINET 选择方式。

对于 STARTER 软件，该默认设置的名称为“采用现场总线的传输技术”，对于 BOP-2 操作面板，该默认设置名称为“CON FB”。I/O 端子的默认设置如图 6-13 所示。

在默认设置 4 中，转速设定值（主设定值）p1070[0]=2050[1]。

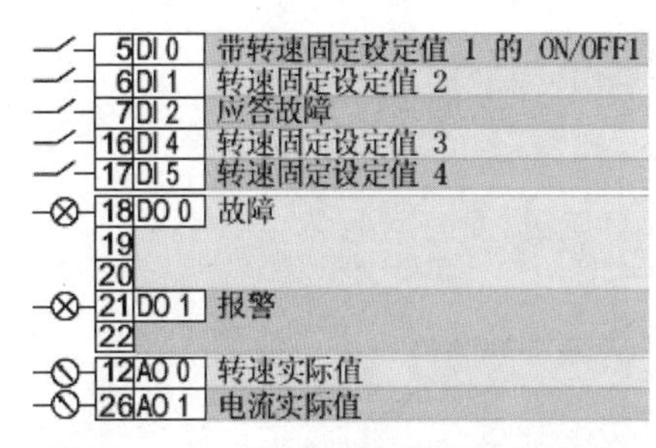

图 6-12　CU240E-2 端子的默认设置 3

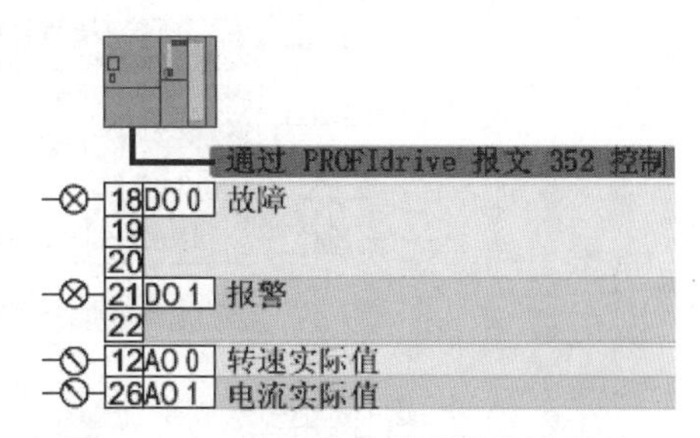

图 6-13　CU240E-2 端子的默认设置 4

（5）默认设置 5

PROFIBUS 或 PROFINET，带安全功能选择方式。

对于 STARTER 软件，该默认设置的名称为“采用现场总线和基本安全功能的传输技术”，对于 BOP-2 操作面板，该默认设置名称为“CON FB S”。I/O 端子的默认设置如图 6-14 所示。

在默认设置 5 中，转速设定值（主设定值）参数 p1070[0]=2050[1]。

（6）默认设置 6

PROFIBUS 或 PROFINET，带两种安全功能选择方式（只针对配备 CU240E-2 F、CU240E-2 DP-F 和 CU240E-2 PN-F 的变频器）。

对于 STARTER 软件，该默认设置的名称为“带扩展安全功能的现场总线”，对于 BOP-2 操作面板，该默认设置名称为“FB SAFE”。I/O 端子的默认设置如图 6-15 所示。

在默认设置 6 中，转速设定值（主设定值）p1070[0]=2050[1]。

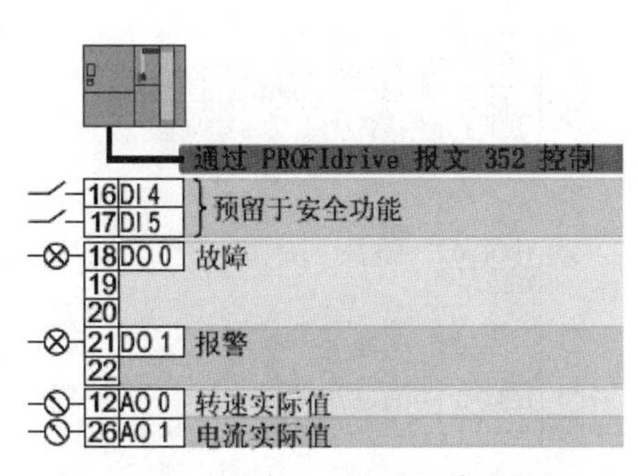

图 6-14　CU240E-2 端子的默认设置 5

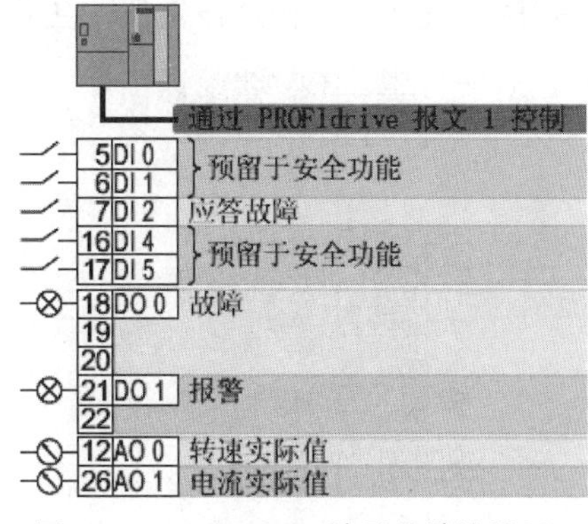

图 6-15　CU240E-2 端子的默认设置 6

（7）默认设置 7

通过 DI 3 在现场总线和 JOG 之间切换选择方式（带 PROFIBUS 或 PROFINET 接口的变频器的出厂设置）。

对于 STARTER 软件，该默认设置的名称为“带数据组转换的现场总线”，对于 BOP-2 操作面板，该默认设置名称为“FB CDS”。I/O 端子的默认设置如图 6-16 所示。

在默认设置 7 中，转速设定值（主设定值）p1070[0]=2050[1]，JOG 1 转速设定值 p1058 对应出厂设定值，即 150 r/min，JOG 2 转速设定值 p1059 对应出厂设置值，即-150 r/min。

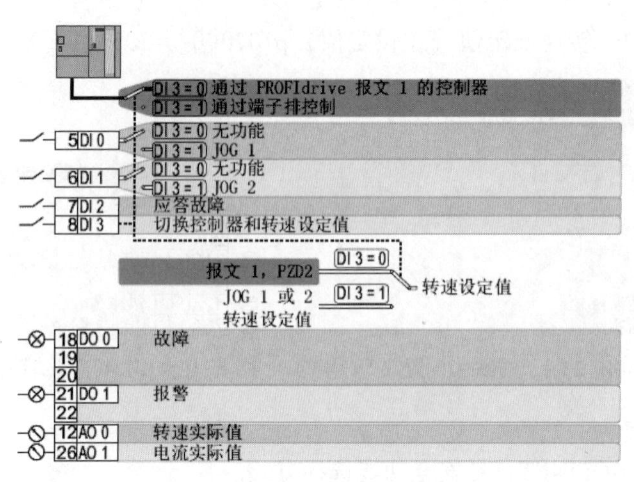

图 6-16　CU240E-2 端子的默认设置 7

（8）默认设置 8

电动电位器（MOP），带安全功能选择方式。

对于 STARTER 软件，该默认设置的名称为“采用基本安全功能的 MOP”，对于 BOP-2 操作面板，该默认设置名称为“MOP SAFE”。I/O 端子的默认设置如图 6-17 所示。

在默认设置 8 中，转速设定值（主设定值）p1070[0]=1050。

（9）默认设置 9

电动电位器（MOP）选择方式。

对于 STARTER 软件，该默认设置的名称为“带 MOP 的标准 I/O”，对于 BOP-2 操作面板，该默认设置名称为“STD MOP”。I/O 端子的默认设置如图 6-18 所示。

在默认设置 9 中，转速设定值（主设定值）参数 p1070[0]=1050。

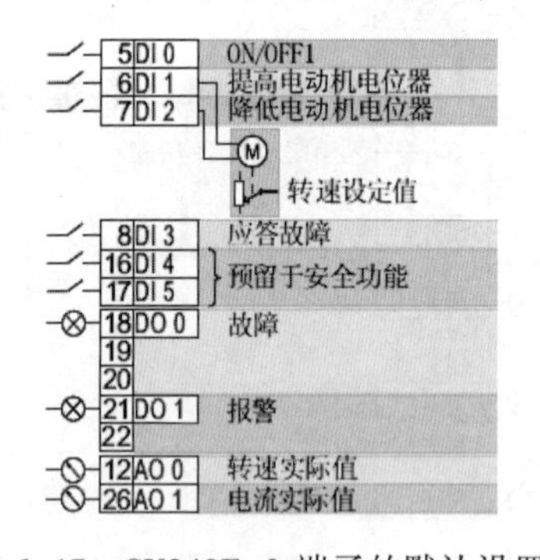

图 6-17　CU240E-2 端子的默认设置 8

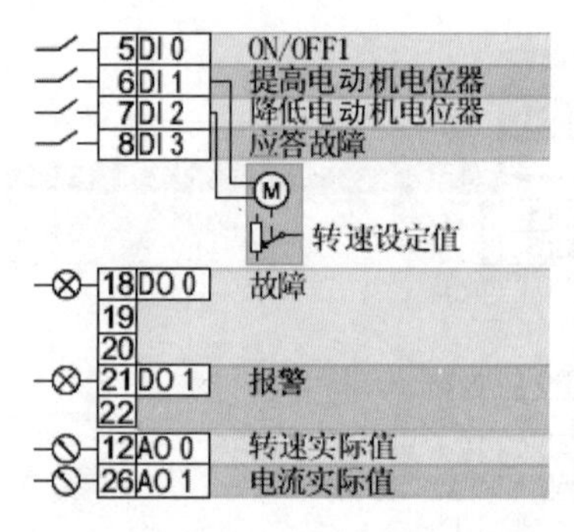

图 6-18　CU240E-2 端子的默认设置 9

（10）默认设置 12

双线制控制，方法 1 选择方式（带 USS 接口的变频器的出厂设置）。

对于 STARTER 软件，该默认设置的名称为“带模拟量设定值的标准 I/O”，对于 BOP-2 操作面板，该默认设置名称为“STD ASP”。I/O 端子的默认设置如图 6-19 所示。

在默认设置 12 中，转速设定值（主设定值）参数 p1070[0]=755[0]。

（11）默认设置 13

通过模拟量输入给定设定值，带安全功能选择方式。

对于 STARTER 软件，该默认设置的名称为“带模拟量设定值和安全功能的标准 I/O”，对于 BOP-2 操作面板，该默认设置名称为“ASPS”。I/O 端子的默认设置如图 6-20 所示。

在默认设置 13 中，转速设定值（主设定值）参数 p1070[0]=755[0]。

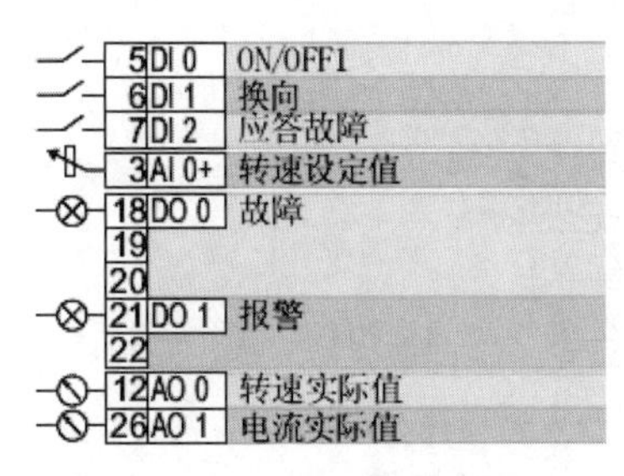

图 6-19　CU240E-2 端子的默认设置 12

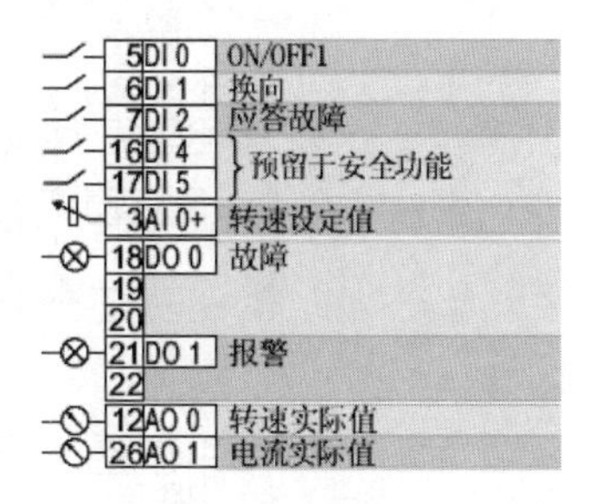

图 6-20　CU240E-2 端子的默认设置 13

（12）默认设置 14

通过 DI3 在现场总线和电动电位器（MOP）之间切换选择方式。

对于 STARTER 软件，该默认设置的名称为“带现场总线的过程工业”，对于 BOP-2 操作面板，该默认设置名称为“PROC FB”。I/O 端子的默认设置如图 6-21 所示。

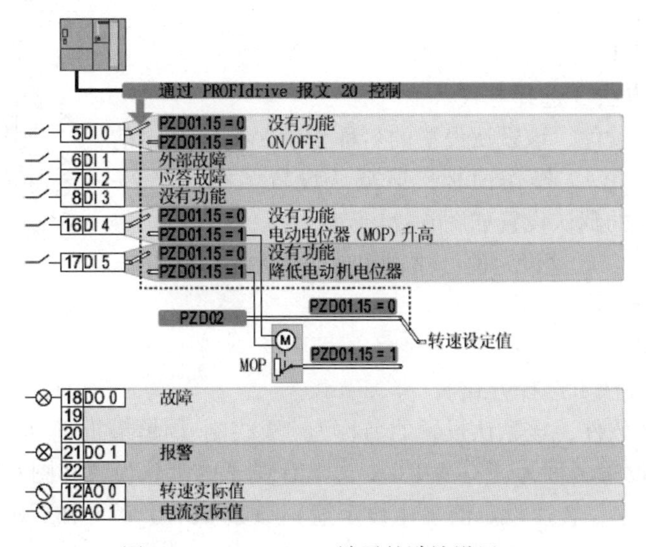

图 6-21　CU240E-2 端子的默认设置 14

在默认设置 14 中，转速设定值（主设定值）参数 p1070[0]=2050[1]，p1070[1]=1050，通过 PZD01 位 15 来切换控制参数，p0810=r2090.15。

（13）默认设置 15

通过 DI 3 在模拟量设定值和电动电位器（MOP）之间切换选择方式。

对于 STARTER 软件，该默认设置的名称为“过程工业”，对于 BOP-2 操作面板，该默认设置名称为“PROC”。I/O 端子的默认设置如图 6-22 所示。

在默认设置 15 中，转速设定值（主设定值）参数 p1070[0]=755[0]，p1070[1]=1050。

（14）默认设置 17

双线制控制，方法 2 选择方式。

对于 STARTER 软件，该默认设置的名称为“2 线制（向前/向后 1）”，对于 BOP-2 操作面板，该默认设置名称为“2-WIRE 1”。I/O 端子的默认设置如图 6-23 所示。

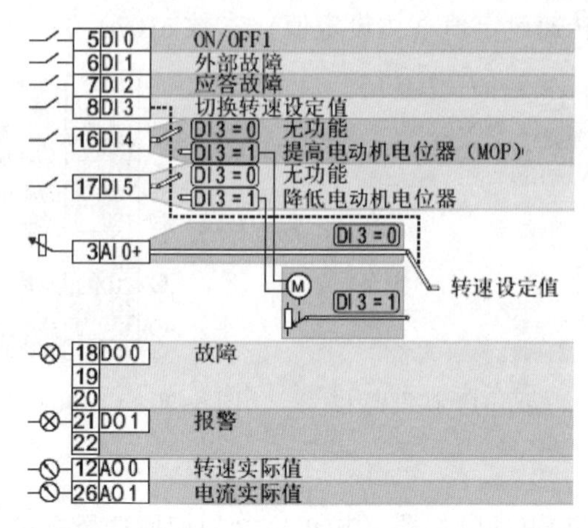

图 6-22　CU240E-2 端子的默认设置 15

在默认设置 17 中，转速设定值（主设定值）参数 p1070[0]=755[0]。

（15）默认设置 18

双线制控制，方法 3 选择方式。

对于 STARTER 软件，该默认设置的名称为“2 线制（向前/向后 2）”，对于 BOP-2 操作面板，该默认设置名称为“2-WIRE 2”。I/O 端子的默认设置如图 6-24 所示。

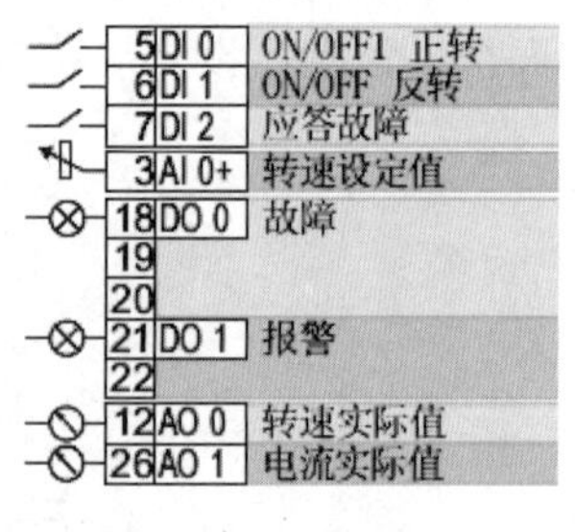

图 6-23　CU240E-2 端子的默认设置 17

在默认设置 18 中，转速设定值（主设定值）参数 p1070[0]=755[0]。

（16）默认设置 19

三线制控制，方法 1 选择方式。

对于 STARTER 软件，该默认设置的名称为“3 线制（使能/向前/向后）”，对于 BOP-2 操作面板，该默认设置名称为“3-WIRE 1”。I/O 端子的默认设置如图 6-25 所示。

在默认设置 19 中，转速设定值（主设定值）参数 p1070[0]=755[0]。

图 6-24　CU240E-2 端子的默认设置 18

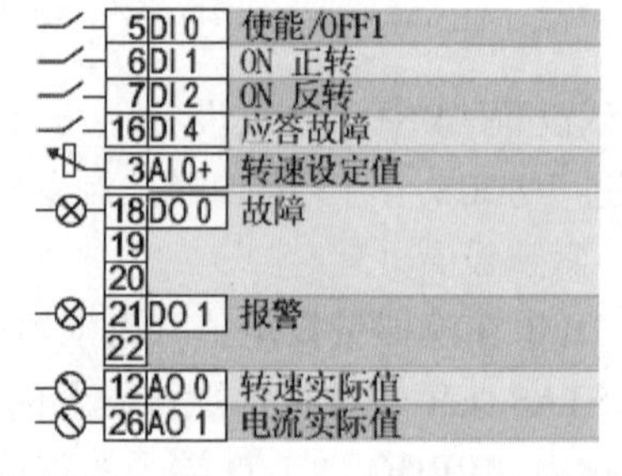

图 6-25　CU240E-2 端子的默认设置 19

（17）默认设置 20

三线制控制，方法 2 选择方式。

对于 STARTER 软件，该默认设置的名称为“3 线制（使能/正转/反转）”，对于 BOP-2 操作面板，该默认设置名称为“3-WIRE 2”。I/O 端子的默认设置如图 6-26 所示。

在默认设置 20 中，转速设定值（主设定值）参数 p1070[0]=755[0]。

（18）默认设置 21

USS 现场总线选择方式。

对于 STARTER 软件，该默认设置的名称为“USS 现场总线”，对于 BOP-2 操作面板，该默认设置名称为“FB USS”。I/O 端子的默认设置如图 6-27 所示。

在默认设置 21 中，转速设定值（主设定值）参数 p1070[0]=2050[1]。

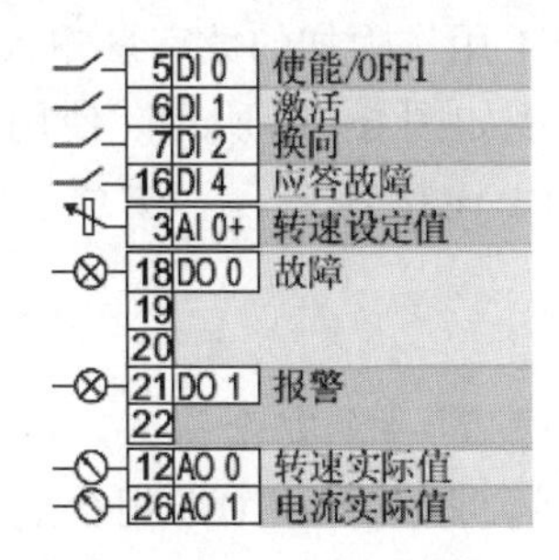

图 6-26　CU240E-2 端子的默认设置 20

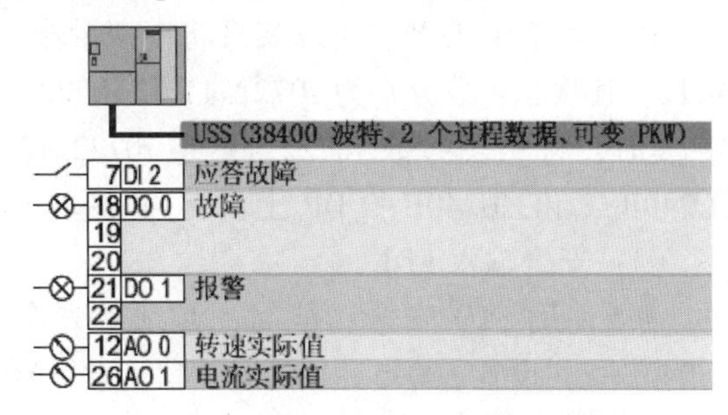

图 6-27　CU240E-2 端子的默认设置 21

6.2.2　数字量输入 DI

（1）数字量输入 DI 端子功能的设置

数字量输入端子 DI 0～DI 5 对应的状态参数分别为 r0722.0～r0722.5，如图 6-28 所示（控制单元 CU240B-2 和 CU240B-2DP 没有 DI4 和 DI5 端子）。

要设置或修改数字量输入 DI 的功能，必须将 DI 的状态参数与选中的二进制互联输入（BI）连接在一起。部分 BI 参数含义见表 6-1。完整的 BI 列表可以查阅参数手册。

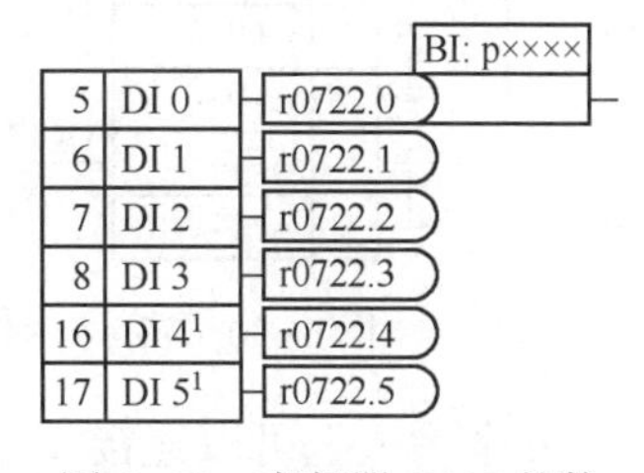

图 6-28　变频器 G120 的数字量输入端子的状态参数

表 6-1　变频器的二进制互联输入 BI

BI	含　义	BI	含　义
p0810	指令数据组选择 CDS 位 0	p1036	电动电位器设定值降低
p0840	ON/OFF1	p1055	JOG 位 0
p0844	OFF2	p1056	JOG 位 1
p0848	OFF3	p1113	设定值取反
p0852	使能运行	p1201	捕捉再启动使能的信号源
p0855	强制打开抱闸	p2103	1. 应答故障
p0856	使能转速控制	p2106	外部故障 1
p0858	强制闭合抱闸	p2112	外部警告 1
p1020	转速固定设定值选择位 0	p2200	工艺控制器使能
p1021	转速固定设定值选择位 1	p3330	双线/三线控制的控制指令 1
p1022	转速固定设定值选择位 2	p3331	双线/三线控制的控制指令 2
p1023	转速固定设定值选择位 3	p3332	双线/三线控制的控制指令 3
p1035	电动电位器设定值升高		

例如，要实现数字量输入 DI 1 具有应答变频器故障信息的功能，则需要设置 p2103 = 722. 1，将数字量输入 DI 1 的功能设置为故障应答（p2103），如图 6-29 所示。

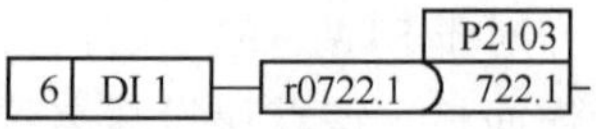

图 6-29　设置数字量输入 DI 端子功能示例

对于 DI 信号，可以通过设置参数 p0724（数字量输入去抖时间）消除 DI 信号的抖动。

通过设置 BI 参数，还可以实现将模拟量输入 AI 用作附加的数字量输入 DI，或者将 DI 设置为安全输入。

（2）将模拟量输入用作附加的数字量输入

通过设置 BI 参数，可以实现将模拟量输入 AI 0 和 AI 1 用作附加的数字量输入 DI 11 和 DI 12，其状态参数分别为 r0722. 11 和 r0722. 12，外部连接如图 6-30 所示。使用 DI 11 或 DI 12 时，将状态参数 r0722. 11 或 r0722. 12 与选中的 BI 连接在一起。注意：控制单元 CU240B-2 和 CU240B-2 DP 上没有 AI 1+和 AI 1-端子。

（3）安全输入 FDI

需要使用 STO 安全功能时，必须首先在基本调试中配置一个安全输入。例如，对于 CU240E-2，设置 p0015（I/O 端子默认设置）= 2，变频器会将 DI4 和 DI5 组合成一个安全输入，如图 6-31 所示。

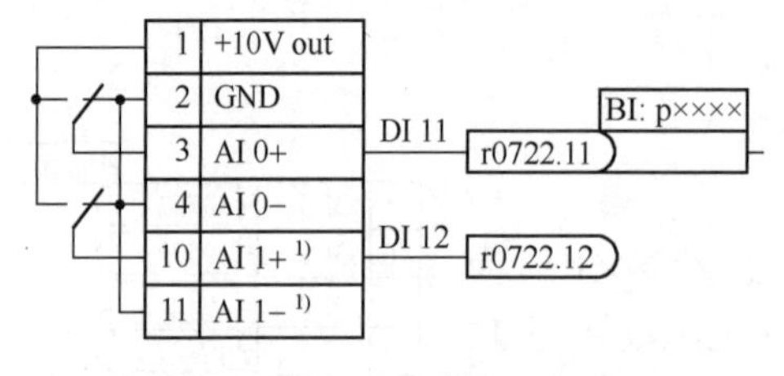

图 6-30　将 AI 用作 DI 的设置

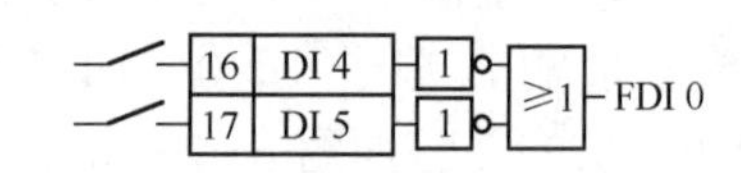

图 6-31　将 DI 设置为 FDI

安全输入上可以连接安全传感器，例如急停指令装置或光帘；也可以连接预处理的设备，例如安全控制器或安全开关设备。

变频器的故障安全数字量输入会等待带有相同状态的信号。其中，高位信号表示安全功能已撤销，低位信号表示安全功能已选中。变频器比较故障安全数字量输入上的两个信号是否一致，因此可检测出断线或传感器失效等故障，但无法检测出两个电缆短接或信号电缆和 24 V 电源之间短路的故障。为了降低正在运行的机器或设备出现电缆故障的风险，进行长距离布线时，可以使用带有接地屏蔽层的电缆，或者在钢管内敷设信号电缆。

安全输入的接线示例如图 6-32、图 6-33 和图 6-34 所示，这些示例适用于所有的组件都安装在一个控制柜内的情况。

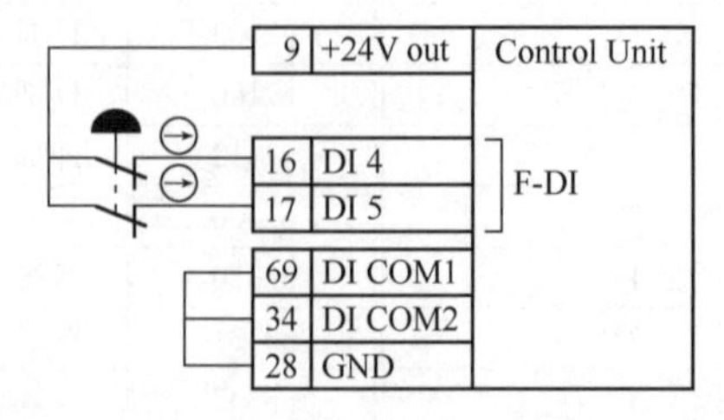

图 6-32　传感器（如急停按钮、限位开关）的接线

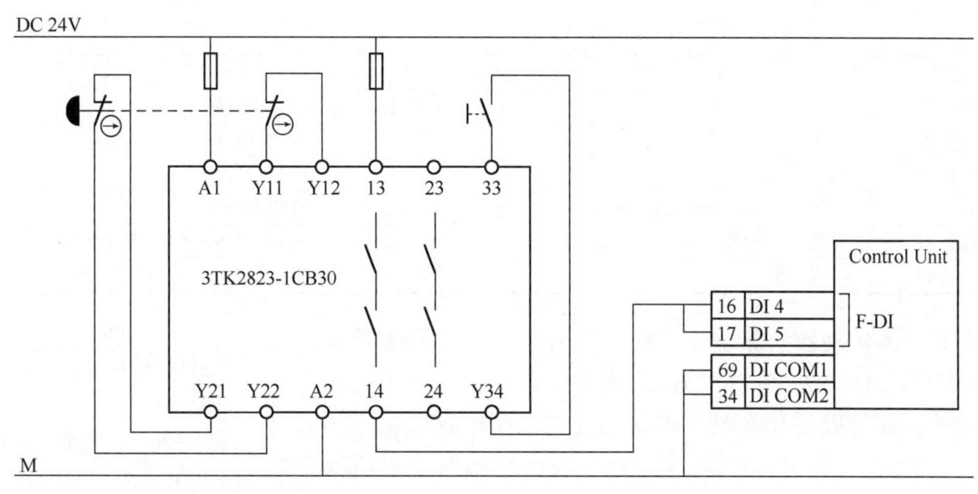

图 6-33　安全开关设备（如 SIRIUS 3TK28）的接线

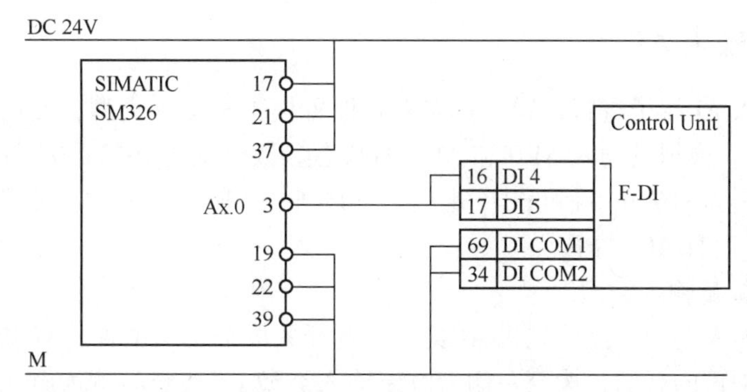

图 6-34　故障安全的数字量输出模块（如 SIMATIC F 模块）的接线

6.2.3　数字量输出 DO

数字量输出端子 DO 0、DO1 和 DO 2 对应的参数分别为 p0730、p0731 和 p0732，如图 6-35 所示（控制单元 CU240B-2 和 CU240B-2DP 没有 DO1 和 DO2 端子）。

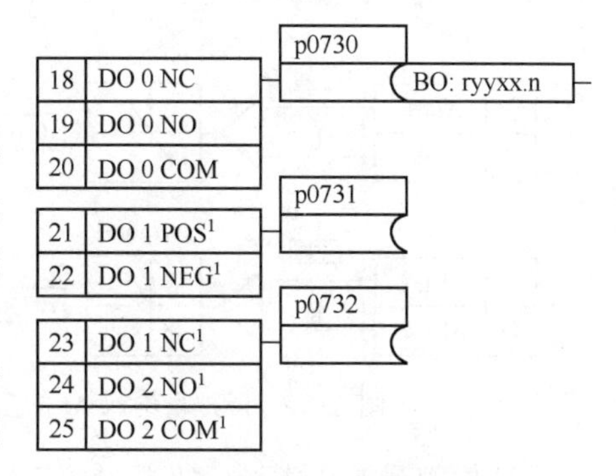

图 6-35　变频器 G120 的数字量输出端子的参数

要设置或修改数字量输出 DO 的功能，必须将 DO 的参数与选中的二进制互联输出（BO）连接在一起。部分二进制互联输出参数 BO 含义见表 6-2。完整的 BO 列表可以查阅参数手册。

表 6-2　变频器的二进制互联输出 BO

BO	含　义	BO	含　义
0	禁用数字量输出	r0052. 3	出现变频器故障
r0052. 0	就绪	r0052. 4	OFF2 生效
r0052. 1	变频器运行就绪	r0052. 5	OFF3 生效
r0052. 2	变频器正在运行	r0052. 6	“接通禁止”生效

（续）

BO	含　义	BO	含　义
r0052.7	出现变频器报警	r0052.13	电动机过载
r0052.8	“设定-实际值”差	r0052.14	电动机正转
r0052.9	PZD 控制	r0052.15	变频器过载
r0052.10	实际频率≥p1082（最大频率）	r0053.0	直流制动生效
r0052.11	报警：电动机电流/转矩限制	r0053.2	实际频率>p1080（最小频率）
r0052.12	制动生效	r0053.6	实际频率≥设定值（设定频率）

例如，要实现数字量输出 DO 1 输出变频器的故障信息，则需要设置 p0731=52.3，如图 6-36 所示。

此外，还可以使用参数 p0748.0（对 DO 0 取反）、p0748.1（对 DO 1 取反）或 p0748.2（对 DO 2 取反）来取反对应数字量输出的信号。

图 6-36　设置数字量输出 DO 端子功能示例

6.2.4　模拟量输入 AI

对模拟量输入 AI 端子进行设置，首先需要设置模拟量输入类型，然后再确定模拟量输入 AI 端子的功能。模拟量输入 AI 0 和 AI 1 的状态参数分别为 r0755[0]和 r0755[1]，测量类型设置参数分别为 p0756[0]和 p0756[1]，如图 6-37 所示。注意：控制单元 CU240B-2 和 CU240B-2 DP 没有 AI1 端子。

（1）设置模拟量输入类型

设置模拟量输入类型，需要先将 AI 类型设置开关拨至正确位置。AI 类型设置开关位于控制单元正面保护盖的后面，拨至左侧为电流输入类型 I，拨至右侧为电压输入类型 U（出厂设置），如图 6-38 所示。

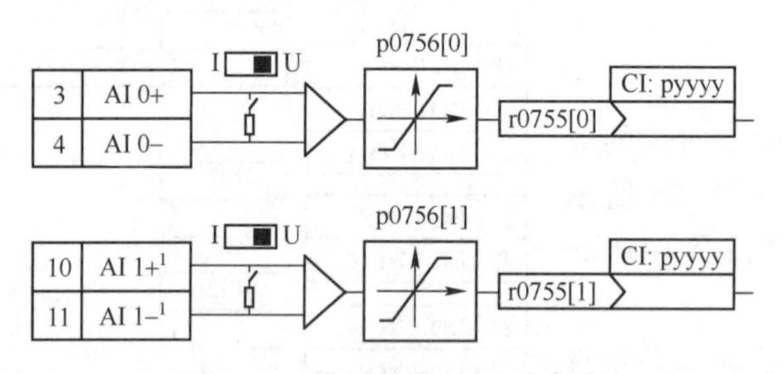

图 6-37　模拟量输入 AI 的参数

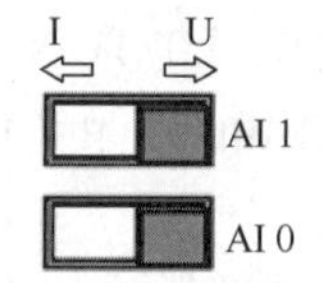

图 6-38　AI 类型设置开关

设置模拟量输入类型，需要参照表 6-3 对参数 p0756[x]进行设置。

表 6-3　模拟量输入 AI 的类型设置

类　型	测 量 范 围	AI0 通道类型设置	AI1 通道类型设置
单极电压输入	0~+10 V	p0756[0]=0	p0756[1]=0
单极电压输入，受监控	+2~+10 V	p0756[0]=1	p0756[1]=1
单极电流输入	0~+20 mA	p0756[0]=2	p0756[1]=2
单极电流输入，受监控	+4~+20 mA	p0756[0]=3	p0756[1]=3
双极电压输入	-10~+10 V	p0756[0]=4	p0756[1]=4
未连接传感器		p0756[0]=8	p0756[1]=8

(2) 确定模拟量输入端的功能

将模拟量输入 AI 的参数 r0755 与模拟量互联输入参数 CI 相连，即可确定模拟量输入端的功能。部分模拟量互联输入参数 CI 的含义见表 6-4。完整的 CI 列表可以查阅参数手册。

表 6-4　模拟量互联输入参数 CI（部分）

CI	含　义	CI	含　义
p1070	主设定值	p1522	扭矩上限
p1075	附加设定值	p2253	工艺控制器设定值 1
p1503	转矩设定值	p2264	工艺控制器实际值
p1511	附加转矩 1		

例如，要实现通过模拟量输入 AI 0 给定附加设定值的功能，则需要设置 p1075 = 755[0]，如图 6-39 所示。

p1075
3 AI 0+ r0755 755[0]

图 6-39　设置模拟量输入 AI 端子功能示例

(3) 调整定标曲线

用 p0756 修改了模拟量输入的类型后，变频器会自动调整模拟量输入的定标。线性的定标曲线由两个点（p0757，p0758）和（p0759，p0760）确定，如图 6-40 和图 6-41 所示，参数含义见表 6-5。

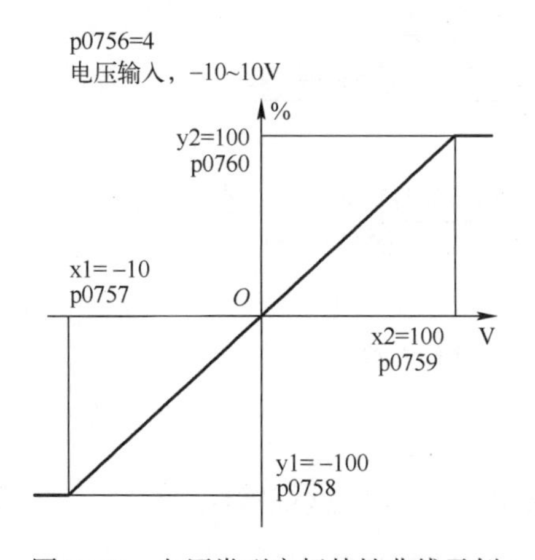

图 6-40　电压类型定标特性曲线示例

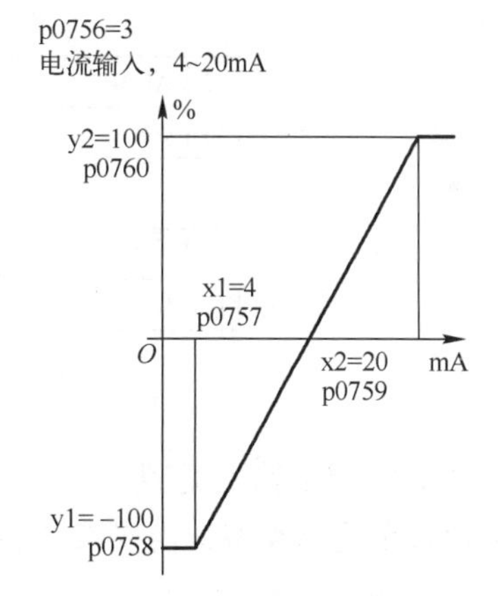

图 6-41　电流类型定标特性曲线示例

表 6-5　定标曲线参数含义

AI0 通道定标参数	AI1 通道定标参数	含　义
P0757[0]	P0757[1]	曲线第 1 个点的 x 坐标（V 或 mA）
P0758[0]	P0758[1]	曲线第 1 个点的 y 坐标（p200x 的% 值） p200x 是基准参数，例如：p2000 是基准转速
P0759[0]	P0759[1]	曲线第 2 个点的 x 坐标（V 或 mA）
P0760[0]	P0760[1]	曲线第 2 个点的 y 坐标（p200x 的% 值）
P0761[0]	P0761[1]	断线监控的动作阈值

当预定义的类型和实际应用不符时，需要自行调整定标曲线。

例如，实际应用中的模拟量输入 AI0 为“6~12 mA”的电流类型，与预定义不符，需要将“6~12 mA”范围内的信号换算成“-100~100%”范围内的%值（低于 6 mA 时会触发变频器的断线监控）。

要实现上述功能，首先设置 p0756[0]=3，将模拟量输入 AI0 设为带断线监控的电流输入，然后设置 p0757[0]=6.0，p0758[0]=-100.0，p0759[0]=12.0，p0760[0]=100.0，完成定标曲线的调整，如图 6-42 所示。

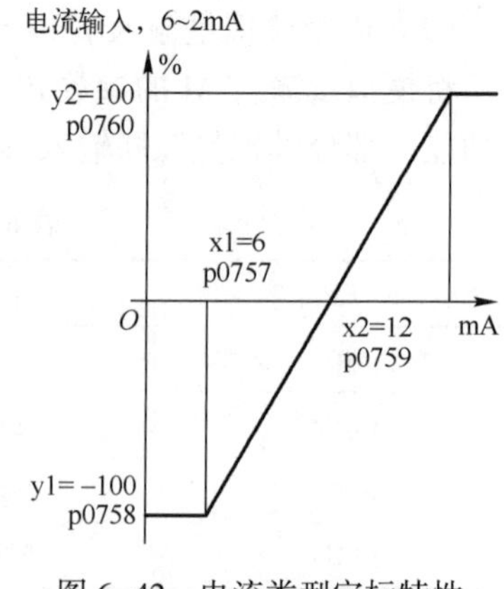

图 6-42　电流类型定标特性曲线调整示例

6.2.5　模拟量输出 AO

对模拟量输出 AO 端子进行设置，首先需要设置模拟量输出类型，然后再确定模拟量输出 AO 端子的功能。模拟量输入 AO 0 和 AO 1 的功能设置参数分别为 p0771[0]和 p0771[1]，测量类型设置参数分别为 p0776[0]和 p0776[1]，如图 6-43 所示。注意：控制单元 CU240B-2 和 CU240B-2 DP 没有 AO1 端子。

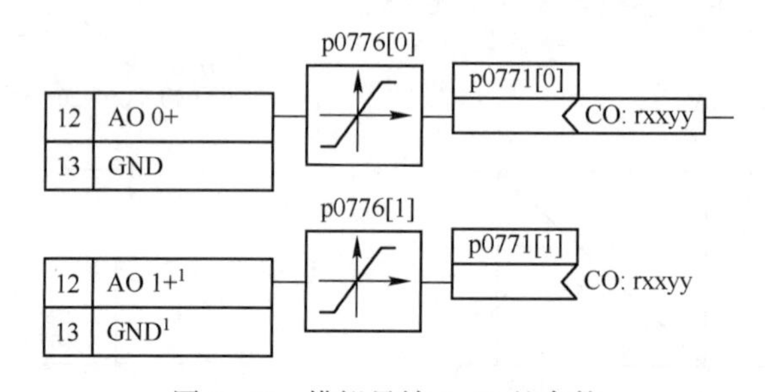

图 6-43　模拟量输入 AI 的参数

（1）设置模拟量输出类型

设置模拟量输出类型，需要参照表 6-6 对参数 p0776[x]进行设置。

表 6-6　模拟量输出 AO 的类型设置

类　　型	信 号 范 围	AO 0 通道类型设置	AO 1 通道类型设置
电流输出（出厂设置）	0~+20 mA	p0776[0]=0	p0776[1]=0
电压输出	0~+10 V	p0776[0]=1	p0776[1]=1
电流输出	+4~+20 mA	p0776[0]=2	p0776[1]=2

（2）确定模拟量输出端的功能

将模拟量输出 AO 的参数 p0771 与模拟量互联输出参数 CO 相连，即可确定模拟量输出端的功能。部分模拟量互联输出参数 CO 的含义见表 6-7。完整的 CO 列表可以查阅参数手册。

表 6-7　模拟量互联输出参数 CO（部分）

CO	含　义	CO	含　义
r0021	实际频率	r0026	直流母线电压实际值
r0024	输出实际频率	r0027	输出电流
r0025	输出实际电压		

例如，要实现通过模拟量输出 AO 0 输出变频器的输出电流，则需设置 p0771=27，如图 6-44 所示。

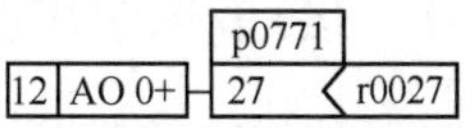

p0771
12 AO 0+ 27 r0027

图 6-44　设置模拟量输出 AO 端子功能示例

（3）调整定标曲线

用 p0776 修改了模拟量输出的类型后，变频器会自动调整模拟量输出的定标。线性的定标曲线由两个点（p0777，p0778）和（p0779，p0780）确定，如图 6-45 和图 6-46 所示，参数含义见表 6-8。

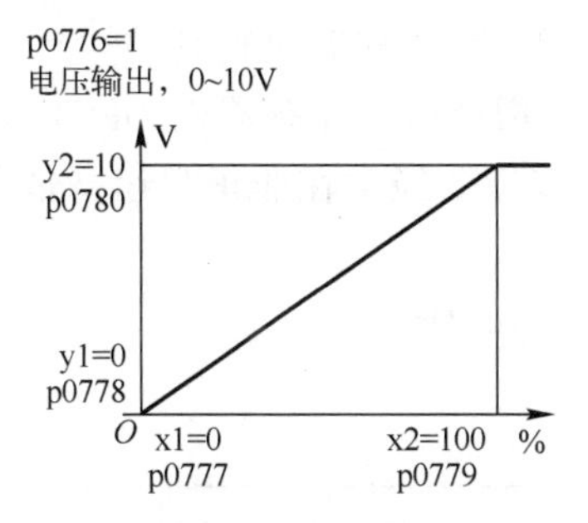

图 6-45　电压输出类型定标特性曲线示例

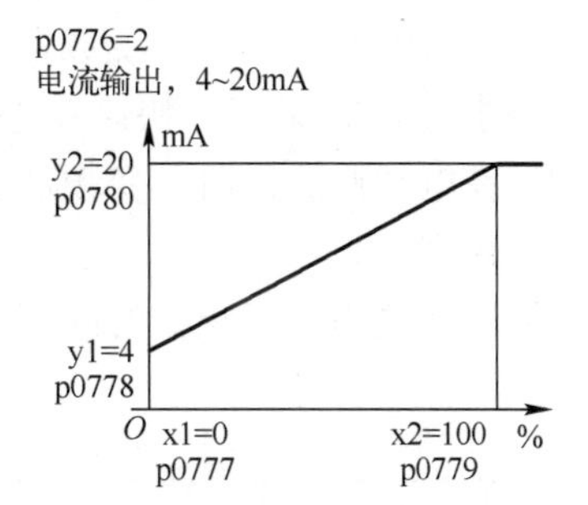

图 6-46　电流输出类型定标特性曲线示例

表 6-8　定标曲线参数含义

AO 0 通道定标参数	AO 1 通道定标参数	含　义
P0777[0]	P0777[1]	曲线第 1 个点的 x 坐标（p200x 的% 值） p200x 是基准参数，例如：p2000 是基准转速
P0778[0]	P0778[1]	曲线第 1 个点的 y 坐标（V 或 mA）
P0779[0]	P0779[1]	曲线第 2 个点的 x 坐标（p200x 的% 值）
P0780[0]	P0780[1]	曲线第 2 个点的 y 坐标（V 或 mA）

当预定义的类型和实际应用不符时，需要自行调整定标曲线。

例如，实际应用中的模拟量输出 AO 0 为“6~12 mA”的电流类型，与预定义不符，需要将“0%~100%”范围内的信号换算成“6~12 mA”范围内的输出信号。

要实现上述功能，首先设置 p0776[0]=2，将模拟量输出 AO 0 设为电流输出，然后设置 p0777[0]=0.0，p0778[0]=6.0，p0779[0]=100.0，p0780[0]=12.0，完成定标曲线的调整，如图 6-47 所示。

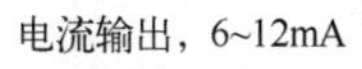

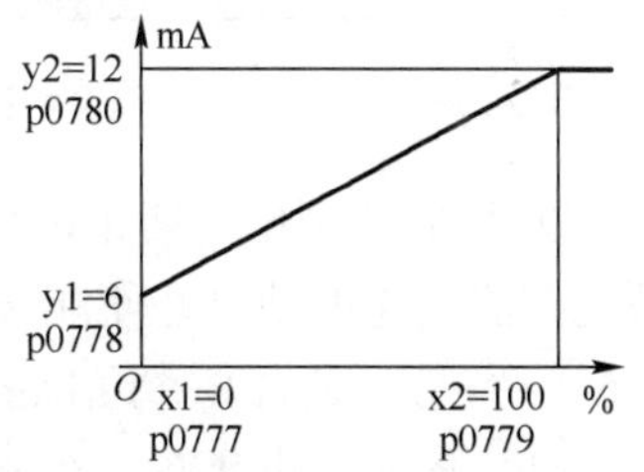

图 6-47　电流输出类型定标特性曲线调整示例

6.3 变频器控制

G120变频器接通电源电压后，变频器通常都会进入“接通就绪”状态。在该状态下，变频器会一直等待接通电动机的指令。

6.3.1 接通和关闭电动机指令

变频器进入“接通就绪”后，收到ON指令，变频器会接通电动机，进入“运行”状态。

关闭电动机有3种指令：OFF1、OFF2、OFF3。

OFF1：发出OFF1指令后，变频器对电动机进行制动，在电动机静止后，变频器会将其关闭，变频器又回到“接通就绪”状态。

OFF2：发出OFF2指令后，变频器立即关闭电动机，不先对其进行制动。

OFF3：该指令的含义是“快速停止”。发出OFF3指令后，变频器以OFF3减速时间使电动机制动；在电动机静止后，变频器会将其关闭。该指令经常在非正常运行情况下使用，以使电动机快速制动。

电动机接通和关闭时变频器的内部顺序控制如图6-48所示。

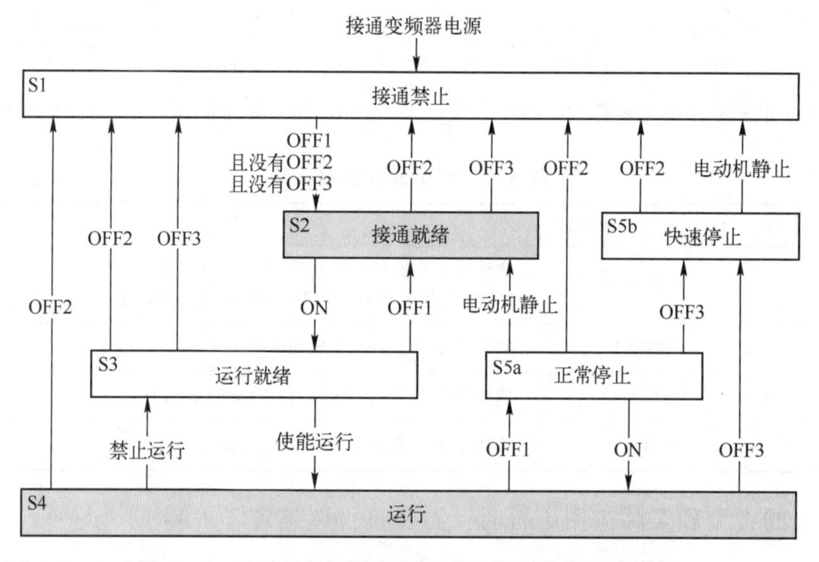

图6-48 电动机接通和关闭时变频器的内部顺序控制

在图6-48中，“禁止运行”指的是变频器关闭电动机并封锁设定值，“使能运行”指的是变频器接通电动机并使能设定值。用于标识变频器状态的缩写“S1”“S2”“S3”“S4”“S5a”“S5b”在PROFIdrive协议中加以规定。

S1：接通禁止状态，在该状态下，变频器对ON指令没有反应。

S2：接通就绪状态，该状态是接通电动机的前提。

S3：运行就绪状态，变频器等待运行使能。

S4：运行状态，电动机接通。

S5a：正常停止状态，电动机已被 OFF1 指令关闭并在斜坡函数发生器的斜坡下降时间内制动。

S5b：快速停止状态，电动机已被 OFF3 指令关闭并以 OFF3 减速时间减速制动。

6.3.2　数字量输入控制电动机

通过数字量输入控制电动机，可以使用双线制控制方法（共 3 种），也可以使用三线制控制方法（共 2 种）。

（1）双线制控制方法 1

在这种控制方法中，通过一个控制指令（ON/OFF1）控制电动机的起停，通过另一个控制指令（反向）控制电动机的正转和反转。双线制控制方法 1 的电动机工作时序如图 6-49 所示，控制指令信号值对应的功能见表 6-9。

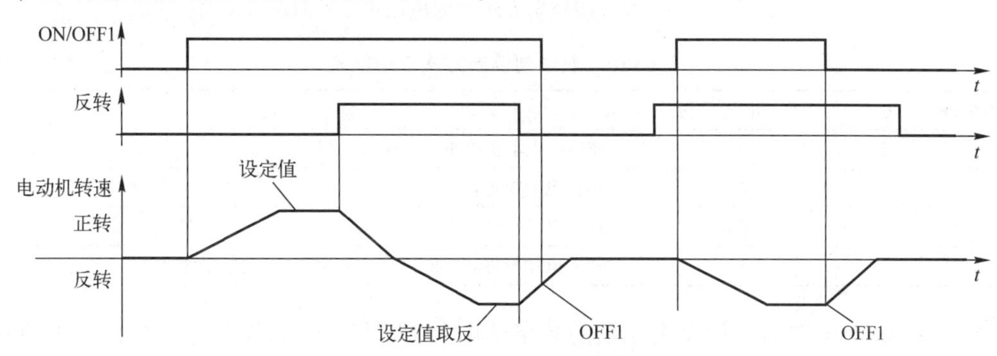

图 6-49　双线制控制方法 1 的电动机工作时序

表 6-9　双线制控制方法 1 功能表

ON/OFF1	反　　向	功　　能
0	0	OFF1：电动机停止
0	1	OFF1：电动机停止
1	0	ON：电动机正转
1	1	ON：电动机反转

当设置 p0015=12 时，使用变频器的数字量输入 DI0 和 DI1 来控制电动机，其中 DI0 为 ON/OFF1 信号，DI1 为反向信号。

也可以将控制指令和选中的数字量输入互联在一起。设置 p0840[0…n]=722. x，指定某数字量输入为 ON/OFF1；设置 p1113[0…n]=722. x，指定某数字量输入将设定值取反(反向)。

例如，设置 p0840[0]=722. 3，p1113[0]=722. 4，意味着当指令数据组选择 CDS 位 0(CDS 0)，则定义 DI3 接收 ON/OFF1 命令，定义 DI4 作为设定值取反（反向）信号。

（2）双线制控制方法 2

在这种控制方法中，第 1 个控制指令（ON/OFF1 正转）用于接通和关闭电动机，并同时选择电动机的正转；第 2 个控制指令（ON/OFF1 反转）同样用于接通和关闭电动机，但选择电动机的反转。双线制控制方法 2 的电动机工作时序如图 6-50 所示，控制指令信号值对应的功能见表 6-10。

需要注意：仅在电动机静止时变频器才会接收新指令。

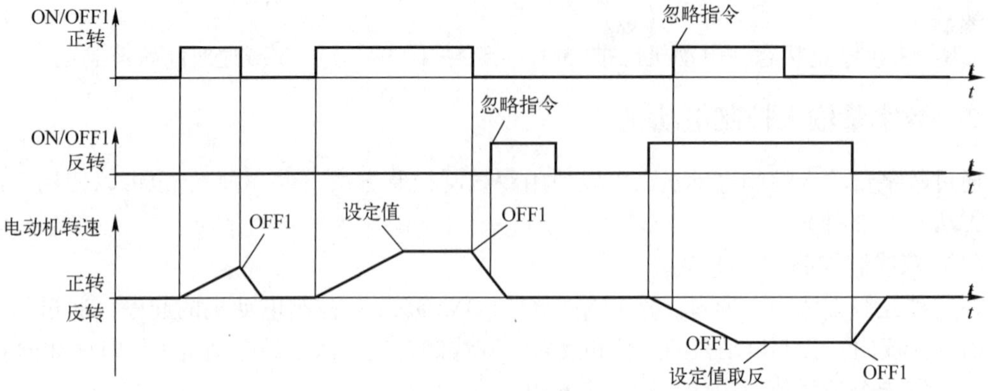

图 6-50　双线制控制方法 2 的电动机工作时序

表 6-10　双线制控制方法 2 功能表

ON/OFF1 正转	ON/OFF1 反转	功　能
0	0	OFF1：电动机停止
0	1	ON：电动机正转
1	0	ON：电动机反转
1	1	ON：电动机旋转方向以第一个为“1”的信号为准

当设置 p0015=17 时，使用变频器的数字量输入 DI0 和 DI1 来控制电动机，其中 DI0 为 ON/OFF1 正转信号，DI1 为 ON/OFF1 反转信号。

也可以将控制指令和选中的数字量输入互联在一起。设置 p3330[0…n]=722.x，指定某数字量输入为 ON/OFF1 正转；设置 p3331[0…n]=722.x，指定某数字量输入为 ON/OFF1 反转。

例如，设置 p3330[0]=722.3，p3331[0]=722.4，意味着当指令数据组选择 CDS 位 0（CDS 0），则定义 DI3 接收 ON/OFF1 正转命令，定义 DI4 接收 ON/OFF1 反转命令。

（3）双线制控制方法 3

在这种控制方法中，第 1 个控制指令（ON/OFF1）用于接通和关闭电动机，并同时选择电动机的正转；第 2 个控制指令同样用于接通和关闭电动机，但选择电动机的反转。

与双线制控制方法 2 不同的是，在这种方法中变频器可随时接收控制指令，与电动机是否旋转无关；当正反转控制指令均为 1 时，电动机停止。

双线制控制方法 3 的电动机工作时序如图 6-51 所示，控制指令信号值对应的功能见表 6-11。

表 6-11　双线制控制方法 3 功能表

ON/OFF1 正转	ON/OFF1 反转	功　能
0	0	OFF1：电动机停止
0	1	ON：电动机正转
1	0	ON：电动机反转
1	1	OFF1：电动机停止

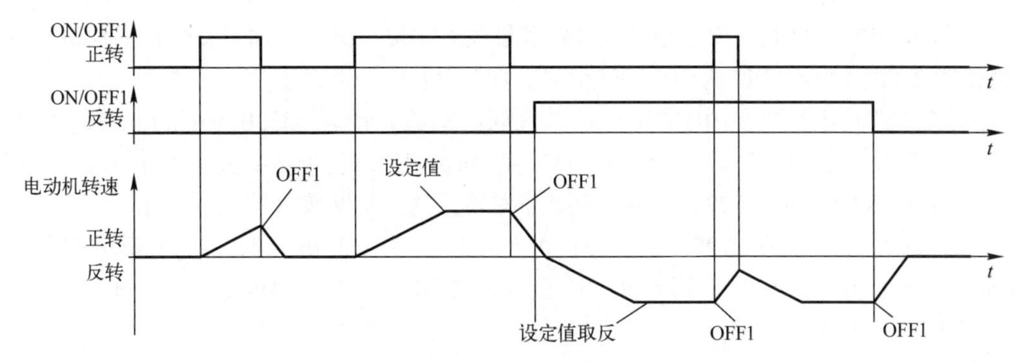

图 6-51　双线制控制方法 3 的电动机工作时序

当设置 p0015 = 18 时，使用变频器的数字量输入 DI0 和 DI1 来控制电动机，其中 DI0 为 ON/OFF1 正转信号，DI1 为 ON/OFF1 反转信号。

也可以将控制指令和选中的数字量输入互联在一起。其参数设置同双线制控制方法 2。

（4）三线制控制方法 1

在这种控制方法中，第 1 个控制指令（使能 OFF1）用于使能另外两个控制指令。取消使能后，电动机关闭（OFF1）。第 2 个控制指令（ON 正转）的上升沿将电动机切换至正转，若电动机处于未接通状态，则会接通电动机（ON）。第 3 个控制指令（ON 反转）的上升沿将电动机切换至反转，若电动机处于未接通状态，则会接通电动机（ON）。

三线制控制方法 1 的电动机工作时序如图 6-52 所示，控制指令信号值对应的功能见表 6-12。

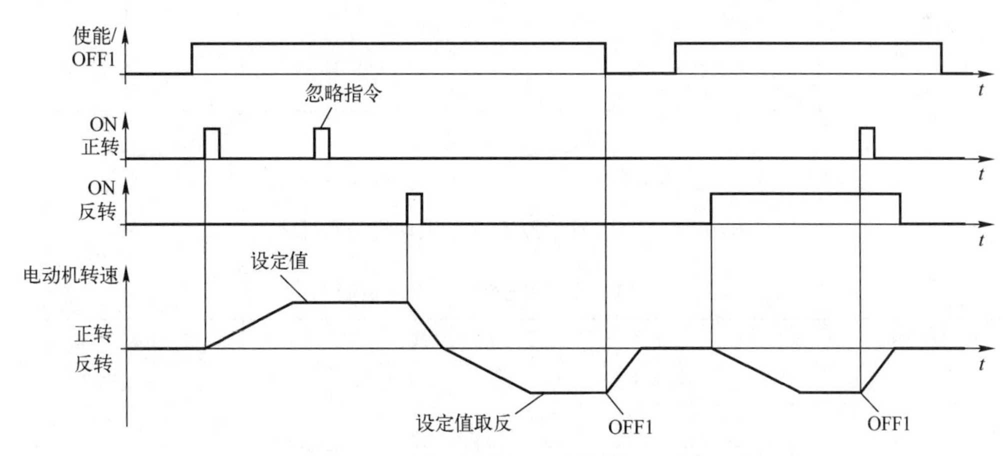

图 6-52　三线制控制方法 1 的电动机工作时序图

表 6-12　三线制控制方法 1 功能表

使能/OFF1	ON 正转	ON 反转	功　能
0	0 或 1	0 或 1	OFF1：电动机停止
0	0→1	0	ON：电动机正转
1	0	0→1	ON：电动机反转
1	1	1	OFF1：电动机停止

当设置 p0015=19 时，使用变频器的数字量输入 DI0、DI1 和 DI2 来控制电动机，其中 DI0 为使能/OFF1 信号，DI1 为 ON 正转信号，DI2 为 ON 反转信号。

也可以将控制指令和选中的数字量输入互联在一起。设置 p3330[0…n]=722.x，指定某数字量输入为使能/OFF1 信号；设置 p3331[0…n]=722.x，指定某数字量输入为 ON 正转信号；设置 p3332[0…n]=722.x，指定某数字量输入为 ON 反转信号。

例如，设置 p3330[0]=722.3，p3331[0]=722.4，p3332[0]=722.5，意味着当指令数据组选择 CDS 位 0（CDS 0），则定义 DI3 接收使能/OFF1 命令，定义 DI4 接收 ON 正转命令，定义 DI5 接收 ON 反转命令。

（5）三线制控制方法 2

在这种控制方法中，第 1 个控制指令（使能/OFF1）用于使能另外两个控制指令，取消使能后，电动机关闭（OFF1）；第 2 个控制指令（ON）的上升沿接通电动机；第 3 个控制指令（换向）确定电动机的旋转方向。

三线制控制方法 2 的电动机工作时序如图 6-53 所示，控制指令信号值对应的功能见表 6-13。

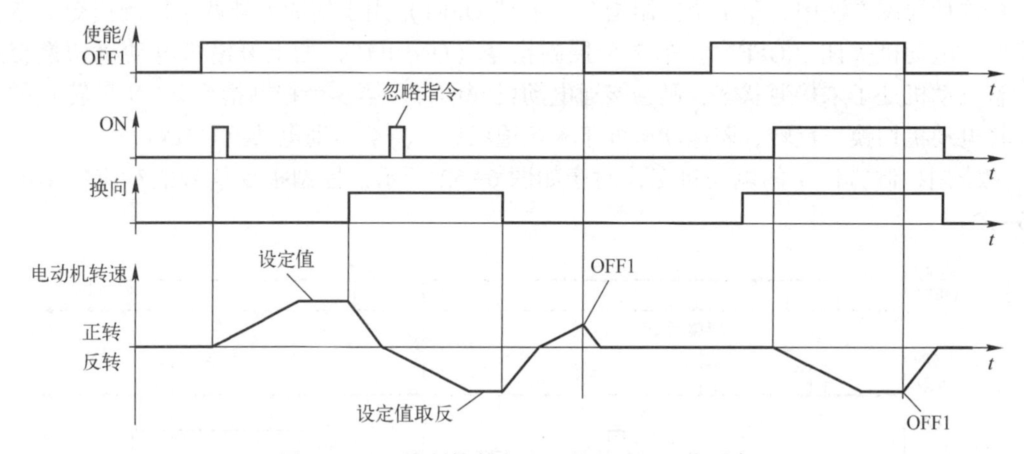

图 6-53　三线制控制方法 2 的电动机工作时序

表 6-13　三线制控制方法 2 功能表

使能/OFF1	ON	换　　向	功　　能
0	0 或 1	0 或 1	OFF1：电动机停止
0	0→1	0	ON：电动机正转
1	0→1	1	ON：电动机反转

当设置 p0015=20 时，使用变频器的数字量输入 DI0、DI1 和 DI2 来控制电动机，其中 DI0 为使能/OFF1 信号，DI1 为 ON 信号，DI2 为换向信号。

也可以将控制指令和选中的数字量输入互联在一起。设置 p3330[0…n]=722.x，指定某数字量输入为使能/OFF1 信号；设置 p3331[0…n]=722.x，指定某数字量输入为 ON 信号；设置 p3332[0…n]=722.x，指定某数字量输入为换向信号。

例如，设置 p3330[0]=722.3，p3331[0]=722.4，p3332[0]=722.5，意味着当指令数据组选择 CDS 位 0（CDS 0），则定义 DI3 接收使能/OFF1 命令，定义 DI4 接收 ON 命令，定

义 DI5 接收换向命令。

6.3.3　电动机点动（JOG 功能）

“JOG”功能可实现电动机点动控制，可以通过数字量输入来接通和关闭电动机，通常是用于缓慢移动一个机械部件，比如移动传送带。

通过“JOG”功能接通电动机，电动机将加速到 JOG 设定值。变频器提供两个 JOG 设定值（JOG1 转速设定值，JOG2 转速设定值），这两个设定值可作为电动机点动正转设定值和电动机点动反转设定值。JOG 的斜坡函数发生器和 ON/OFF1 指令的相同。G120 变频器执行“JOG”功能时电动机的工作时序如图 6-54 所示。

需要注意：在给出“JOG”控制指令前，变频器应在接通就绪状态下。如果电动机已接通，“JOG”指令将不会生效。

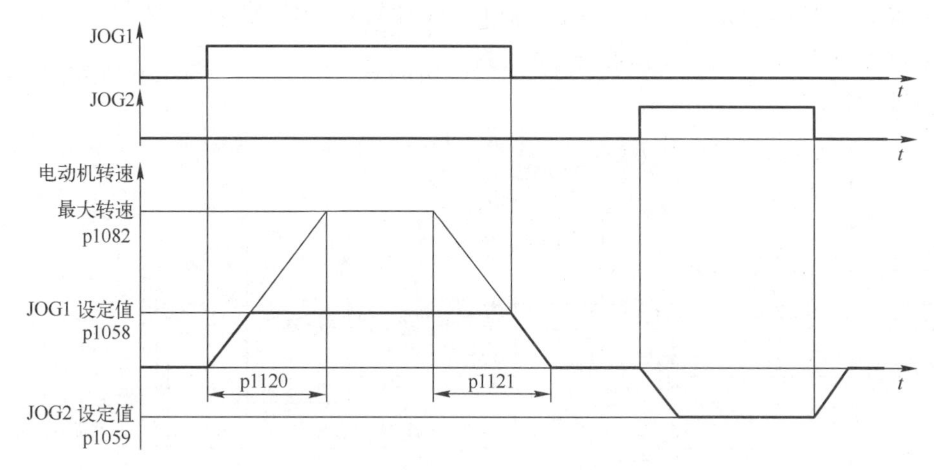

图 6-54　G120 变频器执行“JOG”功能时电动机的工作时序

与电动机点动（JOG 功能）相关的参数功能见表 6-14。

表 6-14　电动机点动（JOG 功能）相关参数

参　数	功 能 描 述
p1058	JOG 1 转速设定值（出厂设置：150 r/min）
p1059	JOG 2 转速设定值（出厂设置：-150 r/min）
p1082	最大转速（出厂设置：1500 r/min）
p1110	禁止负向。当该参数值为 0 时，表示负旋转方向已使能；当该参数值为 1 时，表示负旋转方向已禁止
p1111	禁止正向。当该参数值为 0 时，表示正旋转方向已使能；当该参数值为 1 时，表示正旋转方向已禁止
p1113	设定值取反。当该参数值为 0 时，表示设定值未取反；当该参数值为 1 时，表示设定值已取反
p1120	斜坡函数发生器加速时间（出厂设置为 10 s）
p1121	斜坡函数发生器减速时间（出厂设置为 10 s）
p1055 = 722. 0	JOG 位 0：通过数字量输入 0 选择 JOG 1
p1056 = 722. 1	JOG 位 1：通过数字量输入 1 选择 JOG 2

6.3.4 切换变频器控制（指令数据组）

在某些应用中，变频器需要由不同的上级控制器操作。例如，可以通过现场总线由中央控制器控制电动机，也可以通过开关柜现场来操作电动机。这可以通过指令数据组（Command Data Set，CDS）实现，如图 6-55 所示。

指令数据组 CDS 可将不同的变频器控制方式区分开。通过指令数据组 CDS 切换变频器控制，需要先通过参数 p0810 选择指令数据组，再将参数 p0810 与选择的一个控制指令（例如一个数字量输入）互联。例如，控制方式从端子排切换到现场总线控制示例如图 6-56 所示。图 6-56 中，若 DI3=0，则通过现场总线控制变频器；若 DI3=1，则通过端子排控制变频器。

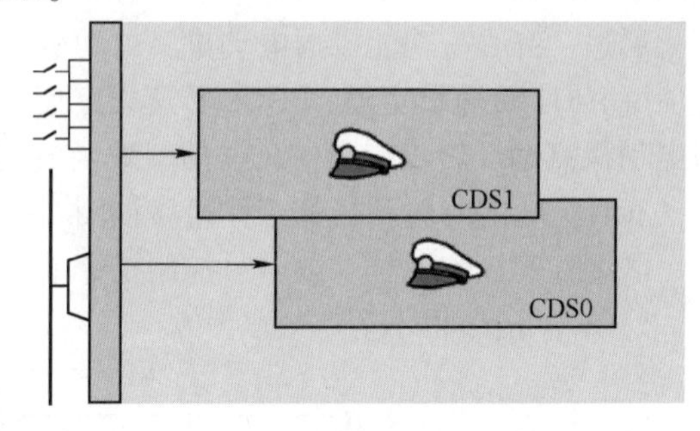

图 6-55 通过指令数据组 CDS 切换变频器控制

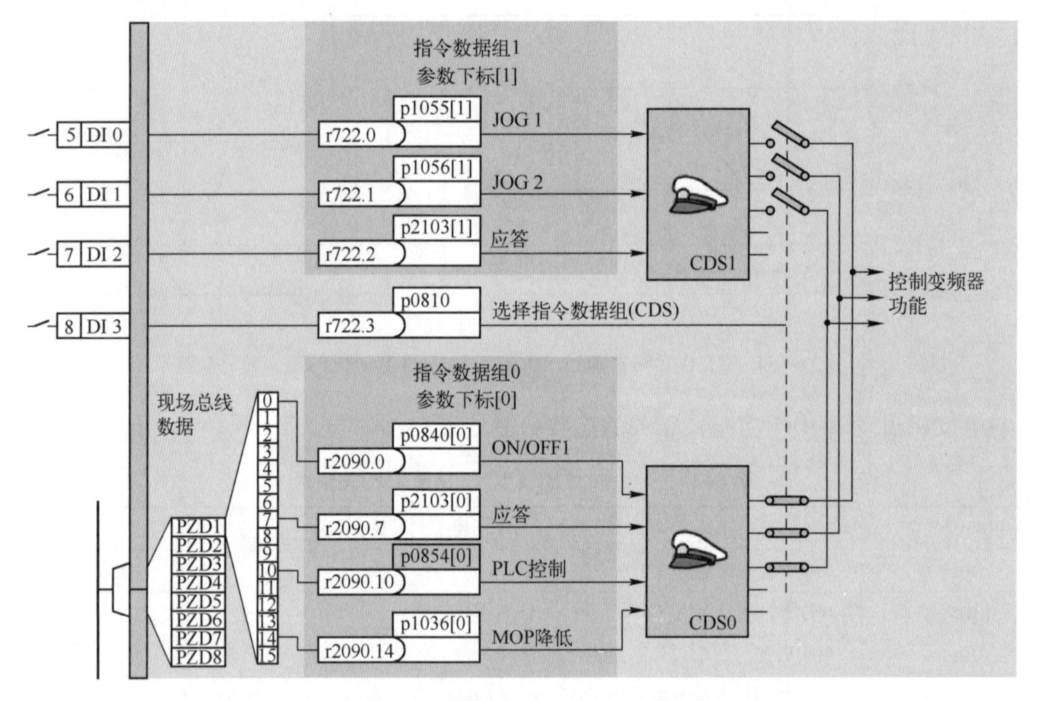

图 6-56 控制方式从端子排切换到现场总线控制示例

与指令数据组（CDS）相关的参数功能见表 6-15。

表 6-15 指令数据组（CDS）相关参数

参 数	功 能 描 述
p0010=15	变频器调试：数据组
p0170	指令数据组的数量（出厂设置：2），p0170=2、3 或 4
p0010=0	变频器调试：就绪

（续）

参　数	功能描述
p0809[0]	复制源 CDS 编号
p0809[1]	复制目标 CDS 编号
p0809[2]=1	启动复制。复制结束后，变频器会设置 p0809[2]=0
p0810	指令数据组选择 CDS 位 0
p0811	指令数据组选择 CDS 位 1
r0050	显示当前生效的 CDS 的编号

6.4　设定值

变频器将设定值源收到主设定值。主设定值通常是电动机转速。

变频器设定值源如图 6-57 所示。其中，主设定值的来源，包括变频器的模拟量输入、变频器的现场总线接口、变频器内模拟的电动电位器以及变频器内保存的固定设定值。这些来源也可以是附加设定值的来源。

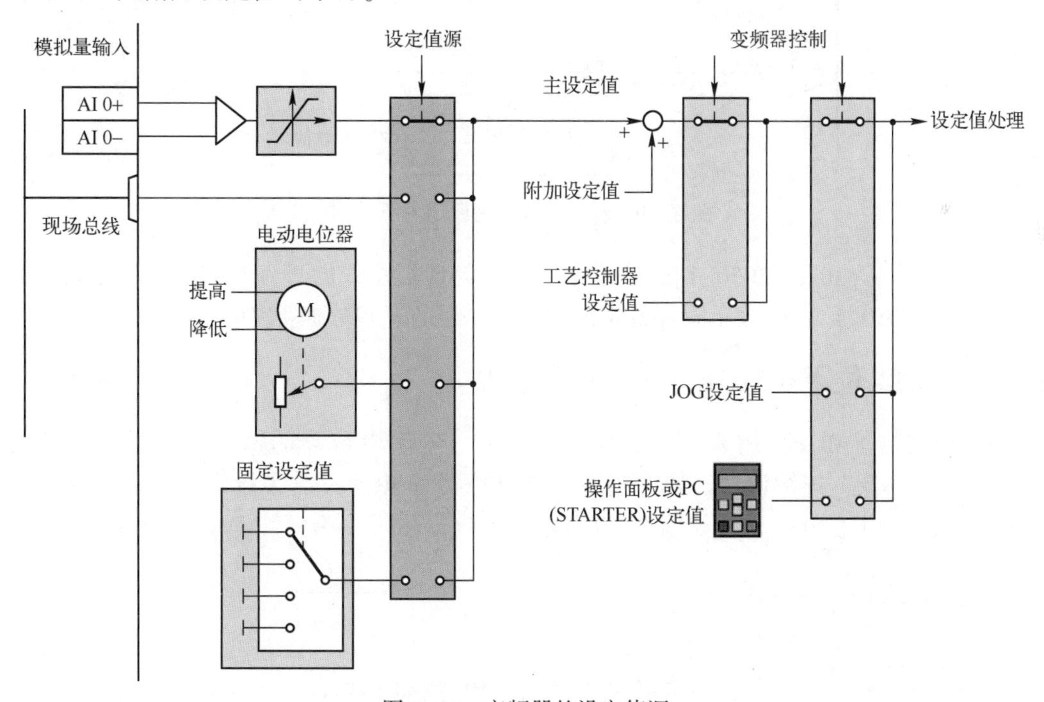

图 6-57　变频器的设定值源

在以下条件下，变频器控制会从主设定值切换为其他设定值：相应互联的工艺控制器激活时，工艺控制器的输出会给定电动机转速；JOG 激活时；由操作面板或 PC 工具 STARTER 控制时。

6.4.1　模拟量输入设为设定值源

当选择不带模拟量输入功能的标准设置时，必须将主设定值的参数和一个模拟量输入互联在一起，如图 6-58 所示。

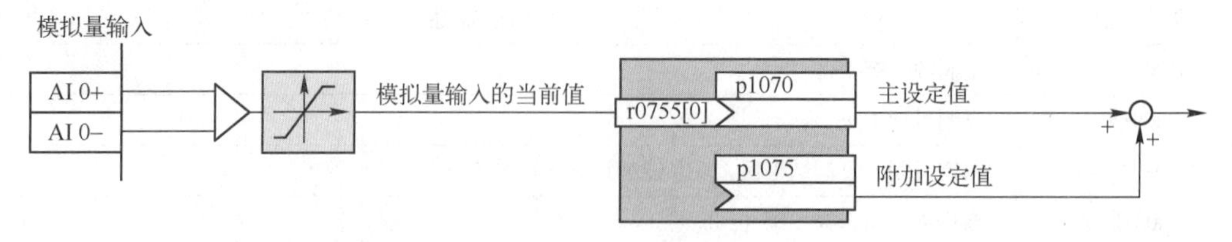

图 6-58　模拟量输入 0 设为设定值源示例

图 6-58 中，p1070=755[0]，表示主设定值与模拟量输入 0 互联。如果设置 p1075=755[0]，则表示附加设定值与模拟量输入 0 互联。

6.4.2　现场总线设为设定值源

如果选择现场总线设为设定值源，则需要将设定值的参数和现场总线互联。现场总线大多数标准报文的第二个过程数据 PZD2 为转速设定值，与设定值的参数互联，如图 6-59 所示。

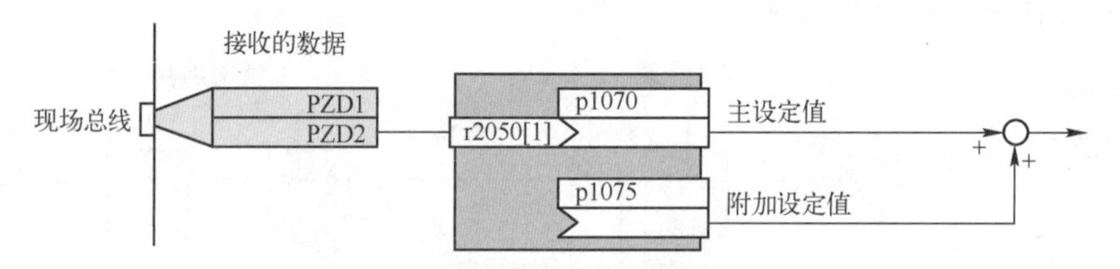

图 6-59　现场总线设为设定值源示例

图 6-59 中，p1070=2050[1]，表示主设定值与现场总线的过程数据 PZD2 互联。如果设置 p1075=2050[1]，则表示附加设定值与现场总线的过程数据 PZD2 互联。

6.4.3　电动电位器（MOP）设为设定值源

电动电位器（MOP）用来模拟真实的电位器。电动电位器的输出值可通过控制信号“升高”和“降低”连续调整。如果选择电动电位器（MOP）设为设定值，则需要将设定值的参数与电动电位器互联，如图 6-60 所示。

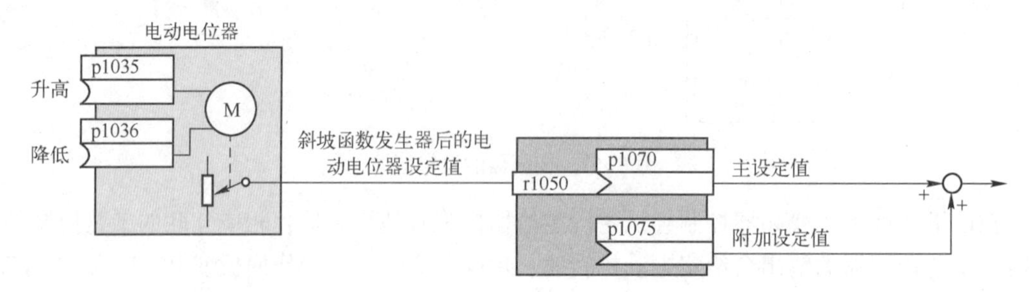

图 6-60　电动电位器设为设定值源示例

与电动电位器（MOP）相关的参数功能见表 6-16。电动电位器对电动机转速的调节控制如图 6-61 所示。

表 6-16　电动电位器（MOP）相关参数

参　　数	功 能 描 述
p1047	MOP 加速时间（出厂设置：10 s）
p1048	MOP 减速时间（出厂设置：10 s）
p1040	MOP 初始值（出厂设置：0 r/min），定义了在电动机接通时生效的初始值
p1070=1050	主设定值，与 MOP 互联
p1035	电动电位器设定值升高，需要与所选信号互联
p1036	电动电位器设定值降低，需要与所选信号互联

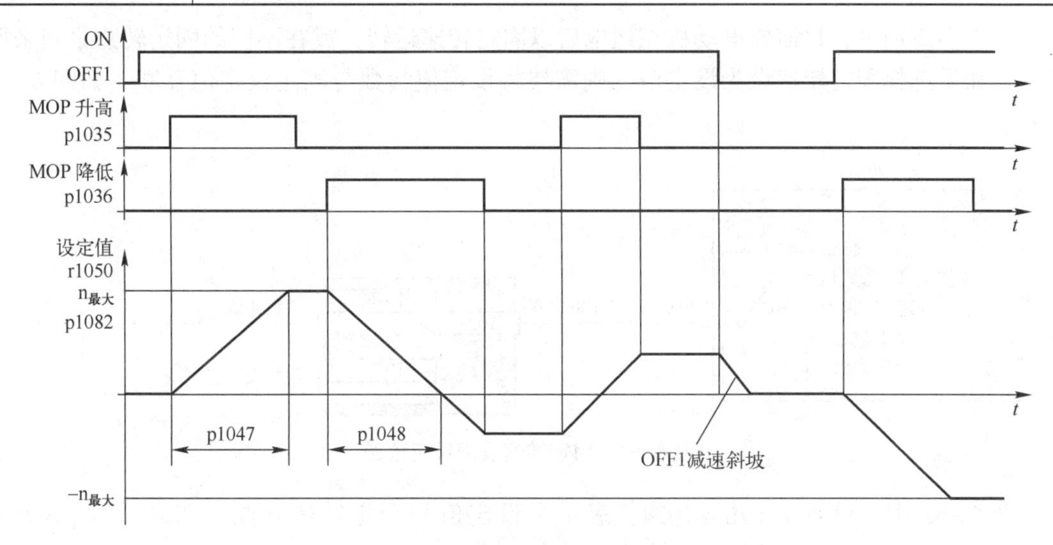

图 6-61　电动电位器对电动机转速的调节控制

电动电位器的扩展设置参数功能见表 6-17。

表 6-17　电动电位器的扩展设置参数功能

参　　数	功 能 描 述
p1030	MOP 配置（出厂设置：00110 Bin），使用 5 个相互独立的位设置参数值 位 0：在电动机关闭后保存设定值 0：在电动机通电后，p1040 作为设定值生效 1：在电动机关闭后，保存设定值，在下一次通电后，保存值作为设定值生效 位 1：在自动运行模式下配置斜坡函数发生器（BI：p1041 的 1 信号） 0：在自动运行模式下不采用斜坡函数发生器（加速/减速时间=0） 1：在自动运行模式下采用斜坡函数发生器，在手动运行模式（BI：p1041 的 0 信号）下，发生器始终有效 位 2：配置起始圆弧 0：无起始圆弧 1：带起始圆弧。起始圆弧可以对设定值进行微调 位 3：掉电保持设定值 0：不掉电保持设定值 1：掉电保持设定值（位 00=1 ） 位 4：斜坡函数发生器始终激活 0：设定值只在脉冲使能后计算 1：设定值独立于脉冲使能进行计算
p1037	MOP 最大转速（出厂设置：0 r/min），在调试时自动给定

（续）

参　　数	功 能 描 述
p1038	MOP 最小转速（出厂设置：0 r/min），在调试时自动给定
p1043	接收电动电位器设定值（出厂设置：0）。在信号切换 p1043 = 0→1 时，电动电位器接收设定值 p1044
p1044	MOP 设定值（出厂设置：0）

6.4.4　固定转速设为设定值源

在很多应用中，只需要电动机在通电后以固定转速运转，或在不同的固定转速之间来回切换，如果选择固定转速设为设定值，则需要将设定值参数与固定设定值互联，如图 6-62 所示。

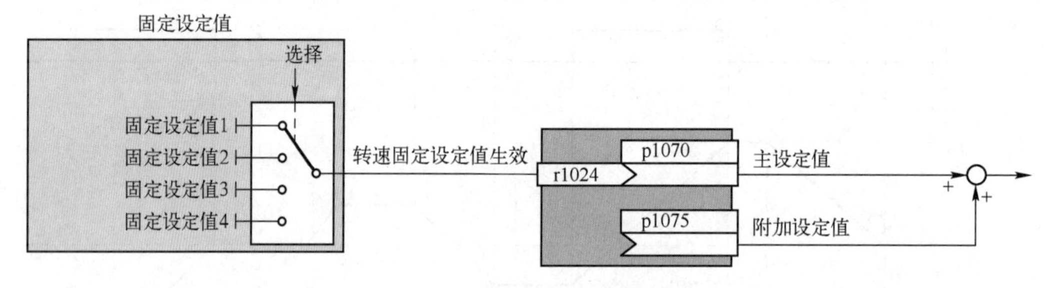

图 6-62　固定转速设为设定值源

图 6-62 中，设置 p1070 = 1024，表示主设定值与固定转速互联。如果设置 p1075 = 1024，则附加设定值与固定转速互联。

G120 变频器提供了两种选择固定设定值的方法：一种是直接选择，另一种是二进制选择。

（1）直接选择

设置 4 个不同的固定设定值，通过添加 1~4 个固定设定值，可得到最多 16 个不同的设定值，如图 6-63 所示。

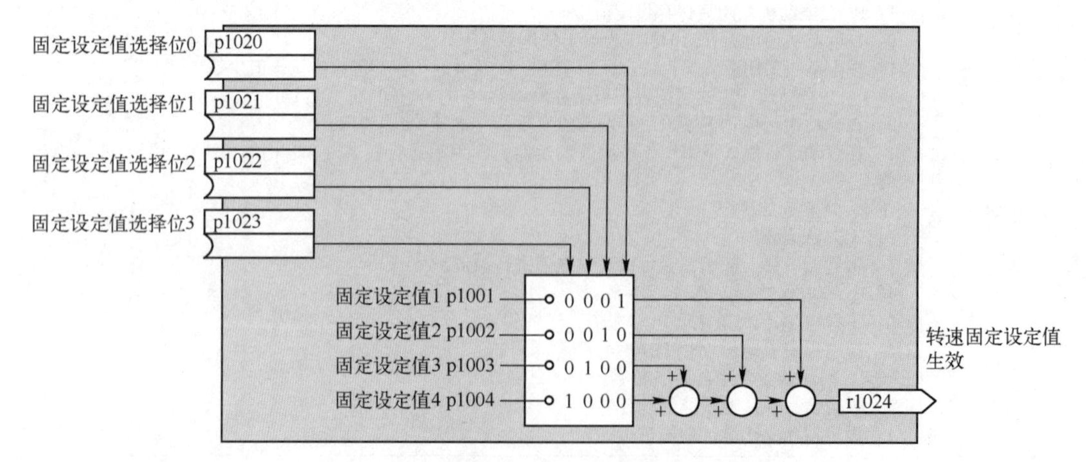

图 6-63　直接选择固定设定值的简易功能图

（2）二进制选择

设置 16 个不同的固定设定值，通过 4 个选择位的不同组合，可以准确地从 16 个中选择一个固定设定值。

用于设置固定设定值的参数见表 6-18。

表 6-18　用于设置固定设定值的参数

参　数	功 能 描 述
p1001	转速固定设定值 1（出厂设置：0 r/min）
p1002	转速固定设定值 2（出厂设置：0 r/min）
⋮	⋮
p1015	转速固定设定值 15（出厂设置：0 r/min）
p1016	转速固定设定值模式（出厂设置：1） 该参数值为 1 时，对应直接选择方式；该参数值为 2 时，对应二进制选择方式
p1020	转速固定设定值选择位 0（出厂设置：0）
p1021	转速固定设定值选择位 1（出厂设置：0）
p1022	转速固定设定值选择位 2（出厂设置：0）
p1023	转速固定设定值选择位 3（出厂设置：0）
r1024	转速固定设定值生效
r1025. 0	固定转速设定值模式。当该参数为 1 时，表示转速固定设定值已选中

例如，设置参数如下。

p1001＝300. 000，表示转速固定设定值 1 为 300 r/min。

p1002＝2000. 000，表示转速固定设定值 2 为 2000 r/min。

p0840＝722. 0，表示使用数字量输入 DI0 作为 ON/OFF1 信号，控制电动机。

p1070＝1024，表示将主设定值与转速固定设定值互联。

p1020＝722. 0，表示转速固定设定值选择位 0，固定设定值 1 与数字量输入 DI 0 互联。

p1021＝722. 1，表示转速固定设定值选择位 1，固定设定值 2 与数字量输入 DI 1 互联。

p1016＝1，表示转速固定设定值模式为直接选择。

此时，如果 DI0＝0，电动机停止；如果 DI0＝1，DI1＝0，电动机以 300 r/min 速度旋转；如果 DI0＝1，DI1＝1，则电动机以 2300 r/min 速度旋转。

6. 5　设定值处理

G120 变频器的设定值处理功能包括取反设定值（反转）、禁止正/负旋转方向、抑制带（用于抑制机械谐振）、设置最大转速限制以及设置斜坡函数发生器（控制电动机的加速和减速过程，输出理想扭矩），如图 6-64 所示。

（1）取反设定值

将参数 p1113 和一个二进制信号（如数字量输入）互联，可取反设定值。

例如：p1113＝722. 1，表示数字量输入 DI 1＝0 时，设定值保持不变，DI1＝1 时，则变频器对设定值取反。

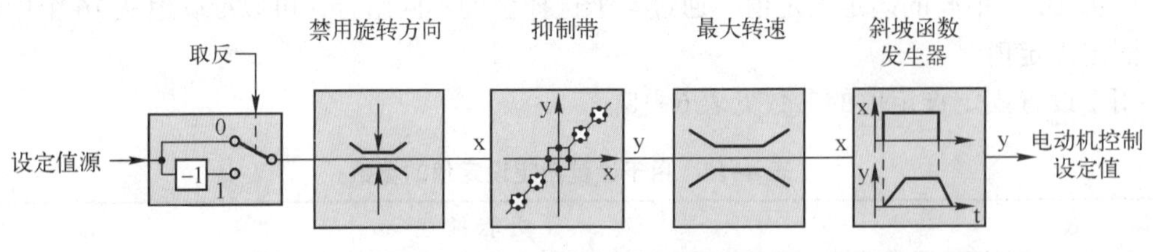

图 6-64　变频器内的设定值处理

如果设置 p1113 = 2090. 11，表示通过控制字 1 的位 11 取反设定值。

（2）禁止旋转方向

在变频器出厂设置中，电动机的正负旋转方向都已使能。如需禁用旋转方向，应将相应的参数设为 1。

设置 p1111 = 1，则禁用正旋转方向；设置 p1110 = 1，则禁用负旋转方向。例如，设置 p1110 = 722. 3，则当 DI3 = 0 时，表示负旋转方向已使能；当 DI3 = 1 时，表示负旋转方向已禁止。

（3）抑制带和最小转速

变频器有 4 个抑制带，防止电动机长期在某个转速范围内运行。

设置最小转速后，变频器可防止电动机长期以低于最小转速的转速运行，只有在电动机的加速或减速过程中，变频器才允许电动机转速（绝对值）短时间低于最小转速。

p1080 和 p1106 是设置最小转速的相关参数，其中 p1080 是设置最小转速的参数（出厂设置：0 r/min），p1106 是设置最小转速信号源的参数（出厂设置：0）。

（4）最大转速

最大转速可以限制两个旋转方向的转速设定值。一旦超出该值，变频器便输出报警或故障信息。当需要依方向而定来限制转速时，可以确定每个方向的最大转速。

用于限制转速的参数见表 6-19。

表 6-19　用于限制转速的参数

参　　数	功 能 描 述
p1082	最大转速（出厂设置：1500 r/min）
p1083	正向最大转速（出厂设置：210000 r/min）
p1085	CI：正向最大转速（出厂设置：1083）
p1086	负向最大转速（出厂设置：-210000 r/min）
p1088	CI：负向最大转速（出厂设置：1086）

（5）斜坡函数发生器

设定值通道中的斜坡函数发生器用于限制转速设定值的变化速率。这样电动机就可以平滑地加速、减速且生产设备也得到了保护。

G120 变频器的斜坡函数发生器有两种类型：扩展斜坡函数发生器和简单斜坡函数发生器。

1）扩展斜坡函数发生器。扩展斜坡函数发生器限制加速度和急动度，可以使电动机极其平缓地加速。扩展斜坡函数发生器也可以解决高起动转矩电动机上的问题。扩展斜坡函数发生器的加速时间和减速时间是可以单独设置的，可以设置为几百毫秒（如输送带传动），也可以设置几分钟（如离心机）。使用扩展斜坡函数发生器的效果如图 6-65 所示。

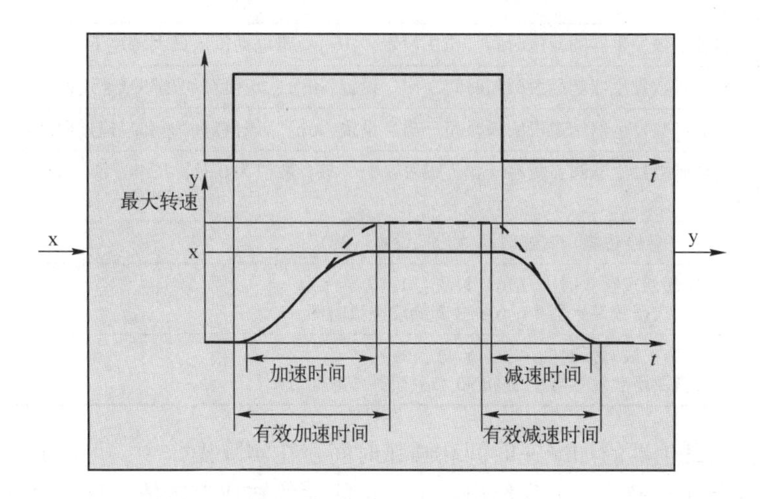

图 6-65　扩展斜坡函数发生器

在图 6-65 中，起始段圆弧和结束段圆弧可以实现平滑加速和减速。电动机的加速时间加上圆弧时间构成电动机的有效加速时间，电动机的减速时间加上圆弧时间构成电动机的有效减速时间。

2）简单斜坡函数发生器。简单斜坡函数发生器限制加速度，但不限制急动度。与扩展斜坡函数发生器相比，简单斜坡函数发生器不使用圆弧时间，如图 6-66 所示。

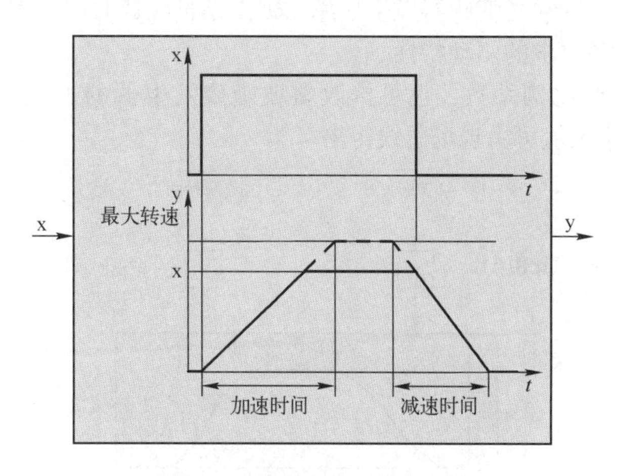

图 6-66　简单斜坡函数发生器

用于设置斜坡函数发生器和简单斜坡发生器的参数见表 6-20。

表 6-20 用于设置扩展斜坡函数发生器和简单斜坡发生器的参数

参数	功能描述
p1115	斜坡函数发生器选择（出厂设置：1）。该参数值为 0 时，选择简单斜坡函数发生器；该参数值为 1 时，选择扩展斜坡函数发生器
p1120	斜坡函数发生器的加速时间（出厂设置：10s），指电动机从零加速到最大转速 p1082 的时间，单位为 s
p1121	斜坡函数发生器的减速时间（出厂设置：10s），指电动机从最大转速下降到零的时间，单位为 s
p1130	斜坡函数发生器起始段圆弧时间（出厂设置：0s），该值对加速和减速过程都有效
p1131	斜坡函数发生器结束段圆弧时间（出厂设置：0s），该值对加速和减速过程都有效
p1134	斜坡函数发生器圆弧类型（出厂设置：0），该参数值为 0 时，持续平滑；该参数值为 1 时，不持续平滑
p1135	OFF3（急停功能）减速时间（出厂设置：0s）
p1136	OFF3 起始段圆弧时间（出厂设置：0s） 扩展斜坡函数发生器中的 OFF3 起始段圆弧时间
p1137	OFF3 结束段圆弧时间（出厂设置：0s） 扩展斜坡函数发生器中的 OFF3 结束段圆弧时间

对于扩展斜坡发生器的加减速时间和圆弧时间，在实际操作中，可以通过反复测试来获得，以便于进行合理设置。一般先给出一个尽可能大的转速设定值，接通电动机，检查电动机的运转情况：如果电动机加速过慢，请缩短加速时间（不能过短，否则会导致电动机在加速时达到电流限值且暂时无法再跟踪转速设定值，变频器超出所设时间）；如果电动机加速过快，延长加速时间；如果加速过急，延长起始段圆弧时间。建议将结束段圆弧时间设为和起始段圆弧时间相同的值。然后关闭电动机，检查电动机的运转情况：如果电动机减速过慢，缩短减速时间（不能过短，否则会使变频器超出电动机的电流限值，变频器内的直流母线电压会变得过高，实际制动时间会超出所设的减速时间或变频器在制动时发生故障）；如果电动机制动过快或制动时变频器发生故障，则需延长减速时间。重复上述操作，最终可获得符合电动机或设备要求的驱动特性。

在运行中通过修改比例系数，也可修改斜坡函数发生器的加速时间和减速时间，如图 6-67 所示。比例系数值可由现场总线得出。

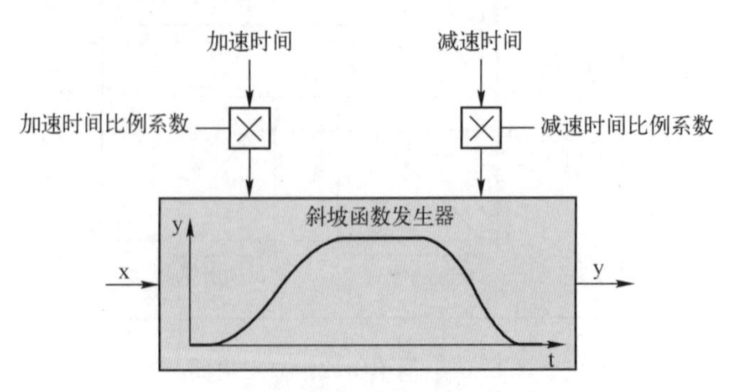

图 6-67 运行中修改斜坡函数发生器的加速时间和减速时间

用于设置比例系数的参数为 p1138 和 p1139，其中，p1138 为加速时间的比例系数（出厂设置：1）的信号源，p1139 为减速时间的比例系数（出厂设置：1）的信号源。

例如，上级控制器和变频器之间已实现 PROFIBUS 通信，并设置了自由报文 999，则上级控制器通过 PROFIBUS 在 PZD 3 中将比例系数发送给变频器，从而设置变频器的加速时间和减速时间，如图 6-68 所示。

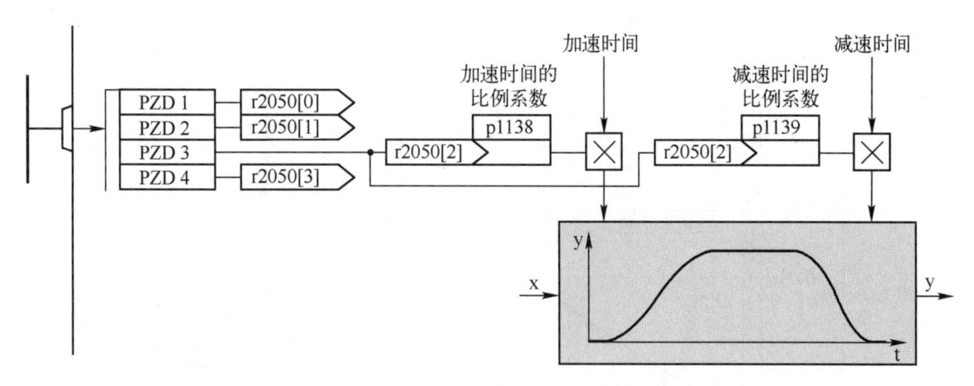

图 6-68　运行中修改斜坡函数发生器时间的示例

图 6-68 中，设置 p1138＝2050［2］，将加速时间的比例系数和 PZD 接收字 3 互联在一起；设置 p1139＝2050［2］，将减速时间的比例系数和 PZD 接收字 3 互联在一起。

6.6　电动机控制

G120 变频器对电动机的控制方式主要分为 V/f 控制和矢量控制。变频器控制方式为变频器的核心算法，直接决定了变频器对电动机的控制性能。参数 p1300 确定了特性曲线。

6.6.1　V/f 控制

V/f 控制方式是根据给定的转速设定值来调节电动机的输出电压。V/f 控制可覆盖大多数需要异步电动机调速工作的应用场合，例如水泵、风机、压缩机和水平输送机等。

V/f 控制并不是精确控制电动机转速的闭环控制，转速设定值和电动机轴上的实际转速之间总是有细小的偏差，偏差大小由电动机负载大小决定。如果电动机以额定转矩工作，电动机实际转速会低于设定转速，差值为额定转差。如果负载带动电动机转动，也就是说，电动机作为发电机工作，电动机实际转速会超出设定转速。

V/f 控制方式中转速设定值和定子电压之间的关系由特性曲线计算得出。所需的输出频率通过转速设定值和电动机极对数计算得出（f＝n×极对数/60；$f_{最大}$＝p1082×极对数/60）。

变频器可使用多个 V/f 特性曲线。根据特性曲线，随着频率提高，变频器不断提高电动机上的电压。通过 p1300 参数设置，变频器可选择不同的 V/f 特性曲线，如图 6-69 所示。p1300 参数说明见表 6-21。

变频器也可超出电动机的额定转速，将其输出电压提升至最大输出电压。电源电压越高，变频器的最大输入电压也就越高。当变频器已达到最大输出电压时，就只能提高其输出频率。从此时起，电动机将进入弱磁运行，可用转矩会随转速的升高而线性下降。

升压可优化高起动力矩和短时过载的控制特性，对每种 V/f 特性曲线都起效。以直线特性曲线为例，升压功能如图 6-70 所示。与升压有关的参数见表 6-22。

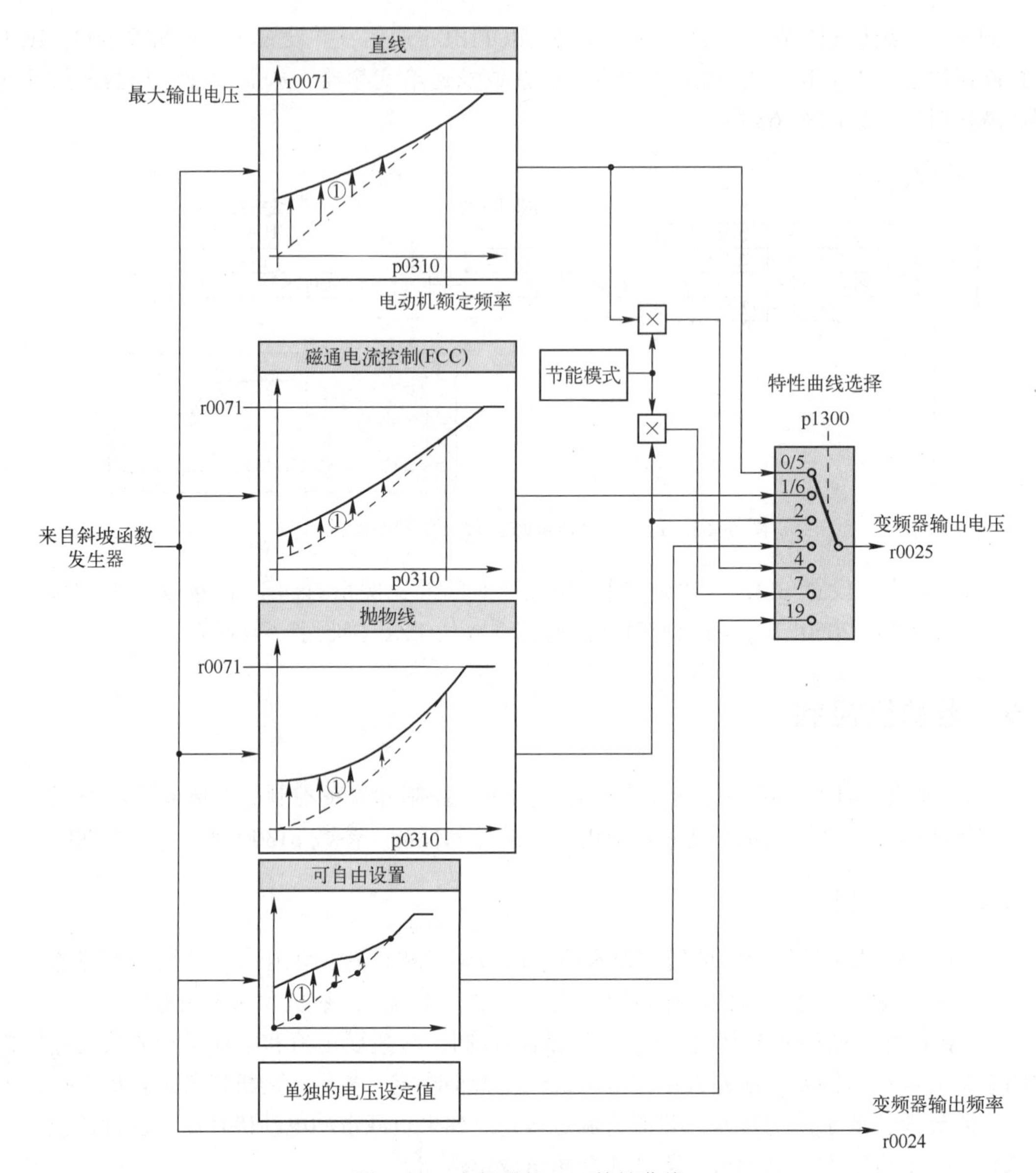

图 6-69 变频器的 V/f 特性曲线

注：特性曲线的升压可改善低转速电动机的性能。在频率低于额定频率时，升压生效。

表 6-21 p1300 参数说明

参数	特性曲线	要求	应用示例	注释
p1300=0	直线	需要的转矩不依赖于转速	输送带、辊式运输机、链式输送机、偏心螺杆泵、压缩机、挤压机、离心机、搅拌机及混合器	—
p1300=1	带有磁通电流控制（FCC）的直线特性曲线			变频器可补偿定子电阻所导致的电压损耗。推荐用于 7.5 kW 以下的电动机。前提条件：已经按照铭牌所示对电动机数据进行了设置，并在基本调试后执行了电动机数据检测
p1300=2	抛物线	需要的转矩随转速的升高而升高	叶轮泵、径向通风机及轴流式通风机	电动机和变频器的损耗比直线特性曲线时少

（续）

参　　数	特性曲线	要　　求	应用示例	注　　释
p1300=3	可设置的特性曲线	可设置V/f特性曲线	—	—
p1300=4 或者 p1300=7	ECO模式	低动态且转速恒定的应用	叶轮泵、径向通风机及轴流式通风机	相比抛物线特性曲线，节能模式可节省更多的电能。当达到转速设定值并保持5 s时，变频器会重新降低输出电压
p1300=5 或者 p1300=6	频率精确的特性曲线	在任何情况下，变频器都必须维持电机转速恒定	纺织工业中的驱动	达到最大电流极限后，变频器会降低定子电压，而不是转速
p1300=19	独立电压设定值	采用独立电压设定值的V/f特性曲线	—	频率和电压之间的关系不是在变频器内计算得出，而是由用户给定

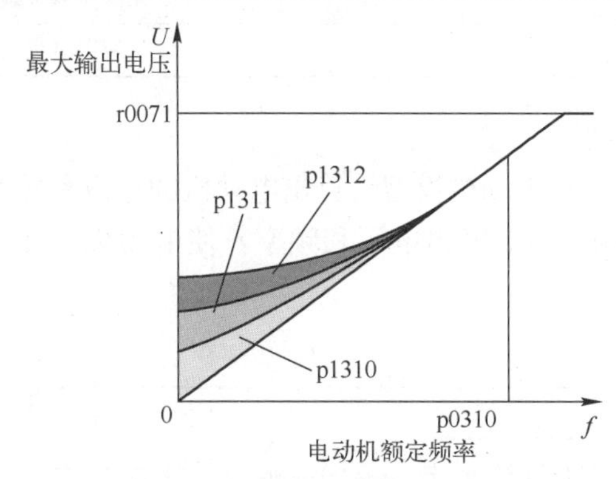

图6-70　直线特性曲线的升压功能

表6-22　与升压有关的参数

参　　数	功能描述
p1310	持续升压值（出厂设置为50%），补偿因电缆太长而导致的电压损耗和电动机的欧姆损耗
p1311	加速时的升压值（出厂设置为0%），在电动机加速时提供额外可用的转矩
p1312	起动时的升压值（出厂设置为0%），只为电动机接通后的第一个加速过程提供额外可用的转矩（起动力矩）。

在实际应用中，为了设置合适的升压值，需要小幅、逐步提高升压值。如果设得过高，可能会导致电动机过热，变频器因过电流而停车。可以按照以下步骤进行设置。

① 以中速接通电动机。

② 将转速降低到每分钟几转的水平。

③ 检查电动机是否自由运转。

④ 如果电动机没有自由运转或是停止不动，提高升压p1310，直到电动机达到满意的运行状态。

⑤ 接入最大负载，将电动机加速到最大转速，并检查电动机是否跟踪转速设定值。

⑥ 如果电动机在加速过程中失速，提高升压p1311，直到电动机加速到最大转速。

只有在需要达到额定起动力矩的应用中才需要提高p1312，以使电动机达到令人满意的状态。

6.6.2 矢量控制

G120 变频器的矢量控制主要包括无编码器矢量控制和带编码器矢量控制。带编码器矢量控制与无编码器矢量控制最大的区别在于速度闭环控制时，速度反馈的来源不同。带编码器时为编码器的实测值，不带编码器时为内部模型的速度预估值。

矢量控制的参数设置见表 6-23。

表 6-23 矢量控制的参数设置

参　数	功能描述
p1300=20	无编码器矢量控制的速度控制
p1300=21	带编码器矢量控制的速度控制
p1300=22	无编码器矢量控制的转矩控制
p1300=23	带编码器矢量控制的转矩控制

(1) 无编码器矢量控制

无编码器矢量控制依据一个电动机模型计算出电动机的负载和转差，简易功能图如图 6-71 所示。由于这种算法，变频器指定输出电压和频率，使电动机实际转速跟踪设定转速，而不受负载的影响。

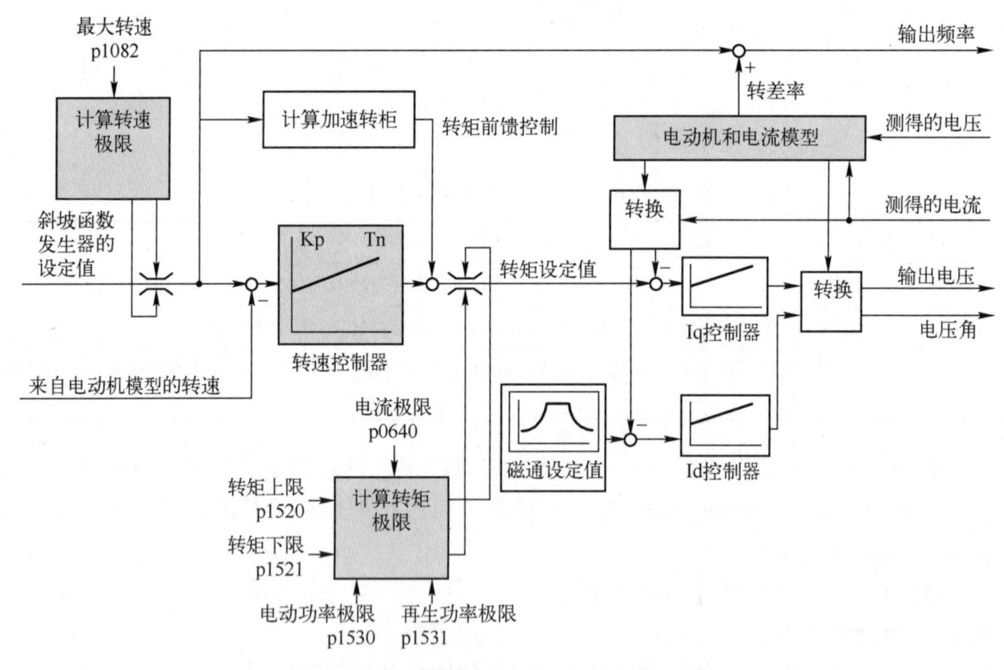

图 6-71 无编码器矢量控制的简易功能图

要达到良好的控制性能，必须对图 6-71 中的灰色部分进行调整。如果在基本调试中选择了控制方式“矢量控制”，变频器就会自动设置适合应用的最大转速、电动机模型和电流模型、计算转矩限值，并在自动优化的过程中预设转速控制器（电动机数据旋转检测）。当变频器上的电动机数据和电动机铭牌上的数据相符时，变频器中的电动机模型和电流模型可正确工作，矢量控制可达到令人满意的状态。

（2）优化转速控制器

电动机在转速控制器自动优化后如果显示出如图 6-72 和图 6-73 所示的起动性能，均属于最理想的控制性能，无须手动优化转速控制器。

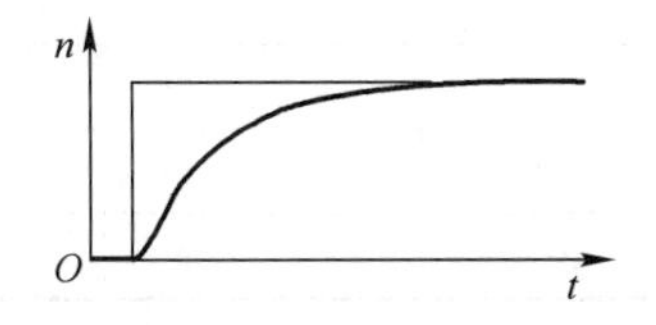

图 6-72 无超调的控制性能图

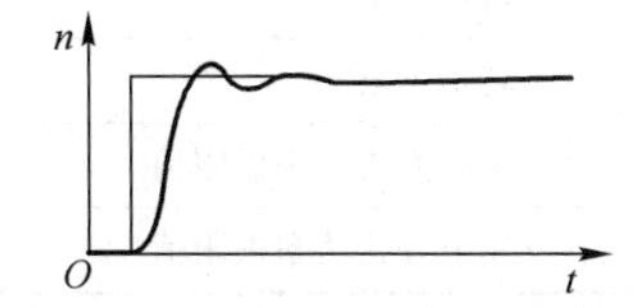

图 6-73 上升和调节时间短的控制性能

其中，图 6-72 显示实际值接近设定值，无明显超调；图 6-73 显示上升时间短，受到干扰时调节时间短，实际值接近设定值并出现轻微的超调（最大为设定值阶跃的 10%）。

在某些情况下不能进行自动优化（例如电动机在不能自由旋转的设备中，不允许进行自动优化），或者自动优化不理想（包括自动优化时因变频器发生故障而中断的情况），此时需要手动优化转速控制。可以按照如下步骤手动优化转速控制器。

① 暂时设置斜坡函数发生器的加速时间（p1120=0）和减速时间（p1121=0）。

② 暂时设置转速控制器的前馈 p1496=0。

③ 给定一个设定值阶跃，观察相应的实际值（可以使用 STARTER 中的跟踪功能）。

④ 调整控制器比例参数 K_p（p1470）和积分参数 T_N（p1472），优化控制器。例如，对于图 6-74 所示的情况，需要提高比例参数 K_p，降低积分参数 T_N；对于图 6-75 所示的情况，降低比例参数 K_p，提高积分参数 T_N。

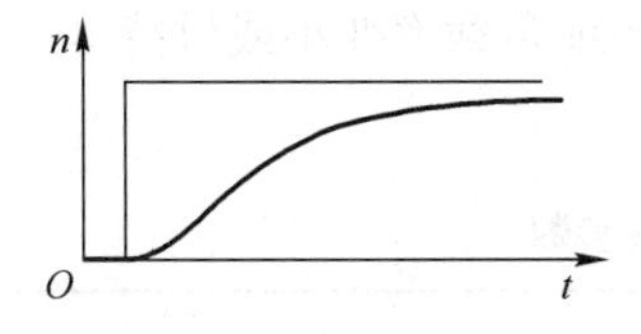

图 6-74 实际值缓慢接近设定

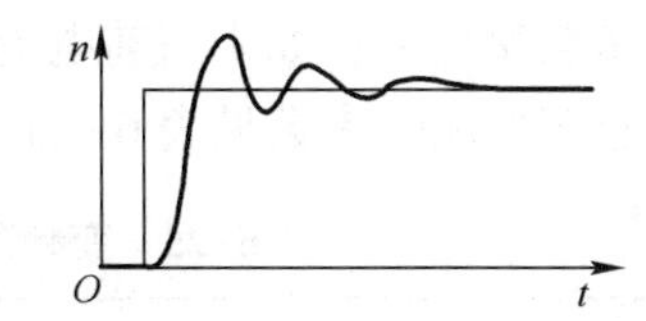

图 6-75 实际值快速接近设定值，但超调量很大

⑤ 将斜坡函数发生器的加速/减速时间恢复为初始值。

⑥ 设置转速控制器的前馈 p1496=100%。

（3）转矩控制

转矩控制是矢量控制的一部分，一般从转速控制器的输出端获得设定值。禁用转速控制器，并直接给定转矩设定值后，转速控制变为转矩控制，变频器不再控制电动机的转速，而是控制电动机输出的转矩。

转矩控制适合于电动机转速由相连的生产设备给定的应用。例如转速由主机控制的从机或者卷取机等。

只有在基本调试中正确设置了电动机数据，并且完成了电动机数据静态检测后，转矩控制才能正常工作。

转矩控制的重要参数设置见表 6-24。

表 6-24 转矩控制的重要参数设置

参　数	功能描述
p0300 ~ p0360	电动机数据会在基本调试时从电子铭牌中输出，通过电动机数据检测计算得出
p1511	附加转矩
p1520	转矩上限
p1521	转矩下限
p1530	电动方式功率极限值
p1531	发电方式功率极限值

6.7 保护和监控

变频器不仅具有自身的过热和过电流保护，也具有电动机的过热和过电流保护，另外，在电动机进入发电模式工作时，变频器还提供直流母线过电压保护。

6.7.1 变频器对热过载的响应

变频器的温度主要由以下因素决定：环境温度、随输出电流上升的欧姆损耗及随脉冲频率上升的开关耗损等。

变频器监控温度的方式主要有三种：I^2t 监控（报警 A07805、故障 F30005）、功率模块芯片温度的测量（报警 A05006、故障 F30024）及功率模块散热器温度的测量（报警 A05000、故障 F30004）。

其中，I^2t 监控利用出厂时确定的电流参考值计算出变频器的负载率。如果当前电流≥参考值，则当前负载率变大；如果当前电流<参考值，则当前负载率变小或保持 0。

变频器对热过载的响应参数见表 6-25。

表 6-25 变频器对热过载的响应参数

参　数	功能描述
r0036	功率单元过载 I^2t（%）
r0037	功率单元温度（℃）
p0290	功率单元过载响应，出厂设置和可更改性取决于硬件，通过该参数确定变频器是如何对热过载进行响应的。热过载指变频器温度大于 p0292 参数值
p0292	功率单元温度报警阈值（出厂设置：散热片［0］5℃，功率半导体［1］15℃） 该值为与停车温度之间的差值
p0294	功率单元 I^2t 过载报警（出厂设置：95%）

对于功率单元过载响应，根据 p0290 参数值，主要包括以下几种情况。

（1） p0290＝0

变频器的响应方式取决于设置的控制方式：在矢量控制中，变频器会减小输出电流；在 V/f 控制中，变频器会降低转速。如果过载已排除，变频器会再次使能输出电流或转速。如果该方法无法阻止变频器热过载，变频器会关闭电动机并报告故障 F30024。

（2） p0290 = 1

变频器会立即关闭电动机并报告故障 F30024。

（3） p0290 = 2

针对平方矩特性驱动（如风机），可使用该设置。当过载时，变频器分两级响应。

① 如果用高脉冲频率设定值 p1800 运行变频器，变频器会从设定值 p1800 开始降低其脉冲频率。尽管暂时降低了脉冲频率，但基本负载输出电流仍保持不变（分配给 p1800 的值），如图 6-76 所示。如果过载已排除，变频器会将脉冲频率再次升至脉冲频率设定值 p1800。

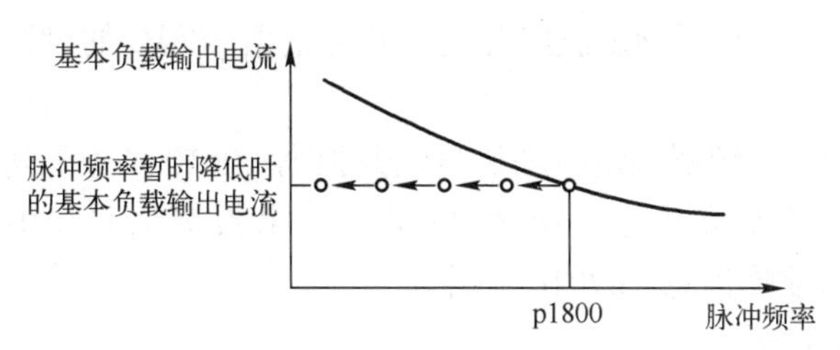

图 6-76　过载时的降容特性曲线和基本负载输出电流

② 如果无法暂时降低脉冲频率或阻止变频器热过载，则应执行第 2 级响应。在矢量控制中，变频器会减小其输出电流；在 V/f 控制中，变频器会降低转速。如果过载已排除，变频器会再次使能输出电流或转速。

如果两种方法都无法阻止功率单元热过载，变频器会关闭电动机并报告故障 F30024。

（4） p0290 = 3

如果用高脉冲频率设定值 p1800 运行变频器，变频器会从设定值 p1800 开始降低其脉冲频率。尽管暂时降低了脉冲频率，但最大输出电流仍保持不变（分配给脉冲频率设定值的值）。如果过载已排除，变频器会将脉冲频率再次升至脉冲频率设定值 p1800。

如果无法暂时降低脉冲频率或无法阻止功率单元热过载，变频器会关闭电动机并报告故障 F30024。

（5） p0290 = 12

此时，变频器分两级响应。

① 如果用高脉冲频率设定值 p1800 运行变频器，变频器会从设定值 p1800 开始降低其脉冲频率。由于脉冲频率设定值较高，因而无须进行电流降容。如果过载已排除，变频器会将脉冲频率再次升至脉冲频率设定值 p1800。

② 如果无法暂时降低脉冲频率或阻止变频器热过载，则应执行第 2 级响应。在矢量控制中，变频器会减小输出电流；在 V/f 控制中，变频器会降低转速。如果过载已排除，变频器会再次使能输出电流或转速。

如果两种方法都无法阻止功率单元热过载，变频器会关闭电动机并报告故障 F30024。

（6） p0290 = 13

针对高起动转矩驱动（如水平输送机或挤出机），建议采用该设置。

如果用高脉冲频率设定值 p1800 运行变频器，变频器会从设定值 p1800 开始降低其脉冲频率。由于脉冲频率设定值较高，因而无须进行电流降容。如果过载已排除，变频器会将脉冲频率再次升至脉冲频率设定值 p1800。

如果无法暂时降低脉冲频率或无法阻止功率单元热过载，变频器会关闭电动机并报告故障 F30024。

6.7.2 通过温度传感器进行电动机温度监控

通过连接温度开关（如双金属开关）、PTC 传感器及 KTY84 传感器等温度传感器，可防止电动机过热。连接时，将检测电动机的温度传感器连接到变频器的端子 14 和端子 15 上。

（1）温度开关

当电阻≥100 Ω 时，变频器判定温度开关打开并根据 p0610 的设置进行响应。

（2）PTC 传感器

当电阻>1650 Ω 时，变频器判定电动机过热并根据 p0610 的设置进行响应。

当电阻<20 Ω 时，变频器判定电动机短路并发出报警信息 A07015。报警持续超过 100 ms 时，变频器发出故障信息 F07016 并停车。

（3）KTY84 传感器

通过 KTY 传感器可监控电动机温度和传感器本身是否断线或短路。在连接时，一定要注意 KTY 传感器的极性连接务必正确。KTY 传感器极性接错可导致电动机过热；如果 KTY 传感器极性接反，变频器无法识别出电动机过热，从而可能导致电动机损坏。

借助 KTY 传感器，变频器可以检测出-48～+248℃ 范围内的电动机温度。通过参数 p0604 或 p0605 设定报警阈值和故障阈值温度。如果电动机温度>p0604 且 p0610=0，则过热报警（A07910）；如果电动机温度>p0605，或者电动机温度>p0604 且 p0610≠0，则过热故障（F07011），变频器故障停车。

借助 KTY 传感器，变频器还可以检测温度传感器的断线和短路故障。当电阻>2120 Ω 时，变频器判定传感器断线并输出报警信息 A07015，100 ms 后，变频器输出故障信息 F07016。当电阻<50 Ω 时，变频器判定传感器短路并输出报警信息 A07015，100 ms 后，变频器输出故障信息 F07016。

用于温度监控的参数见表 6-26。

表 6-26　用于温度监控的参数

参　数	功能描述
p0335	温度冷却方式。0：采用电动机轴上的风扇自冷（出厂设置）；1：采用独立于电动机工作的风扇强制风冷；2：水冷；128：无风扇
p0601	电动机温度传感器类型。0：无传感器（出厂设置）；1：PTC(→ p0604)；2：KTY84(→p0604，p0605)；4：温度开关
p0604	电动机温度报警阈值（出厂设置为 130℃）
p0605	电动机温度故障阈值（出厂设置为 145℃），用于 KTY84 传感器的设置。该参数对 PTC 传感器不起作用
p0610	电动机过热响应（出厂设置为 12），确定电动机温度超出报警阈值 p0604 后的动作 0：输出报警（A07910），无故障信息 1：输出报警（A07910）；变频器降低电流限值，启动延时段，输出故障信息（F07011）并停机 2：输出报警（A07910）；变频器启动延时段，输出故障信息（F07011）并停机 12：与 2 一样，但在计算电动机温度时会考虑最后的断开温度
p0640	电流限值（单位为 A）

6.7.3　通过计算电动机温度来保护电动机

变频器根据电动机热模型计算电机温度，通过表 6-27 中的参数设置计算电动机温度所需的其他参数。

表 6-27　不带温度传感器的温度检测参数

参　数	功能描述
p0601	电动机温度传感器类型（出厂设置：0）。当该参数值为 0 时，表示没有传感器
p0604	电动机温度模型 2/KTY 报警阈值（出厂设置：130℃）。用于监控电动机温度的阈值，超出阈值后，变频器会报告故障信息 F07011
p0605	电动机温度模型 1/2 阈值（出厂设置：145℃）。电动机温度模型 2 上用于监控电动机温度的延时段，超出温度报警阈值时变频器会启动延时段（p0604）
p0610	电动机过热响应（出厂设置：12）。确定电动机温度超出报警阈值 p0604 后的动作 0：输出报警（A07910），无故障信息 1：输出报警（A07910），降低电流限值，启动延时段，输出故障信息（F07011）并停机 2：输出报警（A07910），启动延时段，输出故障信息（F07011）并停机 12：与 2 一样，但在计算电动机温度时会考虑最后的断开温度（出厂设置）
p0611	I^2t 电动机热模型时间常数（出厂设置：0 s）。该参数仅对同步电动机有效。从电动机列表（p0301）中选择电动机时，变频器会自动设置参数值
p0612	电动机温度模型激活 .00 当信号值为 1 时，激活用于永磁同步电动机的电机温度模型 1（I^2t） .01 当信号值为 1 时，激活用于异步电动机的电动机温度模型 2 .02 当信号值为 1 时，激活用于无编码器的同步电动机 1FK7 的电动机温度模型 3 .09 当信号值为 1 时，激活电动机温度模型 2 扩展功能
p0615	电动机温度模型 1（I^2t）故障阈值（出厂设置：180℃）。电动机温度模型 1 上用于监控电动机温度的故障阈值。超出故障阈值后，变频器会报告故障信息 F07011
p0621	重启后检测定子电阻（R_s）（出厂设置：0）。变频器测量当前定子电阻并计算当前电动机温度作为电动机热模型的初始值 0：不检测定子电阻 1：在电动机首次通电时检测定子电阻 2：每次接通电动机后检测定子电阻
p0622	重启后用于检测定子电阻的电动机励磁时间。变频器将参数值设为相应的电动机数据检测结果
p0625	调试期间的电动机环境温度（出厂设置：20℃）。指在执行电动机数据检测时电动机的环境温度，单位为℃

6.7.4　过电流保护

在矢量控制中，电动机电流始终保持在设置的转矩限值范围内。如果使用 V/f 控制，则无法设置转矩限值。V/f 控制通过限制输出频率和电动机电压防止电动机过载（I_{max}控制器）。

I_{max}控制器用于限制输出频率和电动机电压。如果加速时电动机电流达到限值，I_{max}控制器会延长加速过程；如果在稳定运行时电动机负载过大，即电动机电流达到了限值，I_{max}控制器会减小转速并降低电动机电压，直到电动机电流降至允许的范围内；如果减速时电动机电流达到限值，I_{max}控制器会延长减速过程。

使用I_{max}控制器，需要满足以下前提条件：电动机转矩在低转速时必须降低（如风扇）；起升机构下降时，负载不可以使电动机持续运转。

如果电动机在达到电流限值时容易振动，或会由于过电流而跳闸，则必须修改I_{max}控制器的出厂设置。I_{max}控制器的参数见表6-28。

表6-28 I_{max}控制器的参数

参　数	功能描述
p0305	电动机的额定电流
p0640	电动机的电流极限
p1340	I_{max}控制器的比例增益，用于降低转速
p1341	I_{max}控制器的积分时间，用于降低转速
r0056.13	状态：I_{max}控制器激活
r1343	I_{max}控制器的转速输出。用来显示I_{max}控制器降低的转速值

6.7.5 最大直流母线电压（V_{dc_max}）控制器

当异步电动机被相连的负载驱动时，电动机作为发电机工作，将机械能转换为电能。电能从电动机注入变频器中，变频器中的直流母线电压V_{dc}因此升高。过高的直流母线电压不仅会损坏变频器，还会损坏电动机。在它达到危险水平前，变频器会关闭相连的电动机，并发出故障信息“直流母线过电压”。

功率模块PM230、PM240、PM240-2和PM330可以使用最大直流母线电压（V_{dc_max}）控制器进行电动机和变频器的过电压保护。只要应用允许，它便会将直流母线电压的升高幅度控制在安全范围内。

最大直流母线电压控制器会延长电动机停车时间，使电动机只向变频器反馈少量电能，而这些电能又能以变频器损耗的形式完全消耗掉。

需要注意，最大直流母线电压控制器不适合用于电动机长时间输出再生电能的应用。例如起重机应用或者大型摆动物体的制动。

最大直流母线电压控制器的参数分为两组，分别针对V/f控制和矢量控制，见表6-29。

表6-29 最大直流母线电压（V_{dc_max}）控制器的参数

V/f控制	矢量控制	功能描述
p1280=1	p1240=1	V_{dc_max}控制器或V_{dc}监控配置（出厂设置：1）。当该参数值为1时，使能V_{dc_max}控制
r1282	r1242	V_{dc_max}控制器的启用电压。显示V_{dc_max}控制器开始生效的直流母线电压
p1283	p1243	V_{dc_max}控制器的动态响应系数（出厂设置：100%）。控制器参数p1290、p1291和p1292的比例系数
p1284	—	V_{dc_max}控制器的时间阈值。设置V_{dc_max}控制器的监控时间
p1290	p1250	V_{dc_max}控制器的比例增益（出厂设置：1）
p1291	p1251	V_{dc_max}控制器的积分时间（p1291的出厂设置：40ms；p1251的出厂设置：0ms）
p1292	p1252	V_{dc_max}控制器的预调时间（p1292的出厂设置：10ms；p1252的出厂设置：0ms）
p1294	p1254	V_{dc_max}控制器自动检测启用电压（p1294的出厂设置：0；p1254的出厂设置：对于PM330/PM240，值为1，对于PM230，值为0）。该参数可以激活或禁用V_{dc_max}控制器启用电压的自动检测功能：参数值为0时，表示自动检测已禁用；参数值为1时，表示自动检测已使能
p0210	p0210	设备输入电压。如果p1254或p1294为0，变频器会从该参数中计算出V_{dc_max}控制器的启用电压。请将该参数设为实际的输入电压

6.8　安全功能

激活了 STO（Safe Torque Off）功能的变频器可防止电动机部件意外起动。STO 激活时，电动机不会生成转矩。如果选中 STO 时电动机还在旋转，电动机会继续旋转直到静止状态。

变频器通过故障安全的数字量输入（F-DI）或安全通信 PROFIsafe 识别 STO 的选择，通过安全输出或安全通信 PROFIsafe 报告“STO 生效”。

STO 功能适用于实现紧急中断，从而停止或避免意外运动，但不适用于实现紧急停机和安全关闭电源。在实际应用中，STO 适用于电动机已经停止或因摩擦在短时间内安全达到静止状态的应用，但无法阻止带有大回转质量的机器部件空转。

可以使用 PC 工具来调试安全功能。当使用 PC 工具进行调试时，可以通过图形化界面设置功能，而无须参数设置。

安全功能具有口令保护，防止未经授权的更改。安全功能的口令保护及其他相关参数见表 6-30。

表 6-30　安全功能的口令保护及其他相关参数

参　数	功能描述
p0010	驱动调试参数筛选。值为 0 时，表示就绪；值为 30 时，表示参数复位
p9601	使能驱动器集成的安全功能（出厂设置：0000 bin）。值为 0 时表示驱动集成安全功能禁用；值为 1 时表示基本安全功能由板载端子使能
p9761	密码输入（出厂设置：0000 hex）。允许的密码范围为 1～FFFF FFFF。
p9762	新密码
p9763	密码确认
p0970	复位传动参数。值为 5 时，表示启动安全参数的复位，复位后变频器设置 p0970=0
p9650	F-DI 切换公差时间（出厂设置：500 ms），即用于切换控制基本安全功能的 F-DI 的时间
p9651	STO 去抖时间（出厂设置：1 ms），即用于控制基本安全功能的 F-DI 的去抖时间 需要注意，一个输入如果用作标准输入时，应通过 p0724 设置去抖时间
p9659	强制潜在故障检查定时器（出厂设置：8h），即强制潜在故障检查的监控时间
r9660	强制潜在故障检查剩余时间
r9773.31	该参数值为 1 时，表示需要进行强制潜在故障检查。该信号为发送给上级控制器的信号

6.8.1　将安全功能参数恢复出厂设置

将安全功能参数复位为出厂设置，而又不对标准参数产生影响时，需要执行以下步骤：进入 STARTER 在线模式，双击项目树中的“安全集成”（“Safety Integrated”）选项，右侧窗口进入“Safety Integrated”界面，单击“恢复安全出厂设置”（“Restore safety factory settings”）的按钮，如图 6-77 所示；然后输入安全功能口令，确认参数保存（“Copy RAM to ROM”），再进入 STARTER 离线模式，切断变频器的电源；等待片刻，直到变频器上所有的 LED 灯都熄灭；重新接通变频器的电源（上电复位）。

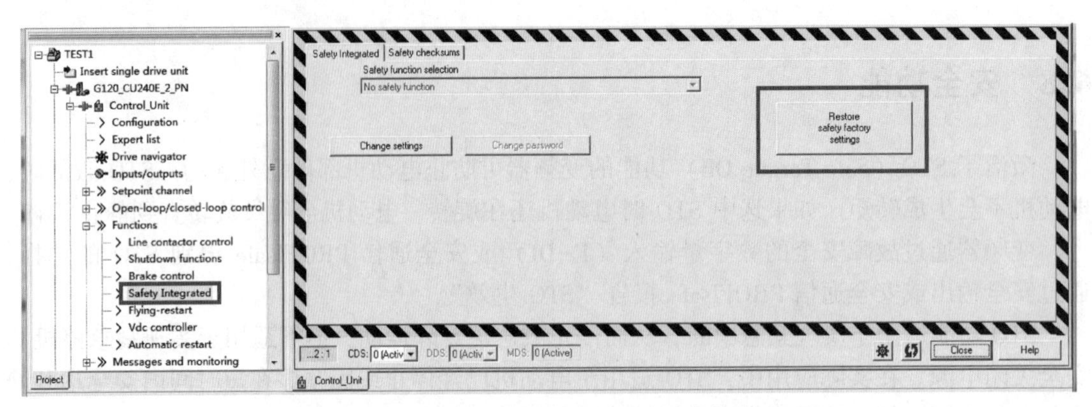

图 6-77　使用 STARTER 软件将安全功能参数恢复出厂设置

6.8.2　修改设置

进入 STARTER 在线模式，双击项目树中的“安全集成”（“Safety Integrated”）选项，右侧窗口进入“Safety Integrated”界面，单击“修改设置”（“Change settings”）按钮，如图 6-78 所示。在“Safety function selection”位置的下拉列表中选择其他选项，例如选择“Basic functions via onboard terminals”，则安全功能设置修改为由变频器上的输入端子执行安全功能，如图 6-79 所示。

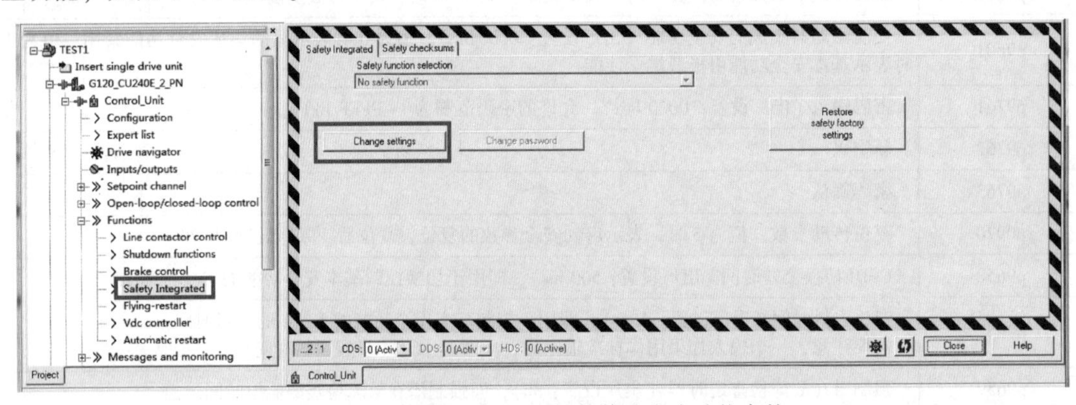

图 6-78　使用 STARTER 软件修改安全功能参数

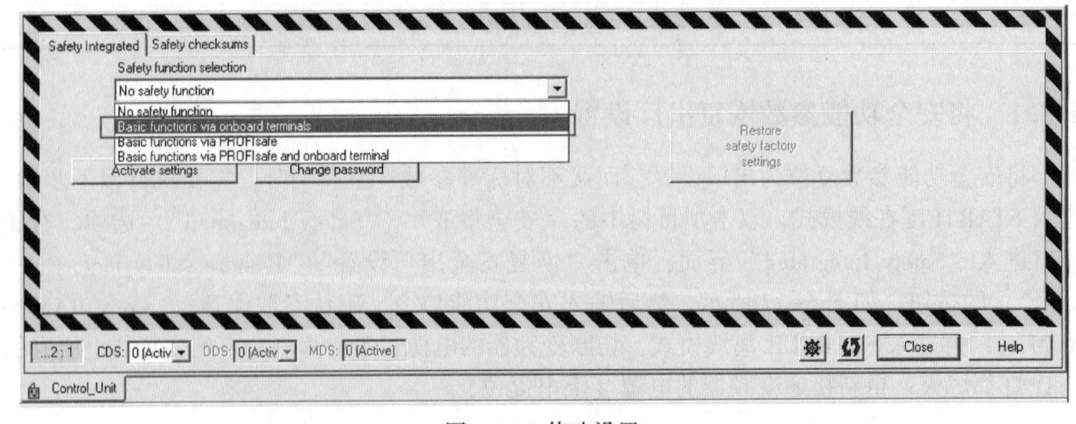

图 6-79　修改设置

6.8.3　互联信号“STO 生效”

安全功能当选择了“Basic functions via onboard terminals”选项，即安全功能由变频器上的输入端子执行，则可以使用 STO（安全转矩截止）功能。如果上级控制器中需要变频器的反馈信号“STO 生效”，则必须连接该信号。

1）单击“STO active”位置处的反馈信号按钮，则出现“Further interconnections…”选项，如图 6-80 所示。

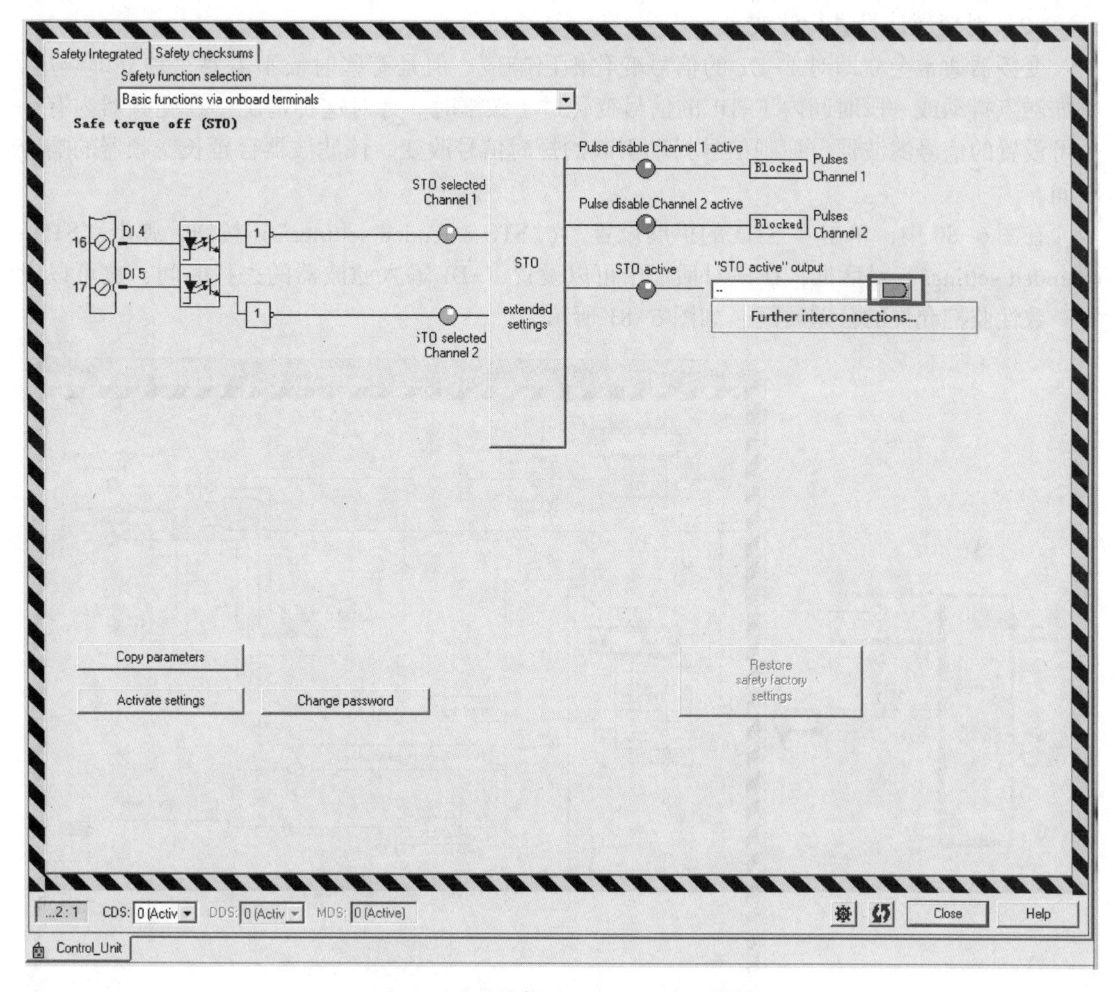

图 6-80　反馈信号“STO 生效”设置

2）单击“Further interconnections…”选项，在随后弹出的对话框中选择符合应用的参数。

这样，就连接了反馈信号“STO 生效”。选中 STO 后，变频器向上级控制器报告“STO 生效”。当参数 r9773.01=1 时，表示变频器中的 STO 生效。

6.8.4　设置安全输入的滤波器

安全输入上信号的处理方式包括：对信号的一致性进行监控，并允许信号短时间内不一致（公差时间）；对短暂出现的信号（如测试脉冲）进行滤波。

（1）一致性监控

变频器会检查两个输入端上的信号状态是否相同（高或低）。例如：急停按钮或柜门开关的两个触点因不会同时动作而出现短时间的不一致（差异）。如果长时间出现这种差异，则表明 F-DI 的接线出现了异常，如断线。在完成适当设置后，变频器会允许短时间的信号差异。公差时间不会延长变频器的响应时间。一旦其中某个 F-DI 信号从高位变为低位，变频器便选择它的安全功能。

（2）对短暂信号进行滤波

变频器通常会立即对 F-DI 的信号变化做出响应。但是有些时候不需要这种立即响应，例如触点抖动或一段时间内 F-DI 的信号变化过于频繁时。针对这种情况，在变频器内有一个可设置的信号滤波器，抑制信号抖动引起的短时信号改变。该滤波器会延长变频器的响应时间。

在图 6-80 中，单击“ STO 的扩展设置”（“STO extended settings”）按钮，弹出“STO-extended settings”对话框，在该对话框中可以设置 F-DI 输入滤波器的去抖时间，也可以设置一致性监控允许的公差时间，如图 6-81 所示。

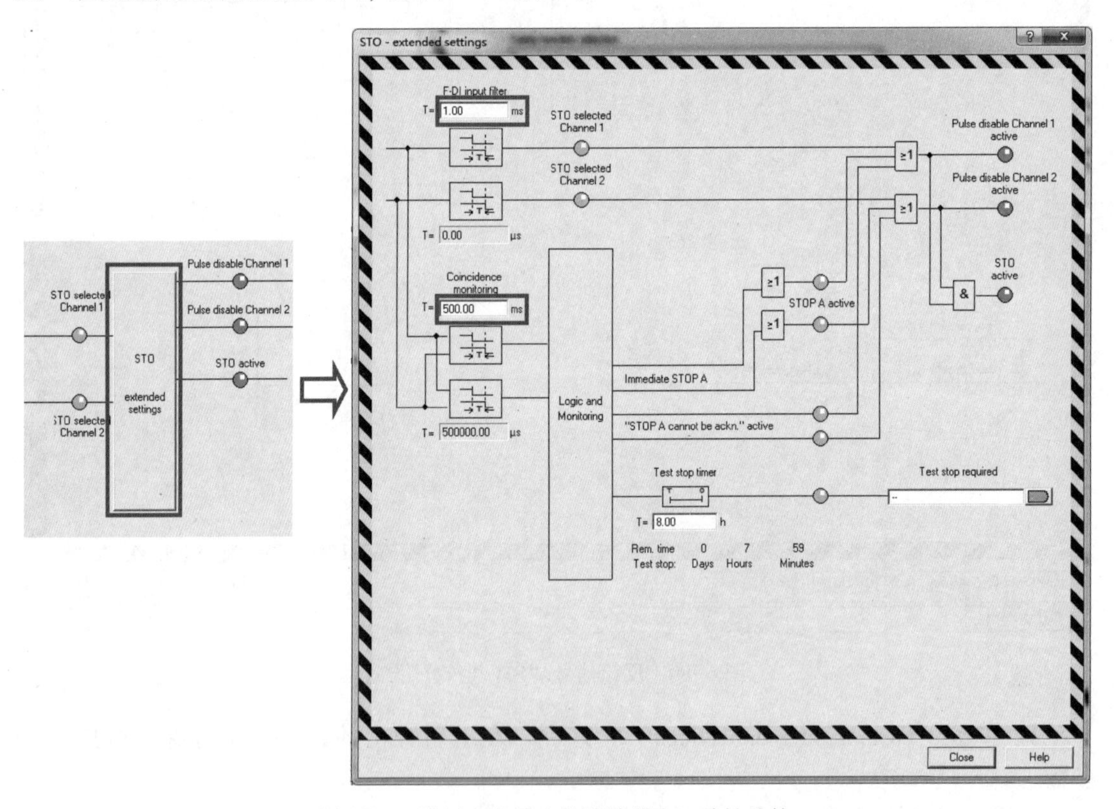

图 6-81　设置安全输入的滤波器和一致性监控

6.8.5　设置强制潜在故障检查

基本安全功能的强制潜在故障检查（Teststopp）是变频器的自检，在自检中变频器会检查用于切断转矩的控制回路能否正常工作。如果使用安全制动继电器，变频器也会在执行强制潜在故障检查时检查该组件的控制回路。

每次选择 STO 功能后都会进行强制潜在故障检查。另外，变频器还通过一个时间块监控是否定期执行强制潜在故障检查，如图 6-82 所示。

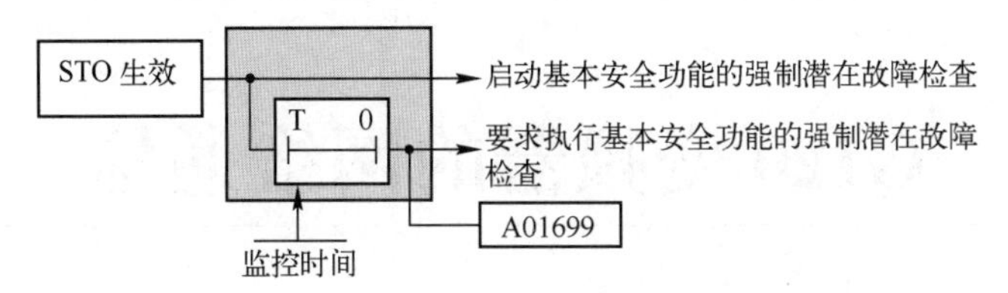

图 6-82　基本安全功能的强制潜在故障检查

6.9　其他功能

G120 变频器还提供一系列其他特色功能，例如单位切换功能、计算节约的电能、制动功能、自动重启功能、捕捉重启功能、简单过程控制功能、可自由定义的功能块实现的逻辑和算术运算功能以及用于电泵和风机的节能显示功能等。具体使用时可查看相关使用手册。

第 7 章

G120 变频器的网络通信

通过现场总线接口，SINAMICS G120 变频器可以和上位控制器进行网络通信。不同的G120 变频器控制单元，具有不同的现场总线接口。

7.1 通过 PROFIBUS 或 PROFINET 通信

7.1.1 接收数据和发送数据

变频器从上级控制器中接收循环数据，再将循环数据反馈给控制器，如图 7-1 所示。变频器和控制器各自在报文中打包数据。

循环数据交换的报文结构如图 7-2 所示。报文中的标题“Header”和尾标“Trailer”构成了协议框架，报文中的“PKW”和“PZD”为有效数据。借助“PKW”数据，变频器可以读取或更改变频器中的各个参数，但不是每个报文中都有“PKW”区域。通过“PZD”数据，变频器接收控制指令和上级控制器的设定值或发送状态消息和实际值。

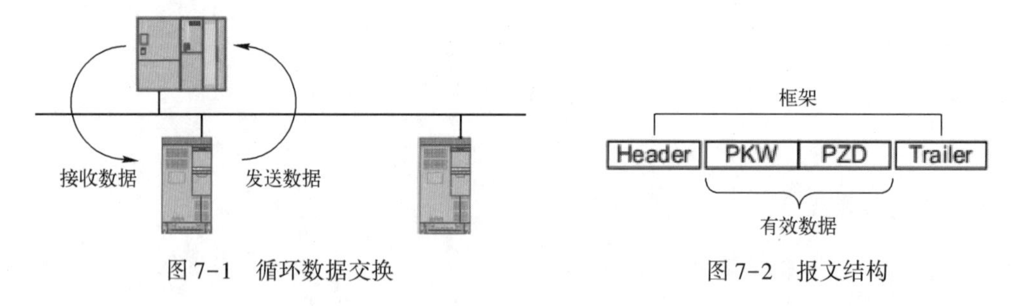

图 7-1　循环数据交换　　　　图 7-2　报文结构

对于“从站-从站”通信和非循环通信读写变频器参数，请参考“现场总线”功能手册。

7.1.2 PROFIdrive 行规

G120 变频器可以通过 PROFINET、PROFIBUS 等现场总线接口（由 G120 的控制单元的接口决定）无缝集成到全集成自动化系统中，支持的协议包括 PROFIdrive、PROFIsafe 和 PROFIenergy 等。

PROFIdrive 协议为典型应用定义了特定的报文，并分配有固定的 PROFIdrive 报文号。

PROFIdrive 报文号后面还附有确定的信号汇总表。因此，一个报文号能清晰地说明循环数据交换。

PROFIBUS 和 PROFINET 的报文是一样的。

(1) PROFIdrive 报文

用于周期性通信的 PROFIdrive 的报文结构如图 7-3 所示。

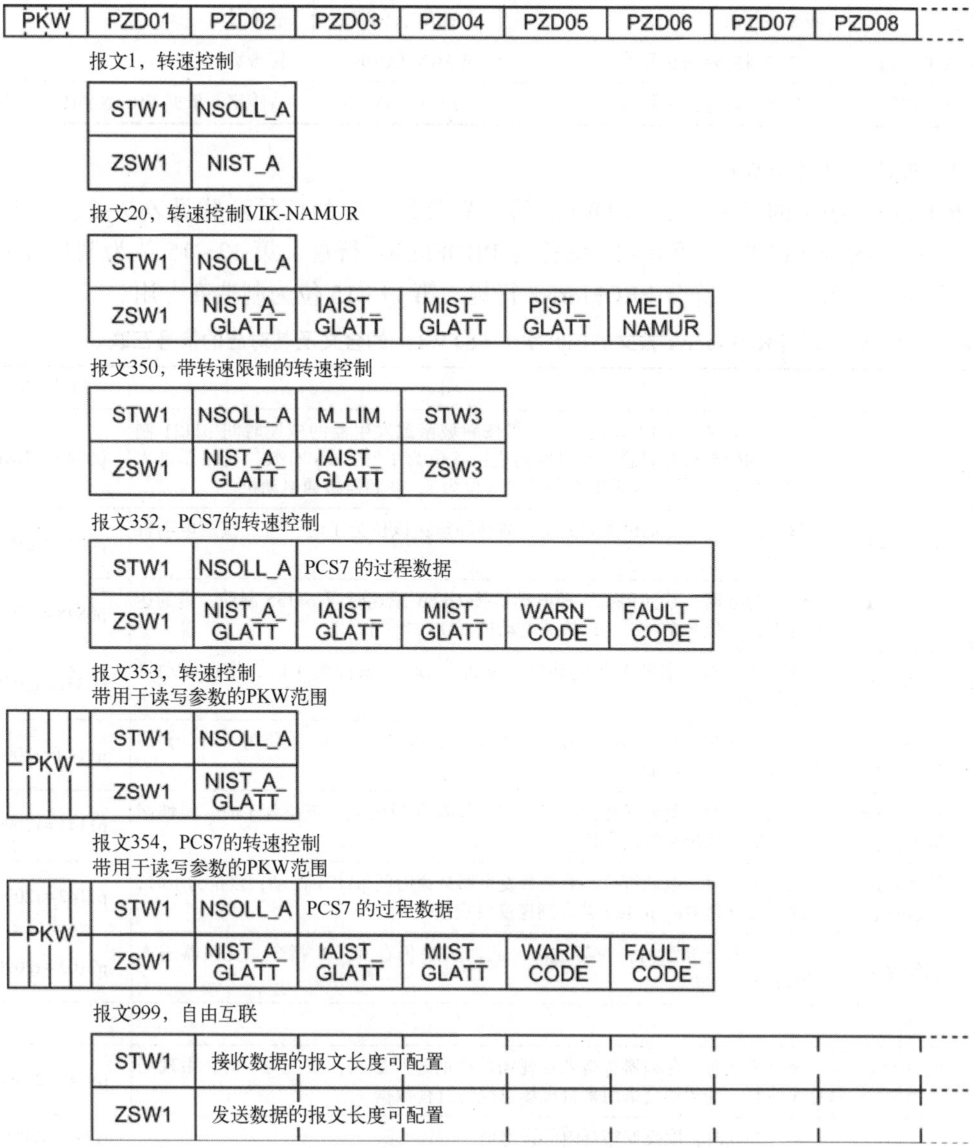

PKW	PZD01	PZD02	PZD03	PZD04	PZD05	PZD06	PZD07	PZD08	……

报文1，转速控制

STW1	NSOLL_A
ZSW1	NIST_A

报文20，转速控制VIK-NAMUR

STW1	NSOLL_A				
ZSW1	NIST_A_GLATT	IAIST_GLATT	MIST_GLATT	PIST_GLATT	MELD_NAMUR

报文350，带转速限制的转速控制

STW1	NSOLL_A	M_LIM	STW3
ZSW1	NIST_A_GLATT	IAIST_GLATT	ZSW3

报文352，PCS7的转速控制

STW1	NSOLL_A	PCS7 的过程数据			
ZSW1	NIST_A_GLATT	IAIST_GLATT	MIST_GLATT	WARN_CODE	FAULT_CODE

报文353，转速控制
带用于读写参数的PKW范围

PKW	STW1	NSOLL_A
PKW	ZSW1	NIST_A_GLATT

报文354，PCS7的转速控制
带用于读写参数的PKW范围

PKW	STW1	NSOLL_A	PCS7 的过程数据			
PKW	ZSW1	NIST_A_GLATT	IAIST_GLATT	MIST_GLATT	WARN_CODE	FAULT_CODE

报文999，自由互联

STW1	接收数据的报文长度可配置
ZSW1	发送数据的报文长度可配置

图 7-3　用于周期性通信的 PROFIdrive 的报文结构

PROFIdrive 报文结构中 PZD 数据缩写的含义见表 7-1。除了报文 999（通过 BiCo 自由互联）外，其他报文都是逐字传输发送数据（对应参数 p2051）和接收数据（对应参数 r2050）。

需要使用和实际应用配套的自定义报文时（例如以双字方式传送），可以通过参数 p0922 和 p2079 修改预定义的报文，相关详细信息参见参数手册。

表 7-1 PROFIdrive 报文 PZD 数据缩写的含义

缩　写	说　明	缩　写	说　明
STW	控制字	MIST_GLATT	经过平滑的转矩实际值
ZSW	状态字	PIST_GLATT	经过平滑的有功功率实际值
NSOLL_A	转速设定值	M_LIM	转矩限值
NIST_A	转速实际值	FAULT_CODE	故障号
NIST_A_GLATT	经过平滑的转速实际值	WARN_CODE	警告编号
IAIST_GLATT	经过平滑的电流实际值	MELD_NAMUR	故障字，依据 VIK-NAMUR 定义

（2）控制字 1（STW1）

PROFIdrive 报文的控制字 1（STW1）的含义及其对应的信号互联见表 7-2。其中，对于报文 20（VIK-NAMUR），第 0~11 位符合 PROFIdrive 行规，第 12~15 位为制造商专用；对于其余报文，第 0~10 位符合 PROFIdrive 行规，第 11~15 位为制造商专用。

表 7-2 PROFIdrive 报文的控制字 1（STW1）的含义及其对应的信号互联

位号	含　义	说　明	信号互联
0	ON/OFF1	该位为 0 时，OFF1 有效，电动机按斜坡函数发生器的减速时间 p1121 制动，达到静态后变频器会关闭电动机；该位为 1 时，ON 有效，变频器进入“运行就绪”状态，若此时控制字第 3 位为 1，变频器接通电动机	p0840=r2090. 0
1	OFF2 停车	该位为 0 时，电动机立即关闭，惯性停车；该位为 1 时，可以接通电动机（ON 指令）	p0844=r2090. 1
2	OFF3 停车	该位为 0 时，快速停机，即电动机按 OFF3 减速时间 p1135 制动，直到达到静态；该位为 1 时，可以接通电动机（ON 指令）	p0848=r2090. 2
3	脉冲使能	该位为 0 时，立即关闭电动机（脉冲封锁）；该位为 1 时，接通电动机（脉冲使能）	p0852=r2090. 3
4	使能斜坡函数发生器	该位为 0 时，变频器将斜坡函数发生器的输出设为 0；该位为 1 时，允许斜坡函数发生器使能	p1140=r2090. 4
5	继续斜坡函数发生器	该位为 0 时，斜坡函数发生器的输出保持在当前值；该位为 1 时，斜坡函数发生器的输出跟踪设定值	p1141=r2090. 5
6	使能转速设定值	该位为 0 时，电动机按斜坡函数发生器减速时间 p1121 制动；该位为 1 时，电动机按加速时间 p1120 升高到速度设定值	p1142=r2090. 6
7	故障应答	该位发生上升沿时，应答故障，此时如果仍存在 ON 指令，变频器进入“接通禁止”状态	p2103=r2090. 7
8，9	预留	—	—
10	通过 PLC 控制	该位为 0 时，变频器忽略来自现场总线的过程数据；该位为 1 时，由现场总线控制，变频器会采用来自现场总线的过程数据	p854=r2090. 10
11	反向	该位为 0 时，取反变频器内的设定值	p1113=r2090. 11
12	未使用	—	—
13	电动电位计升	除了报文 20，该位为 1 时，提高保存在电动电位器中的设定值。对于报文 20，当从其他报文切换到报文 20 时，前一个报文的定义保持不变	p1035=r2090. 13
14	电动电位计降	除了报文 20，该位为 1 时，降低保存在电动电位器中的设定值。对于报文 20，当从其他报文切换到报文 20 时，前一个报文的定义保持不变	p1036=r2090. 14
15	CDS 位 0	对于报文 20，在不同的操作接口设置（指令数据组）之间切换；对于其他报文该位预留	p0810=r2090. 15

（3）状态字 1（ZSW1）

PROFIdrive 报文的状态字 1（ZSW1）的含义以及与变频器的信号互联见表 7-3。其中，第 0~10 位符合 PROFIdrive 行规，第 11~15 位为制造商专用。

表 7-3　PROFIdrive 报文的状态字 1（ZSW1）的含义以及与变频器的信号互联

位号	含　义		信号互联
	报文 20	其他报文	
0	该位为 1 时，接通就绪		p2080[0]=r0899.0
1	该位为 1 时，运行就绪		p2080[1]=r0899.1
2	该位为 1 时，运行使能		p2080[2]=r0899.2
3	该位为 1 时，变频器故障		p2080[3]=r2139.3
4	该位为 0 时，OFF2（惯性停车功能）激活		p2080[4]=r0899.4
5	该位为 0 时，OFF3（快速停止）激活		p2080[5]=r0899.5
6	该位为 1 时，禁止合闸，只有在给出 OFF1 指令并重新给出 ON 指令后，才能接通电动机		p2080[6]=r0899.6
7	该位为 1 时，变频器出现报警，电动机保持接通状态，无须应答		p2080[7]=r2139.7
8	该位为 1 时，转速差在公差范围内		p2080[8]=r2197.7
9	该位为 1 时，请求自动化系统控制变频器		p2080[9]=r0899.9
10	该位为 1 时，达到或超出比较转速（p2141）		p2080[10]=r2199.1
11	该位为 1 时，达到电流限值或转矩限值	该位为 1 时，达到转矩限值	p2080[11]=r1407.7
12	—	该位为 1 时，抱闸打开	p2080[12]=r0899.12
13	该位为 0 时，“电动机过热”报警		p2080[13]=r2135.14
14	该位为 1 时，电动机正转，变频器内部实际值>0；该位为 0 时，电动机反转，变频器内部实际值<0		p2080[14]=r2197.3
15	该位为 1 时，显示 CDS（Command Data Set，指令数据组）	该位为 0 时，“变频器过热”报警	p2080[15]=r0836.0/ p2080[15]=r2135.15

7.2　PROFINET 通信

带 PROFINET（简称 PN）接口的 G120 变频器可以实现 PROFINET 网络通信。

7.2.1　PROFINET 简介

PROFINET 是由 PROFIBUS 国际组织（PROFIBUS International，PI）推出的新一代基于工业以太网技术的自动化总线标准。作为一项战略性的技术创新，PROFINET 为自动化通信领域提供了一个完整的网络解决方案，囊括了诸如实时以太网、运动控制、分布式自动化、故障安全以及网络安全等当今自动化领域的热门技术。并且，作为跨供应商的技术，可以完全兼容工业以太网和现有的现场总线技术（例如 PROFIBUS）。

响应时间是系统实时性的一个标尺，根据响应时间的不同，PROFINET 支持 TCP/IP 标准通信、实时（Real Time，RT）和等时同步实时（Isochronous Real-Time）通信三种通信方式。

SIMATIC 产品系列的 PROFINET 设备具有一个或多个 PROFINET 接口（以太网控制器/接口），PROFINET 接口具有一个或多个端口（物理连接选件）。如果 PROFINET 接口具有多个端口，则设备具有集成交换机。

网络中的每个 PROFINET 设备均通过其 PROFINET 接口进行唯一标识。为此，每个 PROFINET 接口具有一个 MAC 地址（出厂默认值）和一个 IP 地址，还具有一个 PROFINET 设备名称。

带有集成交换机或外部交换机以及可能传输介质的 PROFINET 接口的技术规范见表 7-4。

表 7-4 PROFINET 的传输介质及技术规范

物理属性	连接方法	电缆类型/传输介质标准	传输速率及通信模式	两个设备间最大分段长度	优　　势
电气	RJ45 连接器 ISO 60603-7	100Base-TX 2×2 双绞对称屏蔽铜质电缆，满足 CAT 5 传输要求 IEEE 802.3	100 Mbit/s， 全双工	100 m	简单经济
光学	SCRJ45 ISO/IEC 61754-24	100Base-FX POF 光纤电缆（塑料光纤，POF） 980/1000 μm（纤芯直径/外径） ISO/IEC 60793-2	100 Mbit/s， 全双工	50 m	电位存在较大差异时使用对电磁辐射不敏感线路衰减低，可将网段的长度显著延长
		覆膜玻璃光纤（聚合体覆膜光纤，PCF） 200/230 μm（纤芯直径/外径） ISO/IEC 60793-2	100 Mbit/s， 全双工	100 m	
	BFOC （Bayonet 光纤连接器）及 SC（用户连接器）ISO/IEC 60874	单模玻璃纤维光纤电缆 10/125 μm（纤芯直径/外径） ISO/IEC 60793-2	100 Mbit/s， 全双工	26 km	
		多模玻璃纤维光纤电缆 50/125 μm 及 62.5/125 μm（纤芯直径/外径） ISO/IEC 9314-4	100 Mbit/s， 全双工	3000 m	
电磁波	—	IEEE 802.11 ×	取决于所用的扩展符号（a、g、h 等）	100 m	灵活性更高，联网到远程、难以访问的设备时成本较低

7.2.2 G120 变频器的 PROFINET 通信

G120 变频器可以通过 PROFINET（PN）接口直接连接至以太网（EtherNet），也可以作为 PROFINET I/O 设备连接至 PROFINET 网络中，如图 7-4 所示，实现与控制器之间的通信。

在 PROFINET 网络中，控制器有两种方式能够访问变频器的参数：一种是通过周期性通信的 PKW 通道（参数数据区），一种是通过非周期通信。

通过周期性通信的 PKW 通道，控制器可以读写变频器参数，每次只能读或写一个参数，PKW 通道的长度固定为 4 个字。

通过非周期通信，控制器访问变频器数据记录区，每次可以读或写多个参数。

将 G120 变频器连接至 PROFINET 网络并与控制器实现 PROFINET 通信，主要包含如下 4 个步骤。

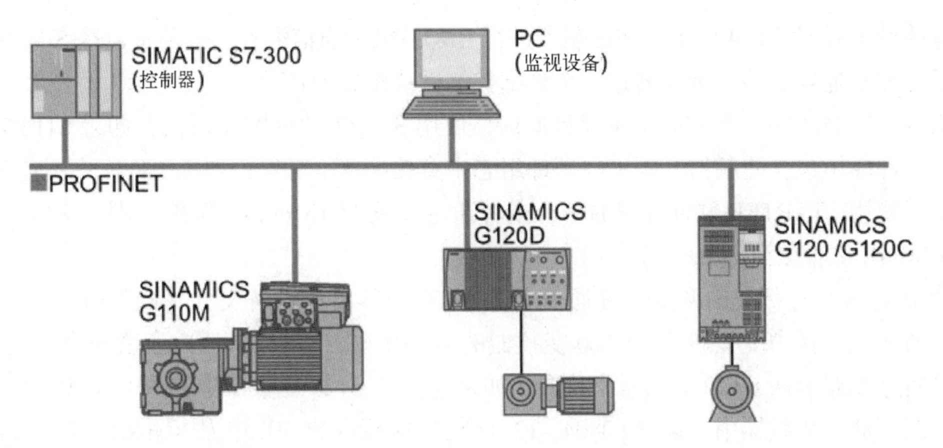

图 7-4　G120 变频器连接至 PROFINET 网络

1）连接 G120 变频器和控制器至 PROFINET 总线系统。

通过 G120 变频器控制单元上的 PROFINET 接口 X150-P1 和 X150-P2，将带有 PROFINET 电缆的变频器接入控制器所在的 PROFINET 总线系统（如环形拓扑结构），通过连接在端子 31 和 32 上的外部 DC 24 V 电源供电。

需要注意：PROFINET 电缆不要超过最大电缆长度（100 m）；仅当在主电源切断的情况下仍需保持和控制器的通信时，才需连接直流 24 V 电源。

2）对 G120 变频器和控制器进行 PROFINET 通信配置。

对 G120 变频器和控制器进行 PROFINET 通信配置，主要需要配置以下参数：设备名称和 IP 地址参数，端口互连和拓扑，模块属性/参数。这些参数将加载到 CPU，并在 CPU 启动期间传送给相应的模块。如果更换模块，针对 CPU 分配的参数在每次启动时会自动加载到新模块中。

① 设备名称。为了使 PROFINET 设备可作为 PROFINET 上的节点进行寻址，必须满足该设备有唯一的 PROFINET 设备名称，且在 IP 子网中有唯一的 IP 地址。

I/O 设备必须具有设备名称，才可通过 I/O 控制器寻址。在 PROFINET 网络中，使用名称比使用复杂的 IP 地址更为简单。出厂时，I/O 设备没有设备名称，在 I/O 控制器可对 I/O 设备进行寻址（例如用于传输组态数据）之前，必须先通过 PG/PC 分配设备名称。

② IP 地址。要使 PROFINET 设备可作为工业以太网上的设备进行寻址，该设备还需要在网络中具有唯一的 IP 地址。IP 地址通常由 STEP7 自动分配，并根据设备名称分配给设备。如果是独立网络，则可以应用 STEP7 建议的 IP 地址和子网掩码，IP 地址与默认子网掩码的关系见表 7-5。如果网络为公司现有以太网网络的一部分，则应向网络管理员获取这些数据。

表 7-5　IP 地址与默认子网掩码的关系

IP 地址（十进制）	IP 地址（二进制）	地　址　类	默认子网掩码
0~126	0×××××××. ××××××××…	A	255. 0. 0. 0
128~191	10××××××. ××××××××…	B	255. 255. 0. 0
192~223	110×××××. ××××××××…	C	255. 255. 255. 0

有两种方式对 G120 变频器和控制器进行 PROFINET 通信配置，一种是通过 SIMATIC S7 控制系统配置通信，另一种是通过一个外部控制系统配置通信。

① 通过 SIMATIC S7 控制系统配置通信。使用 STEP7 软件配置通信，如果 STEP7 硬件组态的硬件库中包含变频器，则可在硬件组态中直接配置变频器；如果硬件库中不包含变频器，则可使用 STARTER 软件配置通信，或者通过“安装 Extras/GSDML 文件”功能将变频器的 GSDML 文件装到 STEP7 硬件组态中。

② 通过一个外部控制系统配置通信。将 G120 变频器的设备文件（GSDML）导入到控制系统的配置工具中配置通信。G120 变频器的 GSDML 文件可以从西门子公司官网上下载，也可以通过存储卡从 G120 变频器中获取。如果选择从 G120 变频器中获取 GSDML 文件，只需将存储卡插入变频器中，设置 p0804=12，则变频器将 GSDML 作为压缩文件（*.zip）保存在存储卡的目录/SIEMENS/SINAMICS/DATA/CFG 下。

3）配置 G120 变频器的 PROFIdrive 报文。

同设置 G120 的 PROFIBUS 通信一样，通过 STARTER 软件或操作面板设置参数 p0922 来配置 G120 变频器的 PROFIdrive 报文。例如，设置 p0922=1，对应标准报文 1，PZD-2/2（出厂设置）。

4）激活控制器的诊断功能。

变频器可以根据 PROFIdrive 错误类的定义将故障信息和报警信息（诊断信息）传送给上级控制器。该功能必须在上级控制器中选中，在重启后激活。

7.2.3 S7-1200 CPU 与 G120 的 PROFINET 通信举例

下面以 G120 变频器的 CU240E-2PN 为例，介绍 S7-1200PLC 与 G120 的 PROFINET 通信；以组态标准报文 1 为例，介绍通过 S7-1200PLC 控制变频器 G120 的起停、调速以及读取变频器状态和电动机实际转速。

（1）硬件配置

在本实例中，S7-1200 的 CPU 与 G120 变频器的 PROFINET 通信的硬件配置见表 7-6。

表 7-6 硬件配置

设　备	型　号	订 货 号
S7-1200PLC	CPU1214C AC/DC/RLY	6ES7214-1BG40-0XB0
G120 控制单元	CU240E-2PN	6SL3244-0BB12-1FA0
G120 功率模块	PM240	6SL3210-1PB13-0UL0

（2）软件配置

在本实例中，S7-1200 的 CPU 与 G120 变频器的 PROFINET 通信所使用到的软件见表 7-7 。其中，TIA 博途软件中已导入了 G120 变频器的 GSDML 文件，使硬件库中包含该变频器。

表7-7　软件配置

软件名称	版　本
TIA博途	V13
STARTER	V5.1

(3) 组态S7-1200的CPU和G120变频器通信

打开TIA博途软件，选择“创建新项目”，输入项目名称，选择存储路径，单击“创建”按钮，如图7-5所示，完成S7-1200项目的创建。

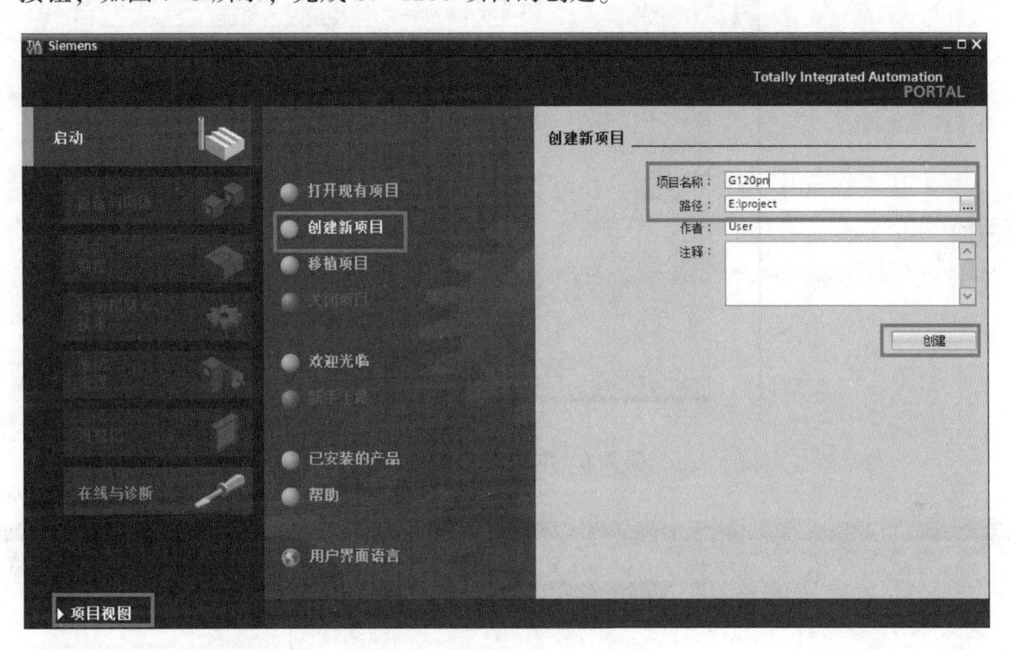

图7-5　创建S7-1200新项目

单击左下角“项目视图”，进入项目视图后，双击项目树中的“添加新设备”，弹出“添加新设备”对话框。在该对话框中单击“控制器”图标，在设备列表中选择“控制器→SIMATIC S7-1200→CPU→CPU 1214C AC/DC/Rly→6ES7 214-1BG40-0XB0”，并在右侧正确选择CPU的版本号，设备名称默认为“PLC_1”，然后单击“确定”按钮，如图7-6所示，完成S7-1200 CPU的添加。

双击项目树下的“设备和网络”，进入“网络视图”选项卡，将硬件目录中“其他现场设备→PROFINET IO→Drives→SIEMENS AG→SINAMICS→SINAMICS G120 CU240E-2 PN (-F) V4.7”模块拖拽到网络视图空白处；单击蓝色提示“未分配”，出现下拉列表，从中选择已添加的主站“PLC_1”，完成与控制器S7-1200CPU的网络连接，如图7-7所示。

在“网络视图”选项卡中单击CPU 1214C模块，在该模块的“属性”页面的“常规”选项卡中选择“以太网地址”，在“PROFINET”区域取消勾选“自动生成PROFINET设备名称”，并设置“PROFINET设备名称”为“plc1200”，在“IP协议”区域分配IP地址，如图7-8所示。

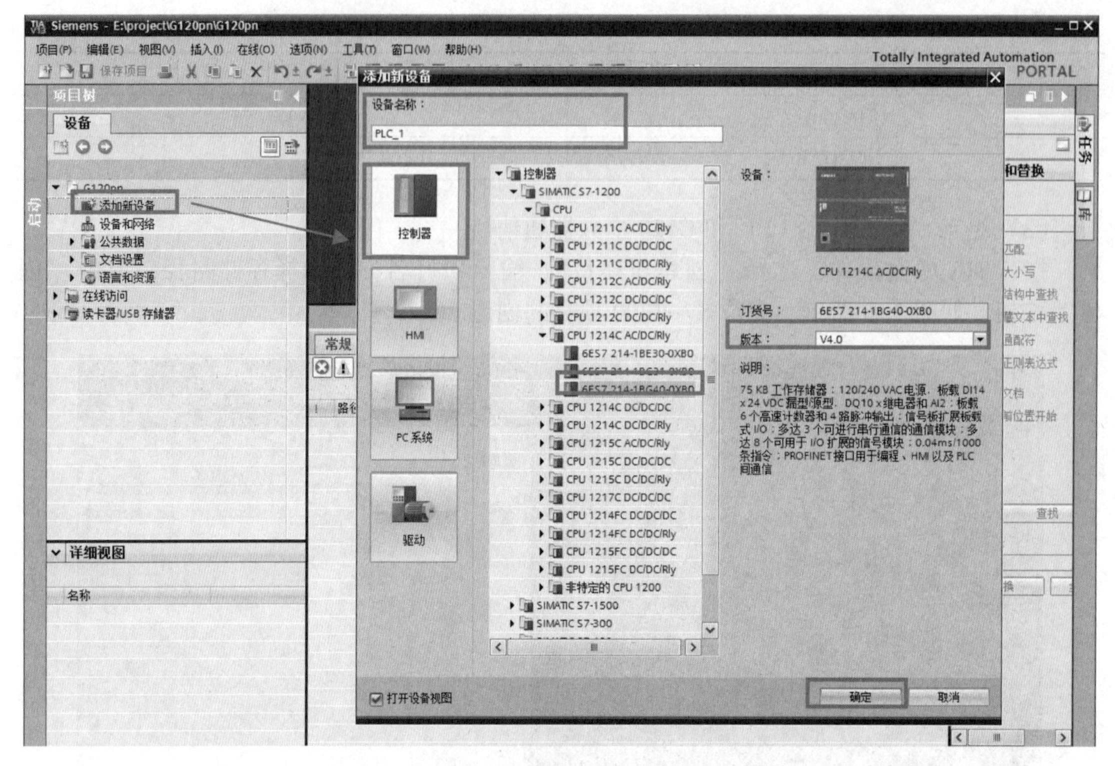

图 7-6　添加 S7-1200 CPU

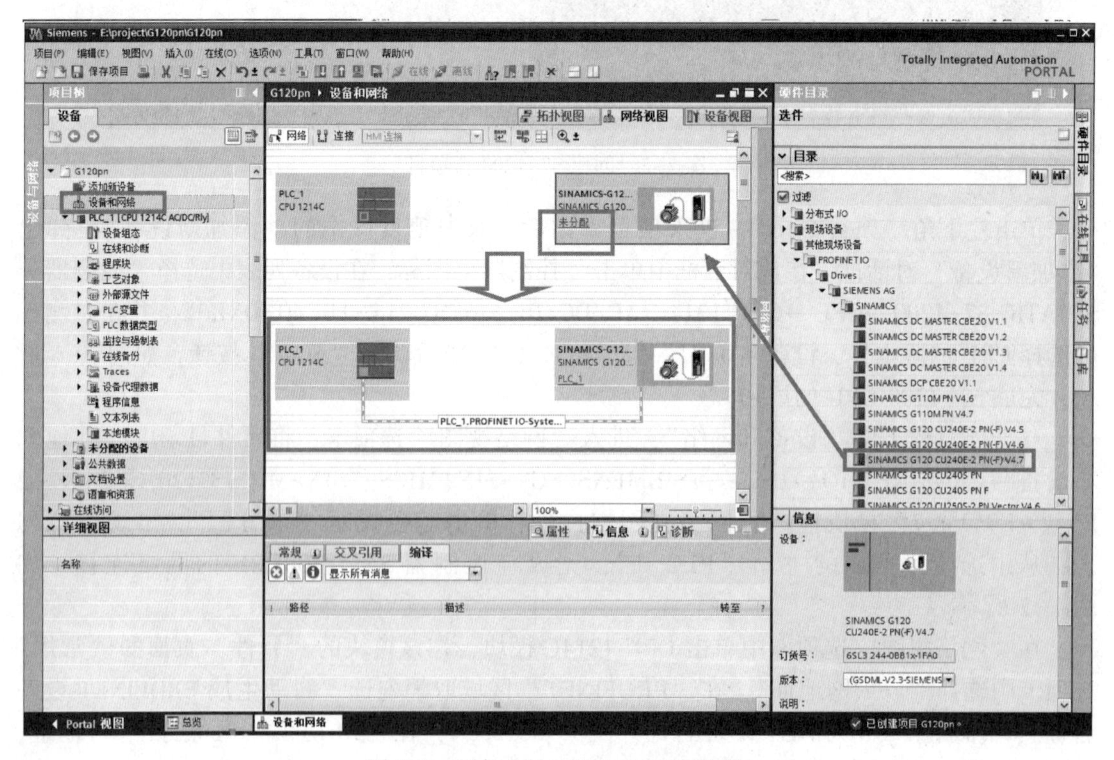

图 7-7　添加 SINAMICS G120 变频器

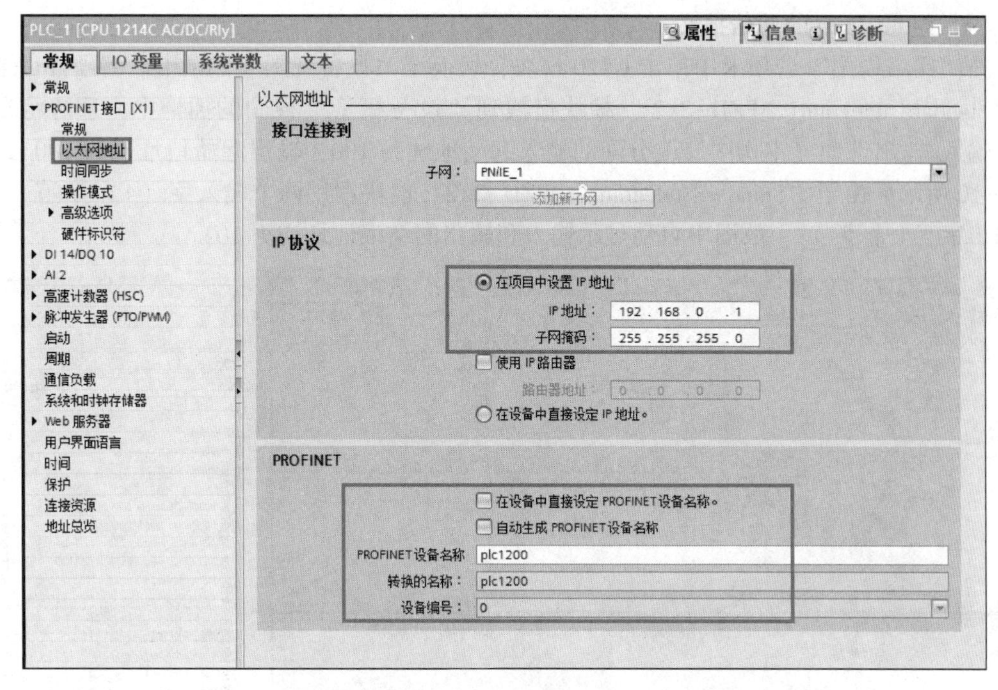

图 7-8　设置 S7-1200 的设备名称和 IP 地址

在“网络视图”选项卡中单击 G120 模块，在该模块的“属性”页面的“常规”选项卡中选择“以太网地址”，在“PROFINET”区域取消勾选“自动生成 PROFINET 设备名称”，并设置“PROFINET 设备名称”为“g120pn”（与实际 G120 变频器的设备名称一致），在“IP 协议”区域分配 IP 地址，该 IP 地址与 CPU1214C 模块的 IP 地址在同一个网段，如图 7-9 所示。

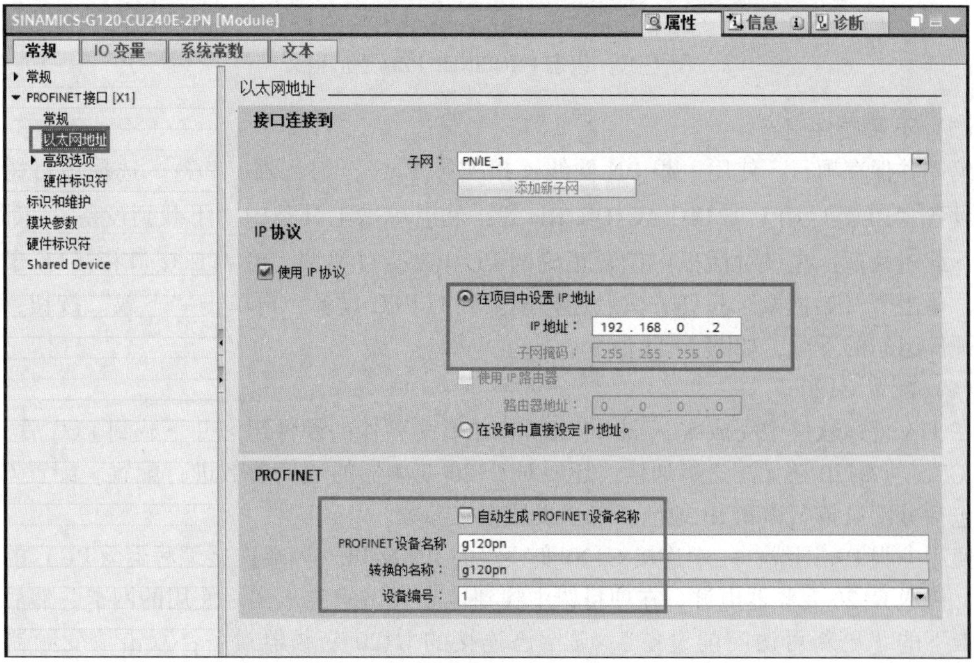

图 7-9　设置 G120 的设备名称和 IP 地址

（4）组态 G120 的通信报文

在“网络视图”选项卡中单击 G120 模块，切换至“设备视图”选项卡。将硬件目录中的“Standard telegram1，PZD-2/2 ”模块拖拽到“设备概览”视图的插槽中，系统将自动分配输入/输出地址（本例中修改分配的输入起始地址为 100，输出起始地址也为 100），如图 7-10 所示。由于“Standard telegram1，PZD-2/2”模块占用两个输入字（4 个字节），两个输出字（4 个字节），故图中自动显示输入和输出的结束地址均为 103。

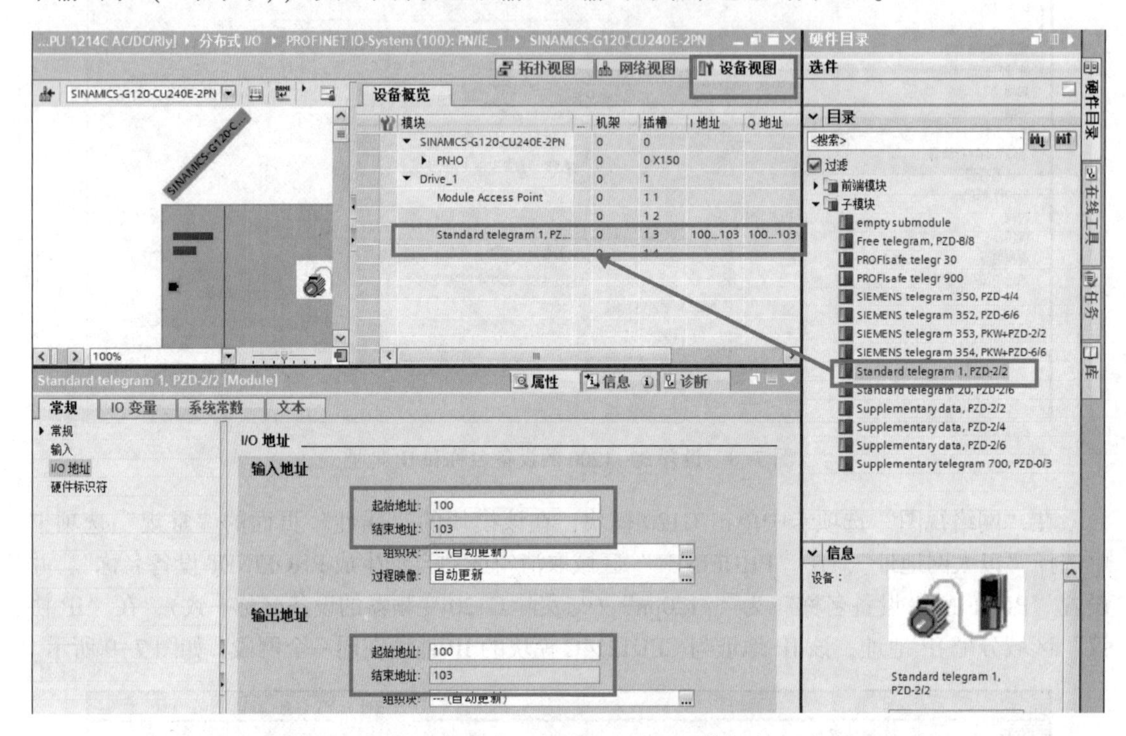

图 7-10　组态 PROFINET PZD 通信报文

（5）下载硬件组态

编译并保存项目。使用一根 PN 网线连接实际 PLC 至编程器（PC）。选择项目树中的 PLC 设备“PLC_1[CPU 1214C AC/DC/Rly]”，然后单击工具条中“下载到设备”图标，弹出下载对话框；在该对话框中设置正确的 PG/PC 接口类型、PG/PC 接口和接口/子网的连接，单击“开始搜索”按钮，然后选择搜索到的 PLC 设备，再单击“下载”按钮，完成 PLC 硬件组态的下载，如图 7-11 所示。

（6）配置 G120

在 TIA 博途软件中完成 S7-1200 PLC 和 G120 变频器的硬件组态并下载到 PLC 后，S7-1200 CPU 与 G120 还无法进行通信，还要对 G120 变频器的通信参数进行配置。配置 G120，主要包括分配设备名称和 IP 地址，以及设置报文参数。

使用一根 PN 网线，一端连接 G120 变频器的 PN 接口，一端连接编程器（PC）的网卡接口，接通 G120 变频器电源。在项目树中找到“在线访问”下实际使用的网卡，然后双击该网卡下的“更新可访问的设备”，显示已连接的 G120 变频器设备；双击该变频器下的“在线并诊断”，进入“在线并诊断”页面，选择“功能”下的“分配名称”选项，设置

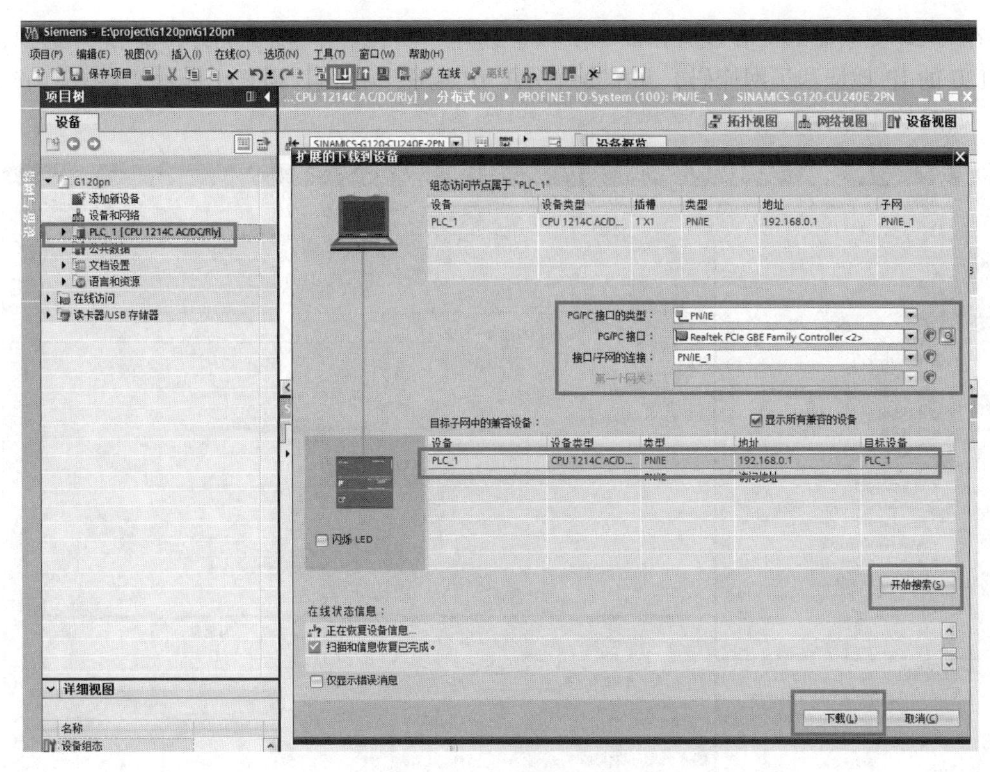

图 7-11　下载硬件组态

G120 PROFINET 设备名称为“g120pn”（该名称必须与组态的设备名称一致），并单击“分配名称”按钮；若成功分配设备名称，则项目视图右下角显示“PROFINET 设备名称“g120pn”已成功...”，如图 7-12 所示。

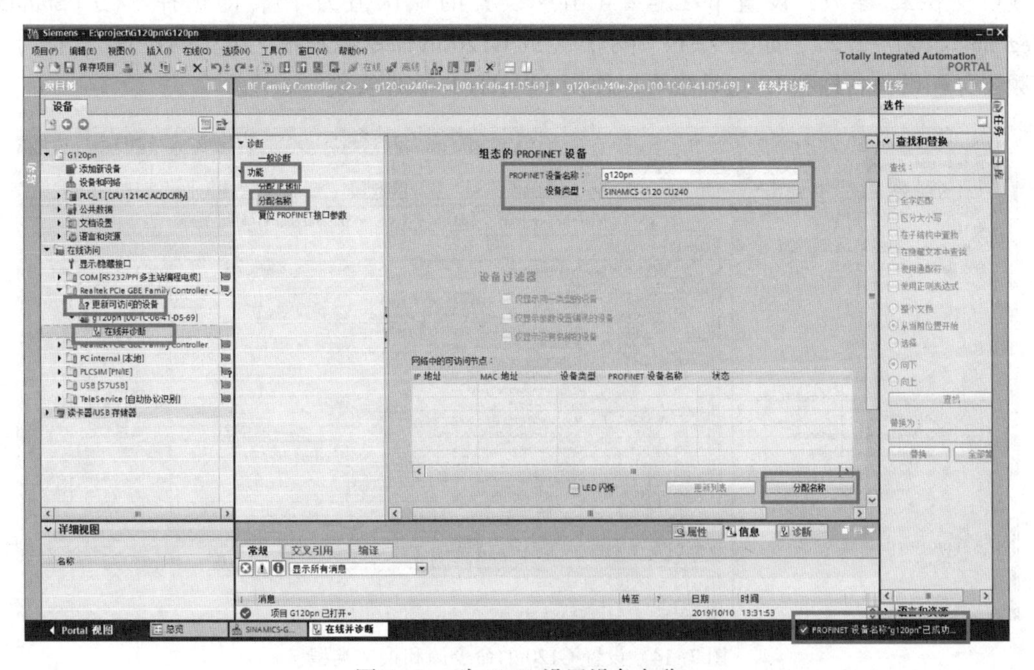

图 7-12　为 G120 设置设备名称

在 G120 变频器的“在线并诊断”页面，选择“功能”下的“分配 IP 地址”选项，设置 G120 的 IP 地址和子网掩码，并单击“分配 IP 地址”按钮，消息栏提示“参数已成功传送”，如图 7-13 所示。

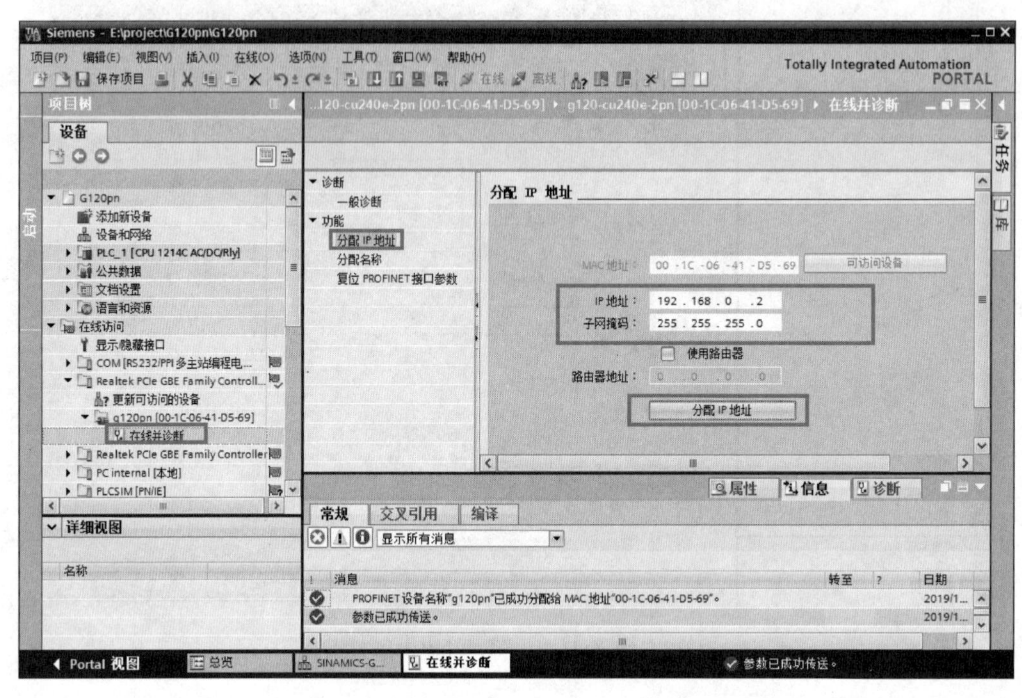

图 7-13　设置 G120 的 IP 地址和子网掩码

使用 STARTER 软件，使 G120 变频器在线，并在“专家列表”（“Expert list”）视图中在线修改 p922 参数，设置 p922 = 1（出厂设置的默认值为 1），即选择“[1] Standard telegram 1, PZD-2/2”，如图 7-14 所示，完成 G120 的命令源和报文类型的设置。当然，为变频器分配设备名称和 IP 地址也可以使用 STARTER 软件实现。

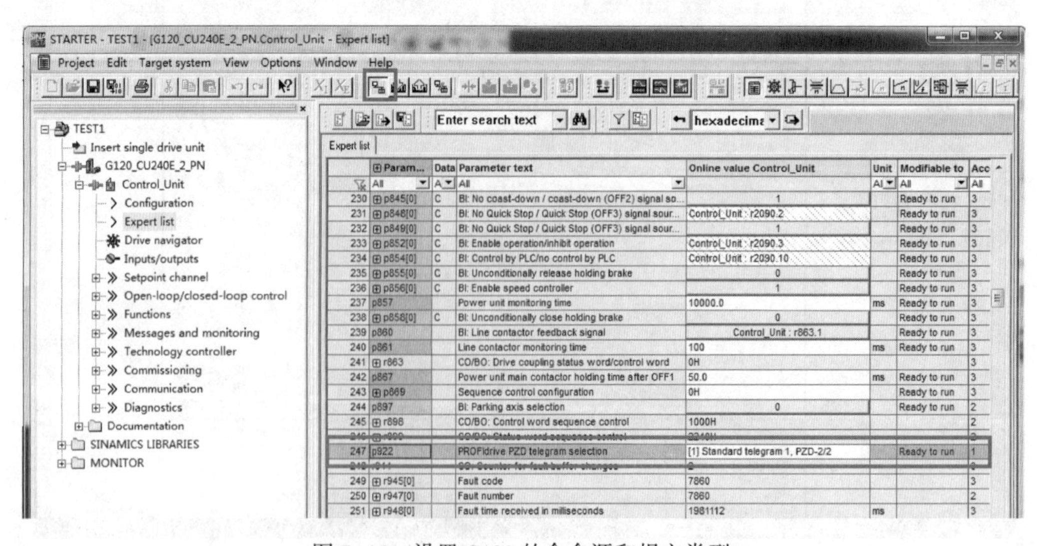

图 7-14　设置 G120 的命令源和报文类型

表 7-8 列出了 SINAMICS G120 变频器一些自动设置的参数。

表 7-8　G120 自动设置的参数

参 数 号	参 数 值	说　　明
p1070[0]	r2050.1	变频器接收的第 2 个过程值作为速度设定值
p2051[0]	r2089.0	变频器发送第 1 个过程值为状态字
p2051[1]	r63.1	变频器发送第 2 个过程值为转速实际值

（7）通过标准报文 1 控制电动机起停及速度

S7-1200PLC 通过 PROFINET PZD 通信方式将控制字 1（STW1）和主设定值（NSOLL_A）周期性地发送至变频器，变频器将状态字 1（ZSW1）和实际转速（NIST_A）发送到 S7-1200PLC。

主设定值，即速度设定值，要经过标准化，变频器接收十进制有符号整数 16384（16#4000），对应于 100%的速度，接收的最大速度为 32767（16#7FFF），对应于 200%的速度。参数 p2000 中设置 100%对应的参考转速。反馈实际转速同样需要经过标准化，方法同主设定值。

下面通过 TIA 博途软件的“监控表”模拟控制变频器起停、调速和监控变频器运行状态，表 7-9 列出了 S7-1200 的 I/O 地址和变频器 G120 的过程值。

表 7-9　S7-1200 的 I/O 地址和变频器 G120 的过程值

数 据 方 向	PLC 的 I/O 地址	变频器过程数据	数 据 类 型
PLC→变频器	QW100	PZD1 -控制字 1（STW1）	十六进制（16 位）
	QW102	PZD2 -主设定值（NSOLL_A）	有符号整数（16 位）
变频器→PLC	IW100	PZD1 -状态字 1（ZSW1）	十六进制（16 位）
	IW102	PZD2 -实际转速（NIST_A）	有符号整数（16 位）

首次起动变频器时，需将控制字 1（STW1）16#047E 写入 QW100 使变频器运行准备就绪，然后将 16#047F 写入 QW100，将主设定值写入 QW102（例如 16#0500），设定电动机转速（QW102=16#0500，对应电动机转速为 117 r/min），起动变频器，如图 7-15 所示。

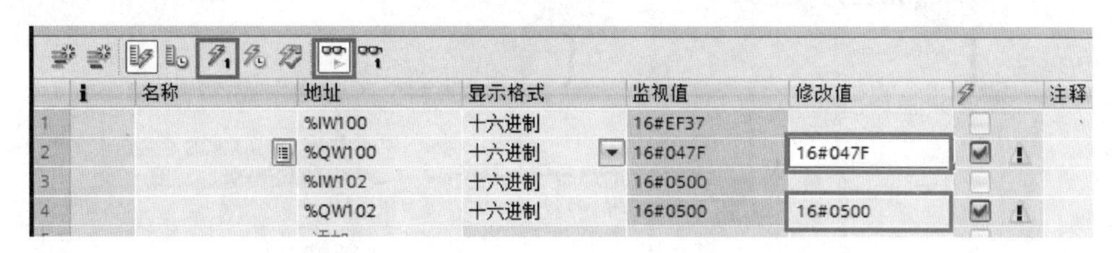

图 7-15　TIA 博途监控表

在图 7-15 中，IW100 和 IW102 分别可以监视变频器状态和电动机实际转速。再次将 16#047E 写入 QW100，将停止变频器。

7.3 PROFIBUS

PROFIBUS（Process Field Bus）是现场级网络通信，作为工厂数字通信网络的基础，沟通了生产过程现场及控制设备之间及其与更高控制管理层之间的联系，用于制造自动化、过程自动化及楼宇自动化等领域的现场智能设备之间中小数据量的实时通信。作为现场级通信介质，PROFIBUS是西门子全集成自动化（Totally Integrated Automation，TIA）的重要组成部分。

7.3.1 PROFIBUS简介

PROFIBUS提供了三种标准和开放的通信协议：DP、FMS和PA。

PROFIBUS-DP（Distributed Peripheral，分布式外设）使用了ISO/OSI通信标准模型的第一层和第二层，这种精简的结构保证了数据的高速传输，特别适用于PLC与现场分布式I/O设备之间的实时、循环数据通信。PROFIBUS-DP符合IEC 61158-2/EN 61158-2标准，采用混合访问协议令牌总线和主站/从站架构，通过两线制线路或光缆进行联网，可实现9.6 kbit/s至12 Mbit/s的数据传输速率。

PROFIBUS-FMS（Fieldbus Message Specification，现场总线报文规范）使用了ISO/OSI网络模型的第二层、第四层和第七层，用于车间级（PLC和PC）的数据通信，可以实现不同供应商的自动化系统之间的数据传输。由于配置和编程比较烦琐，目前应用较少。

PROFIBUS-PA（Process Automaization，过程自动化）使用扩展的PROFIBUS-DP协议进行数据传输，电源和通信数据通过总线并行传输，主要用于面向过程自动化系统中本质安全要求的防爆场合。PROFIBUS-PA网络的数据传输速率为31.25 Mbit/s。

7.3.2 G120变频器的PROFIBUS-DP通信

G120变频器作为现场从站（Slave）设备，可通过PROFIBUS-DP接口连接至PROFIBUS网络，实现与控制器主站（Master）之间的通信，如图7-16所示。

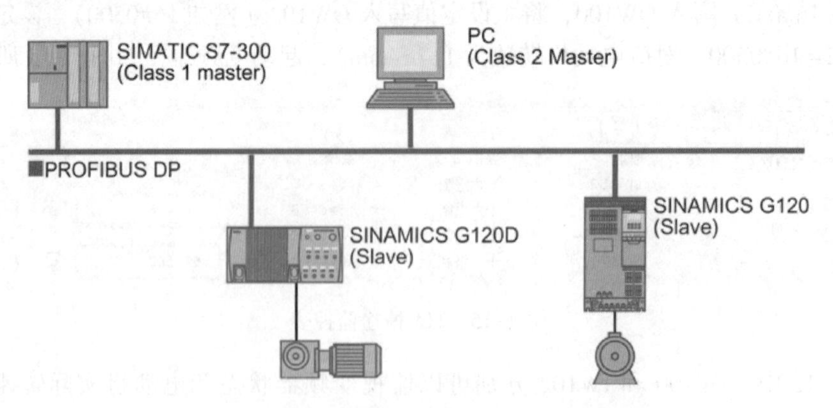

图7-16　G120变频器连接至PROFIBUS网络

PROFIBUS-DP接口具有循环通信、非循环通信和诊断报警的功能。G120控制单元支持基于PROFIBUS的周期过程数据交换和变频器参数访问。

通过周期过程数据交换，PROFIBUS 主站可将控制字和主设定值等过程数据周期性地发送至变频器，并从变频器周期性地读取状态字和实际转速等过程数据。该通信方式使用周期性通信的 PZD 通道（过程数据区），变频器不同的报文类型定义了不同数量的过程数据（PZD）。

变频器参数访问方式为 PROFIBUS 主站提供访问变频器参数的接口。PROFIBUS 主站可以通过周期性通信的 PKW 通道（参数数据区）或者通过非周期性通信，访问变频器参数。通过周期性通信的 PKW 通道方式，主站可以读写变频器参数，但每次只能读或写一个参数，PKW 通道的长度固定为 4 个字。通过非周期性通信方式，PROFIBUS 主站采用 PROFIBUS-DPV1 通信访问变频器数据记录区，每次可以读或写多个参数。

将 G120 变频器连接至 PROFIBUS 网络并与控制器实现 PROFIBUS 通信，主要包含如下 4 个步骤。

1）连接 G120 变频器和控制器至 PROFIBUS 总线。

通过接口 X126 将带有 PROFIBUS 电缆的 G120 变频器接入已连接控制器的 PROFIBUS 总线系统。如果在主电源切断的情况下仍需保持变频器和控制器的通信，则还需要通过 G120 变频器控制单元上的端子 31 和 32 连接外部 DC 24V 电源。

2）对 G120 变频器和控制器进行 PROFIBUS 通信配置。

如果 SIMATIC S7 控制系统硬件组态的硬件库中包含变频器，则可在 SIMATIC 控制系统中配置通信。如果硬件库中不包含变频器，则应安装最新版本的 STARTER 软件或将变频器的 GSD 装到硬件组态的硬件库中。

3）设置 G120 变频器的 PROFIBUS-DP 地址。

通过 G120 变频器的控制单元上的地址开关、参数 p0918 或是在 STARTER 软件中设置变频器的 PROFIBUS-DP 地址，使之与通信参数配置一致。注意：修改的 DP 地址在变频器重新上电后才生效。

变频器的 DP 地址开关是一列 DIP 开关（地址开关设置范围：1～125），如图 7-17 所示。只有所有地址开关都设为“Off”（0）或“On”（1）时，通过参数 p0918（出厂设置：126）或 STARTER 软件进行的设置才有效。如果已经通过地址开关设置一个有效的地址，该地址会一直保持有效，不能通过 p0918 进行修改。

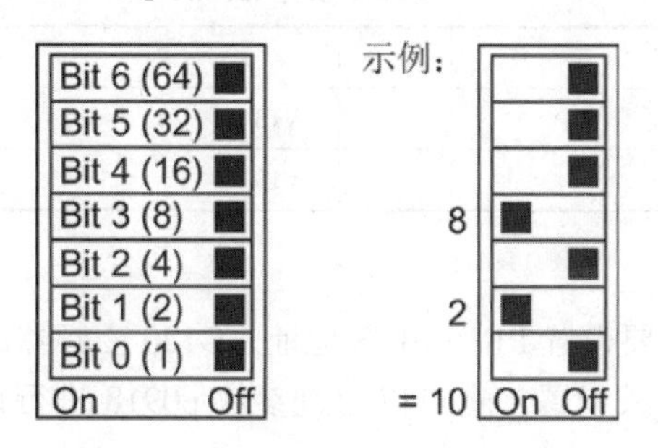

图 7-17　变频器 DP 地址开关

4）配置 G120 变频器的 PROFIdrive 报文。

PROFIdrive 报文通过参数 p0922 进行设置，不同值对应不同的报文，见表 7-10。可通过 STARTER 软件或操作面板将参数 p0922 设为相应的值。

表 7-10　G120 变频器的 PROFIdrive 报文

p0922 参数值	含　义
1	标准报文 1，PZD-2/2（出厂设置）
20	标准报文 20，PZD-2/6
350	西门子报文 350，PZD-4/4
352	西门子报文 352，PZD-6/6
353	西门子报文 353，PZD-2/2，PKW-4/4
354	西门子报文 354，PZD-6/6，PKW-4/4
999	扩展报文和修改信号互联

这样，变频器和控制器之间就可以通过 PROFIBUS 实现通信了。

7.3.3　S7-1500 与 G120 的 PROFIBUS 通信举例

下面以 SINAMICS G120 的 CU250S-2 DP 为例，介绍 S7-1500 与 CU250S-2 DP 的 PROFIBUS PZD 通信；以组态标准报文 1 为例介绍通过 S7-1500 如何控制 SINAMICS G120 变频器的起停、调速以及读取变频器状态和电动机实际转速。

（1）硬件配置

表 7-11 列出了 S7-1500 与 SINAMICS G120 的 PROFIBUS PZD 通信的硬件配置。

表 7-11　硬件配置表

设　备	订　货　号	版　本
S7-1516-3PN/DP	6ES7 516-3AN00-0AB0	V1.5
CU250S-2DP	6SL3246-0BA22-1PA0	V4.6
PM240	6SL3224-0BE15-5UA0	

（2）软件配置

表 7-12 列出了组态 S7-1500 与 SINAMICS G120 的 PROFIBUS PZD 通信所需的软件。

表 7-12　软件配置表

软 件 名 称	版　本
TIA 博途	V13
StartDrive	V13

（3）变频器地址设置

对于 G120 变频器，需要设置 PROFIBUS 地址。G120 变频器的 PROFIBUS 通信地址可以通过变频器上的 DP 地址开关设置，也可以通过参数 p0918 进行设置。本例设置 PROFIBUS 地址为 10。

（4）通信参数基本设置

本例设置通信报文为标准报文，即设置参数 p0922=1。

（5）组态 CPU 主站和 G120 从站并下载

打开 TIA 博途 V13 软件，选择“创建新项目”，并输入项目名称，单击“创建”按钮，打开项目视图。

在项目视图中，单击“添加新设备”选项，弹出添加新设备对话框；在该对话框中选择相应的 CPU 和 CPU 版本号，本例选择 CPU1516-3PN/DP，并单击“确定”按钮，完成添加 CPU。

在“设备视图”中单击 CPU1516-3PN/DP 的 PROFIBUS 接口，设备属性对话框下单击“PROFIBUS 地址”项，再单击“添加新子网”按钮，创建 PROFIBUS_1 网络，并设置 CPU 的 PROFIBUS 接口的地址，这里使用默认 PROFIBUS 地址“2”，如图 7-18 所示。

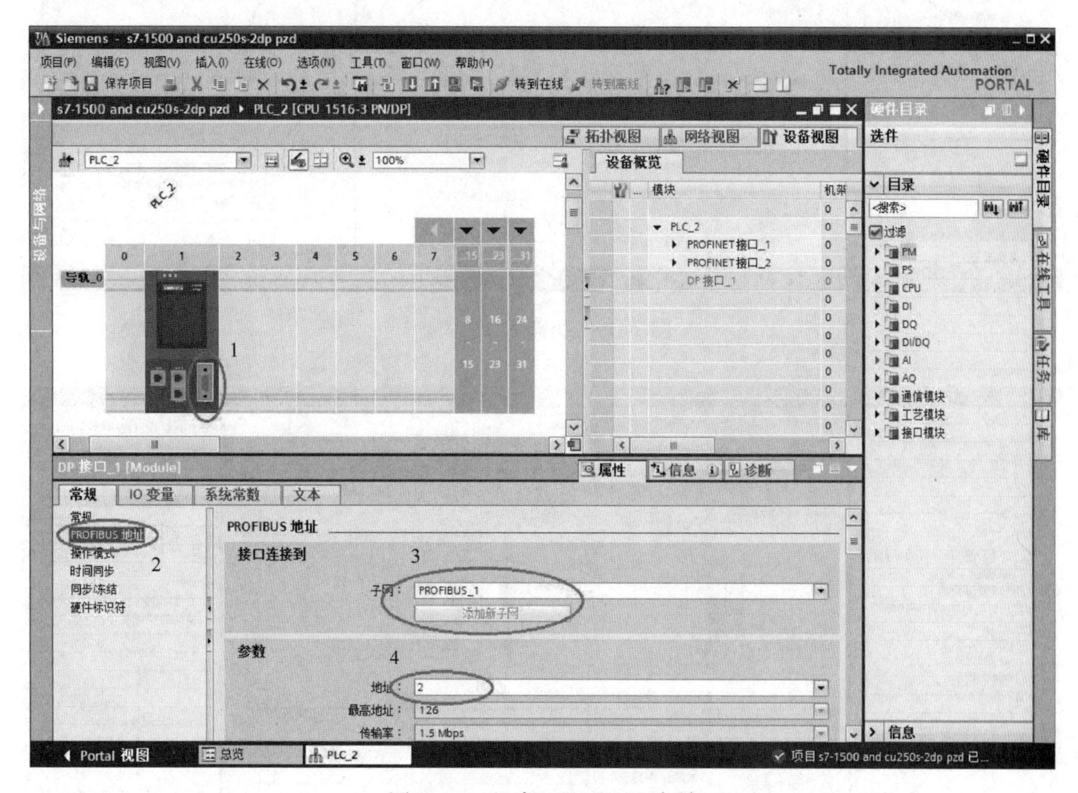

图 7-18　组态 PROFIBUS 主站

在“网络视图”选项卡中，将硬件目录中“其他现场设备”→PROFIBUS DP→驱动器→Siemens AG→SINAMICS→SINAMICS G120 CU250S-2 Vec V4.6→6SL3 246-0BA22-1PA0”模块拖拽到网络视图空白处，单击蓝色提示“未分配”以插入站点，选择主站“PLC_2.DP-Mastersysten(1)”，完成 G120 变频器与主站网络连接，如图 7-19 所示。

鼠标单击添加的 G120 从站，在设备属性对话框下单击“PROFIBUS 地址”项，选择“PROFIBUS_1”网络，并设置 G120 从站的 PROFIBUS 地址为 10（要与实际变频器地址一致），如图 7-20 所示。

鼠标双击添加的 G120 从站，打开该 G120 从站的设备视图。将硬件目录中“Standard telegram1，PZD-2/2”模块拖拽到“设备概览”视图的第 1 个插槽中，系统自动分配了输入/输出地址，本例中分配输入地址 IW0、IW2，输出地址 QW0、QW2，如图 7-21 所示。

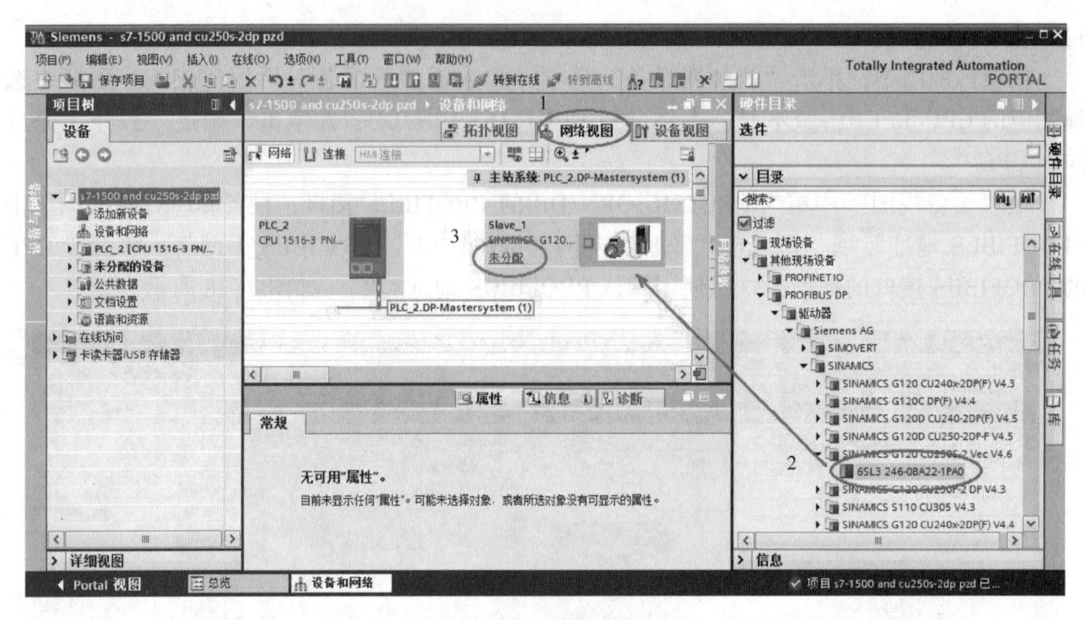

图 7-19　组态 G120 从站

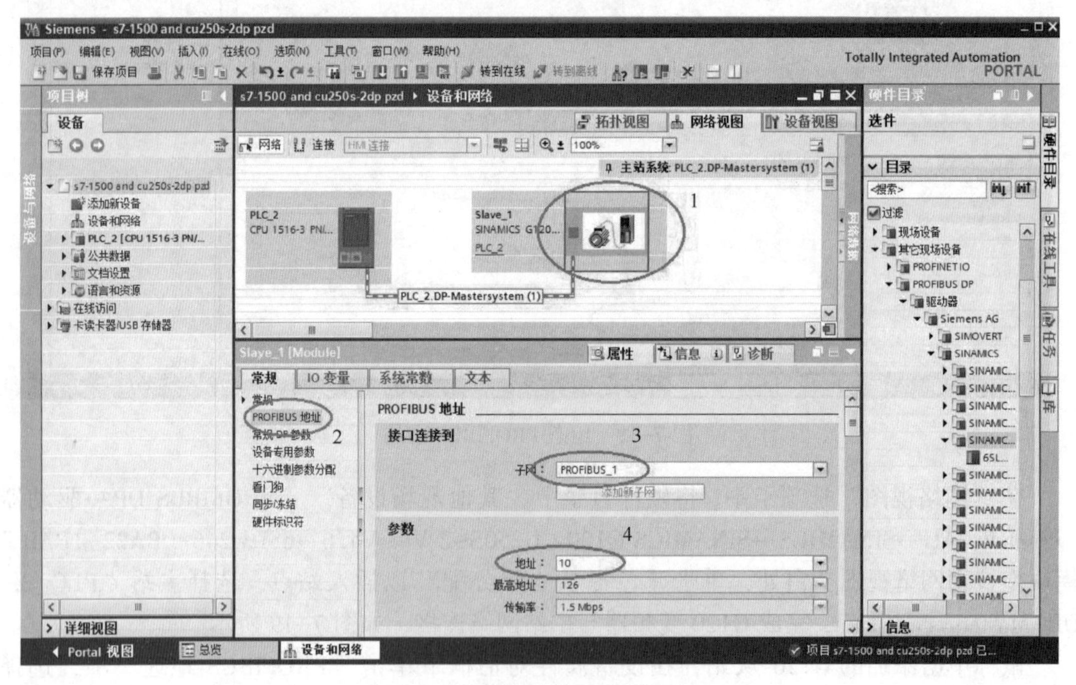

图 7-20　设置 G120 从站地址

成功编译该项目后，下载硬件组态。具体操作如下：选中项目树中的“PLC_2”文件夹，再单击“下载到设备”按钮；在弹出的下载对话框中，选择正确的 PG/PC 接口类型、PG/PC 接口和子网的连接，单击“开始搜索”按钮；选中搜索到的 PLC_2，单击“下载”按钮，完成硬件组态下载，如图 7-22 所示。

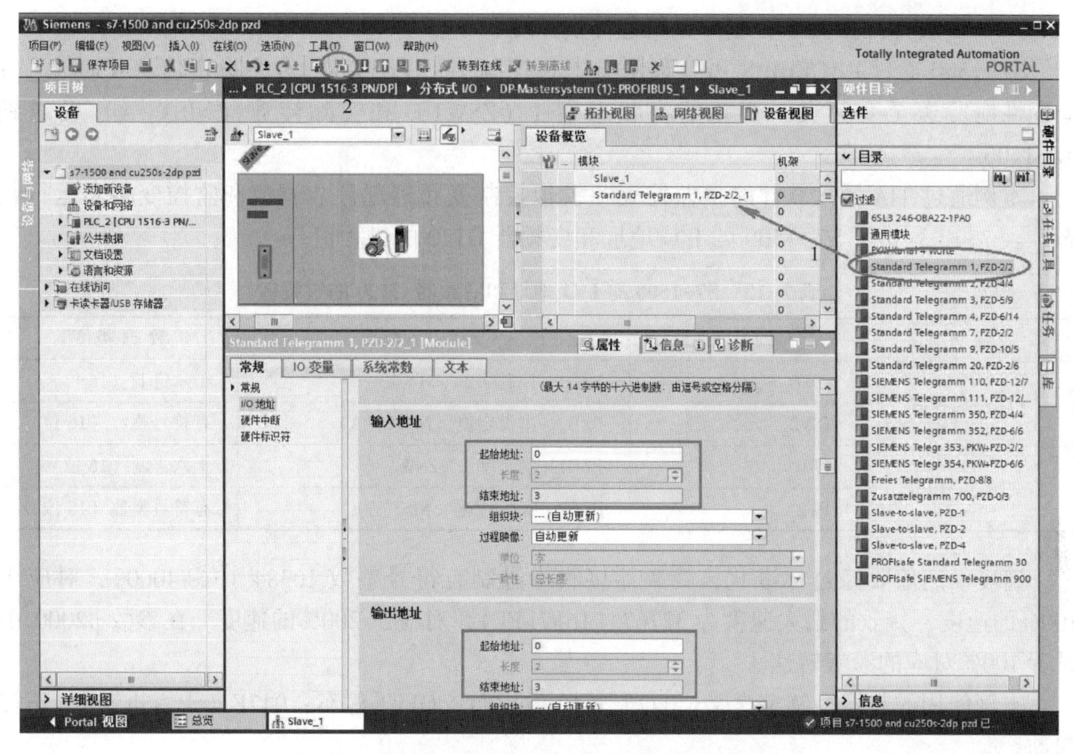

图 7-21　组态 G120 从站与 CPU 主站的通信报文

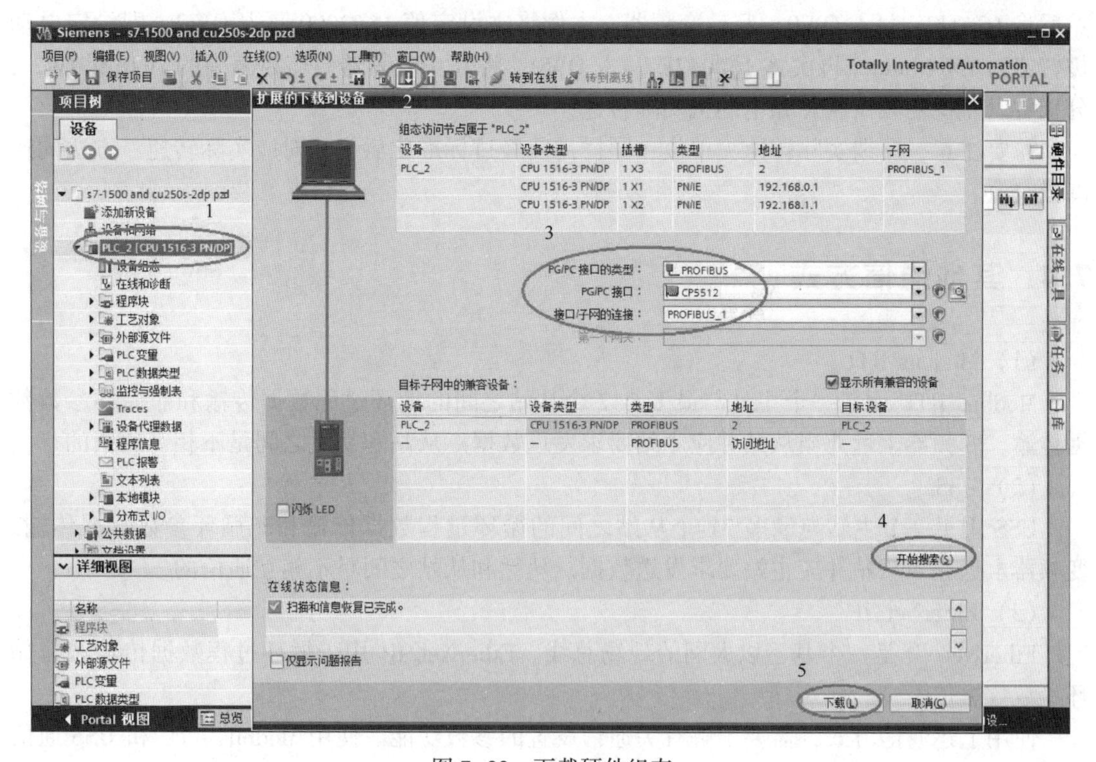

图 7-22　下载硬件组态

（6）通过标准报文 1 控制电动机起停及速度

S7-1500 通过 PROFIBUS PZD 通信方式将控制字 1（STW1）和主设定值（NSOLL_A）周期性地发送至变频器，变频器将状态字 1（ZSW1）和实际转速（NIST_A）发送到 S7-1500。

本例通过 TIA 博途软件的“监控表”模拟控制变频器起停、调速和监控变频器运行状态。表 7-13 列出了 S7-1500 的 I/O 地址和变频器 G120 的过程值。

表 7-13　S7-1500 的 I/O 地址和变频器 G120 的过程值

数据方向	PLC 的 I/O 地址	变频器过程数据	数据类型
PLC→变频器	QW0	PZD1 -控制字 1（STW1）	十六进制（16 位）
	QW2	PZD2 -主设定值（NSOLL_A）	有符号整数（16 位）
变频器→PLC	IW0	PZD1 -状态字 1（ZSW1）	十六进制（16 位）
	IW2	PZD2 -实际转速（NIST_A）	有符号整数（16 位）

速度设定值要经过标准化，变频器接收十进制有符号整数 16384（16#4000），对应于 100%的速度，接收的最大速度为 32767（16#7FFF），对应于 200%的速度。在参数 p2000 中设置 100%对应的参考转速。

本例使用的起停控制字含义：047E（十六进制），OFF1 停车；047F（十六进制），正转起动。

首次起动变频器需将控制字 1（STW1）16#047E 写入 QW0，使变频器运行准备就绪，然后将 16#047F 写入 QW0，起动变频器。本例将主设定值 16#2000 写入 QW2，即设定电动机转速为 750 r/min。再次将 16#047E 写入 QW0，将停止变频器。监控表中的 IW0 和 IW2，分别可以监视变频器状态和电动机实际转速。

需要注意，反馈实际转速无单位，同样需要经过标准化后，才对应实际转速，方法同速度设定值。

7.4　其他通信方式

（1）Modbus RTU

Modbus RTU 用于一个主站与最多 247 个从站之间的循环过程数据传输和非循环参数数据传输。变频器永远充当从站并应主站要求发送数据。从站和从站之间是不相互通信的。

（2）USS

USS 用于一个主站与最多 31 个从站之间的循环过程数据传输和非循环参数数据传输。变频器永远充当从站并应主站要求发送数据。从站和从站之间是不相互通信的。

（3）EtherNet/IP

EtherNet/IP 是一个基于以太网的现场总线。EtherNet/IP 用于循环过程数据传输和非循环参数数据传输。

使用上述通信方式，需要了解有关通信设置的参数功能。使用 Modbus RTU 和 USS 通信方式还需要掌握控制字和状态字的含义。具体详细信息请参考“现场总线”功能手册。

第 8 章

G120 变频器的保存和传送设置

调试结束后，参数设置虽然能长久保存在变频器中，但是当变频器出现故障时，这些设置就会丢失。所以，建议成功调试完成后，将变频器的参数设置数据保存到变频器外部的一个存储介质上。在外部保存变频器的参数设置，不仅可以实现参数备份，还可以实现变频器的批量调试。

用于备份变频器参数的存储介质可以是存储卡、PC/PG 和操作面板。

需要注意的是，通过 USB 电缆将变频器与 PG/PC 相连时，不可以通过操作面板将数据备份到存储卡中。因此，在通过操作面板将数据备份到存储卡上之前，需要断开 PG/PC 和变频器之间的 USB 连接。

8.1　通过存储卡备份和传送设置

通过存储卡对 G120 变频器的设置进行备份和传送，可以使用西门子公司生产的存储卡，也可以使用其他品牌的存储卡。

使用其他品牌的存储卡时，变频器只支持 2 GB 以下的存储卡，不允许使用 SDHC（SD High Capacity）卡和 SDXC（SD Extended Capacity）卡。如果使用其他品牌的 SD 卡或 MMC 卡，必须先对存储卡进行格式化。

- MMC 卡：FAT 16 格式

将存储卡插入 PC 中的读卡器上。

格式化指令：format x：/fs：fat（x：存储卡在 PC 上的盘符）。

- SD 卡：FAT 16 或 FAT 32 格式

将存储卡插入 PC 中的读卡器上。

格式化指令：format x：/fs：fat 或 format x：/fs：fat32（x：存储卡在 PC 上的盘符）。

8.1.1　将设置备份至存储卡

将变频器的设置备份到存储卡上时，可以采用自动备份和手动备份两种方式。

（1）自动备份

在给变频器通电前插入空的存储卡，然后再接通变频器的电源，变频器会将修改的设置始终自动备份到这张卡上，这种备份方式为自动备份。

需要注意的是，自动备份必须保证以下前提条件：断开变频器的电源，并且变频器中没有插入 USB 电缆，使用空的存储卡。

如果在通电前插入的不是空的存储卡，在通电后，变频器会自动接收存储卡上备份的设置。若此时存储卡上已经包含了备份设置，则该操作会覆盖变频器的设置。因此，在对变频器设置进行自动备份时，仅使用不包含任何其他设置的空存储卡。

另外，当使用的存储卡内包含变频器固件时，变频器可能会在下一次通电后执行一次固件升级。如果在固件升级期间断开变频器的电源，变频器固件可能会无法完整载入并受损。固件受损后，变频器无法运行。因此，在将存储卡插入变频器前，需要确认存储卡内是否也包含了变频器固件，并且在固件升级期间切勿断开变频器电源。

（2）手动备份

在变频器接通电源，并且插有存储卡的情况下，还可以通过变频器调试软件或操作面板将变频器设置备份至存储卡中。相对于自动备份的方式，这种备份方式称为手动备份。

例如，使用 IOP 智能操作面板将变频器设置备份至存储卡中的步骤如下。

① 接通变频器的电源。

② 在 IOP 智能操作面板中，通过旋钮选择“菜单”并按下“OK”键确认。

③ 在“菜单”中选择“上传/下载”选项，并按下“OK”键确认。

④ 在“上传/下载”子选项中，选择“驱动到存储卡”，并按下“OK”键确认。

⑤ 启动数据传输。

⑥ 等待，直到变频器将设置成功备份至存储卡中。

8.1.2　将设置从存储卡传送到变频器中

同存储卡备份变频器设置类似，将设置从存储卡传送到变频器中，也分为自动传输方式和手动传输方式。

自动传输：断开变频器的电源，然后将存有数据的存储卡插入到变频器上，然后重新接通变频器的电源。如果存储卡上的数据有效，则变频器会采用存储卡上的数据。

手动传输：在变频器接通电源，并且插有存储卡的情况下，通过变频器软件或操作面板将变频器设置备份至存储卡中。

例如，使用 IOP 智能操作面板将变频器设置备份至存储卡中的步骤如下。

① 接通变频器的电源。

② 在 IOP 智能操作面板中，通过旋钮选择“菜单”并按下“OK”键确认。

③ 在“菜单”中选择“上传/下载”选项，并按下“OK”键确认。

④ 在“上传/下载”子选项中，选择“存储卡到驱动”，并按下“OK”键确认。

⑤ 启动数据传输。

⑥ 等待，直到将变频器设置成功从存储卡备份至变频器中。

（1）安全移除存储卡

如果不通过“安全移除”功能从通电的变频器上移除存储卡，可能会损坏存储卡上的文件系统，导致数据丢失。此时，存储卡只有在格式化后才可恢复使用。

安全移除存储卡的操作可通过变频器软件（如 StartDrive）的“安全移除卡”功能或通过操作面板（BOP-2 或 IOP）设置 p9400 参数来实现。

(2) 激活未插入存储卡的信息

对于未插入存储卡的情况，如果用户希望 G120 变频器能检测并报告该信息（A01101），则需要设置相关参数，见表 8-1。在出厂设置时，该信息是未激活的。

表 8-1　与激活未插入存储卡的信息有关的参数

参　数	注　释
p2118[0…19]	更改信息类型中的信息编号（出厂设置：0）
p2119[0…19]	更改信息类型中的类型（出厂设置：0） 1：故障 2：报警 3：不报告
r9401	安全移除存储卡状态 .00：1 信号表示插入存储卡 .01：1 信号表示激活存储卡 .02：1 信号表示西门子存储卡 .03：1 信号表示 PC 将存储卡用作 USB 数据传输器

激活信息的操作步骤如下：首先设置 p2118[x]=1101（其中 x=0，1，… 19），然后再设置 p2119[x]=2。则未插入存储卡的信息 A01101 已激活。

相应地，取消激活信息的操作步骤如下：首先设置 p2118[x]=1101(其中 x=0，1，… 19)，然后再设置 p2119[x]=3。则未插入存储卡的信息 A01101 已取消激活。

为了能将未插入存储卡的信息循环报告给上级控制器，需要将参数 r9401（安全移除存储卡状态，见表 8-1）互联至用户所选的 PROFIdrive 报文的发送数据。

8.2　将设置备份到 PC 上

变频器的设置除了可以备份至存储卡中，还可以通过变频器调试工具（例如 StartDrive 软件）上传到 PG 或 PC 中。当然，也可将 PG/PC 的数据下载到变频器中。

执行上传和下载之前，需要接通变频器的电源，并使用 USB 电缆或现场总线将安装了变频器调试软件的 PG/PC 和变频器相连。

将变频器的设置上传至 PC 和将 PC 中的项目下载至变频器的操作，请参见 STATER、StartDrive 等调试软件的使用说明。

8.3　将设置备份到操作面板上

用户可以将变频器的设置传送到操作面板中，也可以将变频器的设置从操作面板中下载到变频器中。

(1) 将变频器设置备份至 IOP 智能操作面板中的步骤

① 接通变频器的电源。

② 在 IOP 智能操作面板中，通过旋钮选择“菜单”并按下“OK”键确认。

③ 在“菜单”中选择“上传/下载”选项，并按下“OK”键确认。

④ 在“上传/下载”子选项中，选择“上传：驱动到面板”，并按下“OK”键确认。

⑤ 选择面板参数组编号，并按下“OK”键确认，启动数据传输。

⑥ 等待，直到IOP智能操作面板显示“成功上传”，则变频器将设置成功备份至IOP智能操作面板中。

（2）将变频器设置从IOP智能操作面板备份至变频器中的步骤

① 接通变频器的电源。

② 在IOP智能操作面板中，通过旋钮选择“菜单”并按下“OK”键确认。

③ 在“菜单”中选择“上传/下载”选项，并按下“OK”键确认。

④ 在“上传/下载”子选项中，选择“下载：面板到驱动”，并按下“OK”键确认。

⑤ 选择面板参数组编号，并按下“OK”键确认，在提示信息中，选择“继续”，并按下“OK”键确认，启动数据传输。

⑥ 等待，直到IOP智能操作面板显示“成功下载”，则IOP智能操作面板成功将设置备份至变频器中。

⑦ 切断变频器的电源，等待，直到变频器上所有的LED都熄灭。

⑧ 重新接通变频器的电源。接通电源后，从IOP智能操作面板传送到变频器中的设置生效。

8.4 写保护

写保护功能可避免变频器设置受到未经允许的修改。如果使用PC工具（如STATER软件），写保护功能只能在线生效。但离线项目不设有写保护。另外，写保护不需要密码。

使用STARTER软件的操作步骤如下。

① 进入在线模式。

② 在项目树中选择所需变频器，并通过鼠标右键调出快捷菜单，选择“Drive unit write protection”选项下的“Activate”或“Deactivate”，激活或撤销写保护。

③ 单击工具条中的Copy RAM to ROM ，将设置进行掉电保存。

此时，即可成功激活或撤销写保护。

写保护激活时，专家列表中设置p参数的输入区域显示为灰色。

与写保护相关的参数见表8-2。

表8-2 与写保护相关的参数

参　数	功　能
r7760	写保护/专有技术保护状态 .00：1信号代表写保护激活
p7761	写保护（出厂设置：0） 0信号表示写保护撤销，1信号表示写保护激活

需要注意的是，变频器的某些功能不在写保护范围内，例如写保护激活/撤销、修改访问级（p0003）、保存参数（p0971）、安全移除存储卡（p9400）、恢复出厂设置及采用外部数据备份的设置等。

对于多主站现场总线系统（例如BACnet或Modbus RTU），即使写保护激活，仍能修改参数。为确保写保护在该条件下仍保持生效，还需另外设置 p7762 = 1。在变频器调试软件 STARTER 和 StartDrive 中，该参数仅可通过专家列表设置。

8.5　专有技术保护

专有技术保护可防止未经授权读取变频器设置。除了专有技术保护之外，还可以激活复制保护，防止未经授权复制变频器设置。

详情请参考 G120 变频器使用手册。

第 9 章

G120 变频器的故障检测与维护

西门子 G120 变频器提供多种故障诊断方式。在使用过程中，根据实际情况或变频器的信息显示，对变频器进行维护。

9.1 报警与故障

G120 变频器可以通过正面的 LED 指示灯提供最重要的变频器状态信息。另外，通过查看变频器的系统运行时间、报警和故障等信息，了解变频器的使用情况和故障报警信息。

每个报警和每个故障都有一个唯一的编号。变频器通过现场总线、进行了相应设置的端子、BOP-2 或 IOP 操作面板、STARTER 或 StartDrive 软件界面等接口输出报警和故障。

9.1.1 LED 显示状态

G120 变频器的控制单元正面有一列 LED 指示灯，例如 CU240E-2PN 正面有 RDY、BF、SAFE、LNK1 及 LNK2 共 5 个 LED 指示灯。

RDY 指示灯指示变频器的基本状态，其指示灯状态的功能说明见表 9-1。

表 9-1 RDY 指示灯

序　　号	RDY 灯	状　　态	功 能 说 明
1		黄色 LED 亮	起动后的暂时状态
2		绿色 LED 亮	变频器无故障
3		绿色 LED 缓慢闪烁	正在调试或恢复出厂设置
4		红色 LED 快速闪烁	故障生效
5		红色 LED 亮	固件升级生效
6		红色 LED 缓慢闪烁	固件升级后，变频器等待重新上电

SAFE 指示灯指示变频器安全功能的状态，其指示灯状态的功能说明见表 9-2。

表 9-2　SAFE 指示灯

序　号	RDY 灯	状　态	功 能 说 明
1		黄色 LED 亮	使能了一个或多个安全功能，但是安全功能不在执行中
2		黄色 LED 缓慢闪烁	一个或多个安全功能生效、无故障
3		黄色 LED 快速闪烁	变频器发现一处安全功能异常，触发了停止响应

LNK 指示灯是针对支持 PROFINET 现场总线、集成两个 PN 接口（分别对应 LNK1 和 LNK2）的变频器，指示 PROFINET 通信的状态，其指示灯状态的功能说明见表 9-3。

表 9-3　LNK 指示灯

序　号	LNK 灯	状　态	功 能 说 明
1		绿色 LED 亮	PROFINET 通信无故障
2		绿色 LED 缓慢闪烁	设备正在建立通信
3		LED 灭	无 PROFINET 通信

BF 指示灯是现场总线状态指示。支持通过 RS-485 接口实现现场总线通信的 G120 变频器，其 BF 指示灯状态的功能说明见表 9-4。支持现场总线 PROFINET 和 PROFIBUS 的 G120 变频器，其 BF 指示灯状态的功能说明见表 9-5。对于 Modbus RTU 或 USS 通信，设置 p2040=0 断开现场总线监控时，不管通信状态如何，BF 指示灯保持熄灭状态。

表 9-4　BF 指示灯（通过 RS-485 接口实现现场总线通信）

序　号	BF 灯	状　态	功 能 说 明
1		LED 灭	变频器与控制器之间的数据交换激活
2		红色 LED 缓慢闪烁	现场总线激活，但变频器未接收到任何过程数据。如果 LED RDY 同时闪烁，则表示固件升级后，变频器等待重新上电
3		红色 LED 快速闪烁	无现场总线连接。如果 LED RDY 同时闪烁，表示错误的存储卡
4		红色 LED 常亮	固件升级失败
5		黄色 LED 以变动频率闪烁	固件升级生效

表 9-5 BF 指示灯（现场总线 PROFINET 和 PROFIBUS）

序　号	BF 灯	状　态	功能说明
1		绿色 LED 常亮	变频器与控制器之间的数据交换激活
2		LED 灭	未使用现场总线接口
3		红色 LED 缓慢闪烁	现场总线配置错误。如果 LED RDY 缓慢闪烁，则表示固件升级后，变频器等待重新上电
4		红色 LED 快速闪烁	与上级控制器无通信。如果 LED RDY 快速闪烁，则表示错误的存储卡
5		红色 LED 常亮	固件升级失败
6		黄色 LED 以变动频率闪烁	固件升级生效

9.1.2 系统运行时间

系统运行时间是变频器自通电开始初次调试的总时间。读取变频器的系统运行时间，可以确定是否需要更换易损部件，例如风扇、电动机和齿轮箱等。

变频器一上电，便开始计算系统运行时间，断电停止计时。系统运行时间不能归零。

系统运行时间由 r2114[0]（毫秒数）和 r2114[1]（天数）组成，可根据式（9-1）进行计算。

$$系统运行时间=r2114[1]\times 天数 + r2114[0]\times 毫秒数 \qquad (9-1)$$

式中，r2114[0] 的值达到 86400000 ms，也就是 24 h，变频器会将 r2114[0] 设为 0，r2114[1]加 1。

依据系统运行时间，可以确定故障、报警的时间顺序。在出现一条信息时，变频器会将 r2114 的值传送到报警/故障缓冲器中的对应参数。

9.1.3 检测和维护的数据（I&M）

G120 变频器记录检测和维护的数据（I&M），包括变频器专用数据和设备专用数据，见表 9-6。根据要求，G120 变频器通过 PROFIBUS 或 PROFINET，将 I&M 数据发送给上级控制器或安装了 STEP7 或 TIA 博途软件的 PC（编程器）。

表 9-6 检测和维护的数据

I&M 数据	格　式	注　释	对应参数	内容示例
I&M0	u8 [64] (PROFIBUS) u8 [54] (PROFINET)	变频器专用数据，只可读	—	略，参见设备使用手册
I&M1	Visible String [32]	工厂标识	p8806[0…31]	“ak12-ne. bo2=fu1”
	Visible String [22]	地点标识	p8806[32…53]	“sc2+or45”

（续）

I&M 数据	格　式	注　释	对应参数	内容示例
I&M2	Visible String [16]	日期	p8807[0…15]	"2013-01-21 16:15"
I&M3	VisibleString [54]	任意的注释	p8808[0…53]	—
I&M4	Octet String[54]	用于进行集成安全功能修改的检验符号，该值可由用户修改。设置 p8805=0，检验符号会复位成由变频器生成的值	p8809[0…53]	r9781[0]和 r9782[0]的值

其中，I&M0 数据为变频器专用数据，主要包括制造商识别号、制造商 ID 号、设备订货号、设备序列号、硬件修改版本号及软件修改版本号等。

9.1.4　报警

G120 变频器出现的报警不会在变频器内产生直接影响，在排除原因后会自动消失，无须应答。报警可以通过状态字 1（r0052）中的位 7 显示，也可以在带 A××××× 的操作面板上显示，还可以在 StartDrive 或 STARTER 软件界面中显示。报警代码和报警值阐明了报警原因。

（1）报警缓冲器

变频器将出现的报警保存在报警缓冲器中。报警中包含报警代码、报警值、出现报警的时间和排除报警的时间。报警缓冲器最多可以保存 8 个报警，对应的参数见表 9-7。报警缓冲器按照“出现报警的时间”进行排序。

表 9-7　报警缓冲器

报警缓冲器	报警代码	报　警　值		出现报警的时间		排除报警的时间	
旧	r2122[0]	r2124[0]	r2134[0]	r2145[0]	r2123[0]	r2146[0]	r2125[0]
↓	r2122[1]	r2124[1]	r2134[1]	r2145[1]	r2123[1]	r2146[1]	r2125[1]
	r2122[2]	r2124[2]	r2134[2]	r2145[2]	r2123[2]	r2146[2]	r2125[2]
	r2122[3]	r2124[3]	r2134[3]	r2145[3]	r2123[3]	r2146[3]	r2125[3]
	r2122[4]	r2124[4]	r2134[4]	r2145[4]	r2123[4]	r2146[4]	r2125[4]
	r2122[5]	r2124[5]	r2134[5]	r2145[5]	r2123[5]	r2146[5]	r2125[5]
新	r2122[6]	r2124[6]	r2134[6]	r2145[6]	r2123[6]	r2146[6]	r2125[6]
	r2122[7]	r2124[7]	r2134[7]	r2145[7]	r2123[7]	r2146[7]	r2125[7]

其中，报警值 r2124 使用定点格式“I32”，r2134 使用浮点格式“Float”。出现报警的时间=r2145 + r2123，排除报警的时间 = r2146 + r2125。其中，r2145 和 r2146 的单位为天，r2123 和 r2125 单位为 ms。变频器采用内部时间算法保存报警时间。

（2）报警日志

G120 变频器除了有报警缓冲器，还有报警日志。报警日志和报警缓冲器存储报警的顺序如图 9-1 所示。

从图 9-1 可以看出，变频器将出现的报警以最新的报警保存在报警缓冲器中。如果报警缓冲器存满，而又出现了一条报警，变频器会将已排除的报警转移到报警日志中目前尚未

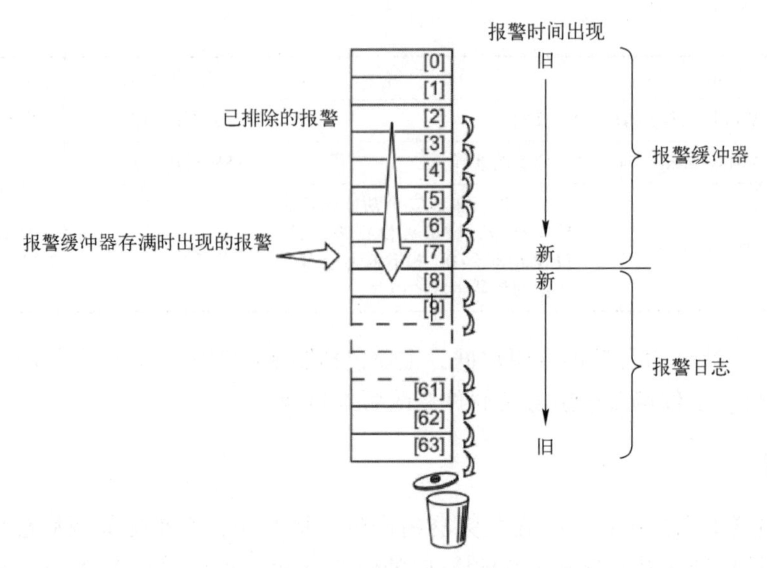

图 9-1　报警日志和报警缓冲器存储报警的顺序

占用的位置上；而未排除的报警仍保留在报警缓冲器中，变频器通过“向上”转移未排除的报警，以填补报警缓冲器中因转移报警到报警日志中而出现的空单元。在报警日志中，报警按“出现报警的时间”排序，最新的报警的索引为［8］。如果有最新报警需要存储到报警日志中［8］的位置，变频器会将已保存在报警日志［8］中的报警“向下”移动一个或多个位置。报警日志最多可以存储 56 条报警。如果报警日志存满，变频器会删除最旧的报警。

（3）报警缓冲器和报警日志的主要参数

对于报警缓冲器和报警日志所使用的主要参数，见表 9-8。

表 9-8　报警缓冲器和报警日志所使用的主要参数

参　　数	描　　述
p2111	报警计数器：在上一次归零后，出现的报警的数量。 设置 p2111=0，报警缓冲器［0］~［7］中所有被排除的报警将传送到报警日志［8］~［63］中。
r2122	报警代码：显示出现报警的编号
r2123	出现报警的时间（ms）：显示出现报警的时间（ms）
r2124	报警值：显示报警的附加信息
r2125	排除报警的时间（ms）：显示排除报警的时间（ms）
r2145	出现报警的时间（天）：显示出现报警的时间（天）
r2132	当前报警代码：显示刚刚出现的报警代码
r2134	报警值（浮点值）：显示报警浮点值的附加信息
r2146	排除报警的时间（天）：显示排除报警的时间（天）
p2118［0…19］	选择需要修改类型的信息号：选择需要修改类型的报警号
p2119［0…19］	设置信息类型：所选报警的信息类型，1 为“故障”，2 为“警告”，3 为“不报告”

9.1.5　故障

G120 变频器的故障，是指通常会导致电动机关闭的不良事件。对于故障，必须应答。故障显示方式主要有以下 4 种：通过显示状态字 1（r0052）中的位 3 进行显示；通过变频器 CU 上的“RDY”指示灯进行显示；在带“F×××××”的操作面板上显示；在 StartDrive 或 STARTER 软件界面中显示。

（1）故障缓冲器

变频器将出现的故障保存在故障缓冲器中。故障中包含故障代码、故障值、出现故障的时间和排除故障的时间。

故障缓冲器最多可以保存 8 个故障，对应的参数见表 9-9。故障缓冲器按照“出现故障的时间”进行排序。

其中，故障代码（r0945）和故障值（r0949 和 r2133）阐明了故障原因。故障值 r0949 使用定点格式“I32”，故障值 r2133 使用浮点格式“Float”。

变频器采用内部时间算法保存故障时间。出现故障的时间=r2130 + r0948，排除故障的时间=r2136 + r2109。

表 9-9　故障缓冲器

故障缓冲器	故障代码	故障值		出现故障的时间		排除故障的时间	
旧	r0945[0]	r0949[0]	r2133[0]	r2130[0]	r0948[0]	r2136[0]	r2109[0]
	r0945[1]	r0949[1]	r2133[1]	r2130[1]	r0948[1]	r2136[1]	r2109[1]
	r0945[2]	r0949[2]	r2133[2]	r2130[2]	r0948[2]	r2136[2]	r2109[2]
	r0945[3]	r0949[3]	r2133[3]	r2130[3]	r0948[3]	r2136[3]	r2109[3]
	r0945[4]	r0949[4]	r2133[4]	r2130[4]	r0948[4]	r2136[4]	r2109[4]
	r0945[5]	r0949[5]	r2133[5]	r2130[5]	r0948[5]	r2136[5]	r2109[5]
↓	r0945[6]	r0949[6]	r2133[6]	r2130[6]	r0948[6]	r2136[6]	r2109[6]
新	r0945[7]	r0949[7]	r2133[7]	r2130[7]	r0948[7]	r2136[7]	r2109[7]

（2）故障应答

对变频器的故障，可以通过 PROFIdrive 控制字 1 的第 7 位（r2090.7）、变频器的数字量输入、操作面板及重新给变频器上电等方式进行应答。而对于由变频器内部的硬件监控、固件监控功能报告的故障，只能通过重新上电的方式应答故障信息。

（3）故障日志

同样，G120 变频器除了有故障缓冲器，还有故障日志，故障日志最多可以记录 56 条故障。在排除故障后，然后应答故障信息。此时，变频器将故障缓冲器的内容复制到故障日志的存储空间［8］~［15］中，如图 9-2 所示。同时，变频器将删除故障缓冲器中已经排除的故障。

从图 9-2 可以看出，变频器将故障缓冲器的内容复制到故障日志的存储空间［8］~［15］之前，会将日志中应答前保存的数值向后分别移动 8 个下标，而应答前下标为［56］~［63］的故障信息将被删除。因此，未排除的故障同时出现在故障缓冲器和故障日志中。已排除的

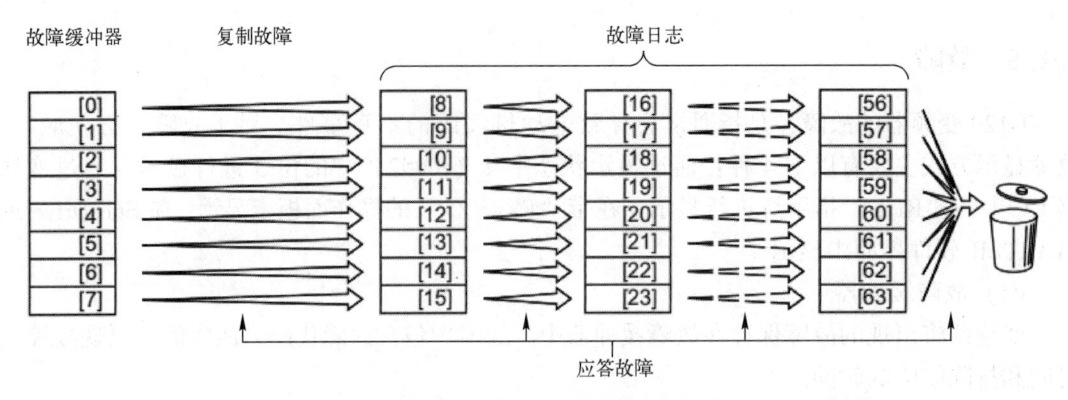

图 9-2　应答故障信息后的故障转移至故障日志

故障的应答时间点被写入“排除故障的时间”中，而未排除故障的“排除故障的时间”的值为 0。

如果将参数 p0952 设为 0，则变频器从故障日志中删除所有信息。

（4）故障缓冲器和故障日志的主要参数

对于故障缓冲器和故障日志所使用的主要参数，见表 9-10。

表 9-10　故障缓冲器和故障日志所使用的主要参数

参　数	描　述
r0945	故障代码：显示所出现故障的编号
r0948	出现故障的时间（ms）：显示出现故障的时间（ms）
r0949	故障值：显示故障的附加信息
p0952	故障计数器：在上一次应答后出现的故障次数。设置 p0952=0，删除故障缓冲器和故障日志
r2109	排除故障的时间（ms）：显示排除故障的时间（ms）
r2130	出现故障的时间（天）：显示出现故障的时间（天）
r2131	当前故障代码：显示最旧的、未排除的故障代码
r2133	故障值，浮点值：　显示故障浮点值的附加信息
r2136	排除故障的时间（天）：显示排除故障的时间（天）
p2100[0…9]	选择一个需要修改响应的故障。最多可以修改 20 个故障代码的电动机响应
p2101[0…9]	设置所选故障的响应
p2118[0…9]	选择需要修改类型的故障号。最多可以将 20 条故障改为报警，或者隐藏故障
p2119[0…9]	设置所选故障的信息类型：1 为“故障”，2 为“警告”，3 为“不报告”
p2126[0…9]	选择需要修改应答方式的故障。最多可以修改 20 个故障代码的应答方式
p2127[0…9]	设置所选故障信息的应答方式：1 为“仅通过上电”，2 为“排除故障后立即应答”

9.1.6　报警和故障代码

当变频器发生报警或故障时，以“A×××××”表示报警代码，以“F×××××”表示故障代码。例如，常见报警代码 A07991 表示电动机数据检测已激活，提示用户接通电动机，以进行电动机数据检测。报警代码 A08526 表示无周期性通信，提示用户激活控制器周期性通信，并检查站名称参数（r61000）和站 IP 地址参数（r61001）。

其他故障和报警参数，请参见变频器设备使用手册。

9.2 维护

变频器维护包括提高设备耐用性，以及因部件报废而采取的硬件变更措施。

9.2.1 更换变频器组件

未按规定维修变频器可导致功能故障，或导致火灾或电击危险。因此，当需要更换变频器组件时，只能委托西门子公司服务部门、西门子公司授权的维修中心或彻底熟悉变频器的专业人员进行变频器的维修，维修时只允许使用原厂备件。为保护环境，替换下来的废旧设备请根据当地相应法规进行处置。

（1）允许更换的组件

在出现持续的功能故障后，必须更换变频器的功率模块或控制单元。变频器的功率模块和控制单元可以单独更换。

更换功率模块时，要求使用型号和功率相同的模块，或使用型号和外形尺寸相同的更大功率的功率模块，保证电动机和功率模块的额定功率之比大于 1/4。

更换控制单元模块时，要求使用型号和固件版本均相同的模块，或使用型号相同而固件版本更高的模块。更换控制单元后必须将变频器恢复为出厂设置。

如果更换功率模块或控制单元模块时，使用了不同类型的变频器，则可能会导致变频器设置不完整或不合适，从而导致机器意外运动。例如出现转速振动、过转速或旋转方向错误等故障。而机器意外运动可能会导致人员死亡、受伤或财产损失。

更换完成后，要将旧变频器中的设置传输至新变频器中。

（2）没有备份数据的情况下更换控制单元

如果没有备份数据，必须在更换控制单元后重新调试变频器，具体操作步骤如下。

① 断开功率模块的主电源。如果控制单元模块的数字量输出使用外部 24 V 电源时，也要断开该电源。

② 拔出控制单元模块的信号电缆。

③ 从功率模块上拔出失灵的控制单元模块。

④ 在功率模块上装入新的控制单元模块。

⑤ 重新接上控制单元模块的信号电缆。

⑥ 重新接通主电源。

⑦ 重新调试变频器。

调试完成后，控制单元的更换结束。

（3）更换控制单元（原数据备份在存储卡上）

对于已备份数据的控制单元模块的更换，需要区分两种情况：未使能安全功能模块和已使能安全功能模块。

更换未使能安全功能的控制单元模块时，如果数据备份在存储卡上，具体操作步骤如下。

① 断开功率模块的主电源。如果控制单元的数字量输出使用外部 24V 电源时，也要断开该电源。

② 拔出控制单元模块的信号电缆。

③ 从功率模块上拔出失灵的控制单元模块。

④ 在功率模块上装入新的控制单元（型号必须和旧的控制单元模块一样，固件版本需相同或更高）。

⑤ 从旧控制单元中拔出存储卡，将其插入新的控制单元。

⑥ 重新接上控制单元的信号电缆。

⑦ 重新接通主电源。

⑧ 变频器从存储卡上读入设置。

⑨ 检查变频器在读入设置后是否发出报警 A01028。如果存在报警 A01028，则表示读入的设置与变频器不兼容。此时需要设置 p0971 = 1，删除报警，然后重新调试变频器。如果无报警 A01028，则变频器接收了载入的设置。

这样，就成功完成了未使能安全功能的控制单元模块的更换。

更换已使能安全功能的控制单元模块时，如果数据备份在存储卡上，具体操作步骤同上，只是在第⑨步读入设置后，可能会显示故障 F01641，此时需要对该显示信息进行应答，并执行简化的验收测试。

（4）更换控制单元（原数据备份在 PC 上）

对于更换未使能安全功能的控制单元模块，如果待更换控制单元模块的当前设置备份在安装有 STARTER 软件或 StartDrive 软件的 PC 上，则具体操作步骤如下。

① 断开功率模块的主电源。如果控制单元的数字量输出使用外部 24V 电源时，也要断开该电源。

② 拔出控制单元模块的信号电缆。

③ 从功率模块上拔出失灵的控制单元模块。

④ 在功率模块上装入新的控制单元。

⑤ 重新接上控制单元的信号电缆。

⑥ 重新接通主电源。

⑦ 使用 STARTER 软件或 StartDrive 软件将备份驱动设备数据执行在线下载操作，并执行“Copy RAM to ROM”操作以保存设置至变频器。

⑧ 断开在线连接。

这样，就完成了未使能安全功能的控制单元模块的更换，并将设置从 PC 中传送到新的控制单元模块上。

对于更换已使能安全功能的控制单元模块，如果待更换控制单元模块的当前设置备份在安装有 STARTER 软件或 StartDrive 软件的 PC 上，则具体操作步骤如下。

① 断开功率模块的主电源。如果控制单元的数字量输出使用外部 24V 电源时，也要断开该电源。

② 拔出控制单元模块的信号电缆。

③ 从功率模块上拔出失灵的控制单元模块。

④ 在功率模块上装入新的控制单元。

⑤ 重新接上控制单元的信号电缆。

⑥ 重新接通主电源。

⑦ 使用 STARTER 软件或 StartDrive 软件将备份驱动设备数据执行在线下载操作，下载结束后，变频器会输出故障信息。忽略该信息，因为后续步骤会自动应答该信息。

⑧ 单击按钮 “Start Safety commissioning”，输入安全功能的口令，并保存设置（Copy RAM to ROM），然后断开在线连接。

⑨ 切断变频器的电源，等待片刻，直到变频器上所有的 LED 都熄灭。

⑩ 重新接通变频器的电源，并执行简化的验收测试。

这样，就完成了已使能安全功能的控制单元模块的更换，并将安全功能的设置从 PC 中传送到了新的控制单元上。

(5) 更换控制单元（原数据备份在操作面板中）

对于更换未使能安全功能的控制单元模块，如果在操作面板上已备份了待更换控制单元的当前设置，则具体操作步骤如下。

① 断开功率模块的主电源。如果控制单元的数字量输出使用外部 24V 电源时，也要断开该电源。

② 拔出控制单元模块的信号电缆。

③ 从功率模块上拔出失灵的控制单元模块。

④ 在功率模块上装入新的控制单元（型号必须和旧的控制单元模块一样，固件版本需相同或更高）。

⑤ 重新接上控制单元的信号电缆。

⑥ 重新接通主电源。

⑦ 将操作面板插到控制单元模块上，或将操作面板的手持单元与变频器连接在一起。

⑧ 使用操作面板的菜单命令，将设置从操作面板传送到变频器中。

⑨ 等待，直至传送结束。

⑩ 检查变频器在读入设置后是否发出报警 A01028。如果存在报警 A01028，则表示读入的设置与变频器不兼容。此时需要设置 p0971 = 1，删除报警，然后重新调试变频器。如果无报警 A01028，则应用操作面板，将数据设置从 RAM 保存至 ROM，完成断电保存。

这样，就更换了控制单元模块，并将设置从操作面板传送到了新的控制单元模块上。

对于更换已使能安全功能的控制单元模块，如果在操作面板上已备份了待更换控制单元的当前设置，则具体操作步骤如下。

① 断开功率模块的主电源。如果控制单元的数字量输出使用外部 24V 电源时，也要断开该电源。

② 拔出控制单元模块的信号电缆。

③ 从功率模块上拔出失灵的控制单元模块。

④ 在功率模块上装入新的控制单元（型号必须和旧的控制单元模块一样，固件版本需相同或更高）。

⑤ 重新接上控制单元的信号电缆。

⑥ 重新接通主电源。

⑦ 将操作面板插到控制单元模块上，或将操作面板的手持单元与变频器连接在一起。

⑧ 使用操作面板的菜单命令，将设置从操作面板传送到变频器中。

⑨ 等待，直至传送结束。

⑩ 检查变频器在读入设置后是否发出报警 A01028。如果存在报警 A01028，则表示读入的设置与变频器不兼容。此时需要设置 p0971 = 1，删除报警，然后重新调试变频器。如果无报警 A01028，则切断变频器的电源，等待片刻，直到变频器上所有的 LED 都熄灭，然后重新接通变频器的电源。此时，变频器会发出故障信息 F01641、F01650、F01680 和 F30680，忽略该信息，再继续执行下面 6 步。

① 设置 p0010 = 95，设置 p9761 安全口令，设置 p9701 = AC hex，设置 p0010 = 0。

② 应用操作面板，将数据设置从 RAM 保存至 ROM，完成断电保存。

③ 切断变频器的电源。

④ 等待片刻，直到变频器上所有的 LED 都熄灭。

⑤ 重新接通变频器的电源。

⑥ 执行简化的验收测试。

这样，就完成了已使能安全功能的控制单元模块的更换，并将安全功能的设置从操作面板传送到了新的控制单元上。

（6）更换功率模块

对于更换未使能安全功能的功率模块，具体操作步骤如下。

① 断开功率模块的主电源。如果控制单元采用外部 24 V 电源，可不关闭该电源。

② 拔出功率模块上的连接电缆。

③ 从功率模块上取出控制单元。

④ 换入新的功率模块。

⑤ 将控制单元模块插入新的功率模块。

⑥ 在新的功率模块上接好连接电缆。在这一步骤中，需要按正确的顺序连接电动机电缆的三个相位。由于调换电动机电缆的两个相位会使电动机反向旋转，而电动机反向旋转可导致机器或设备损坏。所以，对于只允许一个旋转方向的生产设备，如压缩机、锯或泵，在更换功率模块后一定要检查电动机的旋转方向，避免反向。

⑦ 重新接通主电源，必要时还要接通控制单元的 24 V 电源。

这样，就成功更换了未使能安全功能的功率模块。

对于更换已使能安全功能的功率模块，具体操作步骤如下。

① 断开功率模块的主电源。如果控制单元采用外部 24 V 电源，可不关闭该电源。

② 拔出功率模块上的连接电缆。

③ 从功率模块上取出控制单元。

④ 更换功率模块。

⑤ 将控制单元插入新的功率模块。

⑥ 在新的功率模块上接好连接电缆。

⑦ 重新接通主电源，必要时还要接通控制单元的 24 V 电源。

⑧ 变频器报告故障信息 F01641。

⑨ 执行简化的验收测试。

这样，就成功更换了已使能安全功能的功率模块。

9.2.2　固件升级与降级

固件升级是指使用更新的变频器固件版本，而固件降级是指降低当前变频器固件的版本。只有在需要使用新固件版本的扩展功能范围时，才进行固件升级；而只有在更换变频器后所有变频器都需要相同的固件时，才进行固件降级。

如果需要对变频器进行固件升级或降级，首先将待升级或降级的固件事先存储在存储卡上。具体操作步骤如下。

① 从西门子公司官网上将所需固件载入 PC。

② 在 PC 上将所包含的文件解压至所选目录。

③ 将已解压文件传输至存储卡的根目录下。

这样，就成功准备好用于固件升级或降级的存储卡。然后，参照如图 9-3 所示的操作流程对变频器进行固件升级或降级。

（1）固件升级

固件升级的前提条件要求变频器的固件版本至少为 V4.5，且变频器和存储卡的固件版本不同。固件升级的具体操作步骤如下。

① 切断变频器的电源。

② 等待片刻，直到变频器上所有的 LED 灯都熄灭。

③ 将带有配套固件版本的存储卡插入变频器的插槽中，直到卡扣卡紧。

④ 重新接通变频器的电源。

⑤ 变频器从存储卡中将固件传输至其存储器中。传输过程持续 5~10 min，传输过程中，变频器上的“RDY”LED 红灯亮，“BF”LED 灯以黄色闪烁。如果传输过程中断电，则会导致变频器固件不完整，需要再次从步骤①开始。

⑥ 传输完成后，“RDY”和“BF”LED 灯以红色缓慢闪烁（0.5 Hz）。

⑦ 切断变频器的电源。

⑧ 等待片刻，直到变频器上所有的 LED 灯都熄灭。此时需要确定是否从变频器上拔出存储卡，如果此时拔出存储卡，则变频器将保留其设置。

⑨ 重新接通变频器的电源。此时仍插有存储卡时，如果存储卡内已经有变频器设置的数据备份，则变频器接收存储卡上的设置；如果存储卡内无变频器设置的数据备份，则变频器将设置写入存储卡。

⑩ 变频器上的“RDY”LED 灯会在几秒钟后显示为绿色，表示固件升级成功。

这样，就成功升级了变频器固件。

对于含有授权的存储卡，例如基本定位器，在固件升级后应保持存储卡的插入状态。

（2）固件降级

固件降级的前提条件要求变频器的固件版本至少为 V4.6，且变频器和存储卡的固件版本不同，变频器的设置已备份到存储卡、操作面板或 PC 中。固件降级的步骤与固件升级类同，仅第⑨步的结果可能不同，具体步骤如下。

① 切断变频器的电源。

② 等待片刻，直到变频器上所有的 LED 灯都熄灭。

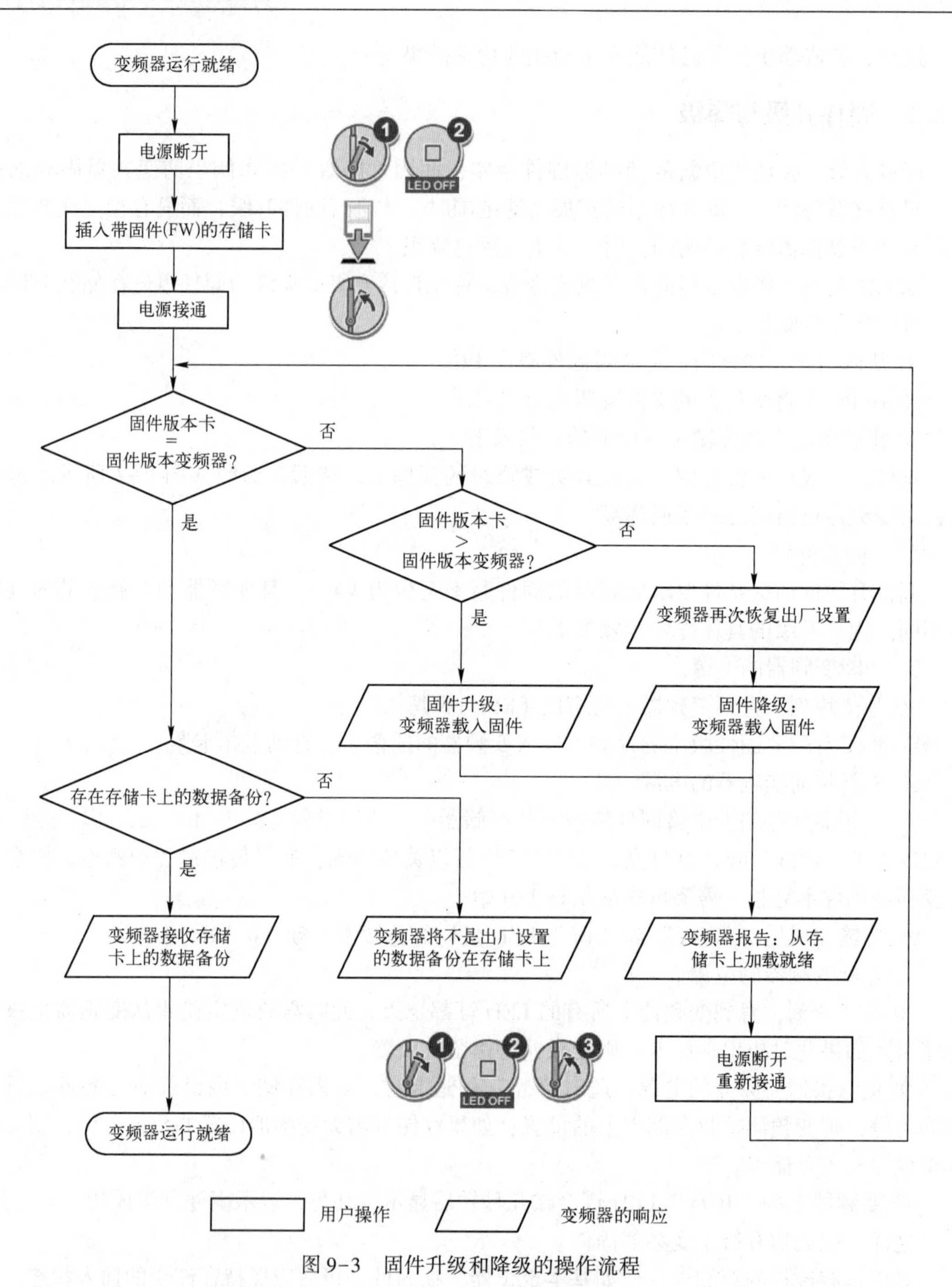

图 9-3　固件升级和降级的操作流程

③ 将带有配套固件版本的存储卡插入变频器的插槽中，直到卡扣卡紧。

④ 重新接通变频器的电源。

⑤ 变频器从存储卡中将固件传输至其存储器中。传输过程持续 5~10 min，传输过程中，变频器上的“RDY” LED 红灯亮，“BF” LED 灯以黄色闪烁。如果传输过程中断电，则会导致变频器固件不完整，需要再次从步骤①开始。

⑥ 传输完成后，“RDY” 和 “BF” LED 灯以红色缓慢闪烁（0.5 Hz）。

⑦ 切断变频器的电源。

⑧ 等待片刻，直到变频器上所有的 LED 都熄灭。

⑨ 重新接通变频器的电源。此时仍插有存储卡时，如果存储卡内已经有变频器设置的数据备份，则变频器接收存储卡上的设置；如果存储卡内无变频器设置的数据备份，则变频器恢复为出厂设置，后续需要将另一个数据备份中的设置传送到变频器中。

⑩ 变频器上的 “RDY” LED 灯会在几秒钟后显示为绿色，表示固件降级成功。

这样，就成功将变频器固件降到了需要的旧版本。

在上述固件升级或降级过程中，如果变频器的 “RDY” LED 灯快速闪烁并且 “BF” LED 灯恒亮，则意味着固件升级或降级操作失败。此时需要检查固件升级或降级失败的原因，例如变频器的固件版本不满足条件，存储卡没有正确插入，或者存储卡没有正确的固件。明确失败原因并排除后，重复相应的步骤，使变频器固件成功升级或降级。

9.2.3　更换组件和固件升级后的简化验收

更换组件或升级固件后，还需执行安全功能的简化验收。每种操作对应的验收测试和验收记录的内容见表 9-11。

表 9-11　更换组件或升级固件的简化验收对应的验收测试和验收记录

操　作	验　收	
	测　试	记　录
更换控制单元	不需要，只检查电动机的旋转方向	• 增加变频器数据 • 记录新的校验和 • 会签
更换功率模块		在变频器数据中加入硬件型号
更换带相同极对数的电动机		没有改变
更换带相同传动比的齿轮箱		没有改变
更换安全 I/O（例如急停开关）	不需要，只检查受组件更换影响的安全功能的控制	没有改变
升级变频器的固件	不需要	• 在变频器数据中加入固件版本 • 记录新的校验和 • 会签

9.2.4　变频器不响应或电动机不起动的应对措施

在对变频器进行维护过程中，可能会遇到变频器不再响应或电动机不起动的情况，需要采取正确的应对措施。

（1）变频器不再响应

如果变频器从存储卡载入了错误的数据，可能会不再响应来自操作面板或上级控制器的指令。在这种情况下，必须恢复变频器的出厂设置并重新调试。

变频器不再响应有两种不同的情况。

1）情况 1：既不能通过操作面板，也不能通过其他接口和变频器通信；变频器 LED 灯闪烁，3 min 之后变频器仍未起动；电动机停车。

对于情况 1，可采取以下操作步骤进行解决。

① 若变频器上插有存储卡，请将卡拔出。

② 切断变频器的电源。

③ 等待片刻，直到变频器上所有的 LED 灯都熄灭，然后再次给变频器上电。

④ 重复执行第②步和第③步，直至变频器发出故障信息 F01018。

⑤ 设置 p0971 = 1。

⑥ 切断变频器的电源。

⑦ 等待片刻，直到变频器上所有的 LED 灯都熄灭，然后再次给变频器上电，使变频器以出厂设置起动。

⑧ 重新调试变频器。

2）情况 2：既不能通过操作面板，也不能通过其他接口和变频器通信；变频器 LED 灯闪烁并熄灭，这个过程不断重复；电动机停车。

对于情况 2，可采取以下操作步骤进行解决。

① 若变频器上插有存储卡，请将卡拔出。

② 切断变频器的电源。

③ 等待片刻，直到变频器上所有的 LED 灯都熄灭，然后再次给变频器上电。

④ 等待片刻，直到 LED 以黄色闪烁。

⑤ 重复执行第②步和第③步，直至变频器发出故障信息 F01018。

⑥ 设置 p0971 = 1。

⑦ 切断变频器的电源。

⑧ 等待片刻，直到变频器上所有的 LED 灯都熄灭，然后再次给变频器上电，使变频器以出厂设置起动。

⑨ 重新调试变频器。

（2）电动机无法起动

电动机无法起动时，可以从以下方面进行检查。

① 查看变频器是否有故障信息。如果有的话，排除故障原因，应答信息。

② 查看变频器调试是否已经结束（p0010 = 0）。

③ 查看变频器是否报告“接通就绪”（r0052. 0 = 1）。

④ 查看变频器是否缺少变频器使能（r0046）。

⑤ 查看变频器是从哪个渠道（数字量输入、模拟量输入或总线）获得转速设定值和指令。

根据检查结果，确定电动机无法起动的原因并排除故障。

第 10 章

STARTER 软件简介

STARTER 软件是一个用来调试西门子变频器的 PC 工具，能够实现在线监控、修改装置参数，故障检测和复位，以及跟踪记录等强大调试功能。STARTER 的图形用户界面为变频器调试提供有利支持。

随着西门子新一代驱动装置的推出以及 STARTER 功能的完善，STARTER 的版本不断更新，本章节所介绍的版本为 STARTER V5. 1 SP1 HF2。STARTER 软件所支持的传动装置主要包括：MICROMASTER 4. 系列，例如 MM420、MM440 及 MM430 等；SINAMICS DCM、SINAMICS DCP 、SIMATIC ET 200S FC、SIMATIC ET 200pro FC、SIMATIC ET 200pro FC-2、SINAMICS G110、SINAMICS G110D、SINAMICS G110M、SINAMICS G120、SINAMICS G120C、SINAMICS G120D、SINAMICS G120P、SINAMICS G120P BT、SINAMICS G130、SINAMICS G150、SINAMICS S110、SINAMICS S120、SINAMICS S150 及 SINAMICS MV (GM150/GL150/SL150/SM120)。

10. 1 STARTER 软件安装要求

STARTER V5. 1 SP1 HF2 软件安装对硬件的最低要求：1 GHz（建议>1 GHz）的 Pentium III，2 GB 主内存（4 GB），1024×768 分辨率，16 位彩色显示，硬件空间 5 GB 以上。

STARTER V5. 1 SP1 HF2 软件安装对操作系统的要求：Microsoft Internet 浏览器 V6. 0 或更高版本，64 位操作系统。

操作系统可以是以下版本。

Microsoft Windows 7 Professional SP1

Microsoft Windows 7 Ultimate SP1

Microsoft Windows 7 Enterprise SP1 (Standard Installation)

Microsoft Windows 10 Pro, Version 1607

Microsoft Windows 10 Enterprise, Version 1607

Microsoft Windows 10 Enterprise 2016 LTSB (OS Build 14393)

Microsoft Windows Server 2008 R2 SP1

Microsoft Windows Server 2016

10.2　STARTER 软件界面

安装完 STARTER 软件后，在桌面上会出现快捷方式图标，双击快捷方式图标，则进入欢迎界面，并在该界面上显示了 Starter 的版本号，如图 10-1 所示。

图 10-1　STARTER 软件欢迎界面

打开 START 软件后，初始界面如图 10-2 所示，默认打开帮助系统和项目向导，界面语言默认为英语。如果不打算使用项目向导和帮助系统，则将其关闭。

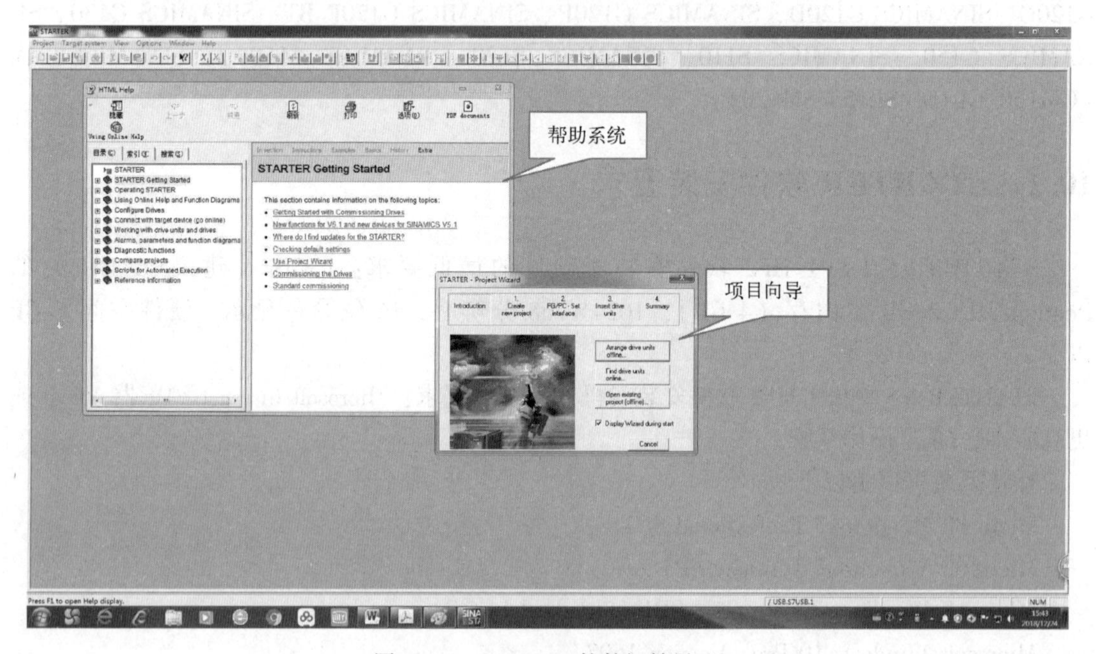

图 10-2　STARTER 软件初始界面

创建项目后，STARTER 软件主要包含三个区域：项目树视图区、工作区和详细信息视图区，如图 10-3 所示。项目视图区主要显示项目结构，工作区主要用于显示或操作项目具体内容，详细信息视图区主要输出错误或报警等详细信息。

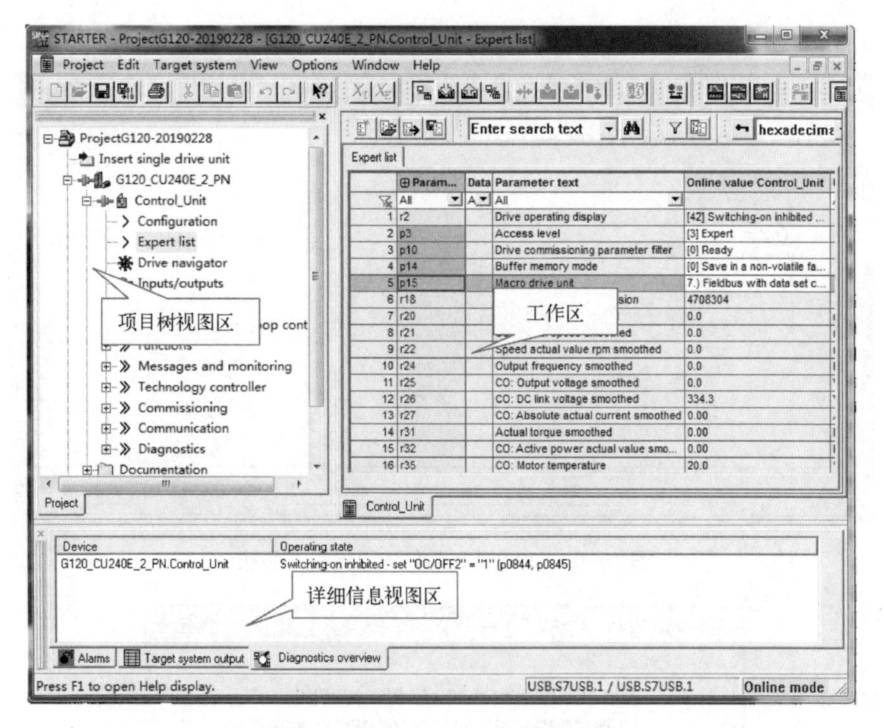

	Param...	Data	Parameter text	Online value Control_Unit
	All	A	All	
1	r2		Drive operating display	[42] Switching-on inhibited ...
2	p3		Access level	[3] Expert
3	p10		Drive commissioning parameter filter	[0] Ready
4	p14		Buffer memory mode	[0] Save in a non-volatile fa...
5	p15		Macro drive unit	7.) Fieldbus with data set c...
6	r18		...sion	4708304
7	r20			0.0
8	r21		...ed	0.0
9	r22		Speed actual value rpm smoothed	0.0
10	r24		Output frequency smoothed	0.0
11	r25		CO: Output voltage smoothed	0.0
12	r26		CO: DC link voltage smoothed	334.3
13	r27		CO: Absolute actual current smoothed	0.00
14	r31		Actual torque smoothed	0.00
15	r32		CO: Active power actual value smo...	0.00
16	r35		CO: Motor temperature	20.0

图 10-3　STARTER 软件的三个区域

STARTER 软件的菜单如图 10-4 所示，主要包括“Project”（项目）、“Edit”（编辑）、“Target system”（目标系统）、“View”（查看）、“Options”（选项）、“Window”（窗口）及“Help”（帮助）等菜单项。

Project　Edit　Target system　View　Options　Window　Help

图 10-4　STARTER 软件的菜单

10.3　切换语言

如果需要切换软件界面语言，则选择“Options”（选项）菜单下的“Settings”（设置）选项，如图 10-5 所示。此时，弹出设置对话框，如图 10-6 所示。在对话框中选择“Language”标签页，选择“中文（简体）”，并依次单击“Accept”和“OK”按钮，弹出语言切换提示，如图 10-7 所示。关闭提示对话框，重启 STARTER 软件，则可以将界面语言切

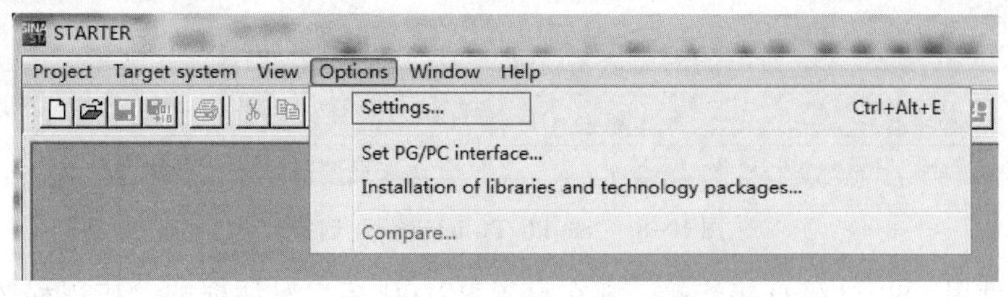

图 10-5　STARTER 软件的“Options”菜单

换成中文。

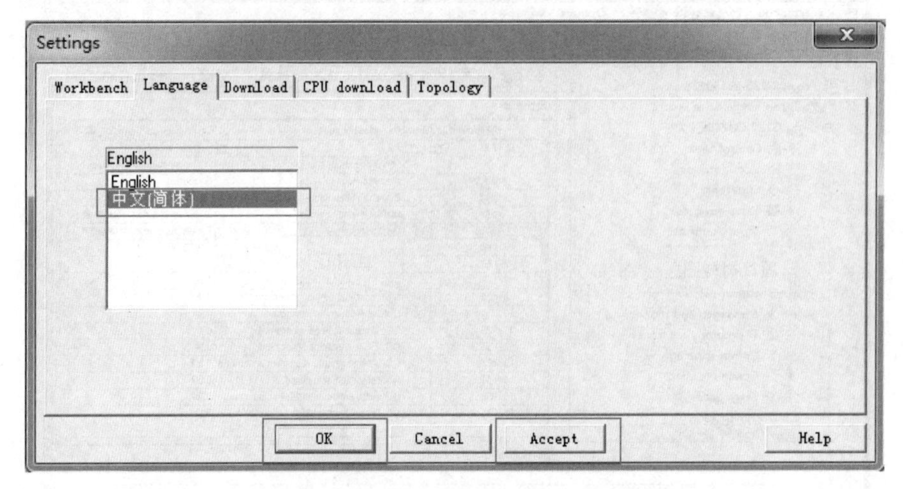

图 10-6　STARTER 软件的界面语言切换

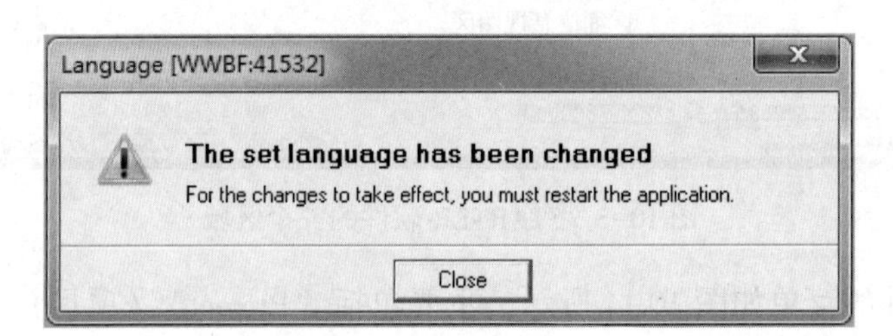

图 10-7　STARTER 软件的语言切换提示

10.4　设置通信参数

如果使用 STARTER 软件创建了离线项目，要实现与实际设备的连接，还需要进行通信接口参数设置。选择“Options”菜单下的“Set PG/PC interface”，如图 10-8 所示，将弹出设置 PG/PC 接口对话框。

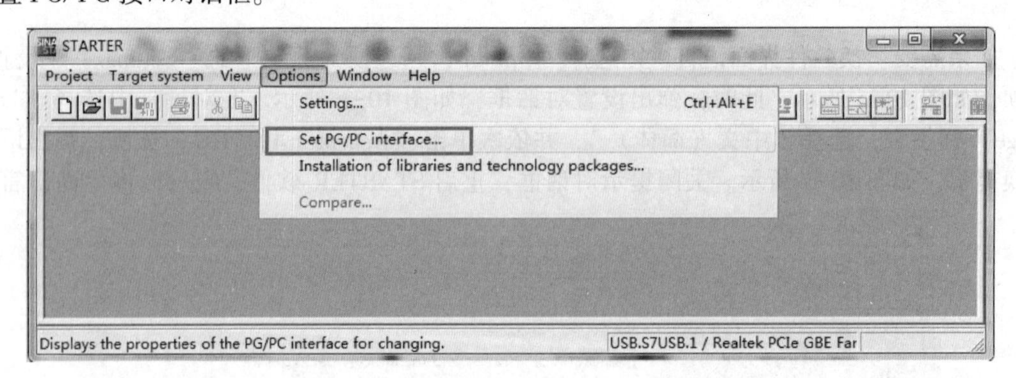

图 10-8　“Set PG/PC interface”选项

如果使用 USB 电缆直接连接，则在设置 PG/PC 接口对话框的“应用程序访问点（A）”中根据需要设置为“DEVICE（STARTER，SCOUT）”或“S7ONLINE（STEP7）”，在“为使用的接口分配参数（P）”中选择“USB. S7USB. 1”，再单击“确定”按钮，完成通信接口参数设置，如图 10-9 所示。

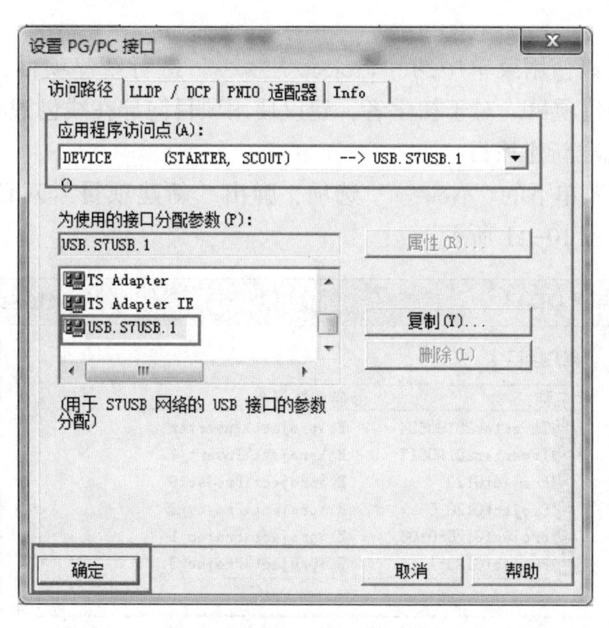

图 10-9　设置通信接口参数——USB 方式连接

如果使用网线通过 IP 访问方式实现连接，则在设置 PG/PC 接口对话框的“应用程序访问点（A）”中根据需要设置为“S7ONLINE（STEP7）”或“DEVICE（STARTER, SCOUT）”，在“为使用的接口分配参数（P）”中选择实际使用的网卡接口；如果有“属性”按钮，则可以单击“属性”按钮，进行详细通信参数设置，最后单击“确定”按钮，完成通信接口参数设置，如图 10-10 所示。

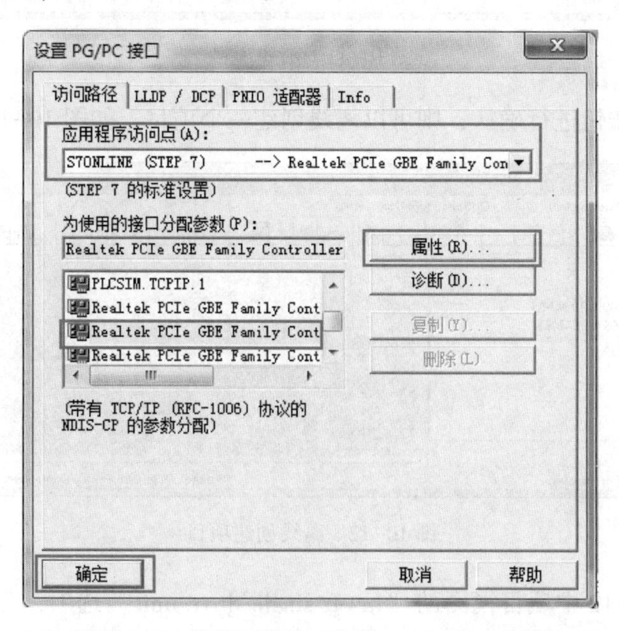

图 10-10　设置通信接口参数——IP 方式连接

10.5 创建项目

START 软件既可以使用菜单中的“Project/New…”进行新建项目，也可以使用项目向导进行离线或在线创建项目。对于初学者，建议使用项目向导在线创建项目。

（1）使用菜单选项新建项目

单击“Project”菜单下的“New…”选项，弹出“新建项目”对话框，输入项目存储路径和项目名称，如图 10-11 所示。

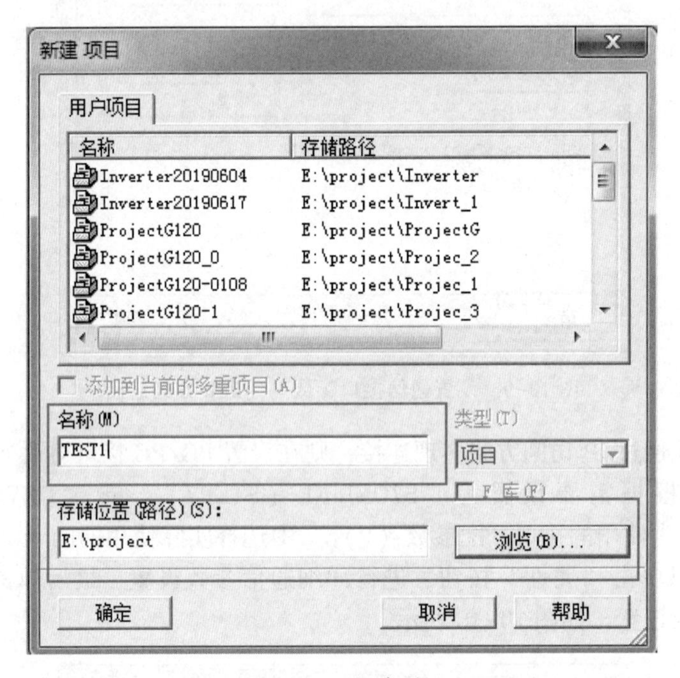

图 10-11　新建项目

单击“确定”按钮进行确认，则可以离线创建一个项目，如图 10-12 所示。

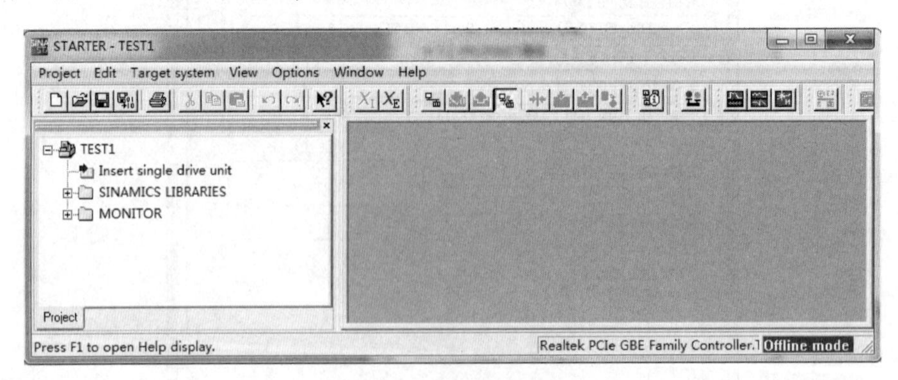

图 10-12　离线创建项目

通过双击图 10-12 中项目视图的“Insert single drive unit”选项，弹出插入单个驱动单元“Insert single drive unit”对话框。在该对话框中，选择需要配置的变频器控制单元的型号，并填入需要连接的变频器设备实际版本号和在线访问方式等信息。如果是通过 IP 方式访问变频器，则选择正确版本号，在线访问方式选择“IP”，并输入变频器的 IP 地址。如果是通过 USB 电缆连接方式访问变频器，除了输入正确版本号，还要将在线访问方式设置为“USB”。图 10-13 为使用 USB 连接方式的驱动单元配置。

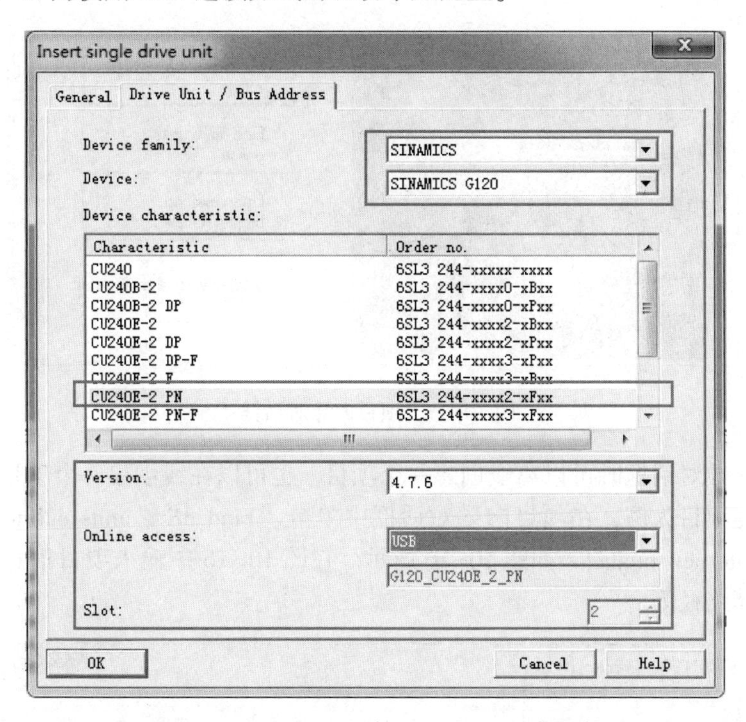

图 10-13　配置驱动单元——USB 方式连接

单击“OK”确认按钮，则在项目中成功添加了一个驱动单元设备，如图 10-14 所示。

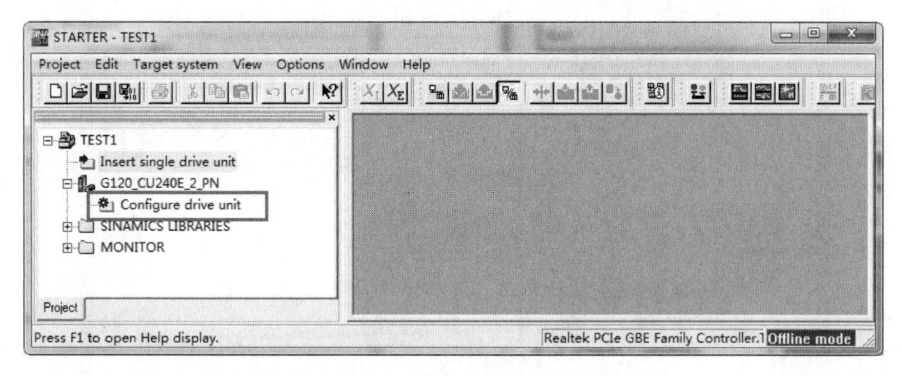

图 10-14　添加了驱动单元的项目视图

双击项目视图中所添加的驱动单元设备下的“Configure drive unit”，可以对变频器驱动单元进行组态。

（2）使用向导创建项目

使用“Project”菜单下的“New with wizard”选项，可以调出项目向导对话框，如图 10-15 所示。

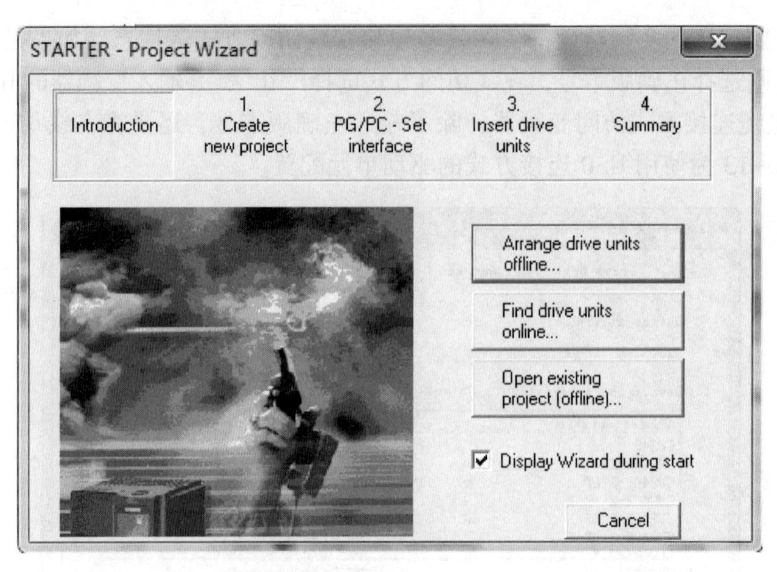

图 10-15　项目向导对话框

使用项目向导对话框既可以离线创建一个项目，也可以在线创建一个项目。

以在线创建项目为例，在项目向导对话框中单击“Find drive units online…”按钮，进入第 1 步：Create new project，如图 10-16 所示。在图 10-16 中输入项目信息，例如项目名称和项目的存储路径等。

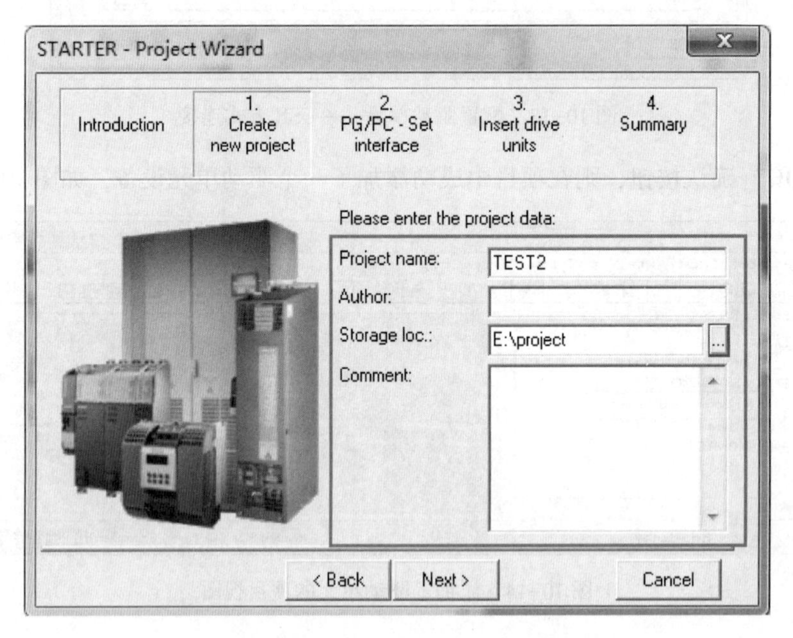

图 10-16　第 1 步：Create new project

单击“Next”按钮，进入第 2 步：PG/PC-Set interface，如图 10-17 所示。在这一步中，设置通信参数，功能与菜单中“Options->Set PG/PC interface…”相同。单击“Access point…”按钮，弹出设置访问点对话框，设置访问点参数；单击“PG/PC”按钮，弹出“设置 PG/PC 接口”对话框，设置通信接口参数。

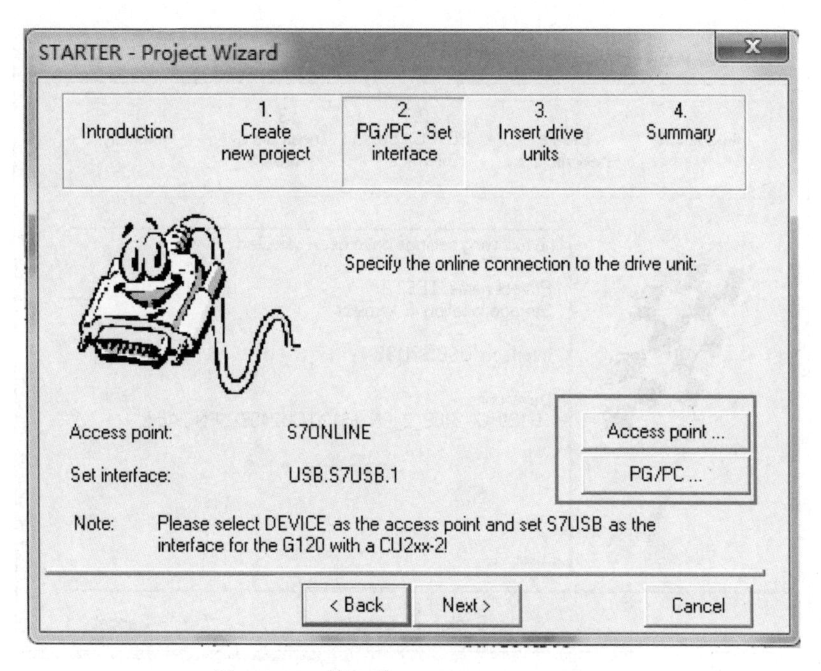

图 10-17　第 2 步：PG/PC-Set interface

单击“Next”按钮进入第 3 步：Insert drive units。系统会按照通信接口设置自动搜索变频器设备，如果第 2 步通信参数设置正确，则会将所搜索到的变频器设备添加到项目中，如图 10-18 所示。

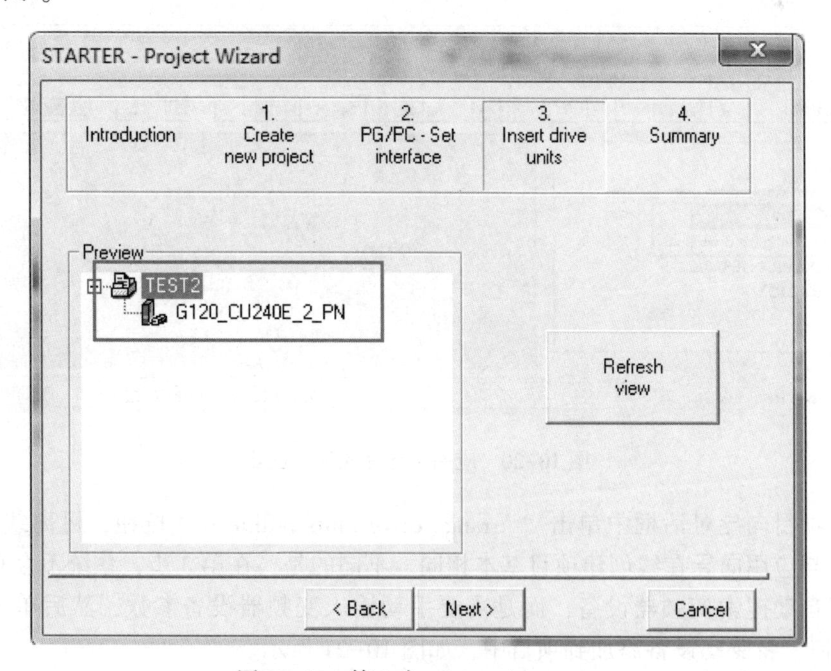

图 10-18　第 3 步：Insert drive units

单击“Next”按钮，进入第 4 步：Summary，显示项目信息，如图 10-19 所示。

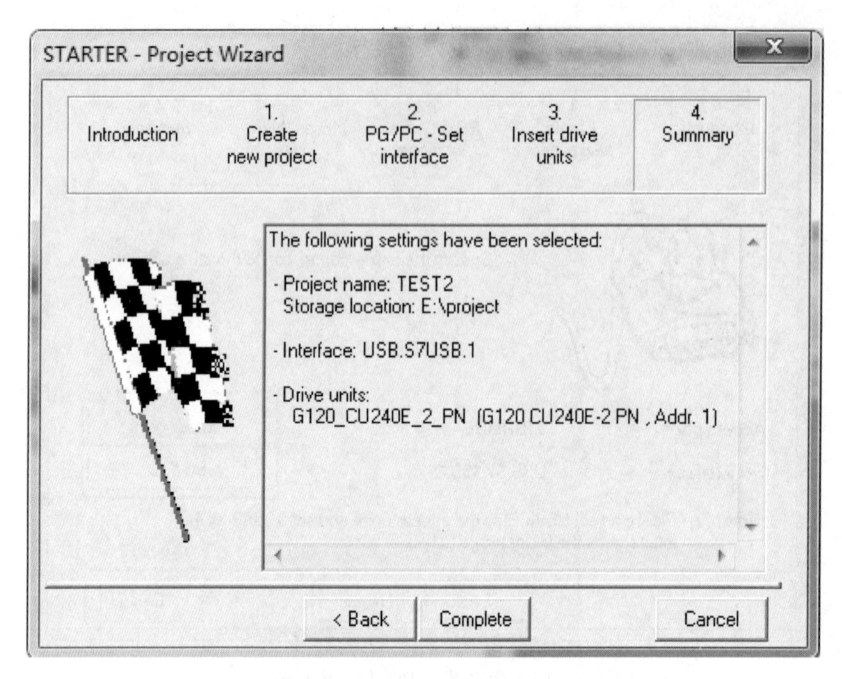

图 10-19　第 4 步：Summary

单击“Complete”按钮，完成项目的创建，在项目视图中会看到添加的变频器设备，如图 10-20 所示。

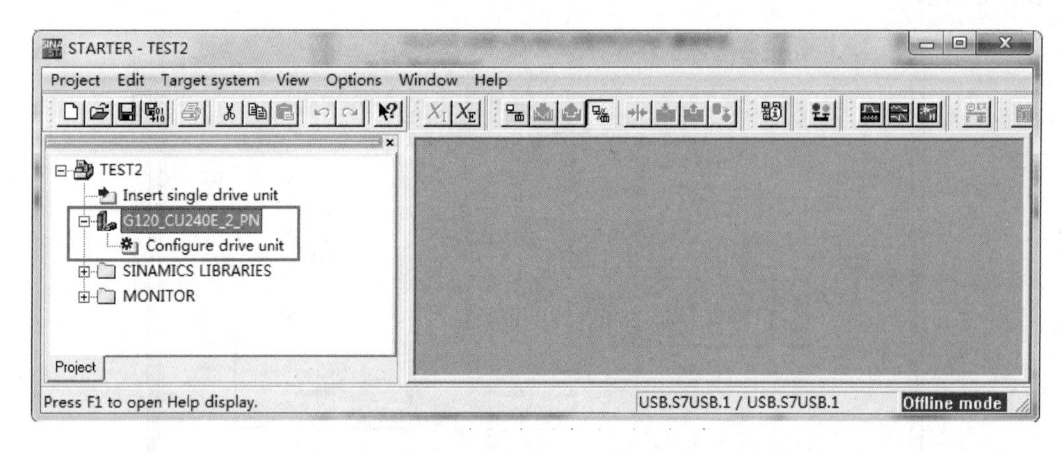

图 10-20　应用向导完成项目创建

如果在项目向导对话框中单击“Arrange drive units offline…”按钮，可离线创建项目，其操作界面与应用向导在线创建项目基本相同。不同的是，在第 3 步，系统不会自动按照通信接口设置自动搜索变频器设备，而是需要手动输入变频器设备参数，然后单击“Insert”〈插入〉按钮，将驱动设备添加到项目中，如图 10-21 所示。

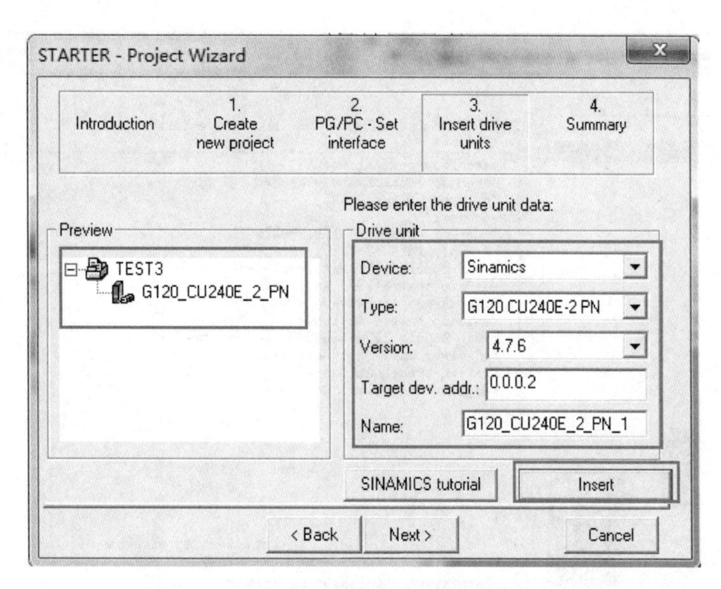

图 10-21　应用向导离线创建项目的第 3 步

10.6　组态变频器

对于 SINAMICS G120 系列变频器，项目建立完毕之后，还需要对变频器设备进行组态。

在项目视图中，双击所插入的变频器设备标识下的“Configure drive unit”，弹出设备组态对话框，如图 10-22 所示。

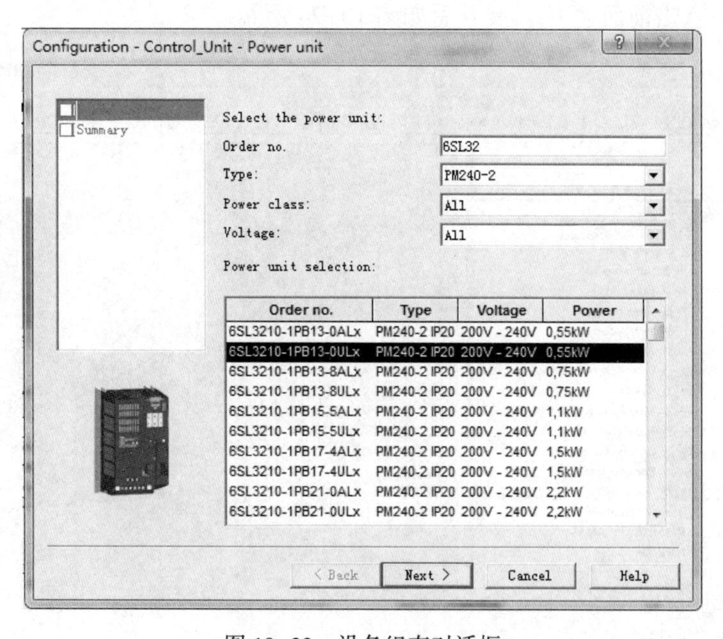

图 10-22　设备组态对话框

在图 10-22 中选择需要配置的变频器的功率模块的订货号等信息，单击“Next”按钮，弹出组态设备信息对话框，如图 10-23 所示。

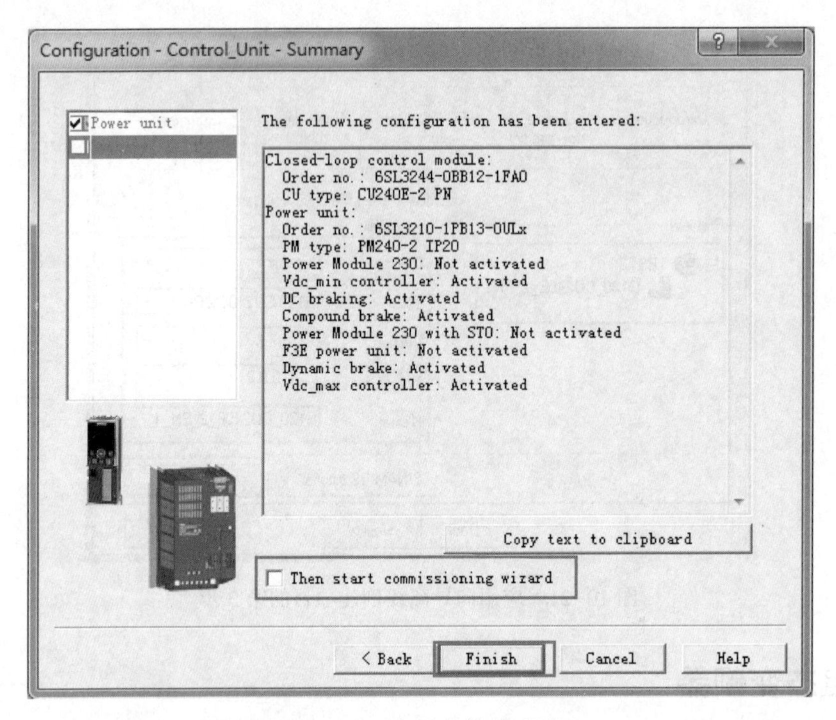

图 10-23　组态设备信息对话框

在图 10-23 中，如果没有勾选“Then start commissioning wizard”选项，则单击“Finish”按钮，将完成设备初步组态。完成后，在项目视图中所添加的设备下将增加一个“Control_Unit”，点击前面“+”，展开后如图 10-24 所示。

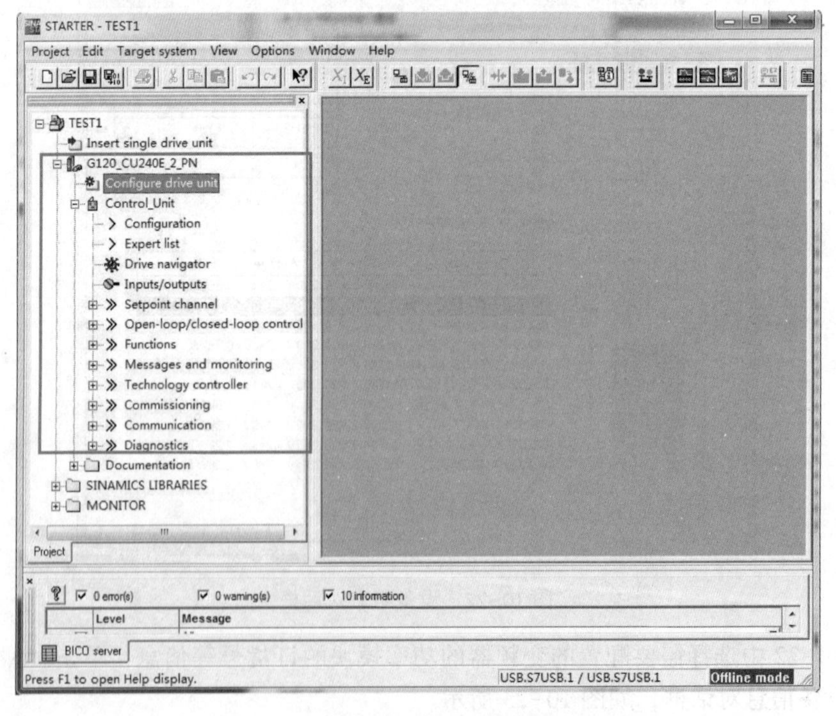

图 10-24　完成驱动单元组态的项目视图

在图 10-23 中，如果勾选了“Then start commissioning wizard”选项，再单击“Finish”按钮，则弹出变频器的调试向导，如图 10-25 所示，可以继续进行变频器调试工作。

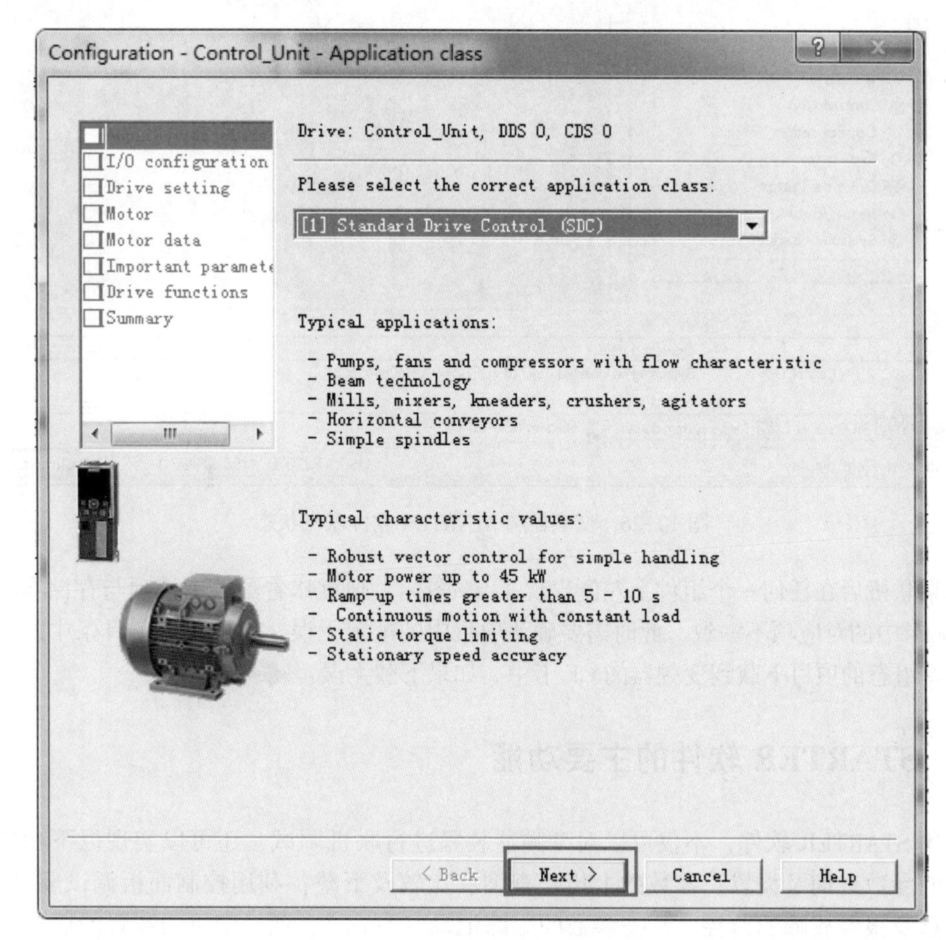

图 10-25　变频器的调试向导

按照调试向导，对变频器相应项进行设置后，单击“Next”按钮，一步一步进行组态参数设置，最终即可完成变频器驱动单元组态。

10.7　变频器联机

组态完成后，将在项目视图中所配置的变频器设备下列出了添加的所有组件。单击 STARTER 软件工具条中的“在线”图标，如果连接正常，则在状态条中显示“Online mode”，如图 10-26 所示，此时可以应用 STARTER 软件对变频器设备进行联机操作。如果连接不成功，则可能的原因如下：通信参数设置不正确；变频器参数设置不正确；连接线缆未连接对应设备或接触不良；变频器设备未接通电源。

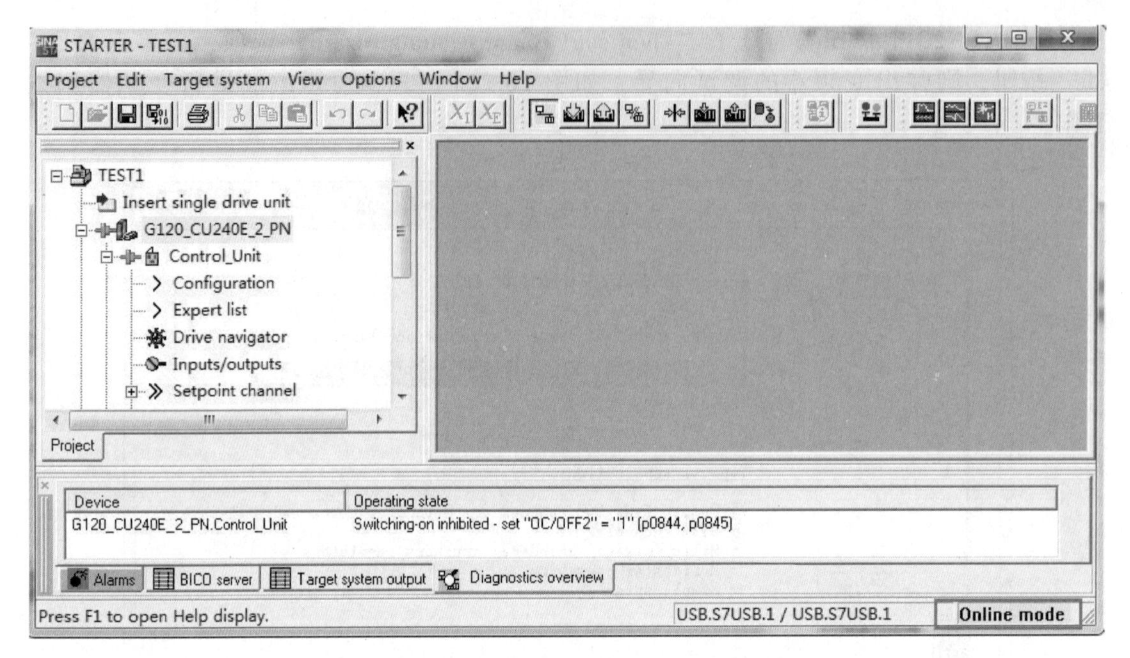

图 10-26　变频器与 STARTER 软件联机状态

如果联机后在任何一个组件上左侧出现了图标，则意味着配置中该项与存储在变频器设备 CF 卡中的对应项不一致，此时需要确认项目中的配置无误，然后单击工具条中的下载图标，将组态的项目下载到变频器的 CF 卡中。如果下载无误，将变成。

10.8　STARTER 软件的主要功能

使用 STARTER 软件，不仅可以对变频器装置进行联机调试，还可以实现以下功能：驱动装置的参数查询及设置；参数的上传、查询、比较及下载；利用控制面板调试驱动装置；状态信息及报警故障的监控；动态参数的跟踪记录（Trace）；项目中驱动装置的版本查询及升级；项目的备份。

（1）可访问节点与在线

变频器的许多操作都需要先对变频器与计算机进行在线联机。

新建一个空的项目，并单击工具条中的“在线”图标。由于项目中没有驱动设备，将弹出提示框，提示是否搜索可访问设备，如图 10-27 所示。

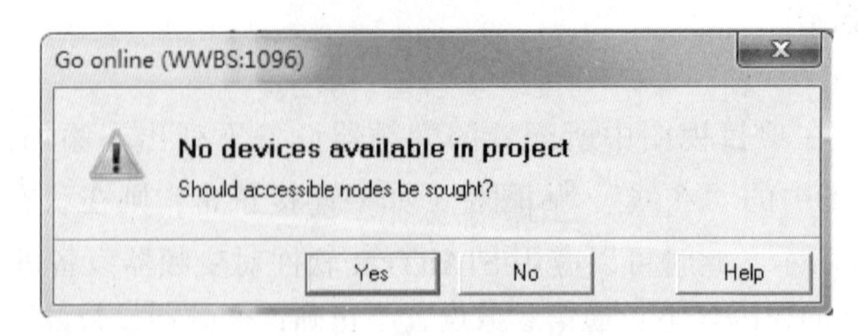

图 10-27　提示是否搜索可访问设备

单击“Yes”按钮进行确认，如果通信设置正确，则在工作区显示可访问节点视图，如图 10-28 所示。在可访问节点视图中，选中已找到的 G120 变频器设备，单击“Accept”按钮，则实际变频器设备将被传输到项目中。

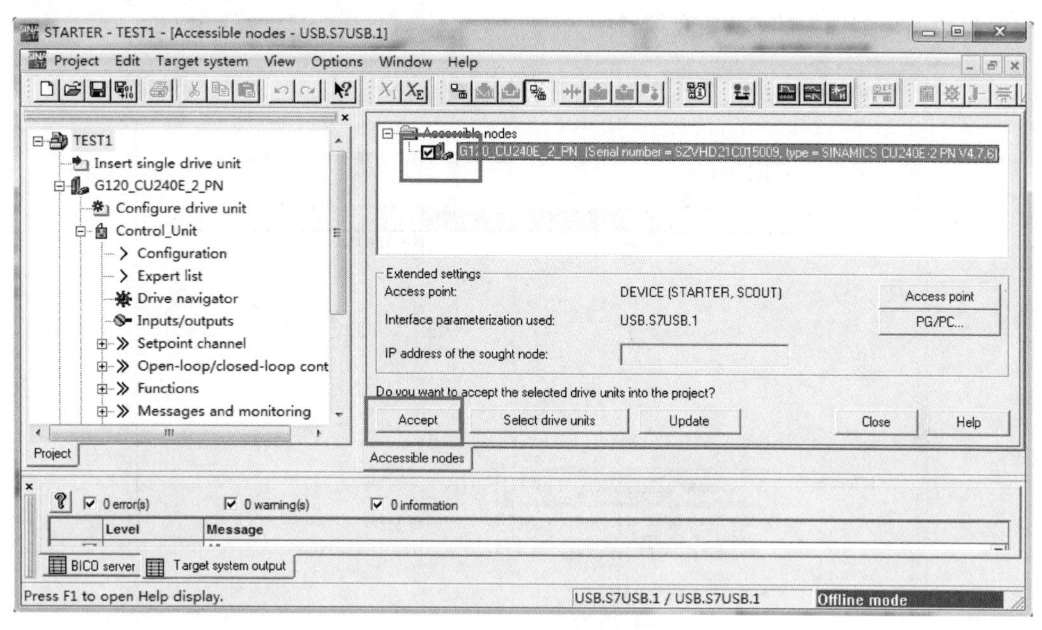

图 10-28　可访问节点

在项目树中选中已传输到项目中的 G120 变频器设备，单击工具条中的“在线”图标，弹出分配目标设备“Assign Target Devices”对话框，如图 10-29 所示。

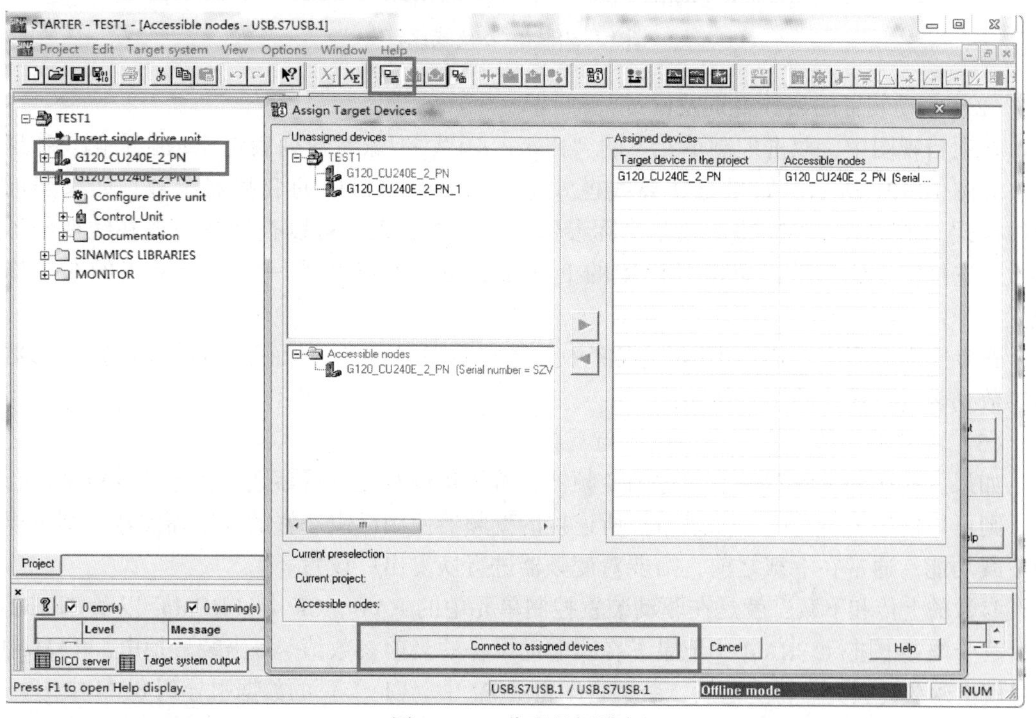

图 10-29　分配目标设备

在该对话框中单击“Connect to assigned devices”按钮，由于传输到项目的变频器设备还没有组态，所以弹出一个在线/离线比较“Online/offline comparison”对话框，如图 10-30 所示。单击上载硬件组态到编程器“Load HW configuration to PG”按钮，则将实际变频器的组态等参数上传到选中的 G120 变频器中。

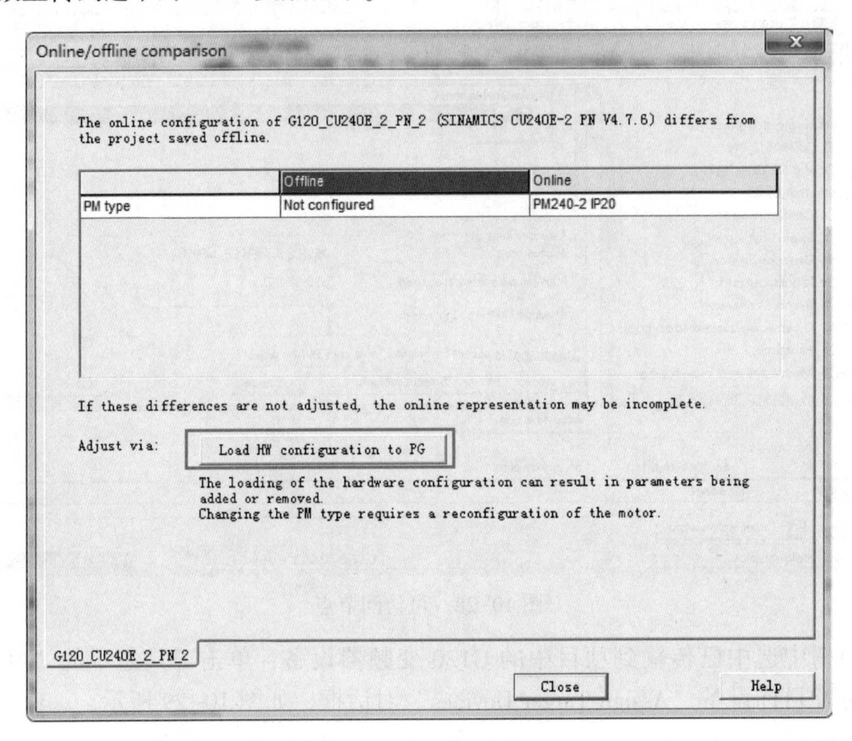

图 10-30 在线/离线比较

(2) 驱动装置的参数查询及设置

在项目视图中，双击控制单元下的“Expert list”，专家参数列表将显示在右侧工作区窗口，如图 10-31 所示。如果是在离线模式下，则显示项目中的变频器参数；如果当前是在线模式，则显示所连接的变频器实际参数。拖动滚动条，可以查询离线或在线变频器的参数；选择需要的参数，单击可设置的 P 参数，可以在参数值一栏进行适当的在线修改设置。

在专家参数列表“Expert list”视图中，还有新建、打开、保存、查找及设置过滤器等对参数列表进行操作的工具按钮。

(3) 参数的上传、恢复出厂设置与下载

如果所连接的变频器是使用过的变频器，希望将现有变频器参数保存至计算机中进行备份，则可以使用上传功能。如果希望所连接的变频器使用已组态好的变频器参数，则可以使用下载功能。通常在下载之前，需要对变频器进行恢复出厂设置。

参数的上传和下载，就是在驱动装置控制单元中的 RAM、CF 卡（ROM）以及 STARTER 项目三个位置中进行。RAM 中记录了在线驱动设备的当前参数值。每当装置掉电，RAM 中的信息就会永久性丢失。再上电后，装置自动将 ROM 中（CF 卡）的数据引导到 RAM 中。

在 STARTER 项目中设置的驱动参数可以下载到装置的 RAM 中，并通过“Copy RAM to

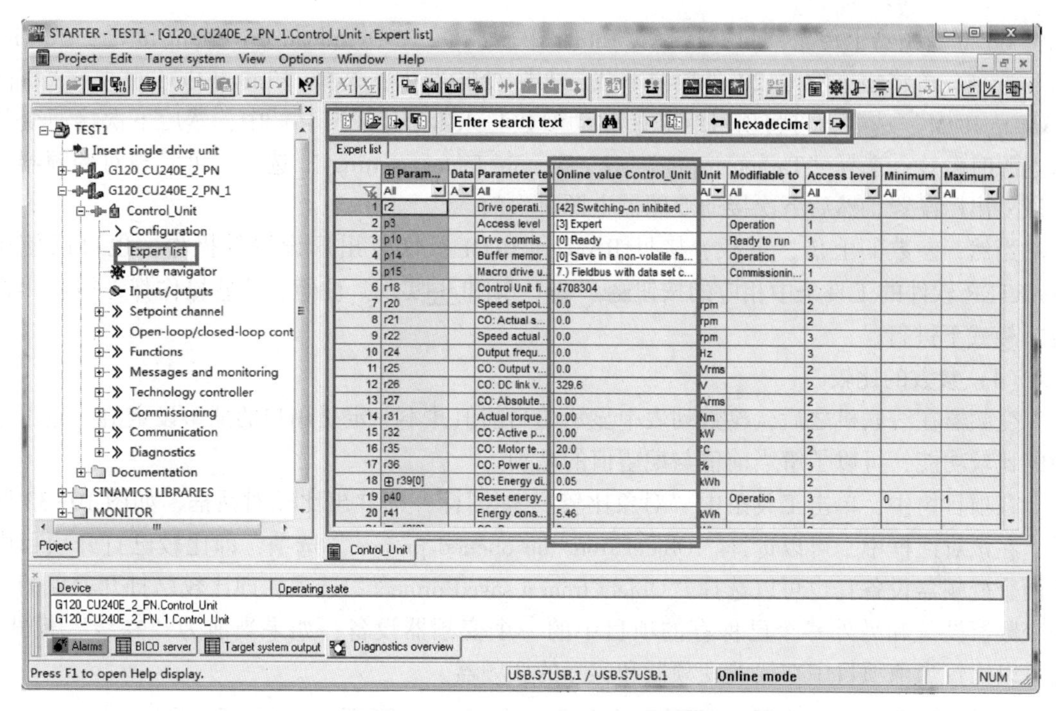

图 10-31　驱动装置的参数查询及设置

ROM”，将项目驱动参数写入 ROM（CF 卡）中。同时，ROM（CF 卡）中的驱动参数也可以通过“导入到 PC”上传到项目中。

例如，在项目树中，选中与实际设备在线连接的 G120 变频器，通过鼠标右键调出快捷菜单，如图 10-32 所示。选择“Target device”→“Load drive unit to PG…”选项，可以实

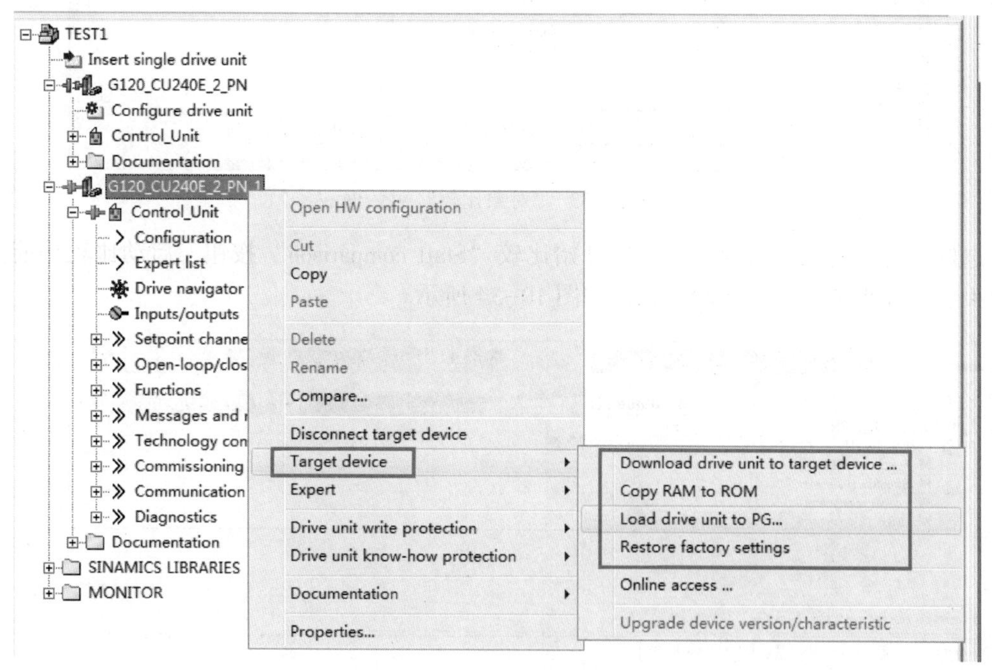

图 10-32　驱动装置的快捷菜单

现将 G120 变频器上传至项目；选择“Target device”→“Download drive unit to target device ...”选项，可将组态的 G120 变频器下载至实际变频器中；选择“Target device”→“Copy RAM to ROM”选项，可将项目组态的驱动参数写入 ROM（CF 卡）中，然后下次接通变频器电源时生效；选择“Target device”→“Restore factory settings”选项，可实现对变频器进行恢复出厂设置，然后下次接通变频器电源时生效。

当然，参数的上传、下载、拷贝 RAM 到 ROM 及恢复出厂设置等操作，也可以使用 STARTER 软件的工具条中相应的按钮、、和实现。注意，这些操作都必须在“在线”模式下进行。

（4）参数的比较

变频器在线联机之后，参数列表中显示的当前值并不一定是用户的期望设定值。通过参数的比较功能，可以了解当前值与期望值的差别。

在项目树中，单击工具条中“对象比较”图标，则弹出比较对话框，如图 10-33 所示。在该对话框中，可以选择“Object from the opened project”选项，即比较已打开项目中的两个变频器设备；也可以选择“Object from a saved project”选项，即比较已打开项目的一个变频器设备和另外一个已保存的项目中的一个变频器设备；如果当前为“在线”模式，则可以比较当前项目中在线的变频器和实际的变频器。

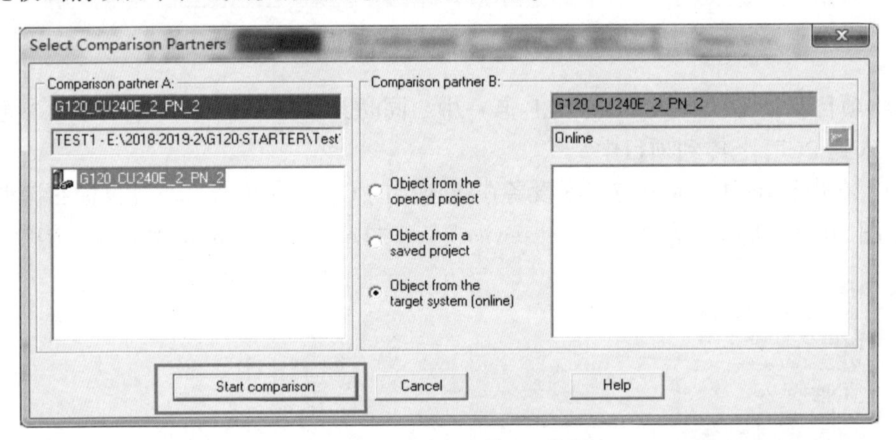

图 10-33 “对象比较”对话框

选好待比较的两个对象，再单击开始比较“Start comparison”按钮，启动比较功能。比较结束后，在视图中显示比较结果，如图 10-34 所示。

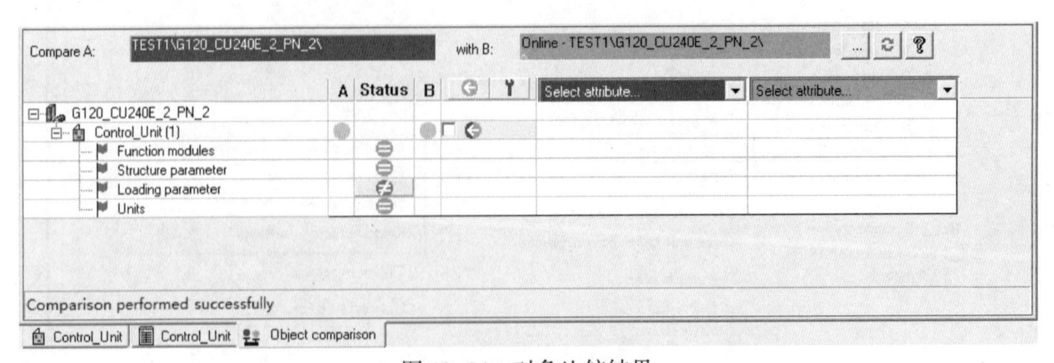

图 10-34 对象比较结果

单击对象比较视图中的图标，显示详细比较结果，如图 10-35 所示。

Detail comparison

Objects to be compared

- ☑ G120_CU240E_2_PN_2.Control_Unit
- ☑ G120_CU240E_2_PN.Control_Unit

Filter settings

Value filter: Unequal

Parameter filt.: Activated

Parameter with access level 4: Visible

Result

	⊟ Parameter	Data	Parameter text	G120_CU240E_2_PN_2.Control_Ur	G120_CU240E_2_PN.Control_Unit	Unit
1	p340[0]	D	Automatic calculat...	[0] No calculation	[1] Complete calculation	
2	p640[0]	D	Current limit	0.84	0.60	Arms
3	p1910		Motor data identifi...	[1] Complete identification (ID) and ...	[0] Inhibited	
4	p3334		2/3 wire control s...	[0] No wire control	[1] Two wire control clockwise/co...	
5	⊟ p8809		Identification and ...			
6	p8809[5]		Identification and ...	188	165	
7	p8809[6]		Identification and ...	86	172	
8	p8809[7]		Identification and ...	32	224	
9	p8925		PN interface confi...	[0] No function	[2] Save and activate configuration	
10	p9799		SI setpoint checks...	D34E7CBCH	0H	

Lines with values not available: 0　Lines with equal values: 0　Lines with unequal values: 9

Save comparison result ...　Print comparison result...　Close　Help

图 10-35　详细比较结果

（5）控制面板调试

利用控制面板来调试驱动装置是 STARTER 的一个主要功能。

① 单击工具条中的图标进入在线模式。

② 选择需要调试的已在线连接的 G120 变频器，双击项目树中该变频器下调试“Commissioning”中的控制面板“Control panel”选项，则在 STARTER 软件界面的下方区域显示控制面板“Control panel”窗口，如图 10-36 所示。

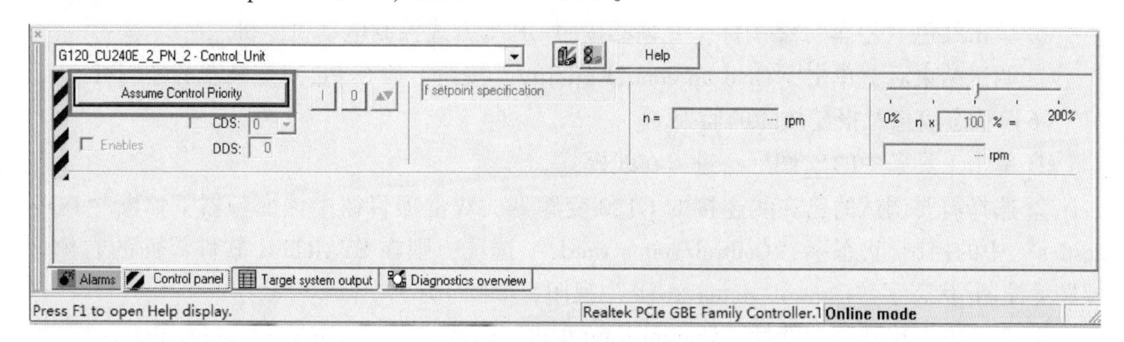

图 10-36　控制面板窗口显示 1

③ 单击控制面板“Control panel”窗口中的“Assume control Priority”按钮，授予 PC 对变频器的控制权。弹出“Assume control Priority”的提示框，单击“Accept”按钮，进行确

认。此时，控制面板“Control panel”窗口显示如图 10-37 所示。

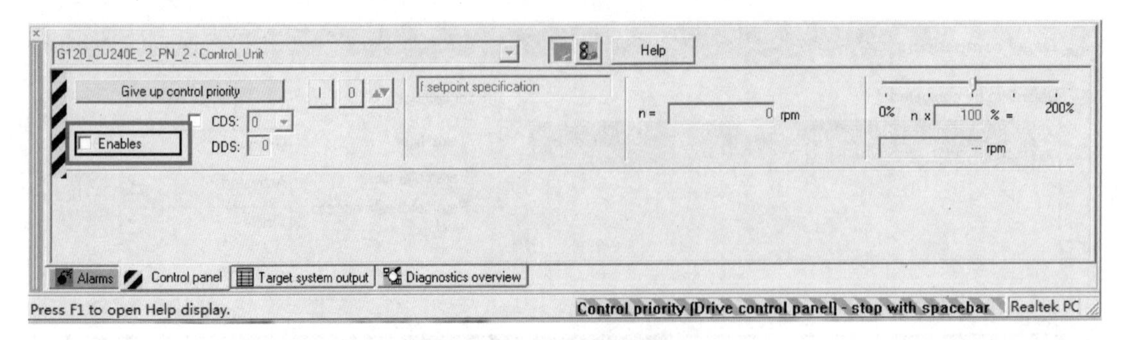

图 10-37　控制面板窗口显示 2

④ 在控制面板“Control panel”窗口中，勾选“Enable”选项后，控制面板“Control panel”窗口显示如图 10-38 所示。

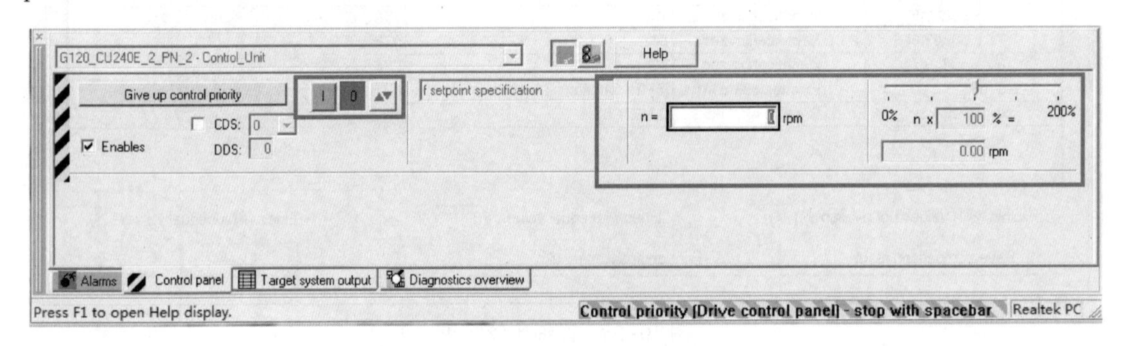

图 10-38　控制面板窗口显示 3

⑤ 在“n=”位置处的编辑框中输入给定速度，单击绿色“运行”图标，则电动机按照给定速度运行。如果设置了电动机检测参数，则首次起动时，变频器会自动进行电动机检测，待电动机检测结束后，再次按下绿色“运行”图标，电动机才按照给定速度运行。按下图标，则可以对电动机进行点动控制。在窗口右侧，可以显示电动机实际设定转速，也可以通过滑块调节设定转速。

⑥ 单击红色“停车”图标，变频器按照 OFF1 方式控制电动机停机。

⑦ 调试结束后，单击“Give up control priority”按钮，放弃 PC 对变频器的控制权。

(6) 状态信息及报警故障的监控

① 单击工具条中的图标，进入在线模式。

② 选择需要调试的已在线连接的 G120 变频器，双击项目树中该变频器下诊断“Diagnostics”中的控制/状态字“Control/status words”选项，则在 STARTER 软件界面的右侧区域显示控制/状态字“Control/status words”视图，如图 10-39 所示。

③ 在右侧下拉列表中选择“Control word faults/alarms”、“Status word faults/alarms 1”或“Status word faults/alarms 2”，监视控制字或状态字中是否有报警及故障出现。同时，在 STARTER 软件界面下方区域，可选择“Alarms”标签页，查看故障和报警信息，如图 10-40 所示。如果存在报警，则可选中某条故障或报警，通过单击“Help for event”按钮，来调出帮

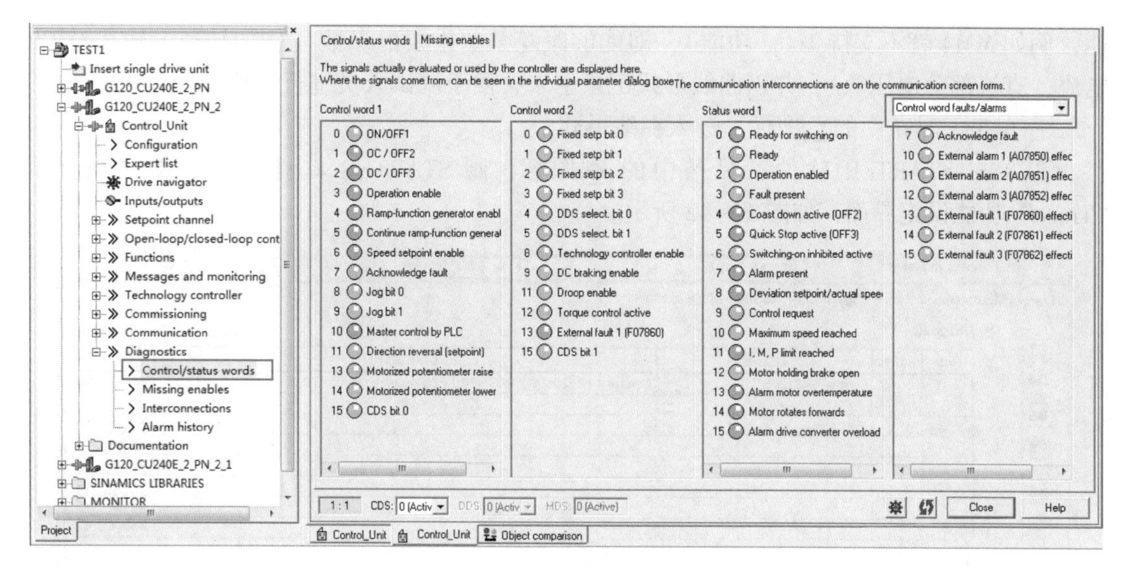

图 10-39　控制/状态字视图窗口

助对话框，以便查出故障或报警原因。选中某条故障或报警，通过单击“Acknowledge”按钮，对该故障或报警进行应答，也可单击“Acknowledge all”，对所有故障和报警进行应答。

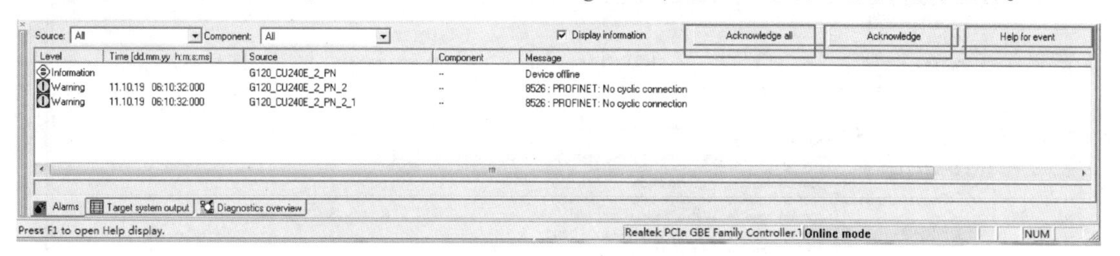

图 10-40　“Alarms”视图窗口

④ 双击项目树中需要调试的变频器下诊断“Diagnostics”中的丢失使能“Missing enables”选项，则在 STARTER 软件界面的右侧区域显示“Missing enables”视图，显示丢失的使能参数。

⑤ 双击项目树中需要调试的变频器下诊断“Diagnostics”中的报警历史记录“Alarm history”，在 STARTER 软件界面的下方区域显示“Alarm history”视图，可查询报警故障历史记录。如图 10-41 所示。

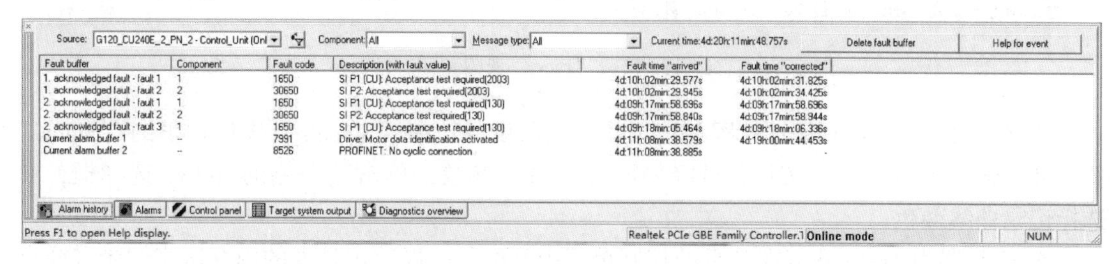

图 10-41　“Alarm history”视图窗口

（7）参数的跟踪记录（Trace）

STARTER 调试软件提供了强大的 Trace 功能（不是所有西门子变频器都支持 Trace 功

能，例如MM4就不支持Trace功能)，即能够跟踪某些重要的参数（例如转速，输入/输出电流，直流部分电压等)，并以曲线形式记录下来，便于调试人员进行分析。

① 单击工具条中的图标，进入在线模式。

② 单击STARTER软件工具条中的图标，则STARTER软件界面右侧区域显示“Trace”功能设定界面，如图10-42所示。

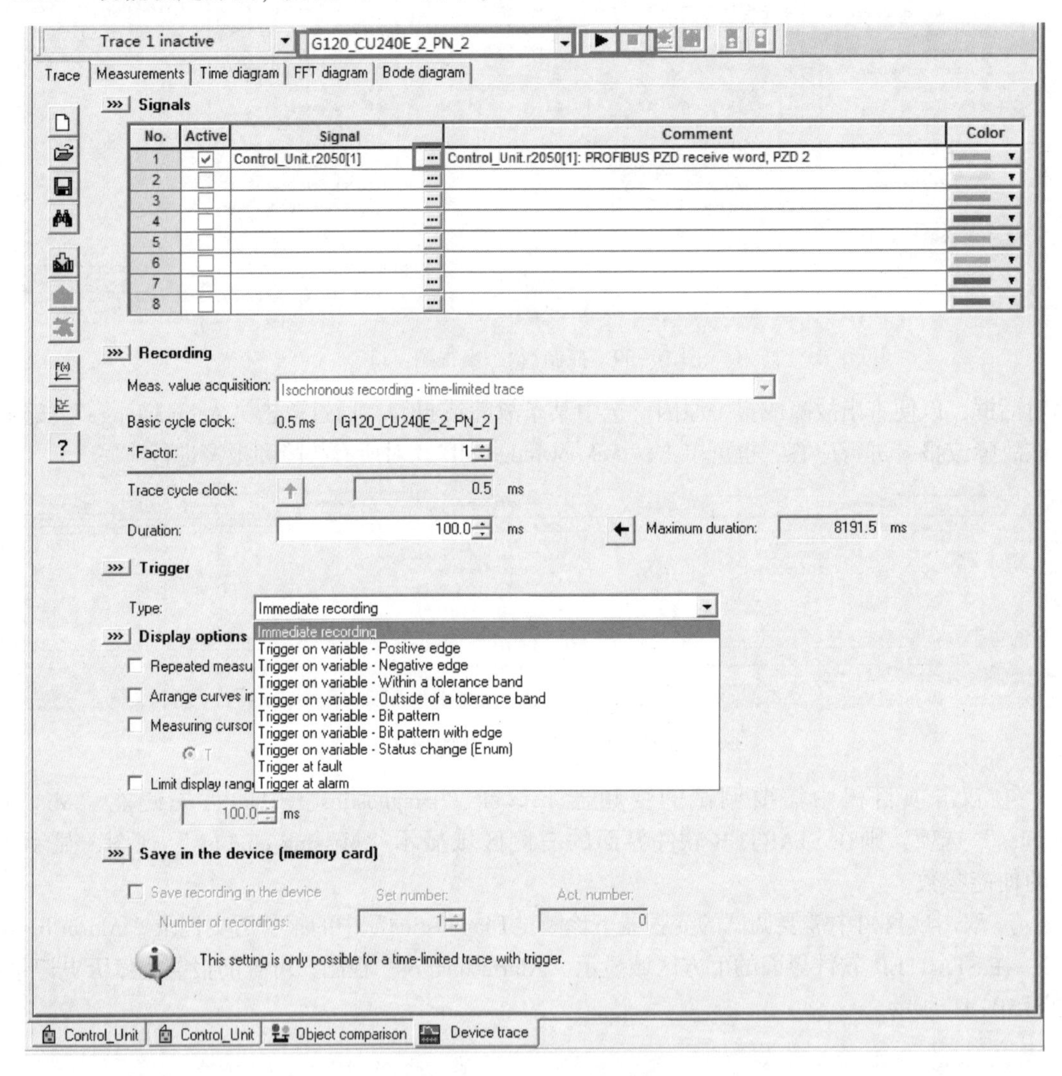

图10-42 “Trace”视图窗口

③ 在“Trace”界面里选择跟踪记录的变频器设备，在“Signals”表格栏里的“Signal”位置处，通过单击“...”按钮，选择要跟踪记录的参数，单击其左侧的Active选择框，并选择记录曲线颜色。

④ 变频器为Trace功能在自身的控制单元中开辟了一段特定长度的内存区来记录采样点上的数据，因而能够记录的数据个数是有限的。在“Recording”部分，以最小采样时间为基数选择记录点的间隔。

⑤ 在“Trigger”部分，通过下拉列表选择触发的条件。

⑥ 单击“Trace”界面左侧的“下载”图标，将设置下载到变频器中。

⑦ 单击“Trace”界面工具条中的“运行”▶图标，跟踪记录开始；跟踪记录期间单击■图标，可提前结束跟踪记录。

⑧ 跟踪记录结束后，会自动显示“Time diagram”视图窗口，显示记录的图形。

⑨ 在记录的图形中单击鼠标右键，选择描述曲线图形的各种工具，例如横纵坐标尺，放大/缩小比例等。

⑩ 单击“Measurements”标签，切换至“Measurements”选项卡，将要记录的图形选中，单击该界面左侧工具条中的“保存”图标，对所选图形按指定路径和名称进行保存。下次需要调用已记录的曲线图形时，单击该界面左侧工具条中的“打开”图标，选择曲线图形所存储的路径和名称，则可以调出该曲线。

（8）项目中变频器装置的版本升级

① 单击工具条中的图标，进入在线模式。

② 在项目中选择要升级的变频器，单击鼠标右键，选择“Target device”选项中的“Upgrade device version/characteristic”，如图 10-43 所示。

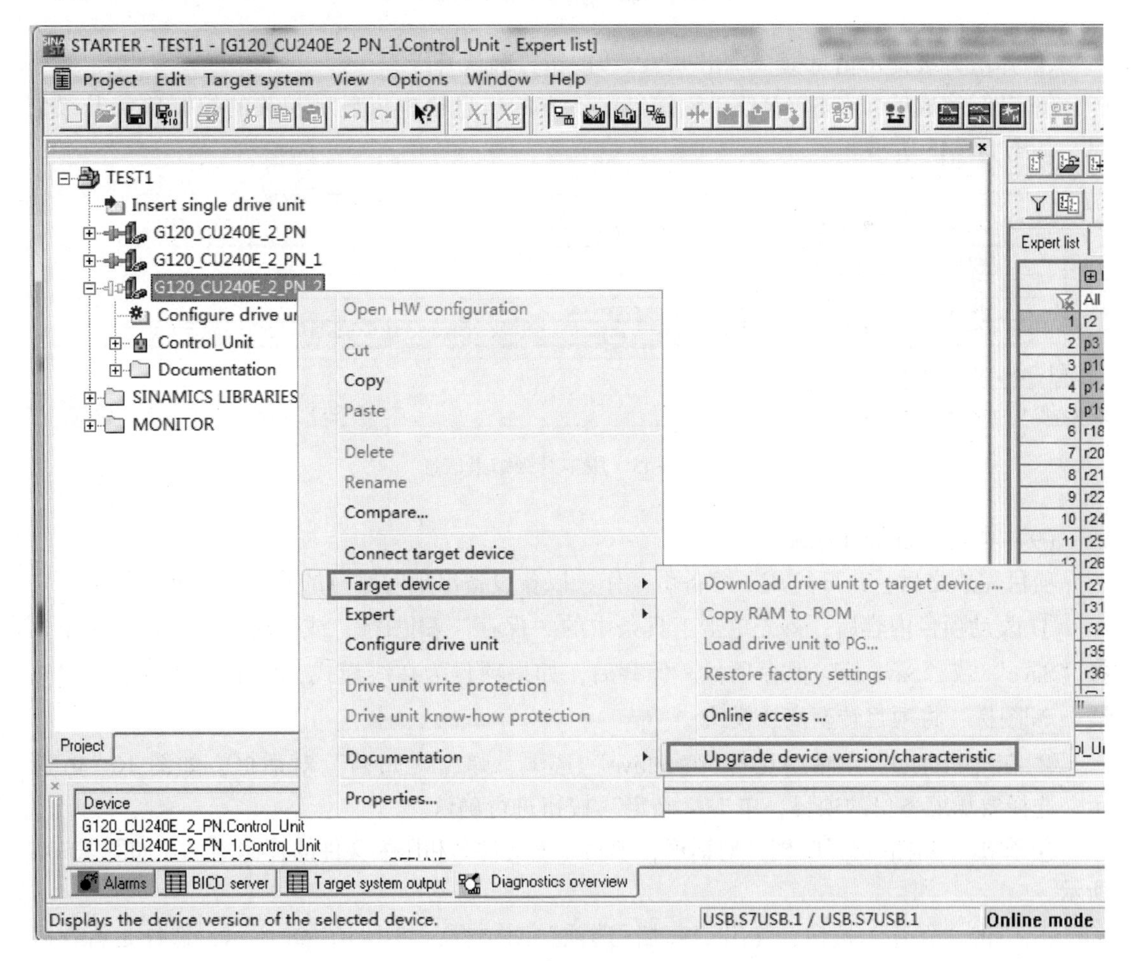

图 10-43　版本升级快捷菜单

③ 弹出版本升级对话框，选择高级版本，单击“Upgrade”按钮，如图 10-44 所示。

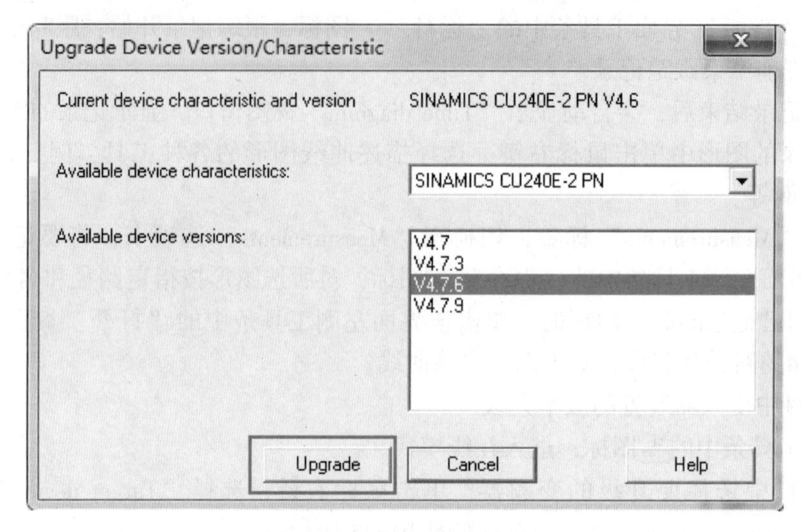

图 10-44　版本升级对话框

④ 弹出升级提示信息框，单击“Yes”按钮，确认升级。

⑤ 升级完成后，在 STARTER 软件界面下方的信息栏中将显示相关的控制单元升级信息，如图 10-45 所示。

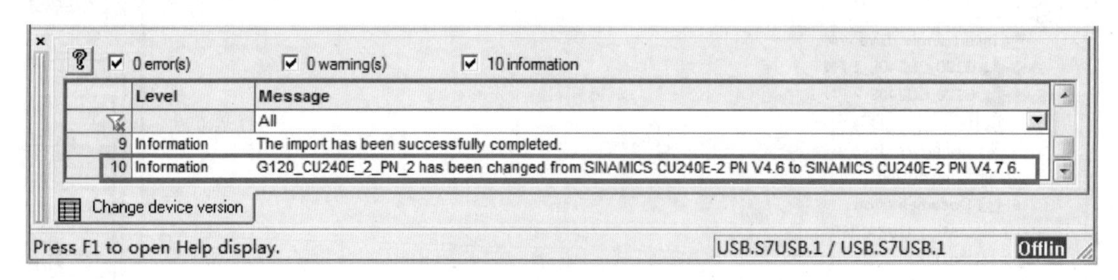

图 10-45　版本升级结果信息

(9) 项目的备份（压缩）

项目完成之后，最好完成压缩备份工作，以备设备出现问题时的检测、诊断或恢复。

① 改动项目内容后，首先单击工具条中的“保存”图标，或使用“Project”菜单选择“Save”或“Save as”保存项目。保存后，如果项目为在线模式，单击工具条中的“离线”图标，将项目转至离线模式。

② 在“Project”菜单中选择“Archive”选项，弹出“归档”对话框，如图 10-46 所示。选择要压缩备份的项目，单击“确定”按钮进行确认。

③ 弹出“归档-选择归档”对话框，填写压缩文件名和压缩文件的存储路径，如图 10-47 所示。

④ 单击“保存”按钮，弹出“归档-选项”对话框，如图 10-48 所示，选择是否在多种数据介质上归档，再单击“确定”按钮，执行归档。

⑤ 在 DOS 窗口显示压缩过程。待 DOS 窗口关闭，则项目压缩完毕。

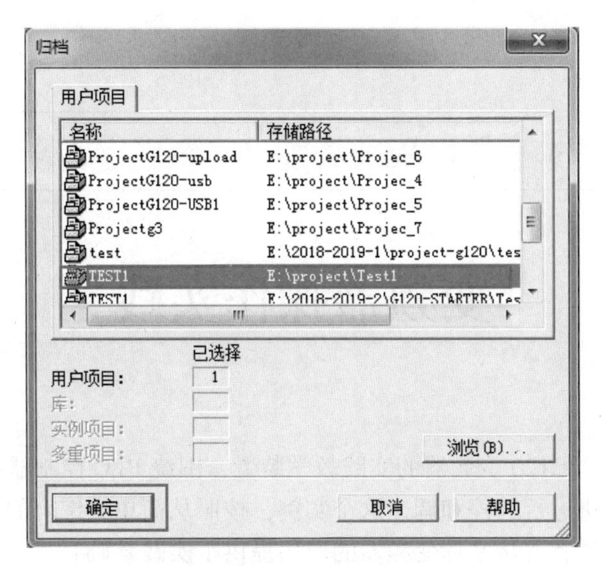

图 10-46　“归档”对话框

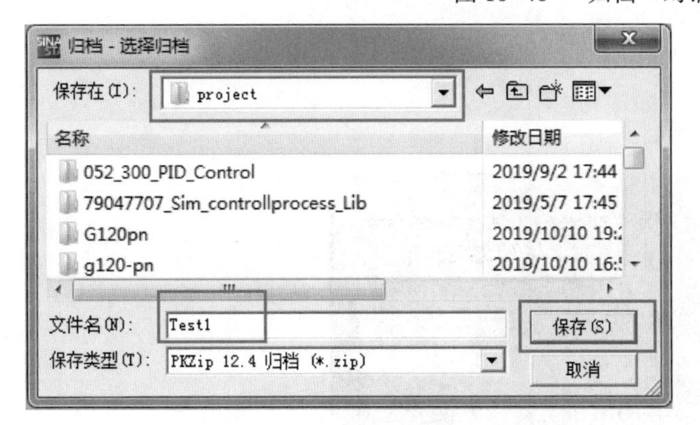

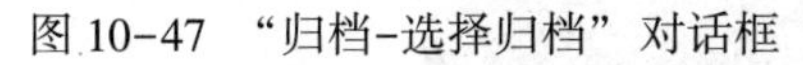
图 10-47　“归档-选择归档”对话框

图 10-48　“归档-选项”对话框

如果需要解压一个项目，则需要在“Project”菜单中选择“Retrieve from archive...”选项，在弹出的第一个对话框中，选择压缩文件，单击“打开”按钮，然后再在弹出的第二个对话框中选择项目解压之后的存储路径，单击“确定”按钮，则执行解压操作，DOS 窗口显示解压缩过程。待 DOS 窗口关闭后，解压项目完毕，并且解压后的项目显示在 STARTER 软件界面中。

第 11 章

变频器操作实践

本章主要依托一个 G120 变频器的实践教学装置，围绕 PLC 控制器和触摸屏共同通过网络控制变频器对电动机进行起停和调速这个实例，按照从简单到综合的思路，给出相应的变频器操作实践，为初学者逐步掌握变频器的应用提供了实践基础。

11.1 变频器教学实践装置

变频器教学实践装置如图 11-1 所示。

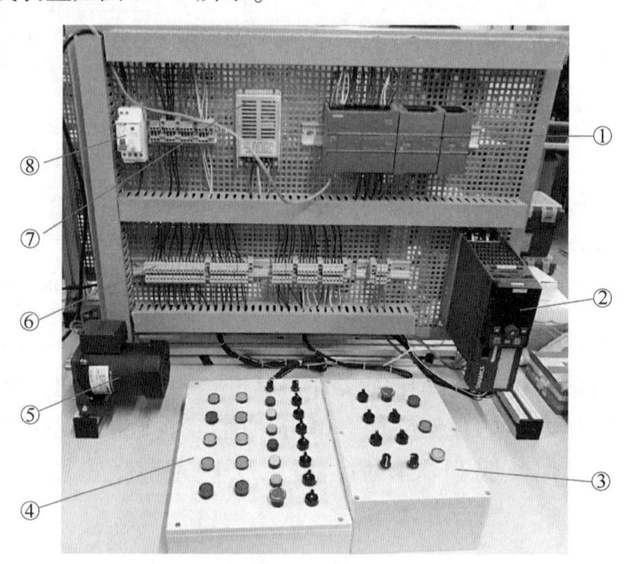

图 11-1　G120 变频器实践教学装置

①—PLC ②—G120 变频器 ③—G120 变频器控制盒 ④—PLC 控制盒 ⑤—交流电机
⑥—端子排 ⑦—开关电源 ⑧—低压断路器

教学实践装置本身分为机械结构与控制系统硬件设备两部分。

11.1.1 机械结构

变频器教学实践装置的机械结构主要用于各电器及设备的安装及接线，主要包括台架和电动机支架，另外还有用于安装 I/O 设备的控制盒。

（1）台架

台架由一个 800 mm×550 mm 网孔板和底座构成。网孔板用于安装变频器设备、开关电源、导轨和走线槽等部件；底座由铝合金型材构成，使用了两根规格为 20 mm×20 mm×500 mm 的型材和一根规格为 20 mm×20 mm×760 mm 的型材，型材连接处使用专用的三角形紧固件连接。台架组成如图 11-2 所示。

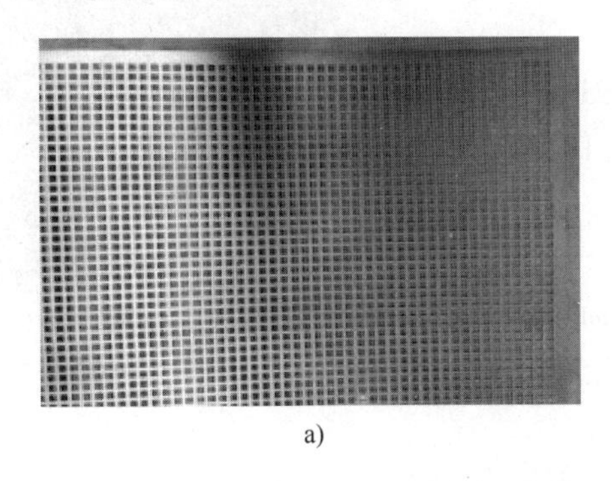

a)

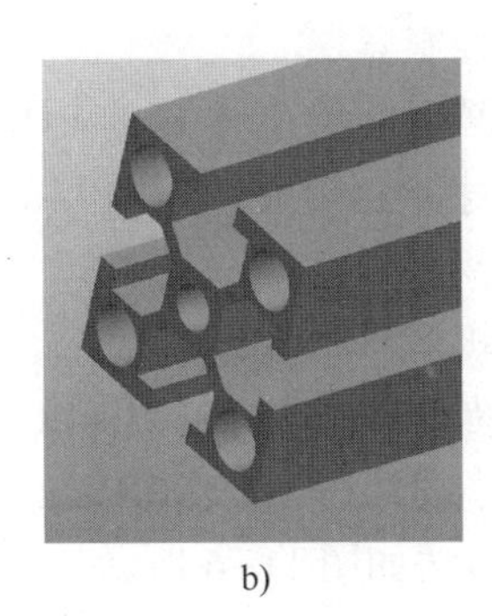

b)

图 11-2　台架组成

a）网孔板　b）型材

（2）电动机支架

电动机支架用于固定安装电机。变频器教学实践装置所使用的直径为 90 mm 的交流异步电动机，根据该尺寸，选择相应的电动机支架，如图 11-3 所示。电动机支架通过螺栓固定安装在型材底座上。

（3）控制面板

变频器教学实践装置上的变频器和 PLC 所连接的按钮及指示灯等设备安装在控制面板上。控制面板分为 PLC 端控制面板与变频器端控制面板，依次采用规格 320 mm×240 mm×110 mm 和 263 mm×182 mm×125 mm 的塑料防水接线盒，外观如图 11-4 所示。

图 11-3　电动机支架

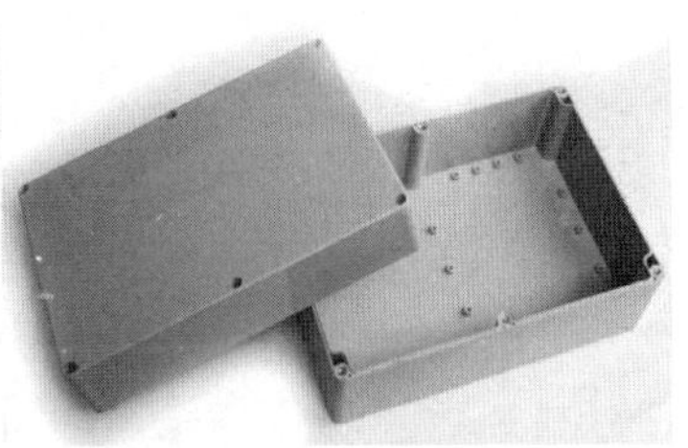

图 11-4　塑料防水接线盒

11.1.2　控制系统硬件设备

控制系统硬件设备部分主要涉及硬件设备、I/O 信号、I/O 地址分配及电气原理图等。

（1）变频器

本课题是选用 G120 变频器作为教学实践装置使用的变频器。G120 变频器是一款模块式的变频器系统，包含功率模块（PM）和控制单元（CU）及变频器操作面板三个模块。

其中，功率模块采用 PM240-2 型，控制单元选择 CU240E-2PN 型，变频器操作面板采用 SIEMENS IOP 智能操作面板。

（2）PLC 控制器

PLC 控制器为性价比较高的 CPU1214C AC/DC/RLY 型，它自身带 14 点 DI 输入，10 点 DO 输出，外观如图 11-5 所示。

图 11-5　西门子 S7-1200PLC——CPU1214C AC/DC/RLY

（3）电动机

教学实践装置对电动机的要求相对简单，所以选用功率相对较小的精研 90YS90DY22 型电动机。该电动机型号命名方法如图 11-6 所示。

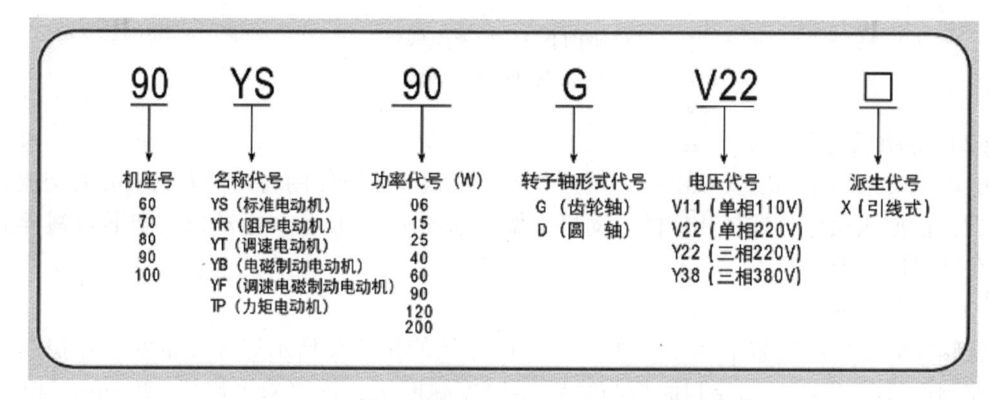

图 11-6　精研电动机型号命名方法

根据精研电动机型号命名方法可知，90YS90DY22 型电动机的外径 90 mm，功率90 W，输出轴为圆轴，使用三相 220 V 电源供电。三相电源与电动机之间的接线示意图如图 11-7 所示。

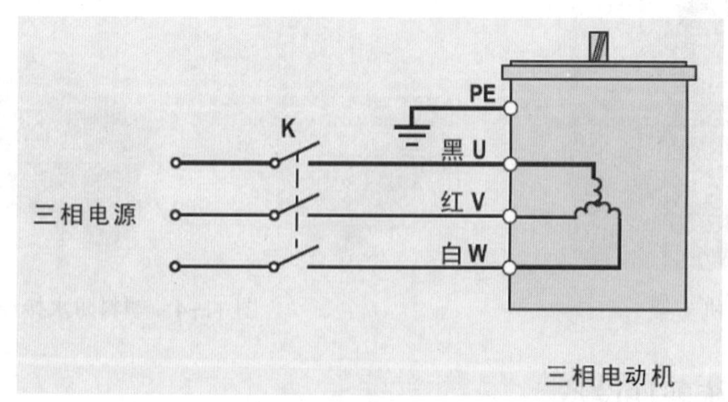

图 11-7　三相电源与电动机之间的接线示意图

当供电频率为 50 Hz 时，电动机电流为 0.56 A，额定转速为 1300 r/min，起动转矩为 2000 mN · m，额定转矩为 700 mN · m；当供电频率为 60 Hz 时，电动机电流为 0.48 A，额定转速为 1600 r/min，起动转矩为 1600 mN · m，额定转矩为 560 mN · m。

（4）触摸屏

教学实践装置使用繁易触摸屏作为上位监控系统 HMI 设备，具体型号为上海繁易公司的 F007 型号的 7″电容触摸屏，外观如图 11-8 所示。

图 11-8　繁易触摸屏 F007 外观

主要硬件设备见表 11-1。

表 11-1　主要硬件设备

名　称	型　号	
电动机	精研 90YS90DY22	
变频器 G120	CU	SINAMICS CU240E-2PN
	PM	SINAMICS PM240-2
	操作面板	SIEMENS IOP
PLC	CPU	CPU1214C AC/DC/RLY
HMI	繁易 F007	

11.1.3　I/O 设备

在变频器教学实践任务中，可以通过变频器自带的 I/O 设备实现对电动机的起停等控制，也可以通过网络由 PLC 控制器所连接的 I/O 设备实现对电动机的远程控制。

变频器自带的 I/O 设备安装在变频器控制盒上，PLC 控制器所连接的 I/O 设备安装在 PLC 控制盒上。变频器自带的 I/O 设备见表 11-2，PLC 所连接的 I/O 设备见表 11-3。

表 11-2　变频器自带的 I/O 设备

序　号	变频器端子	符　号	设　备
1	DI1	SA10	开关 10
2	DI2	SA11	开关 11
3	DI3	SA12	开关 12

（续）

序　　号	变频器端子	符　　号	设　　备
4	DI4	SA13	开关 13
5	DI5	SA14	开关 14
6	DI6	SB10	按钮 10
7	AI1	RP11	旋钮（电位计）11
8	AI2	RP12	旋钮（电位计）12
9	DO1	HL10	指示灯 10
10	DO2	HL11	指示灯 11
11	DO3	HL12	指示灯 12

表 11-3　PLC 所连接的 I/O 设备

序　　号	PLC 信号类型	符　　号	设　　备
1	DI	SB0	按钮 0
2	DI	SB1	按钮 1
3	DI	SB2	按钮 2
4	DI	SB3	按钮 3
5	DI	SB4	按钮 4
6	DI	SB5	按钮 5
7	DI	SB6	按钮 6
8	DI	SA1	开关 1
9	DI	SA2	开关 2
10	DI	SA3	开关 3
11	DI	SA4	开关 4
12	DI	SA5	开关 5
13	DI	SA6	开关 6
14	DI	SA7	开关 7
15	AI	RP1	旋钮（电位计）1
16	AI	RP2	旋钮（电位计）2
17	DO	HL0	指示灯 0
18	DO	HL1	指示灯 1
19	DO	HL2	指示灯 2
20	DO	HL3	指示灯 3
21	DO	HL4	指示灯 4
22	DO	HL5	指示灯 5
23	DO	HL6	指示灯 6
24	DO	HL7	指示灯 7
25	DO	HL8	指示灯 8
26	DO	HL9	指示灯 9

11.1.4　PLC 的 I/O 地址分配

对于 PLC 的输入/输出信号，需要对其进行 I/O 地址分配。若 CPU 自带使用的 I/O 端子使用默认地址，其 DI 和 DO 的起始地址为 0，模拟量 AI 起始地址为 64，则 PLC 的 I/O 设备对应的 I/O 地址分配见表 11-4。

表 11-4　PLC 的 I/O 设备对应的 I/O 地址分配

序号	PLC 信号类型	符　号	地　址	设　备
1	DI	SB0	I0.0	按钮 0
2	DI	SB1	I1.0	按钮 1
3	DI	SB2	I1.1	按钮 2
4	DI	SB3	I1.2	按钮 3
5	DI	SB4	I1.3	按钮 4
6	DI	SB5	I1.4	按钮 5
7	DI	SB6	I1.5	按钮 6
8	DI	SA1	I0.1	开关 1
9	DI	SA2	I0.2	开关 2
10	DI	SA3	I0.3	开关 3
11	DI	SA4	I0.4	开关 4
12	DI	SA5	I0.5	开关 5
13	DI	SA6	I0.6	开关 6
14	DI	SA7	I0.7	开关 7
15	AI	RP1	IW64	旋钮（电位计）1
16	AI	RP2	IW66	旋钮（电位计）2
17	DO	HL0	Q0.0	指示灯 0
18	DO	HL1	Q0.1	指示灯 1
19	DO	HL2	Q0.2	指示灯 2
20	DO	HL3	Q0.3	指示灯 3
21	DO	HL4	Q0.4	指示灯 4
22	DO	HL5	Q0.5	指示灯 5
23	DO	HL6	Q0.6	指示灯 6
24	DO	HL7	Q0.7	指示灯 7
25	DO	HL8	Q1.0	指示灯 8
26	DO	HL9	Q1.1	指示灯 9

11.1.5　电气原理图

变频器教学实践装置中，G120 变频器连接 I/O 设备的电气原理图如图 11-9 所示，PLC 的电气原理图如图 11-10 所示。其中 R_3 和 R_4 是用于分压的电阻，R_3 与 R_{P1}、R_4 与 R_{P2}的比值均为 1.4~1.5∶1，保证 R_{P1}和 R_{P2}输入 PLC 的电压信号在 0~10 V 范围内。

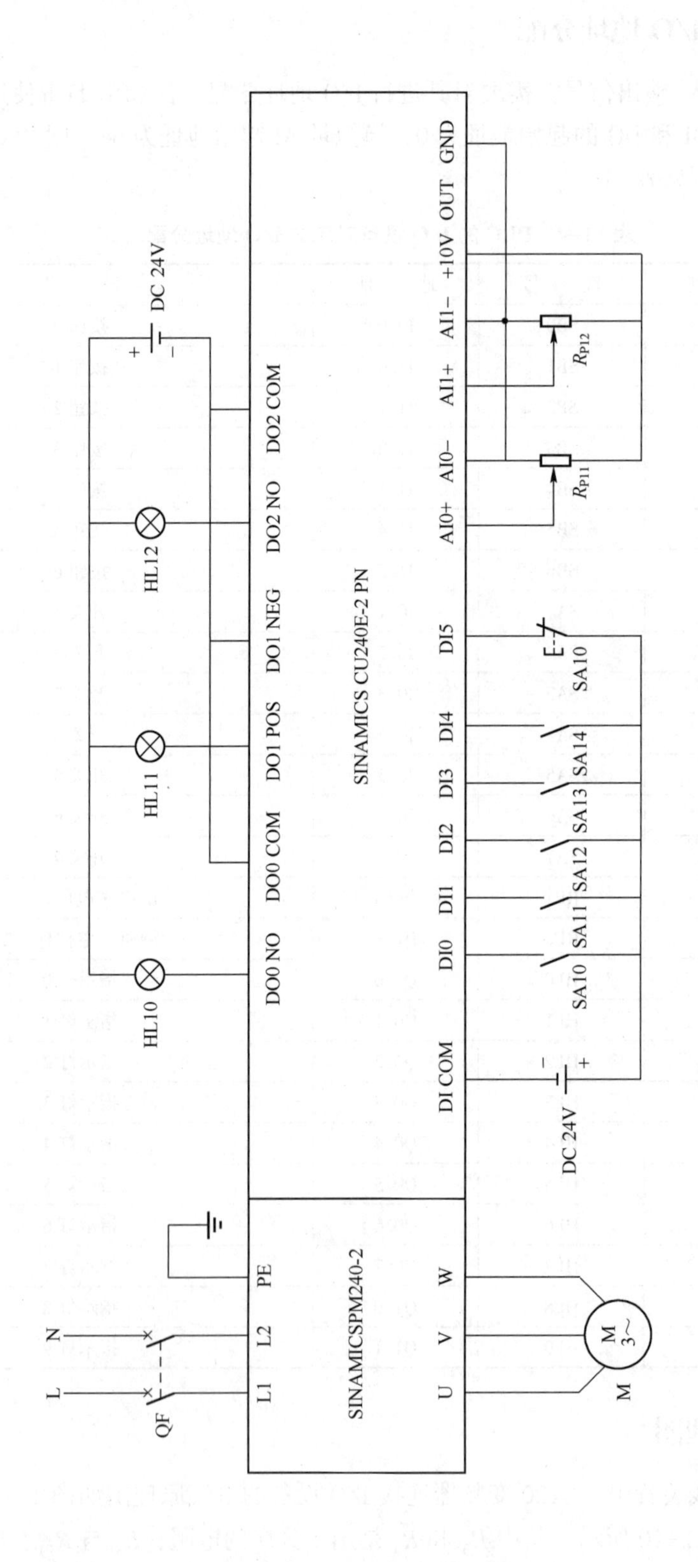

图11–9　变频器的电气原理图

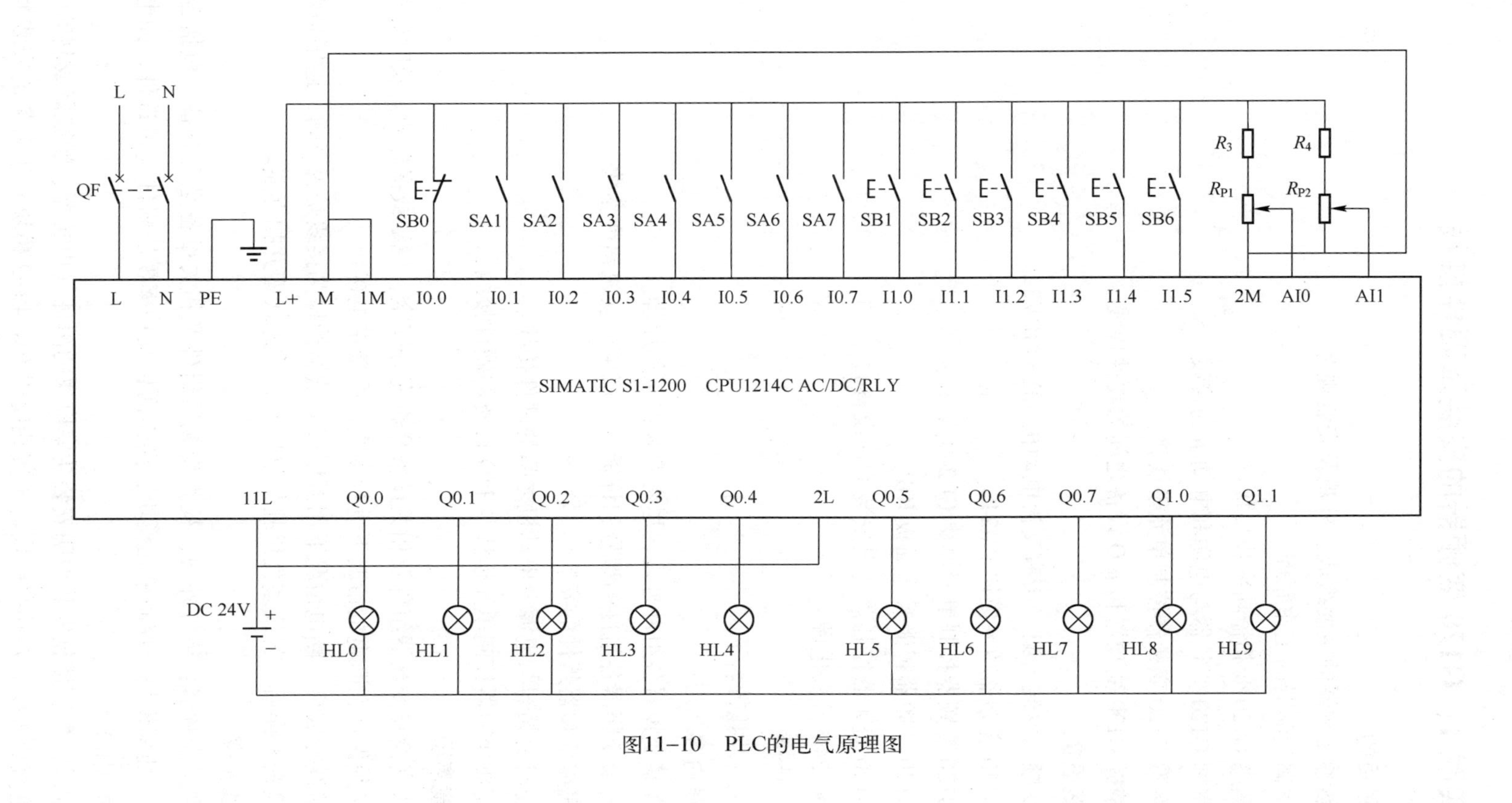

图11-10　PLC的电气原理图

11.2 实践 1：G120 变频器的安装及硬件接线

1. 实践目的

（1）熟悉变频器的主要组成、外观及安装规范。

（2）掌握变频器的工作原理。

（3）熟悉 G120 变频器功率模块接口。

（4）掌握 G120 变频器与电源和电动机的接线。

（5）熟悉 G120 变频器控制单元模块接口。

（6）掌握 G120 变频器和 I/O 设备之间的硬件接线。

2. 实践设备

（1）变频器安装台架（带有交流电动机 90YS90DV22）。

（2）G120 变频器功率模块 PM240。

（3）G120 变频器控制单元模块 CU240。

（4）G120 变频器智能操作面板 IOP。

（5）G120 变频器控制盒（已安装 I/O 设备）。

（6）DC 24V 开关电源。

（7）工具箱。

（8）导线及扎带若干。

3. 实践内容

（1）观察变频器各组件外观，思考变频器工作原理。

（2）记录变频器各组件的型号和订货号，记录电动机铭牌参数。

（3）完成变频器组件的安装。

（4）完成变频器与电源及电动机之间的硬件接线。

（5）完成变频器控制单元模块与 I/O 设备的硬件接线。

4. 注意事项

（1）认真检查变频器组件及相关设备是否完好安全，残缺或损坏的要及时更换。

（2）必须保证在断电的情况下进行接线，严禁带电接线。

（3）接线完成后，断电情况下用万用表的欧姆档检测接线是否正确，连接是否牢固。

（4）检查无误后，将线缆使用扎带整理好，放入线槽并扣上盖。

5. 实践步骤

（1）观察变频器各组件外观，检查变频器组件及相关设备是否齐备。包括台架（带交流电动机）、功率模块、控制单元模块、操作面板及功率模块附件（可选件，如电抗器、滤波器或制动电阻）。

（2）如果需要，依据安装说明安装功率模块的附件（电抗器、滤波器或制动电阻）。

（3）垂直放置变频器功率模块（本实践使用 PM240-2 模块）于台架的安装框架上，保证功率模块与台架上其他组件的最小间距，用手拧紧所有的固定螺钉，并使用工具以

3 N · m 的紧固扭矩拧紧螺钉。

（4）在 G120 变频器 PM240-2 下方有 3 组接线端子（连接器），可以取下进行接线，其中一组是连接电源的主连接端子，如图 11-11 所示。

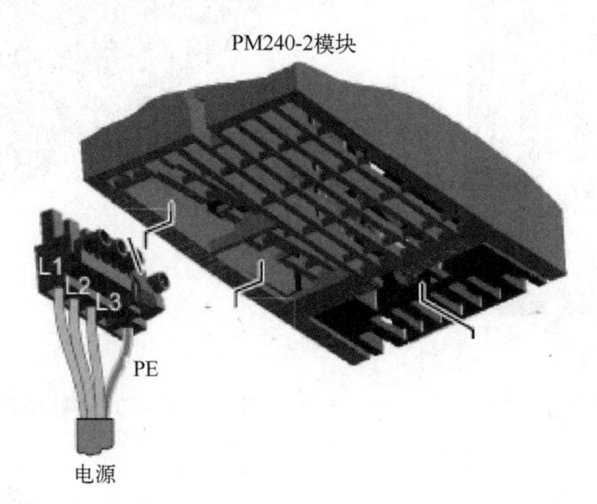

图 11-11　功率模块 PM240-2 的主连接端子连接电源

如果使用三相交流电源，则将变频器功率模块主连接端子 U1/L1、V1/L2 和 W1/L3 连接到电源 L1、L2、L3 上，将变频器功率模块主连接端子的 PE 端子连接至电源的保护地线上，如图 11-12 所示。

PM240-2 模块还支持单相交流电供电。如果使用 220 V 单相交流电源，则需要将变频器功率模块主连接端子 U1/L1、V1/L2 和 W1/L3 的任两个端子分别连接至电源 L、N 上，如图 11-13 所示。

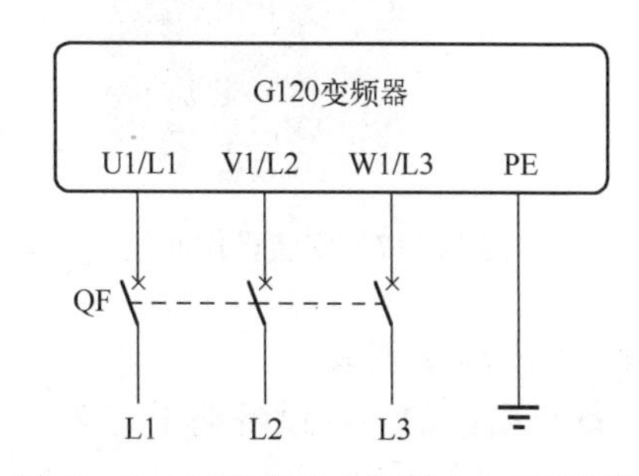

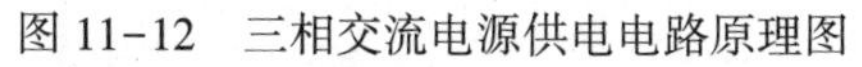
图 11-12　三相交流电源供电电路原理图

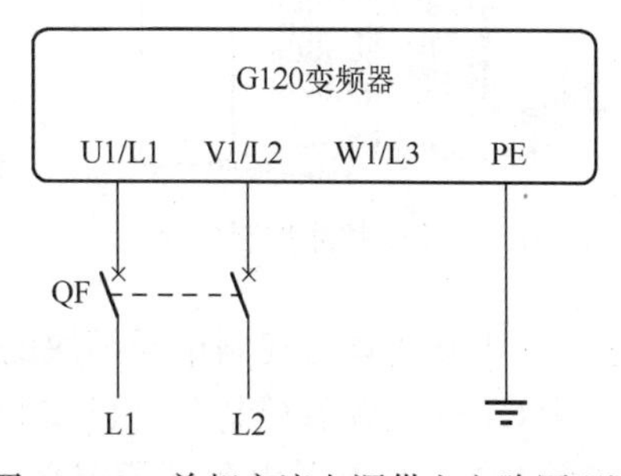

图 11-13　单相交流电源供电电路原理图

（5）打开电动机的接线盒，采用星形接线或三角形接线连接电动机端子，然后再与变频器 G120 的功率模块连接。

本实践任务使用的交流电动机是 JSCC（精研）的 90YS90DY22，三相 220V 供电。打开电机接线盒的顶部盒盖，可见电动机的接线端子 U、V 和 W，如图 11-14 所示。将电动机接线盒中的 U、V、W 端子与功率模块 PM240-2 底部用于连接电动机的接线端子相连，如图 11-15 所示。然后盖上盒盖并固定接线盒。

（6）如图 11-16 所示安装变频器控制单元 CU 模块于功率模块 PM 上，如图 11-17 所示安装操作面板于控制单元 CU 模块上。

图 11-14　电动机接线盒中的端子

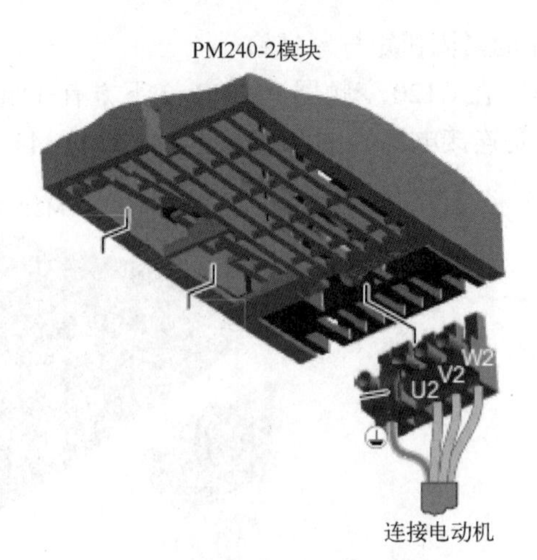

图 11-15　功率模块的电动机接线端子

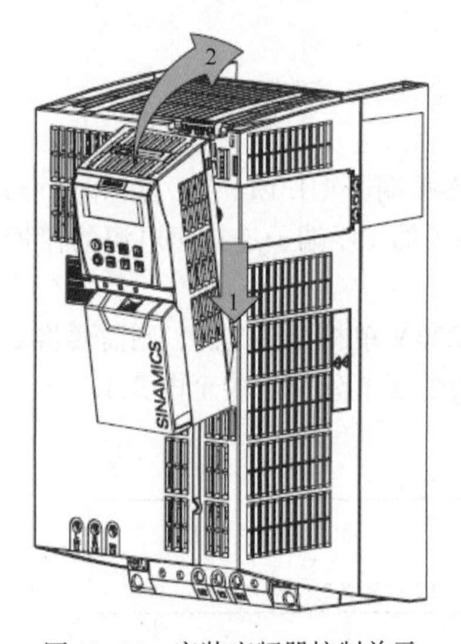

图 11-16　安装变频器控制单元

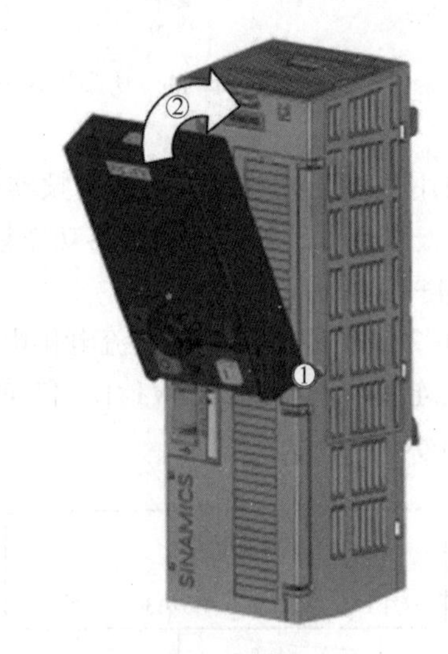

图 11-17　安装操作面板

（7）打开 G120 变频器控制单元模块的前盖板，查看端子定义。

（8）查看 G120 变频器控制盒（已安装 I/O 设备）引出的 I/O 设备端子定义。

（9）查看 DC 24 V 开关电源端子定义。

（10）根据 G120 变频器控制单元模块端子定义、G120 变频器控制盒引出端子定义和 DC 24 V 开关电源端子定义，如图 11-9 所示，将 G120 变频器控制单元模块与 I/O 设备和开关电源进行硬件接线。

11.3　实践 2：对 G120 变频器恢复安全出厂设置

1. 实践目的

（1）熟悉 G120 变频器操作面板的操作界面。

（2）掌握对 G120 变频器恢复安全出厂设置的方法。

（3）掌握对 G120 变频器恢复安全出厂设置的操作。

2. 实践设备

（1）G120 变频器教学实践装置（已安装 G120 变频器，包含 PM240-2、CU240E-2PN 和 IOP，且 G120 变频器已连接电源、电动机和变频器控制盒，参见实践 1）。

（2）工具箱。

3. 实践内容

（1）应用 IOP 操作面板菜单功能实现对 G120 变频器的安全功能恢复出厂设置。

（2）应用 IOP 操作面板修改参数实现对 G120 变频器的安全功能恢复出厂设置。

4. 注意事项

（1）在变频器未完成恢复出厂设置时，不能进行断电操作。

（2）注意用电安全。

5. 实践步骤

如果 G120 变频器之前已设置了安全功能，若要恢复出厂设置，必须先将安全功能恢复为出厂设置。以下为使用操作面板恢复安全功能出厂设置及恢复出厂设置的几种方法。

任务 1：使用 IOP 智能操作面板工具菜单的参数设置命令恢复安全出厂设置

① 接通变频器电源。

② 旋转 IOP 操作面板上的旋钮，选择“菜单”，如图 11-18 所示，按下“OK”键进入；旋转旋钮，选择“工具”，如图 11-19 所示，按下“OK”键进入。

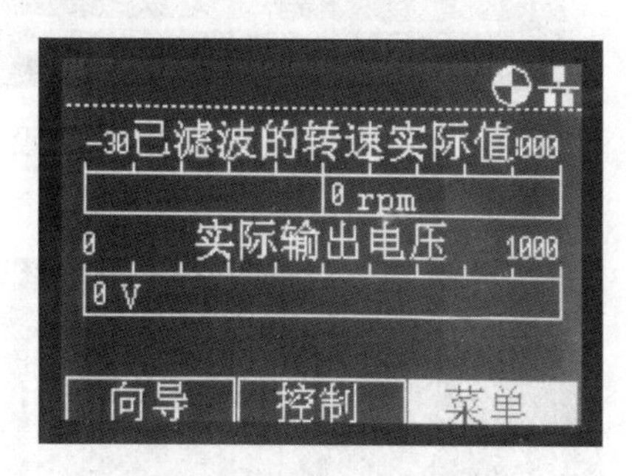

图 11-18　选择“菜单”

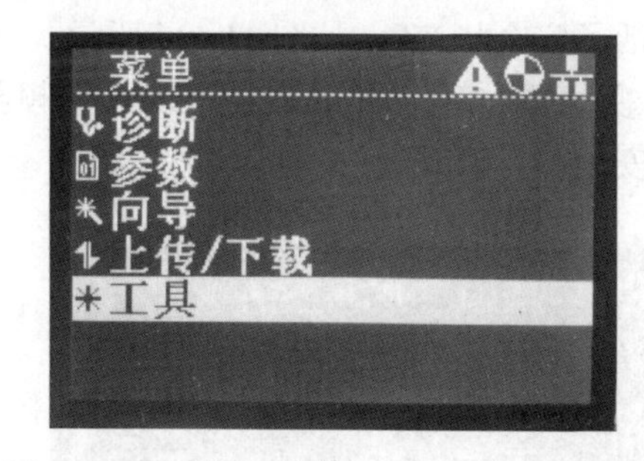

图 11-19　选择“菜单”下的“工具”选项

③ 旋转旋钮，选择“参数设置”，如图 11-20 所示，按下“OK”键进入。

④ 旋转旋钮，选择第 2 个“恢复驱动出厂设置”，如图 11-21 所示，按下“OK”键进入。

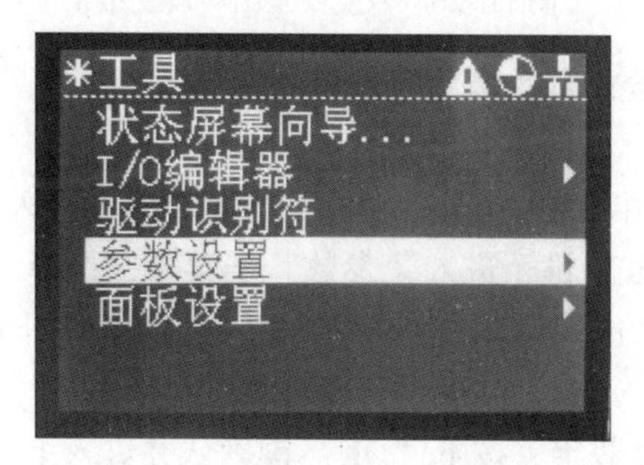

图 11-20　工具菜单选择“参数设置”

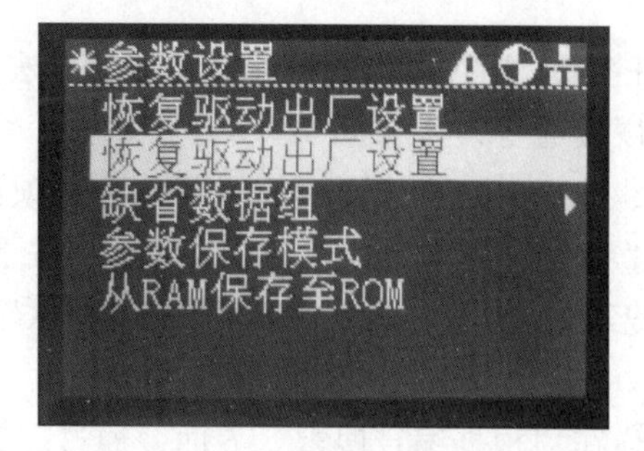

图 11-21　选择恢复安全出厂设置

⑤ 弹出“安全密码”界面，如图 11-22 所示；通过旋钮和按下“OK”键，输入安全出厂设置密码，出厂默认密码为 0，按下“OK”键确定；弹出“密码正确”提示界面（如果不正确，请重新输入），如图 11-23 所示。

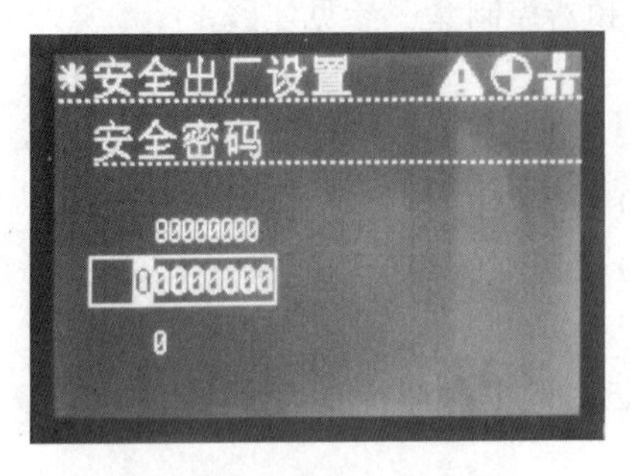

图 11-22　输入安全密码

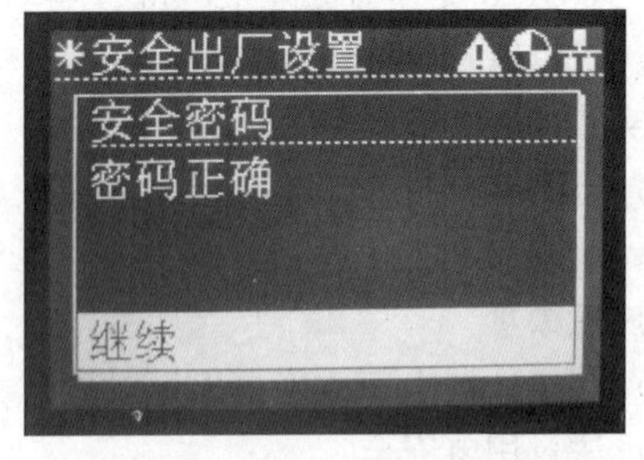

图 11-23　安全密码输入结果显示

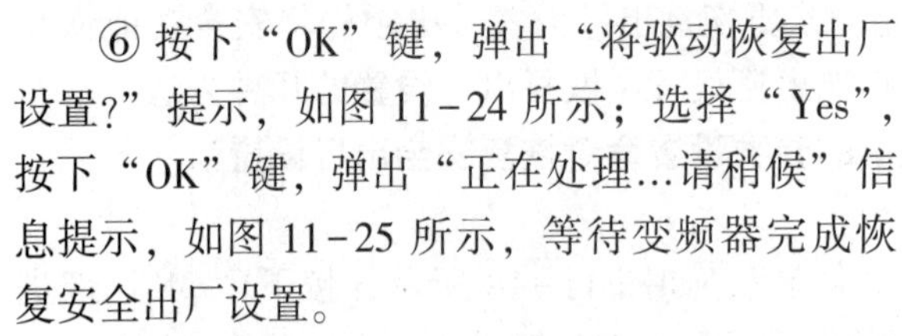

⑥ 按下“OK”键，弹出“将驱动恢复出厂设置?”提示，如图 11-24 所示；选择“Yes”，按下“OK”键，弹出“正在处理…请稍候”信息提示，如图 11-25 所示，等待变频器完成恢复安全出厂设置。

⑦ 恢复安全出厂设置完成，提示“驱动中已经激活了安全状态”，如图 11-26 所示。

⑧ 变频器重新上电。此时，G120 变频器将恢复至安全出厂设置。

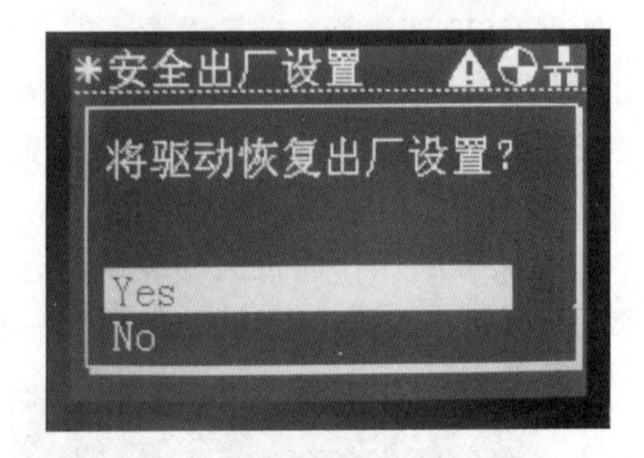

图 11-24　提示是否恢复安全出厂设置

图 11-25　执行安全出厂设置过程提示

图 11-26　恢复安全出厂设置结果

任务 2：通过操作面板修改参数的方法将安全功能恢复为出厂设置

① 接通变频器电源。

② 选择 IOP 操作面板的“菜单”选项，如图 11-27 所示；按下“OK”键，进入菜单，选择“参数”选项，如图 11-28 所示；按下“OK”键，进入“参数”子菜单，选择“根据编号搜索”，如图 11-29 所示；按下“OK”键，进入“根据编号搜索”界面，如图 11-30 所示。

③ 在“根据编号搜索”界面，通过旋钮选择数字，按下“OK”键确认并进入下一位数字选择，依次输入 00010，进入“所有参数”子菜单，选择 p10 参数，如图 11-31 所示；按

下“OK”键，进入 p10 参数设置界面，通过旋钮选择“30：参数复位”选项，如图 11-32 所示；按下“OK”键，则 p10 参数被设置为 30。

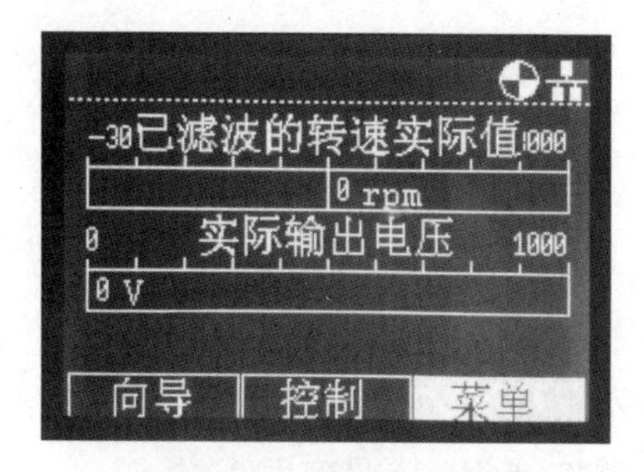

图 11-27　选择“菜单”

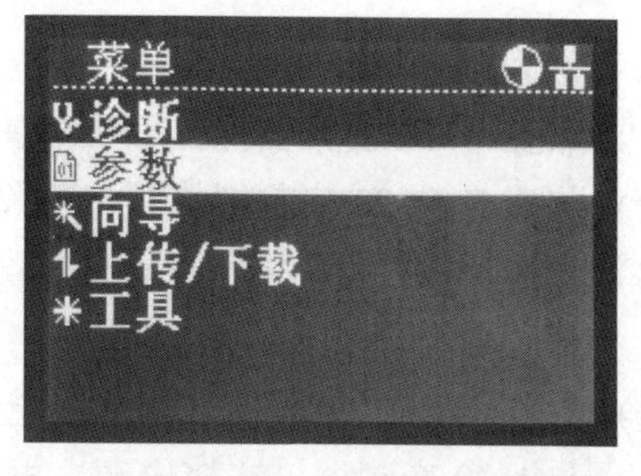

图 11-28　选择“菜单”下的“参数”选项

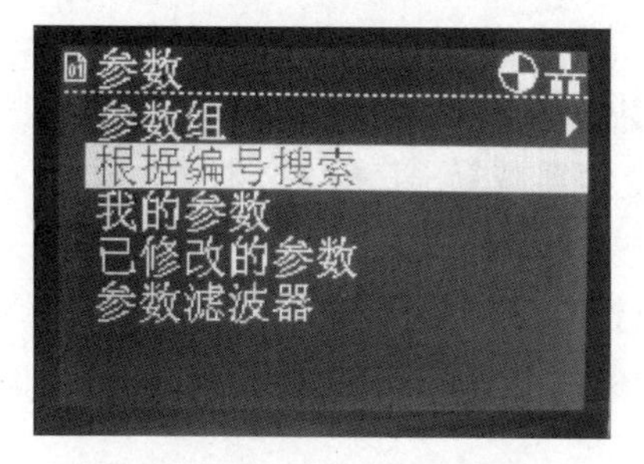

图 11-29　“参数”子菜单

图 11-30　根据编号搜索

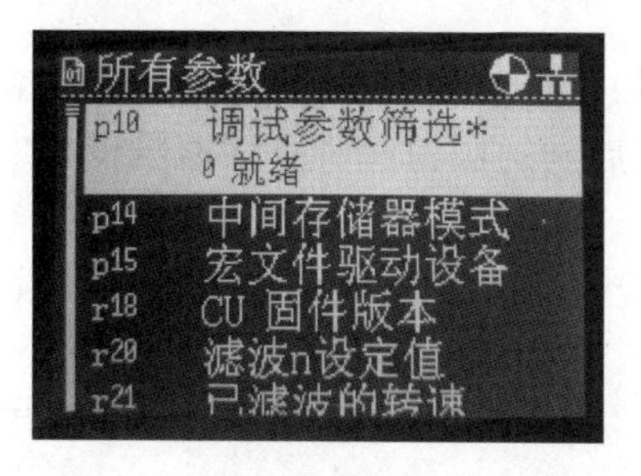

图 11-31　“所有参数”子菜单

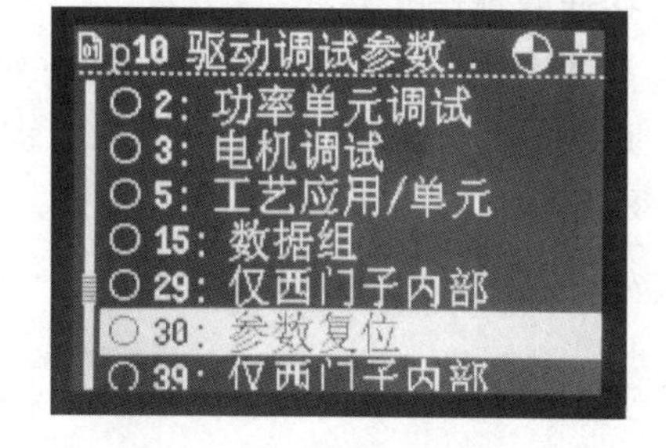

图 11-32　根据编号搜索

④ 按下“ESC”键，返回“根据编号搜索”的界面，进入变频器参数 p9761，输入安全功能的密码，出厂默认密码为 0。

⑤ 按下“ESC”键，返回“根据编号搜索”的界面，设置变频器参数 p970=5，开始恢复安全出厂设置；等待，直至变频器设置 p0970=0。

⑥ 设置 p0971=1，保存参数；等待，直至变频器设置 p0971=0。

⑦ 切断变频器的电源。

⑧ 等待片刻，直到变频器上所有的 LED 灯都熄灭。

⑨ 给变频器重新上电。

此时，G120 变频器的安全功能恢复为出厂设置。

11.4　实践 3：对 G120 变频器恢复出厂设置

1. 实践目的

（1）熟悉 G120 变频器操作面板的操作界面。

（2）掌握对 G120 变频器恢复出厂设置的方法。

（3）掌握对 G120 变频器恢复出厂设置的操作。

2. 实践设备

（1）G120 变频器教学实践装置（已安装 G120 变频器，包含 PM240-2、CU240E-2PN 和 IOP，且 G120 变频器已连接电源、电动机和变频器控制盒，参见实践 1）。

（2）工具箱。

3. 实践内容

（1）应用 IOP 操作面板菜单功能实现对 G120 变频器恢复出厂设置。

（2）应用 IOP 操作面板修改参数实现对 G120 变频器恢复出厂设置。

4. 注意事项

（1）在变频器未完成恢复出厂设置时，不能进行断电操作。

（2）注意用电安全。

5. 实践步骤

任务 1：使用 IOP 智能操作面板工具菜单的参数设置命令恢复出厂设置

① 接通变频器电源。

② 参考实践 2 的任务 1，旋转 IOP 操作面板旋钮，选择“菜单”，按下“OK”键进入；旋转旋钮，选择“工具”，按下“OK”键进入；然后旋转旋钮，选择“参数设置”，按下“OK”键进入。

③ 旋转旋钮，选择第 1 个“恢复驱动出厂设置”，如图 11-33 所示，按下“OK”键进入。

④ 弹出“将驱动恢复出厂设置?”提示信息，选择“Yes”，按下“OK”键确定，如图 11-34 所示。

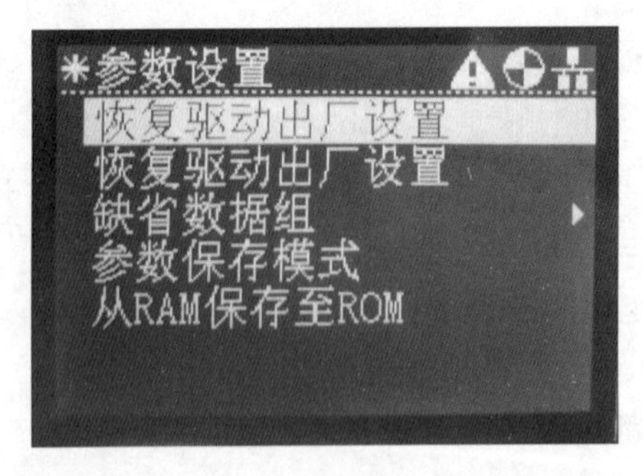

图 11-33　选择“恢复驱动出厂设置”选项

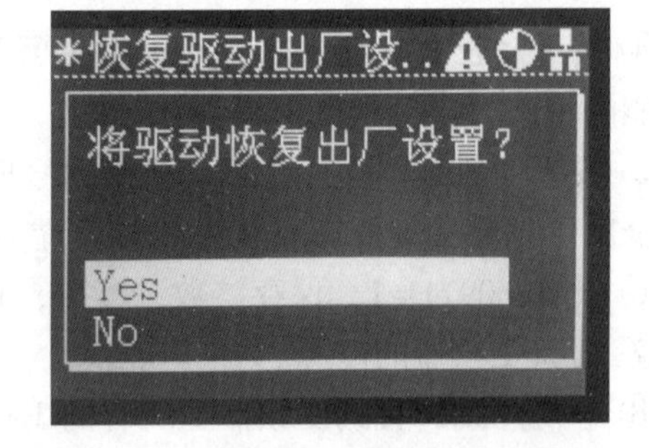

图 11-34　是否将驱动恢复出厂设置提示

⑤ 弹出“正在处理...请稍候”提示信息，如图 11-35 所示，等待变频器完成恢复出厂设置。

⑥ 恢复出厂设置完成，弹出“成功恢复出厂设置”界面，如图 11－36 所示，按下“OK”键确定。

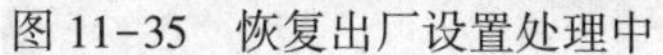
图 11-35　恢复出厂设置处理中

图 11-36　恢复出厂设置成功

⑦ 给 G120 变频器重新上电。此时，G120 变频器将恢复至出厂设置。

任务 2：通过操作面板修改参数的方法将 G120 变频器恢复为出厂设置

① 接通 G120 变频器电源，选择 IOP 操作面板的“菜单”选项，参考实践 2 中的任务 2，将 p10 参数被设置为 30。

② 按下“ESC”键，返回“根据编号搜索”的界面，进入变频器参数 p970，选择 p970＝1，按下“OK”键，开始执行恢复出厂设置。

③ 等待，直至变频器设置 p0970＝0。

④ 切断变频器的电源。

⑤ 等待片刻，直到变频器上所有的 LED 灯都熄灭。

⑥ 给变频器重新上电。此时，G120 变频器将恢复至出厂设置。

11.5　实践 4：使用操作面板对 G120 变频器进行基本调试

1. 实践目的

（1）熟悉变频器的面板（IOP）操作方法。

（2）熟练掌握 G120 变频器的基本功能参数设置。

（3）熟练应用操作面板对 G120 变频器进行基本调试。

2. 实践设备

（1）G120 变频器教学实践装置（已安装 G120 变频器、智能操作面板 IOP、精研 90YS90DV22 型三相交流异步电动机和低压断路器 QF，并正确接线，参见实践 1）。

（2）工具箱。

3. 实践内容

（1）通过智能操作面板 IOP 中的向导对变频器进行基本调试。

（2）通过设置变频器的参数对变频器进行基本调试。

4. 注意事项

（1）在选择通过智能操作面板 IOP 中的向导对变频器进行基本调试时，要按照顺序进行操作和设置，正确写入电动机参数。

（2）在选择通过参数设置对变频器进行基本调试时，要将电动机参数设置和面板基本操作控制参数均写入变频器中。

5. 实践步骤

任务1：通过智能操作面板IOP中的向导对变频器进行基本调试

（1）使用智能操作面板IOP中的向导，完成恢复出厂设置。

① 旋转旋钮，选择“向导”，如图11-37所示，按下“OK”键进入。

② 选择“基本调试”，如图11-38所示，按下“OK”键进入。

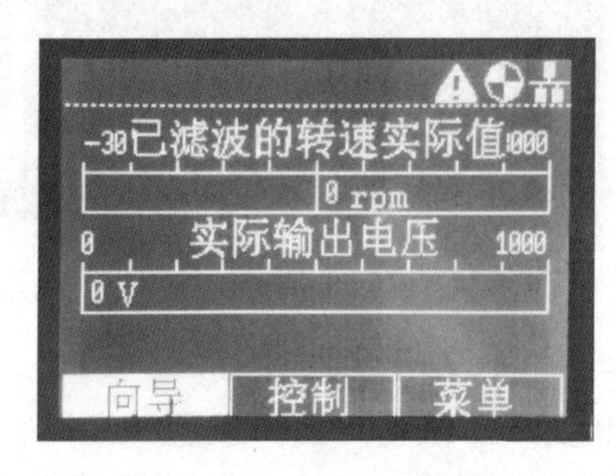

图11-37　选择“向导”

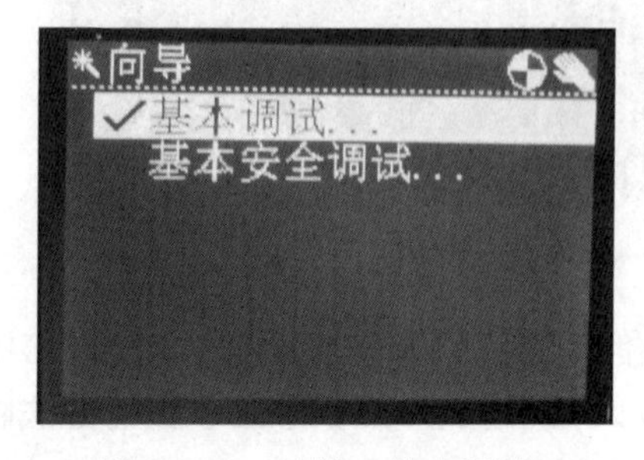

图11-38　选择“基本调试”

③ 弹出是否恢复出厂设置的窗口，如图11-39所示。如果之前已经进行恢复出厂设置操作，则选择“No”。如果之前未进行恢复出厂设置操作，则选择“Yes”，弹出正在执行恢复出厂设置提示窗口，如图11-40所示，恢复出厂设置完成后，显示如图11-41所示。

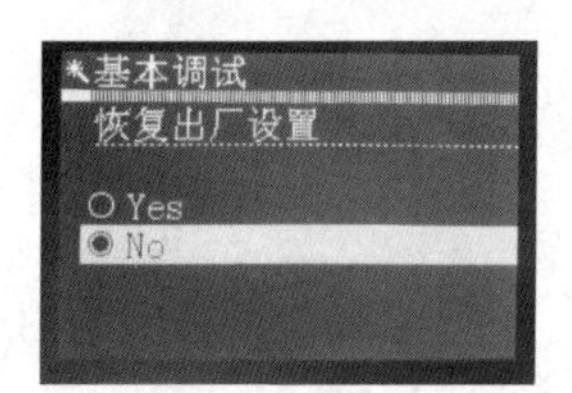

图11-39　恢复出厂设置提示

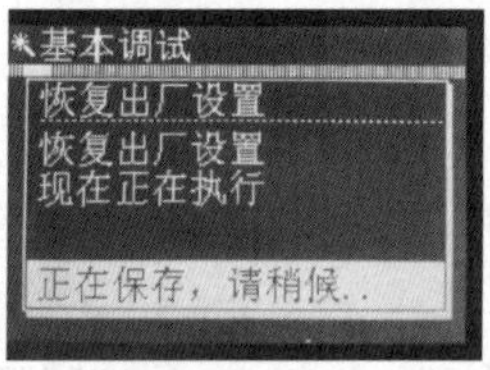

图11-40　执行恢复出厂设置

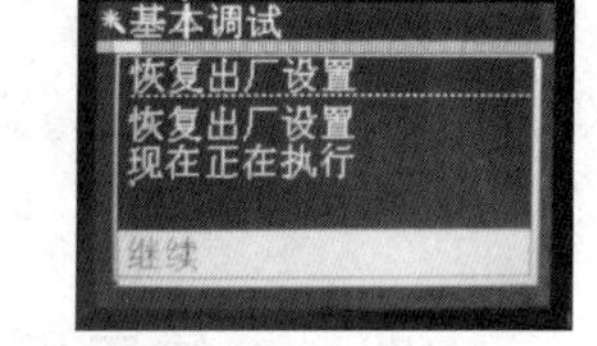

图11-41　恢复出厂设置完成

（2）选择应用等级、控制方式等。

① 按下“OK”键后，弹出“应用等级”选择界面，如图11-42所示。本任务选择“专家模式”，按下“OK”键进入。

② 弹出“控制方式”选择界面，如图11-43所示。本任务选择“线性曲线V/f控制”，按下“OK”键进入。

图11-42　应用等级选择

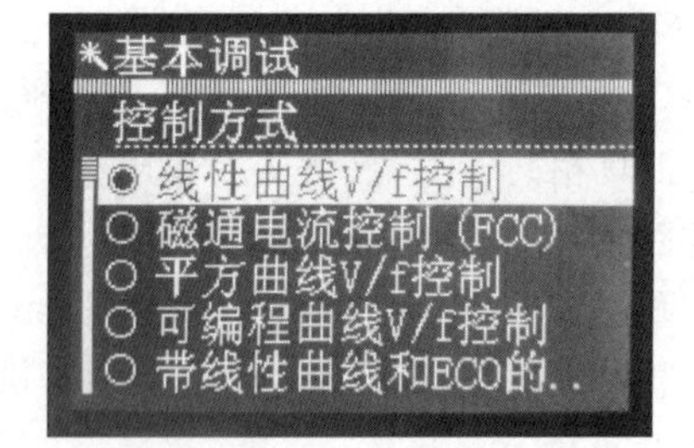

图11-43　控制方式选择

（3）按照电动机铭牌的数据对应填入电动机的参数。

① 接下来进入电动机数据选择界面，如图11-44所示。本任务根据中国实际选择“欧

洲 50 Hz，kW”，按下“OK”键进入。

② 弹出“选择电动机铭牌数据”界面，如图 11-45 所示。本任务选择“Yes（输入电动机数据)”，按下“OK”键进入。

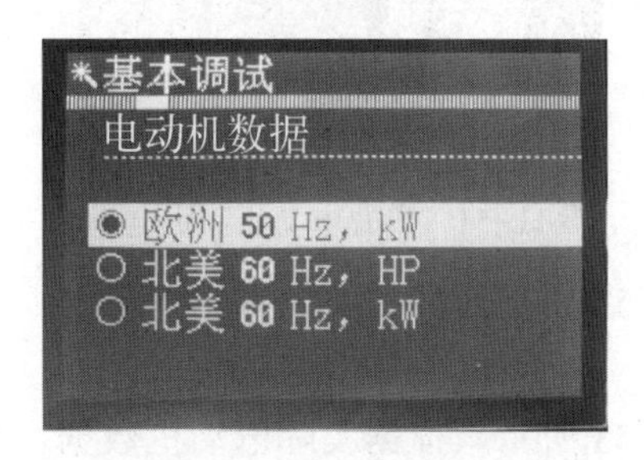

图 11-44　电动机数据选择

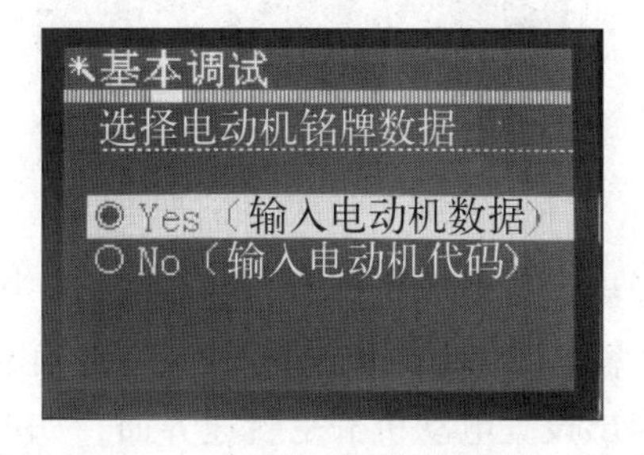

图 11-45　“选择电动机铭牌数据”界面

③ 弹出“电动机类型”选择界面，如图 11-46 所示。本任务选择“异步电动机”，按下“OK”键进入。

④ 弹出特性选择界面，如图 11-47 所示。本任务选择“50 Hz”，按下“OK”键进入。

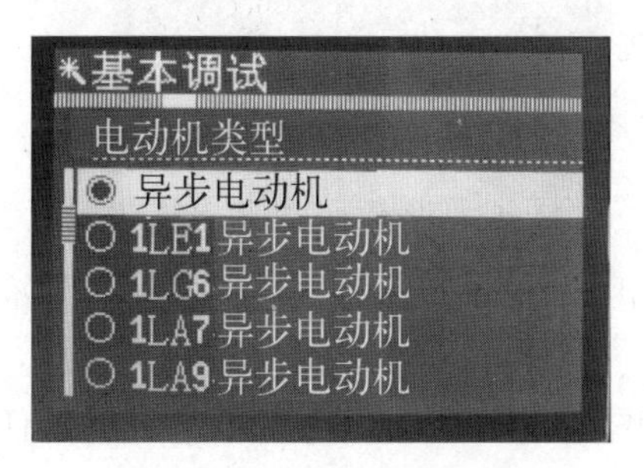

图 11-46　电动机类型选择

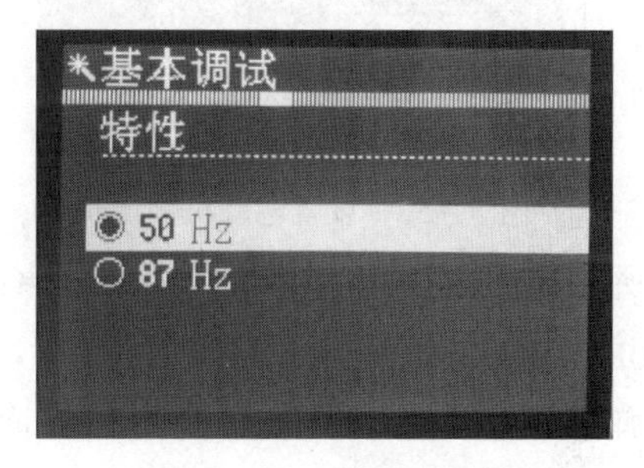

图 11-47　“特性”界面

⑤ 弹出“电动机连接”界面，提示输入电动机数据，如图 11-48 所示。按下“OK”键继续。

⑥ 弹出“电动机频率”界面，如图 11-49 所示。根据实际所选电动机铭牌数据，通过旋钮和“OK”键，输入 50 Hz，按下“OK”键确定。

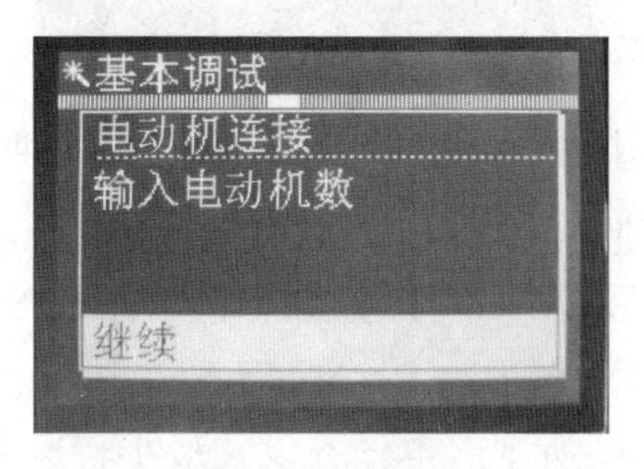

图 11-48　“电动机连接 ”界面

图 11-49　“电动机频率”界面

⑦ 弹出设置电动机额定电压界面，如图 11-50 所示。根据实际电动机数据，本任务选择220 V，按下“OK”键确定。

⑧ 弹出设置电动机额定电流界面，如图 11-51 所示。根据实际电动机数据，本任务设置额定电流为 0. 56 A，按下“OK”键确定。

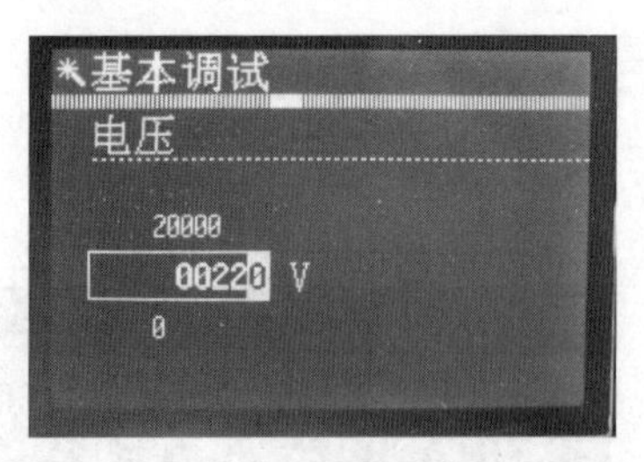

图 11-50　设置电动机额定电压

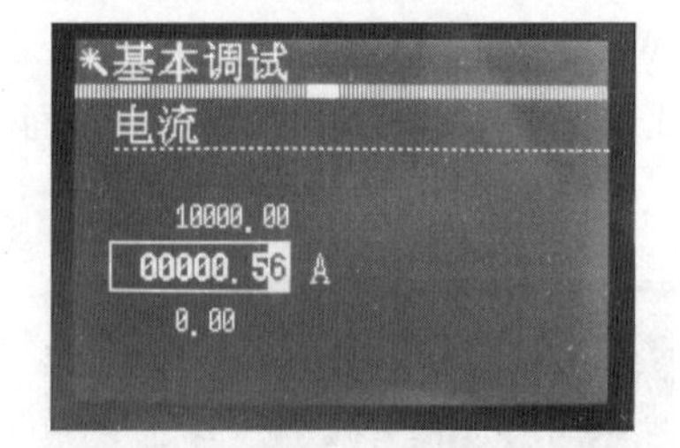

图 11-51　设置电动机额定电流

⑨ 弹出设置电动机额定功率界面，如图 11-52 所示。根据实际电动机数据，本任务设置额定功率为 0.09 kW，按下“OK”键确定。

⑩ 弹出设置电动机额定转速界面，如图 11-53 所示。根据实际电动机数据，本任务设置额定转速为 1300 r/min，按下“OK”键确定。

图 11-52　设置电动机额定功率

图 11-53　设置电动机额定转速

⑪ 弹出设置电动机的“工艺应用”界面，如图 11-54 所示。本任务选择“标准驱动”，按下“OK”键确定。

⑫ 弹出设置“电动机数据检测”界面，如图 11-55 所示。为简单起见，本任务选择“未生效”，并按下“OK”键确定。

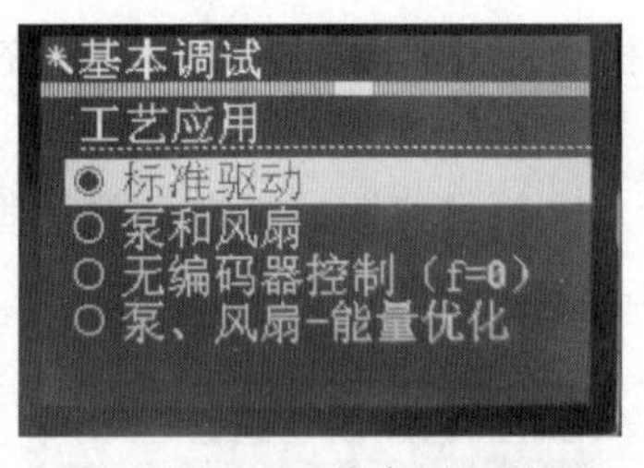

图 11-54　“工艺应用”界面

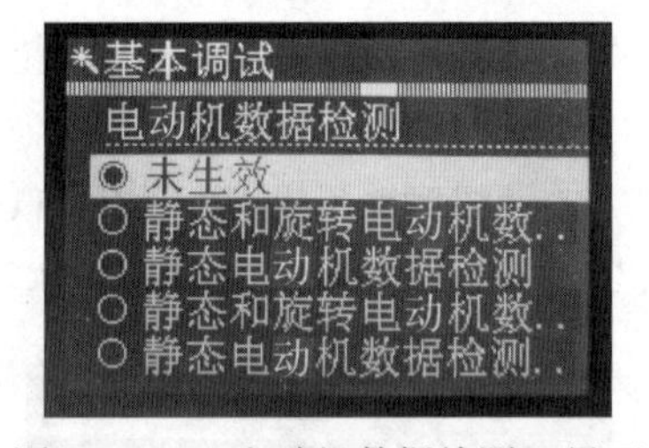

图 11-55　“电动机数据检测”界面

（4）设置控制模式、斜坡上升及斜坡下降时间。

① 弹出“宏设置”选择界面，如图 11-56 所示。本任务选择“具有 CDS（指令数据组）”，并按下“OK”键确定。

② 弹出设置电动机最小转速界面，如图 11-57 所示。本任务设置最小转速为 0，并按下“OK”键确定。

③ 弹出设置电动机最大转速界面，如图 11-58 所示。本任务设置最大转速为1500 r/min，并按下“OK”键确定。

④ 弹出设置斜坡上升时间界面，如图 11-59 所示。本任务设置系统默认的斜坡上升时间为 10 s，并按下“OK”键确定。

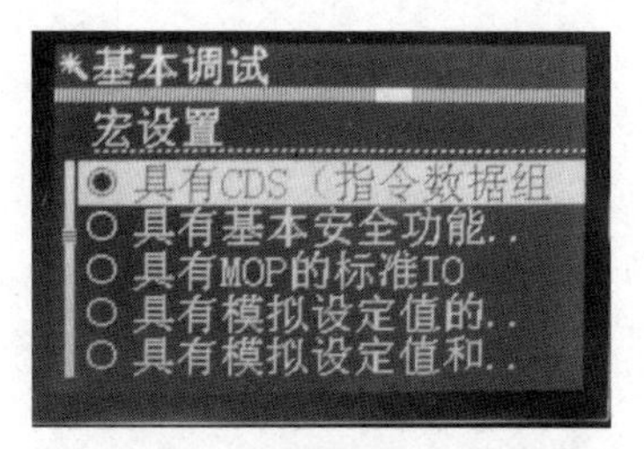

图 11-56 “宏设置”选择界面

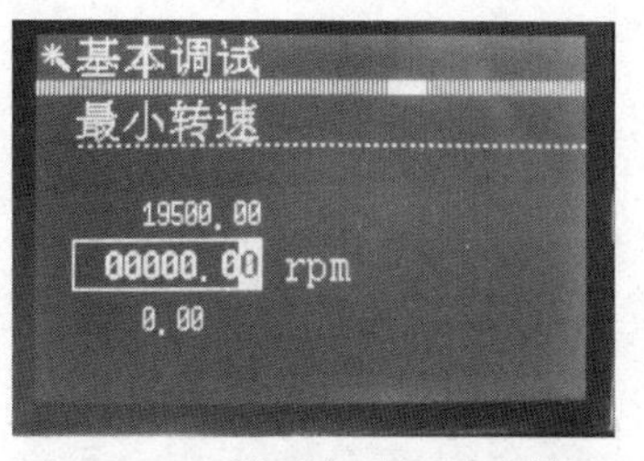

图 11-57　设置电动机最小转速

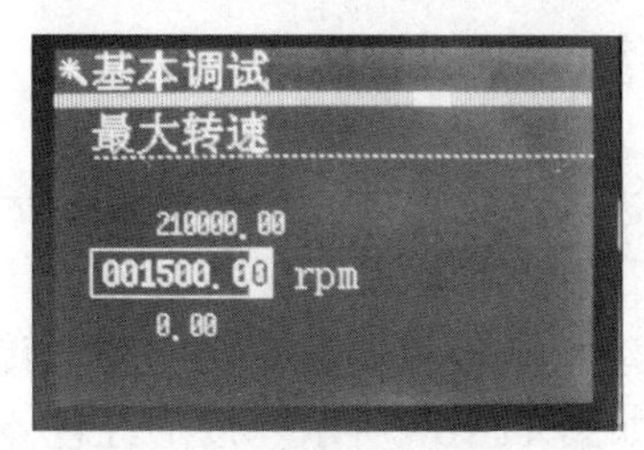

图 11-58　设置电动机最大转速

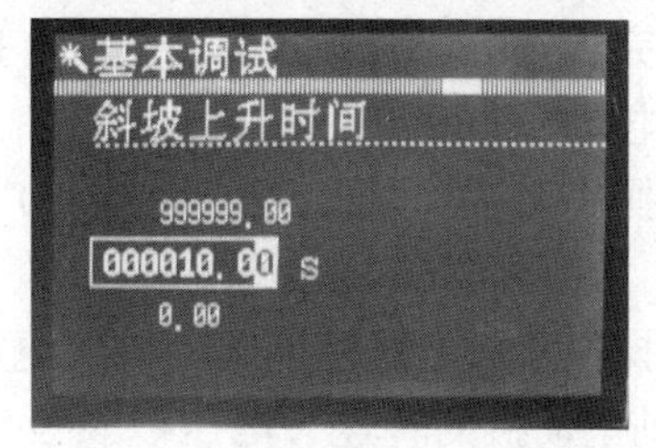

图 11-59　设置斜坡上升时间

⑤ 弹出设置斜坡下降时间界面，如图 11-60 所示。本任务设置系统默认的斜坡下降时间为 10 s，并按下“OK”键确定。

⑥ 弹出“设置概览”界面，如图 11-61 所示。查看无误后，光标位于“继续”位置，按下“OK”键确定。

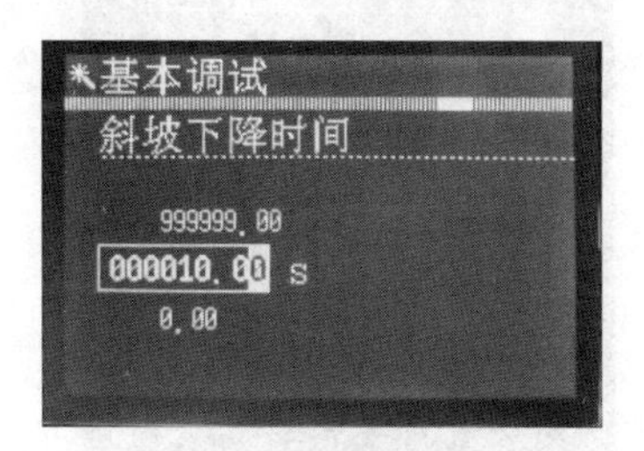

图 11-60　设置“斜坡下降时间”

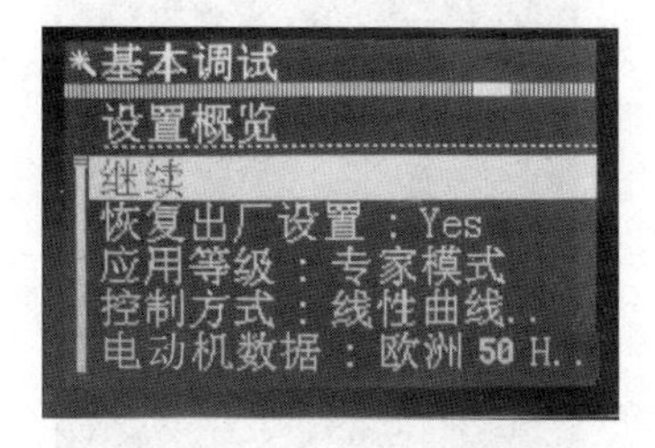

图 11-61 “设置概览”界面

（5）保存数据，给变频器重新上电。

① 弹出“保存设置”界面，如图 11-62 所示。选择“保存”，按下“OK”键确定。

② 变频器开始保存数据，界面如图 11-63 所示。保存完成后，提示“按下 OK 继续”，如图 11-64 所示，按下“OK”键确定。

③ 弹出“电动机数据检测”界面，如图 11-65 所示。光标位于“继续”位置，按下“OK”键确定。

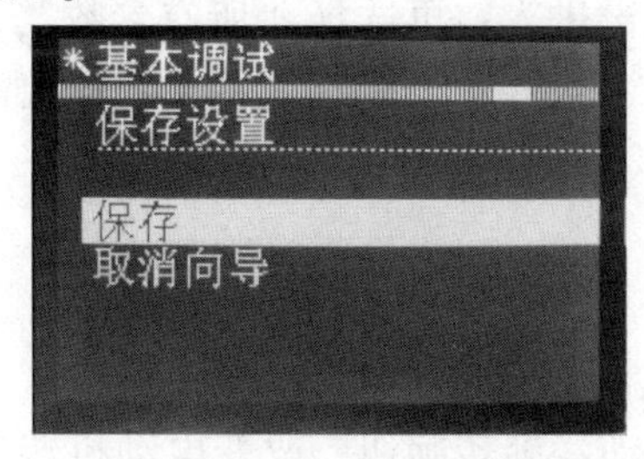

图 11-62 “保存设置”界面

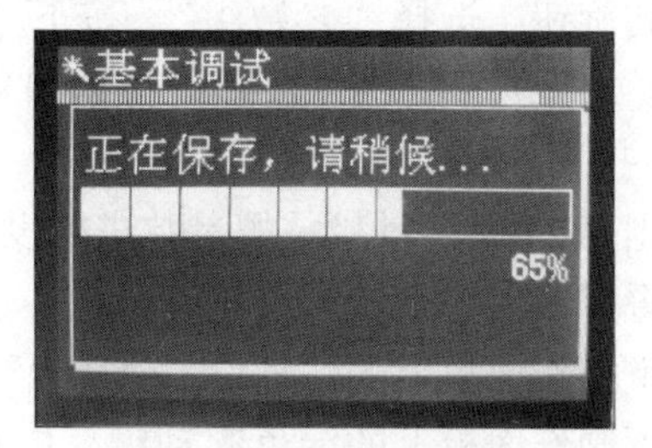

图 11-63　正在保存界面

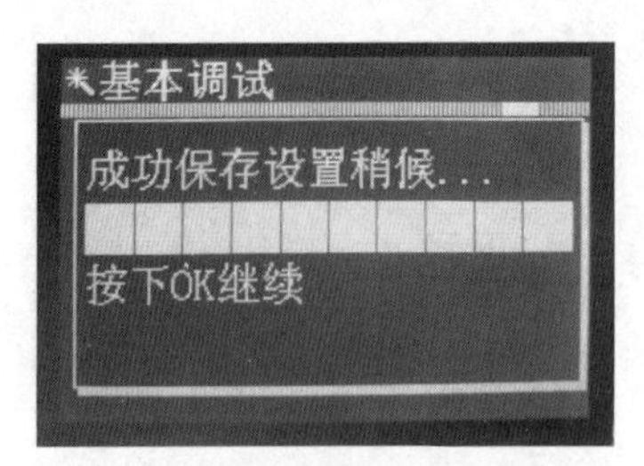

图 11-64　保存成功界面

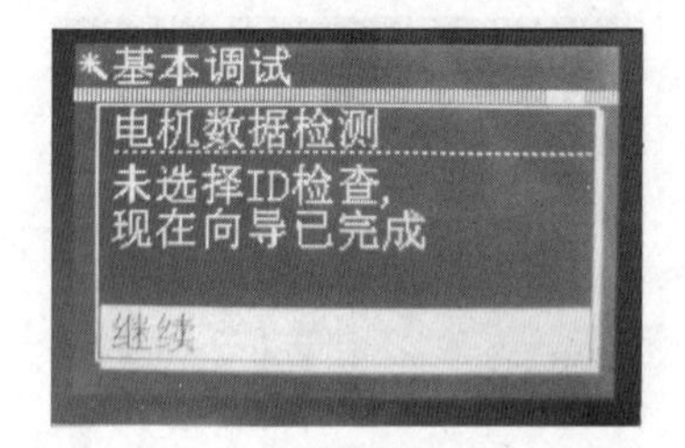

图 11-65　“电动机数据检测”界面

④ 设置完成，给变频器断电，待所有指示灯均灭后，再重新上电。

（6）对电动机进行转速调试。

① 按下操作面板上的“HANG/AUTO”键，进入手动模式，操作面板显示屏右上角显示手动图标，如图 11-66 所示。

② 按下操作面板上的绿色起动键，电动机起动；旋转旋钮，改变电动机转速。显示屏可以查看当前电动机的转速、电压以及设定值，如图 11-67 所示。按下红色停止键，结束操作面板的调试。

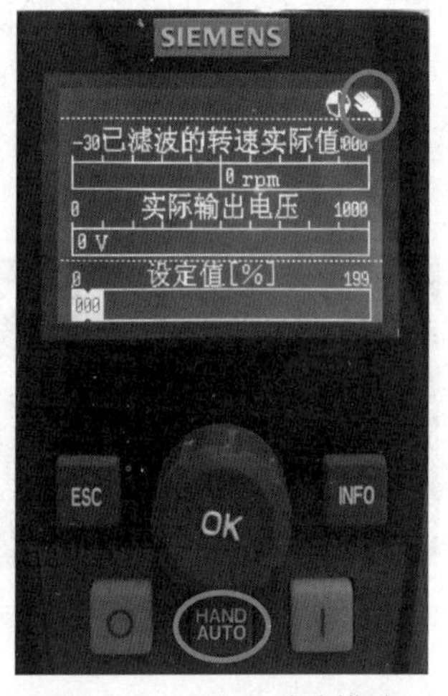

图 11-66　进入手动模式

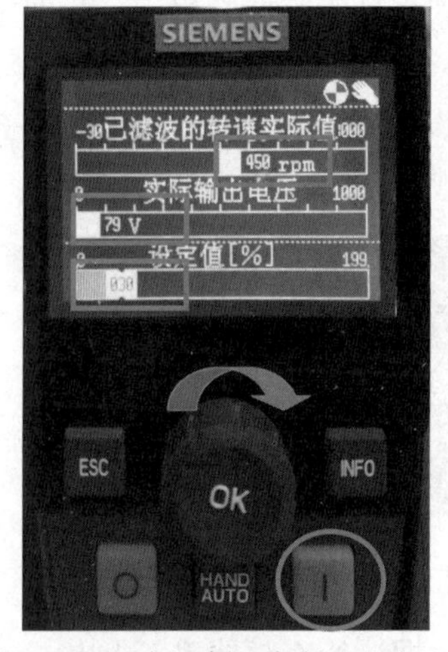

图 11-67　对电动机手动调试及显示

任务 2：通过智能操作面板 IOP 设置参数对变频器进行基本调试

① 给 G120 变频器接通电源。

② 在操作面板 IOP 的主界面中，通过旋转旋钮，选择“菜单”，按下“OK”键进入；再旋转旋钮，选择“参数”，按下“OK”键进入。

③ 旋转旋钮，选择“参数组”，按下“OK”键进入；再选择“所有参数”，按下“OK ”键进入。或者旋转旋钮，选择“根据编号搜索”，按下“OK ”键进入；输入需要设置的参数编号，按下“OK ”键进入。

④ 根据表 11-5，对相关的参数进行设置。

⑤ 设置完成后，给变频器重新上电。

⑥ 按下操作面板上的“HANG/AUTO”键，进入手动模式。

⑦ 按下操作面板上的绿色起动键，电动机起动；旋转旋钮，改变电动机转速；按下红色停止键，电动机停止，结束变频器基本调试。

表 11-5　变频器基本调试的参数设置

参数号	出厂值	设置值	说明
p0003	1	3	设定用户访问级为专家级
p0010	0	1	快速调试
p0100	0	50	功率以 kW 表示，频率为 50 Hz
p0304	230	220	电动机额定电压（V）
p0305	3.25	0.56	电动机额定电流（A）
p0307	0.75	0.09	电动机额定功率（kW）
p0310	50	50	电动机额定频率（Hz）
p0311	0	1300	电动机额定转速（r/min）
p1080	0	0	电动机运行的最低转速（r/min）
p1082	1500	1500	电动机运行的最高转速（r/min）
p15	1	7	宏设置
p1300	0	0	V/f 线性控制方式
p1900	0	0	电动机检测和转速测量
p1060	10	5	点动斜坡上升时间（s）
p1061	10	5	点动斜坡下降时间（s）

11.6　实践 5：使用 STARTER 软件对 G120 变频器进行基本操作

1. 实践目的

（1）熟悉 STARTER 软件界面。

（2）掌握在 STARTER 软件上新建项目的方法。

（3）掌握 STARTER 软件与 G120 变频器之间的通信设置。

（4）掌握使用 STARTER 软件对 G120 变频器进行基本调试的方法。

2. 实践设备

（1）装有 STARTER 软件（本实践使用 STARTER V5.1.1.2 版本）的计算机。

（2）G120 变频器教学实践装置（已完成实践 1）。

（3）G120 变频器配套的 USB 电缆。

（4）工具箱。

3. 实践内容

（1）使用 STARTER 软件新建一个项目。

（2）实现 STARTER 软件与 G120 变频器之间的通信。

（3）应用 STARTER 软件实现 G120 变频器恢复出厂设置。

（4）应用 STARTER 软件实现 G120 变频器基本调试。

4. 注意事项

（1）使用 STARTER 软件新建项目后，参数设置需要在通信连接状态下进行，不可中途断开连接。

（2）参数设置完成后，进行基本调试时，要保证电动机运转不超速，同时保证运行调试过程安全。

5. 实践步骤

（1）使用一根配套的 USB 电缆将 G120 变频器 USB 接口连接至 PC 的 USB 接口。

（2）打开 STARTER 软件，弹出项目向导“Project Wizard”对话框。新建项目可以使用向导，也可以不使用向导。在本任务中，取消项目向导对话框，单击“Project”菜单下的“New...”，弹出“新建项目”对话框，如图 11-68 所示。单击“浏览”按钮，设置项目存储路径，在“名称”位置输入项目名称，例如“TEST1”，再单击“确定”按钮，开始创建一个空白项目。

（3）选择选项“Options”菜单下的设置接口“Set PG/PC interface”选项，弹出“设置 PG/PC 接口”对话框，如图 11-69 所示。在“为使用的接口分配参数（P）:”处选择“USB. S7USB. 1”，然后单击“确定”按钮。

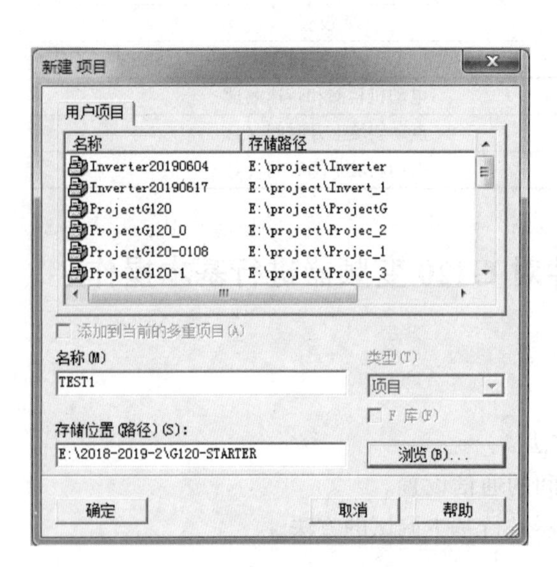

图 11-68 “新建项目”对话框

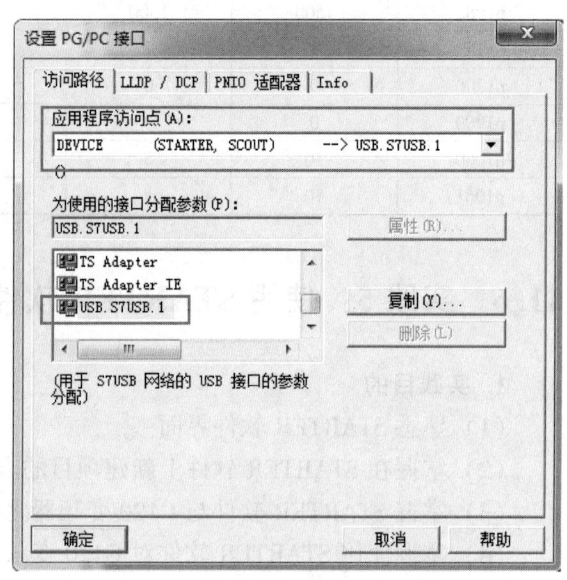

图 11-69 “设置 PG/PC 接口”对话框

（4）单击工具条中的“在线”图标，弹出提示对话框，提示项目中没有可用设备，是否通过“可访问节点”寻找设备，如图 11-70 所示。单击“Yes”按钮进行确定。

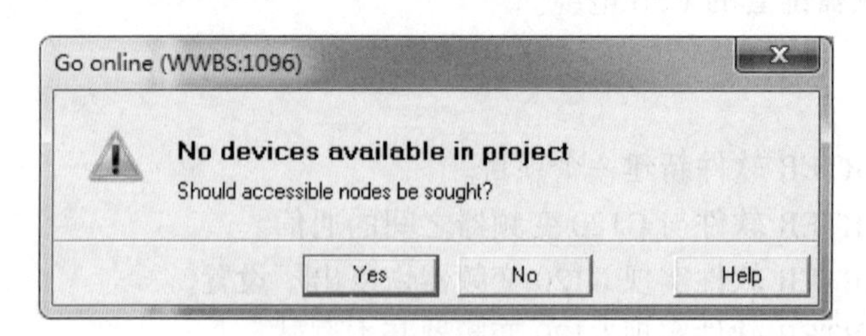

图 11-70 在线提示对话框

（5）弹出可访问节点“Accessible nodes”界面，如图 11-71 所示。如果在可访问节点“Accessible nodes”界面没有访问到变频器设备，则需要重新检查接线及 PG/PC 接口是否设置正确。

（6）选中找到的可访问节点“Accessible nodes”下的变频器，单击接收“Accept”按

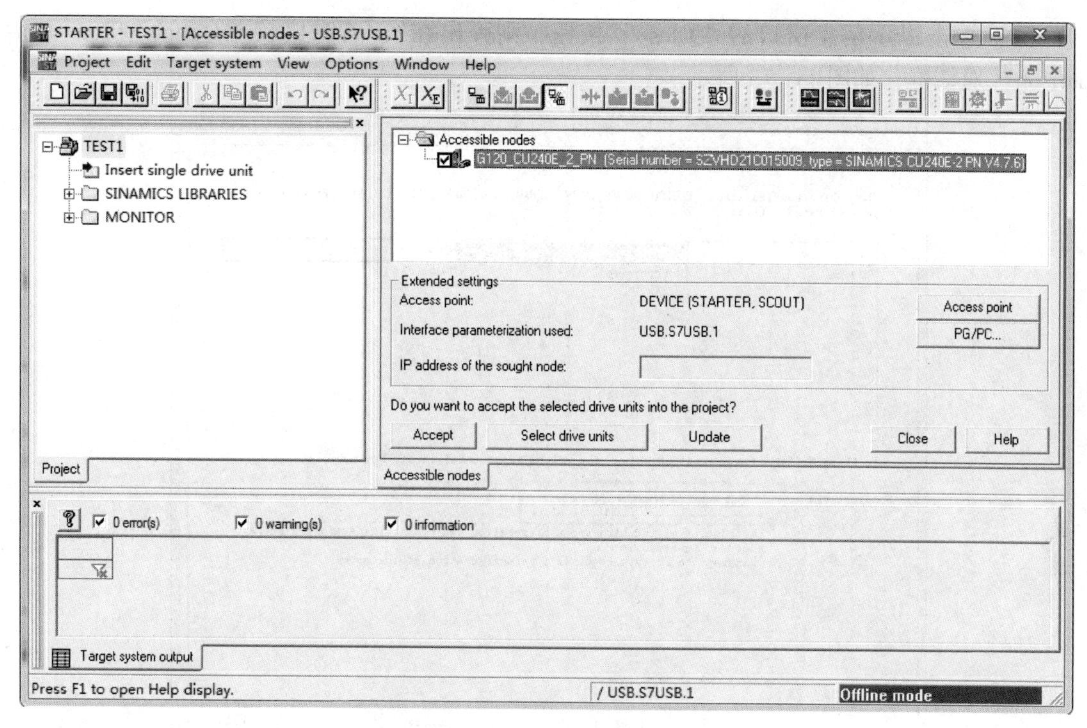

图 11-71　“可访问节点”界面

钮，开始将访问到的 G120 变频器传输至 PC。成功传输后，会弹出提示窗口，并在详细信息窗口中显示“G120_CU240E_2_PN has been created successfully”，如图 11-72 所示。

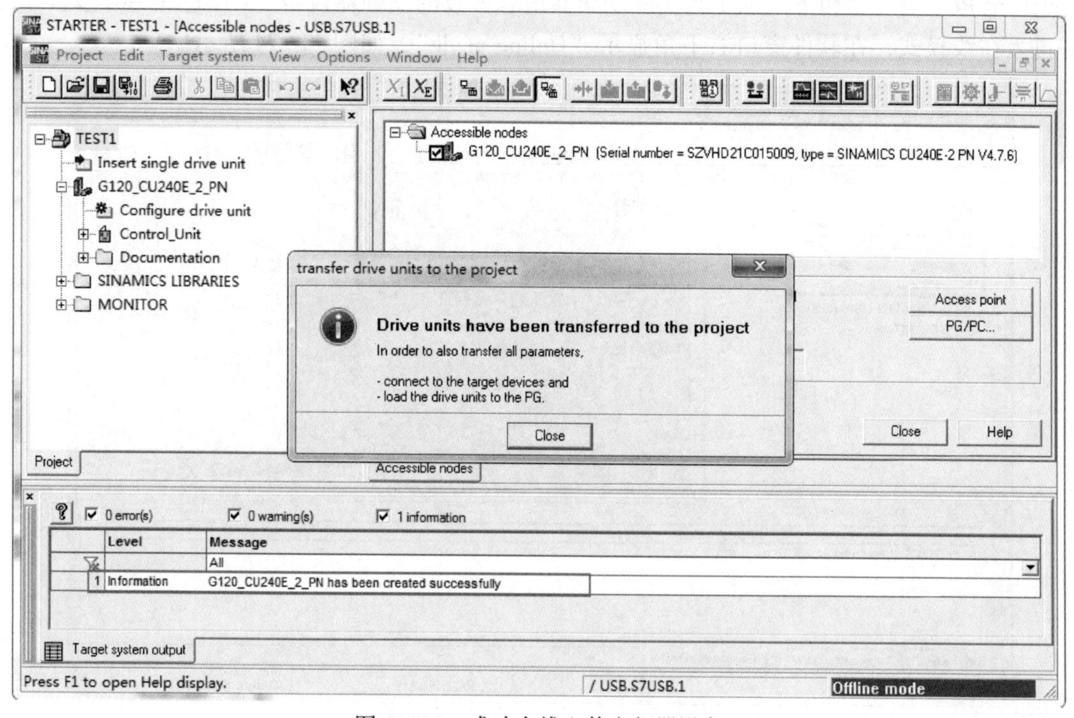

图 11-72　成功在线上传变频器设备

（7）单击提示信息窗口的“Close”按钮，则弹出在线/离线比较“Online/offline comparison”对话框，如图11-73所示。

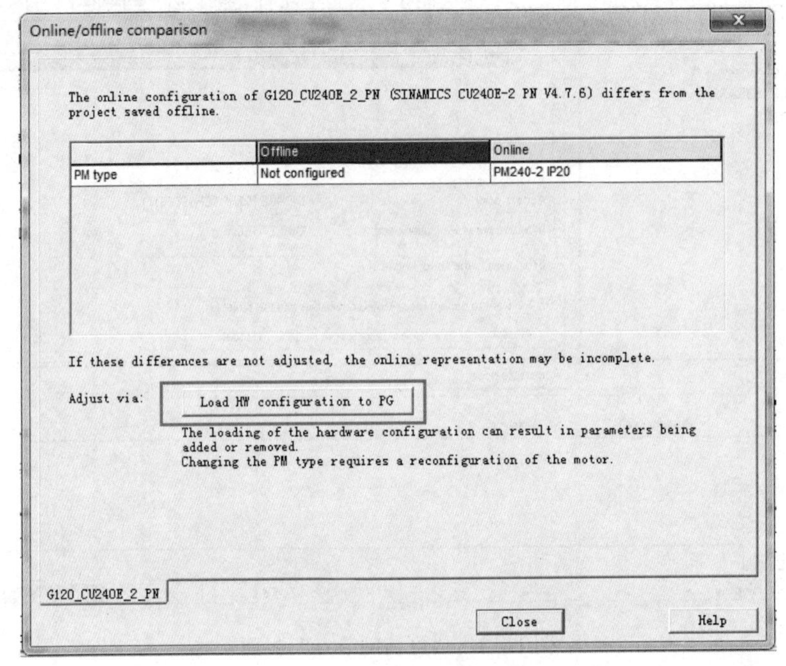

图11-73 “Online/offline comparison”对话框

（8）单击“Load HW configuration to PG”按钮，则将在线的G120变频器设备的组态信息成功上传至PC，在项目树下添加了与实际变频器组态一致的变频器设备“G120_CU240E_2_PN”，并进入在线模式，在软件窗口右下角显示“Online mode”，如图11-74所示。

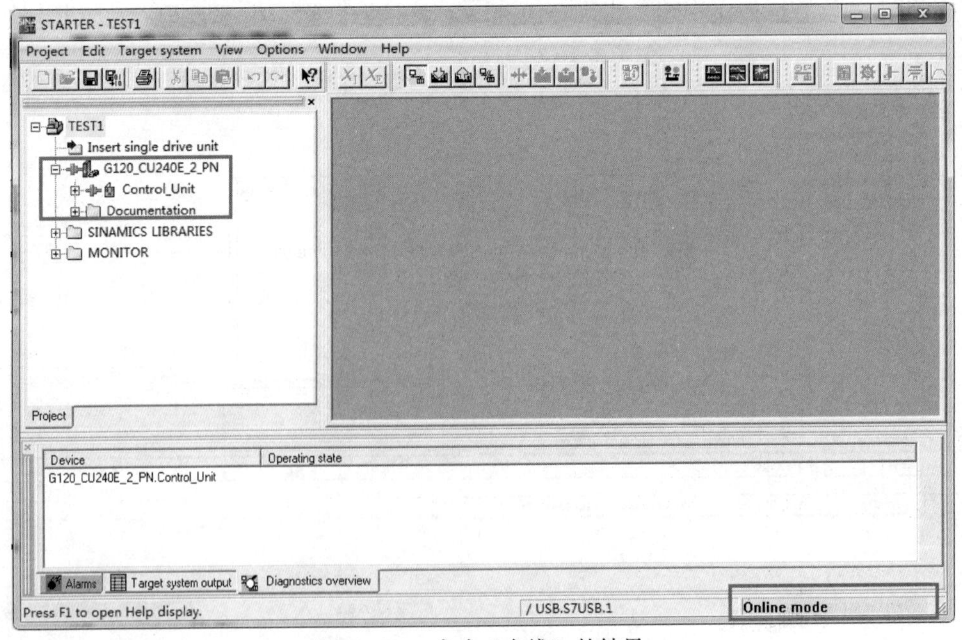

图11-74 成功“在线”的结果

（9）选中项目树下的变频器设备“G120_CU240E_2_PN”，单击工具条中的“恢复出厂设置”按钮，弹出恢复出厂设置提示框，勾选“Save device parameterization to ROM after completion”，如图 11-75 所示。单击“Yes”按钮，依次弹出“Restore Factory Settings”进度提示条和“Copy RAM to ROM”进度提示条，如图 11-76 和图 11-77 所示。最后完成恢复出厂设置后，会在详细信息窗口显示结果信息，如图 11-78 所示。

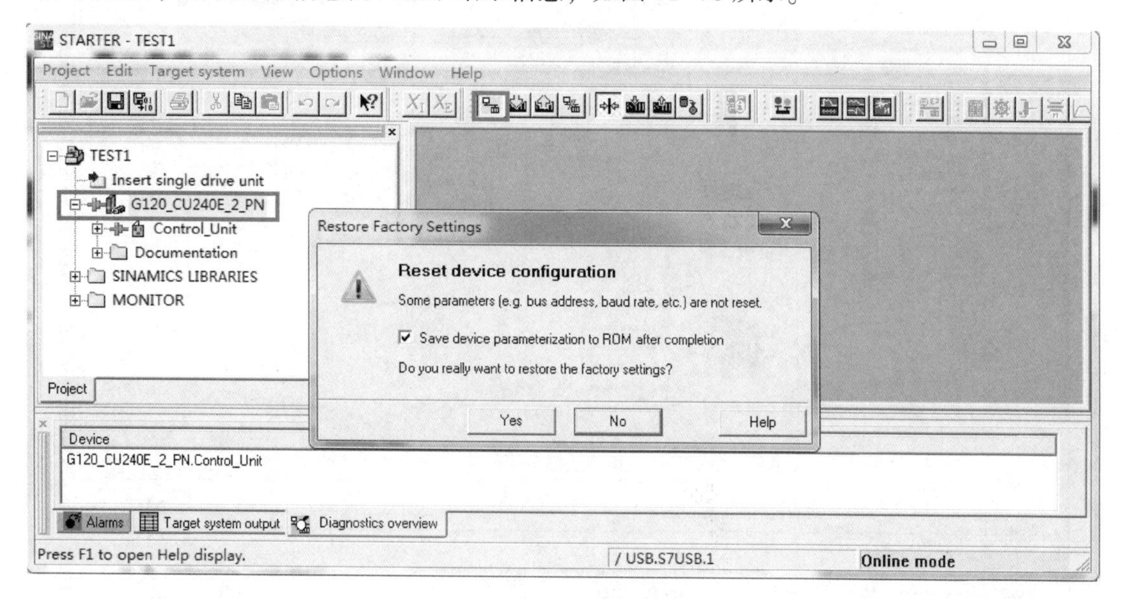

图 11-75　执行恢复出厂设置

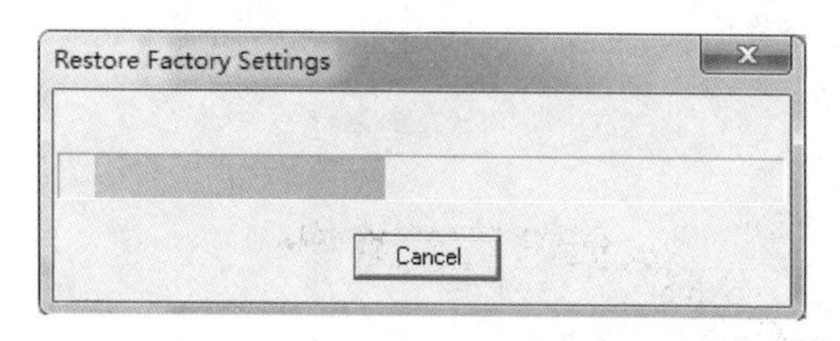

图 11-76　恢复出厂设置进度条

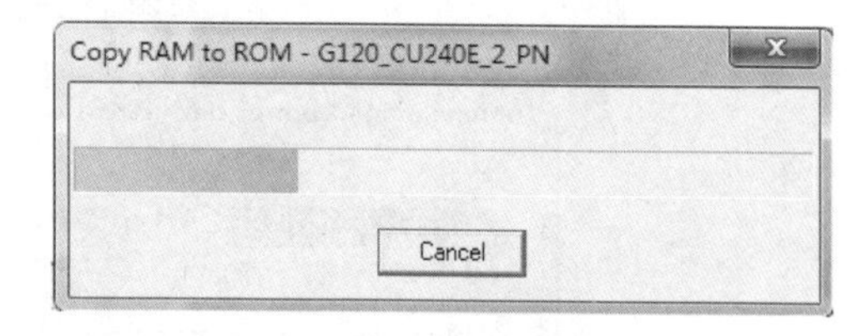

图 11-77　保存设备参数到 ROM 的进度条

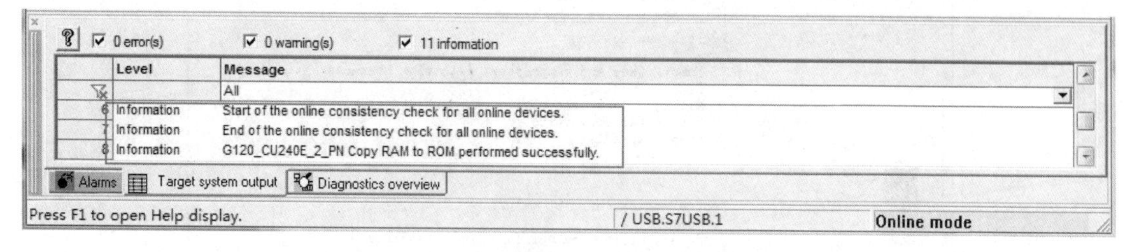

图 11-78　成功执行恢复出厂设置的结果

（10）展开左侧项目树“Control_Unit”，双击“Configuration”，在右侧窗口显示变频器组态界面，在该窗口中可以查看变频器设备的组态信息，如图 11-79 所示。

（11）在变频器组态界面中单击正上方“Wizard”按钮，弹出组态对话框，根据提示，一步步设置变频器参数。首先显示应用等级“Application class”选择界面，在应用等级下拉列表中选择“[0] Expert”，如图 11-80 所示，然后单击“Next”按钮进入下一步。

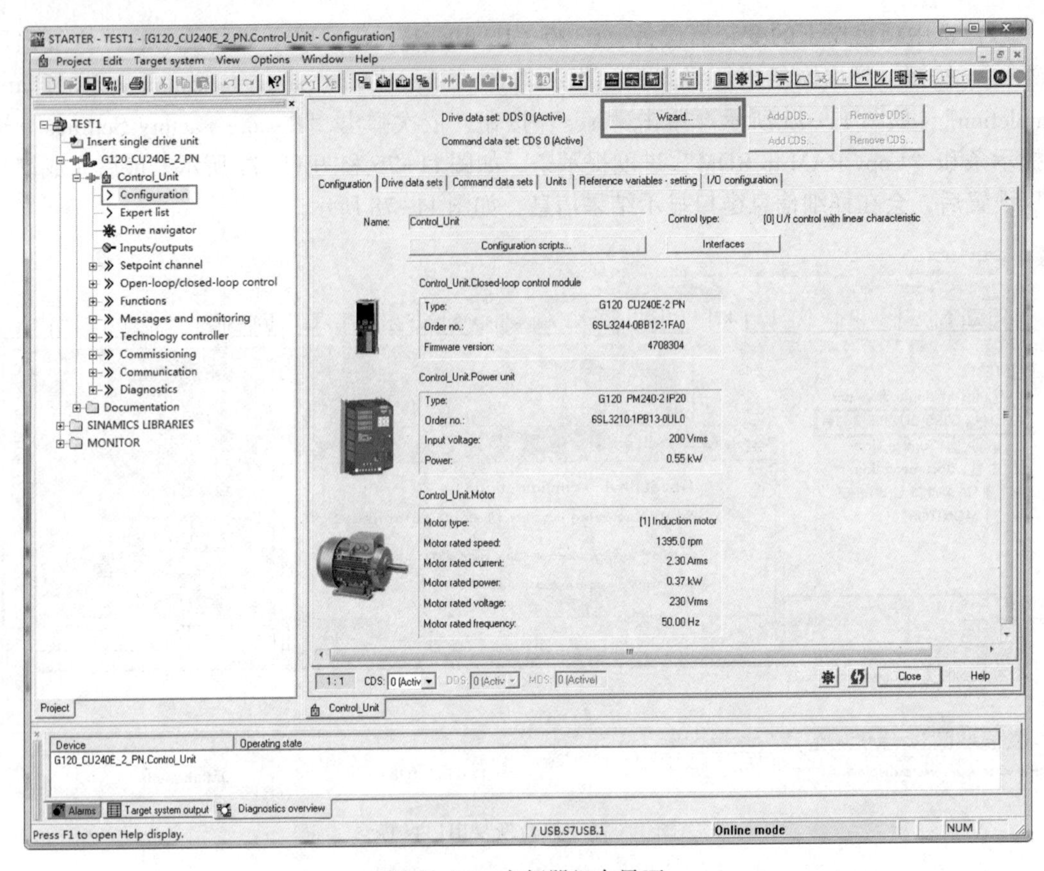

图 11-79　变频器组态界面

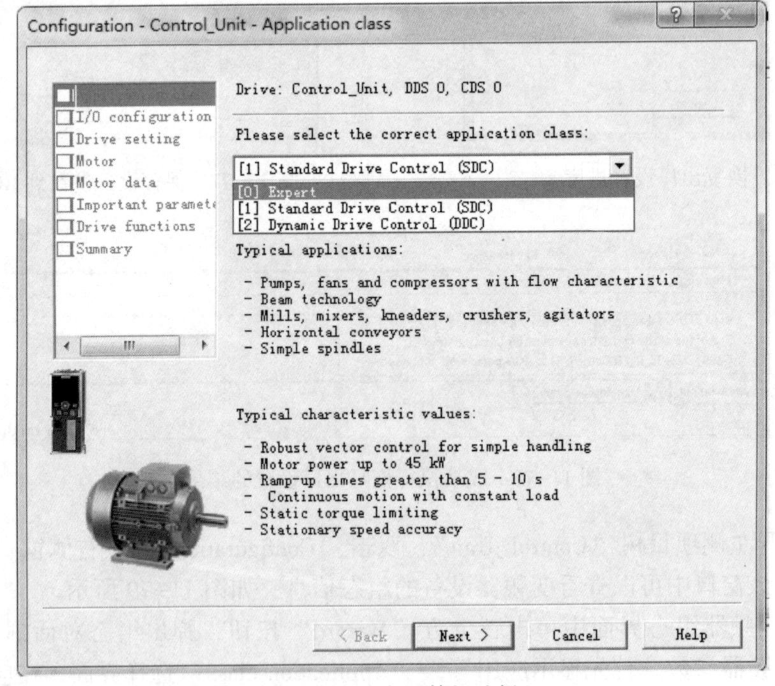

图 11-80　应用等级选择

（12）进入控制类型“control structure”选择界面，在控制类型下拉列表中选择系统默认的“[0] U/f control with linear characteristic”，如图 11-81 所示，然后单击“Next”按钮进入下一步。

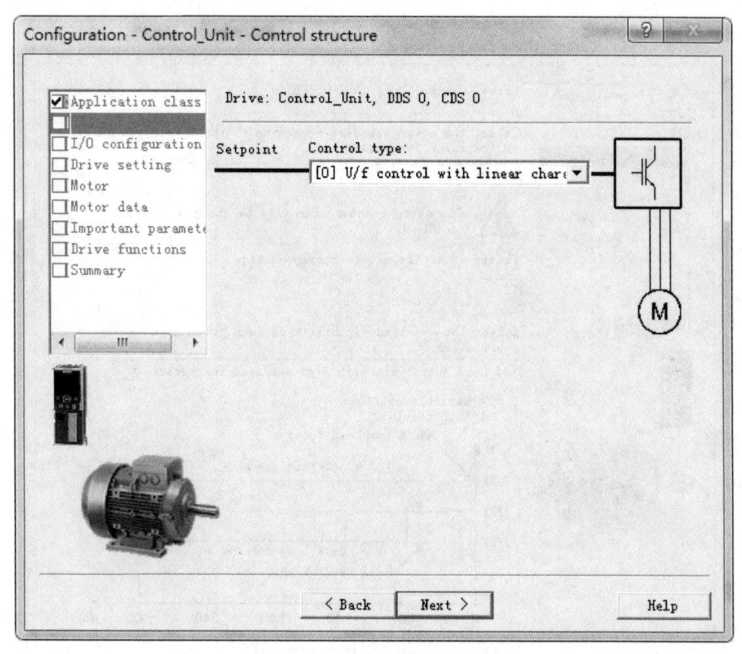

图 11-81　控制类型选择

（13）进入 I/O 组态“I/O configuration”选择界面，在下拉列表中选择默认的选项“No change”，即 I/O 组态使用出厂设置值，如图 11-82 所示。单击“Next”按钮进入下一步。

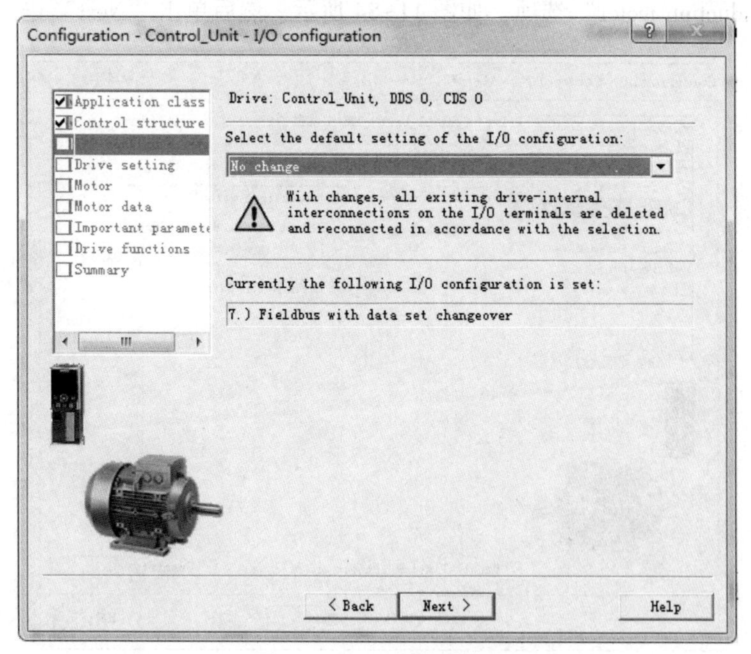

图 11-82　I/O 端子设置

（14）进入驱动设置“Drive setting”界面。在该界面中填入设备供电电压“220 V”，在“Select the overload capability of your power unit application：”处选择系统默认的“[0] Load duty cycle with high overload for vector drives”，如图 11-83 所示，单击“Next”按钮进入下一步。

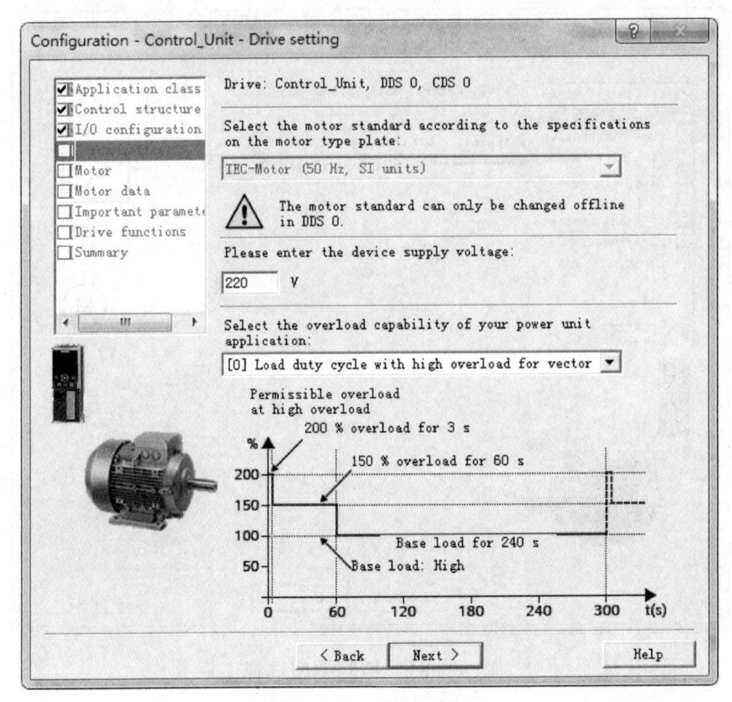

图 11-83　驱动设置

（15）进入电动机“Motor”设置界面。在“Motor type：”的下拉列表中选择默认的异步电动机“[1]induction motor”选项，如图 11-84 所示。然后单击“Next”进入下一步。

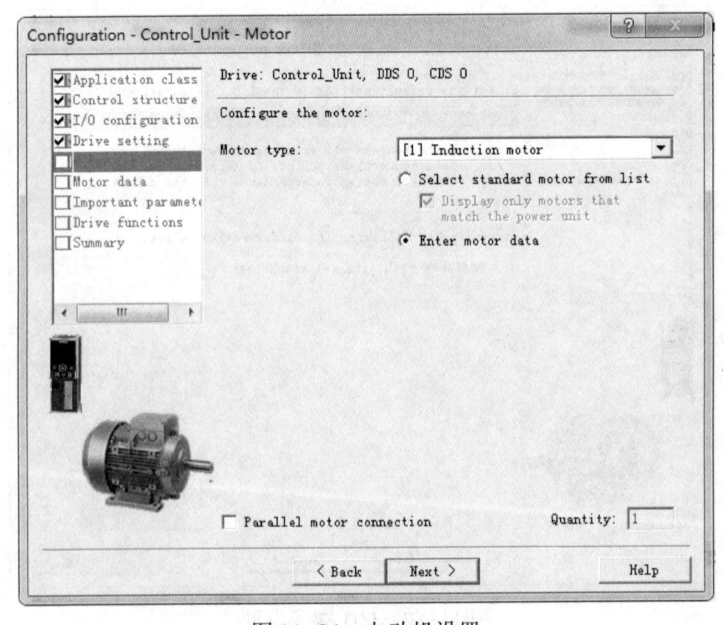

图 11-84　电动机设置

(16) 进入电动机数据“Motor data”设置界面。在连接类型的下拉列表中默认选择“Star”星形连接方式，在电动机数据列表中根据实际使用电动机的数据修改参数值，如图 11-85 所示。单击“Next”按钮，进入下一步。

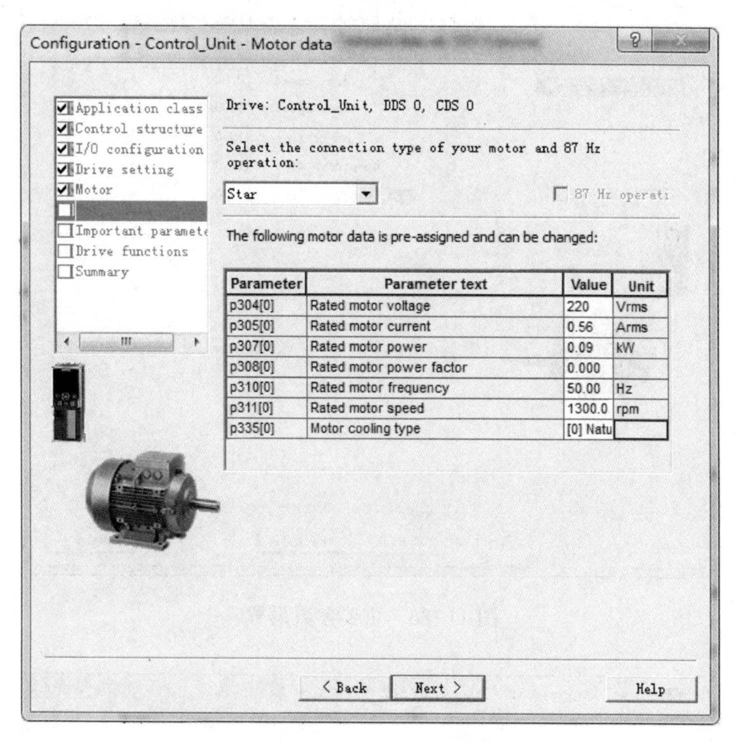

图 11-85　电动机相关数据设置

(17) 进入重要参数“Important parameters”设置界面。根据实际情况修改电流限值、最低转速、最高转速、斜坡上升时间和斜坡下降时间等参数，如图 11-86 所示。单击“Next”按钮，进入下一步。

(18) 进入驱动功能“Drive functions”选择界面。在技术应用“Select the correct technological application”处的下拉列表中选择默认值“[0] Standard drive”，在电动机检测“Please select a suitable identification type:”处的下拉列表中选择默认值“[2] Identifying motor data (at standstill)”，在对话框下方位置选择默认勾选“Calculate motor data only”选项，如图 11-87 所示。单击“Next”按钮，进入下一步。

(19) 进入完成“Summary”界面，在该界面中显示了刚刚进行的参数设置信息。勾选“Copy RAM to ROM (save data in the drive)”，将组态好的参数设置信息保存至变频器中，如图 11-88 所示。

(20) 单击“Finish”按钮，依次弹出完成变频器快速调试进度条和将 RAM 复制至 ROM 的进度条，最后完成变频器快速调试。

(21) 在项目树下展开在线的变频器，双击该变频器“Commissioning”下一级的“Control panel”，在软件下方窗口中将显示控制面板“Control panel”界面，如图 11-89 所示。

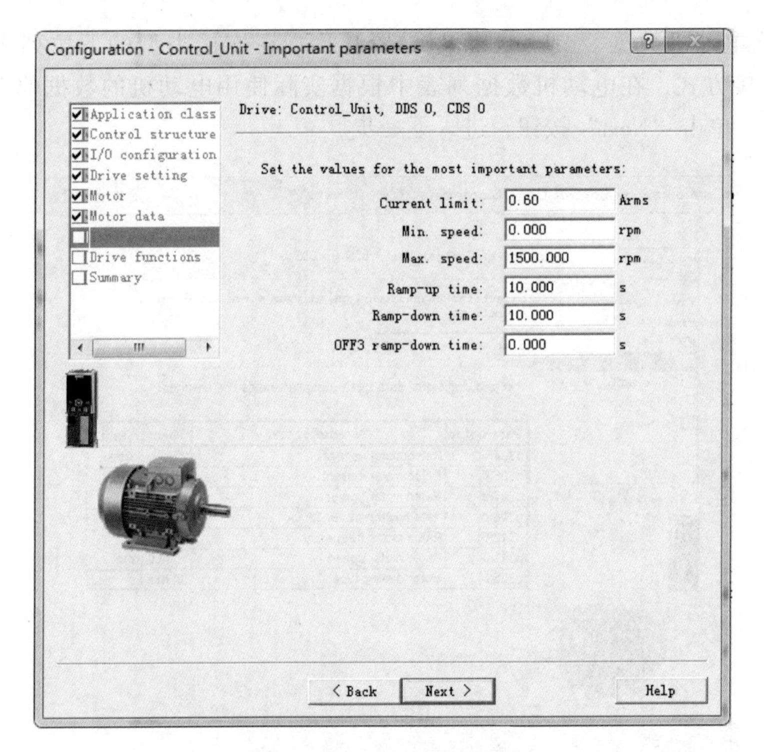

图 11-86 重要参数设置

图 11-87 驱动功能设置

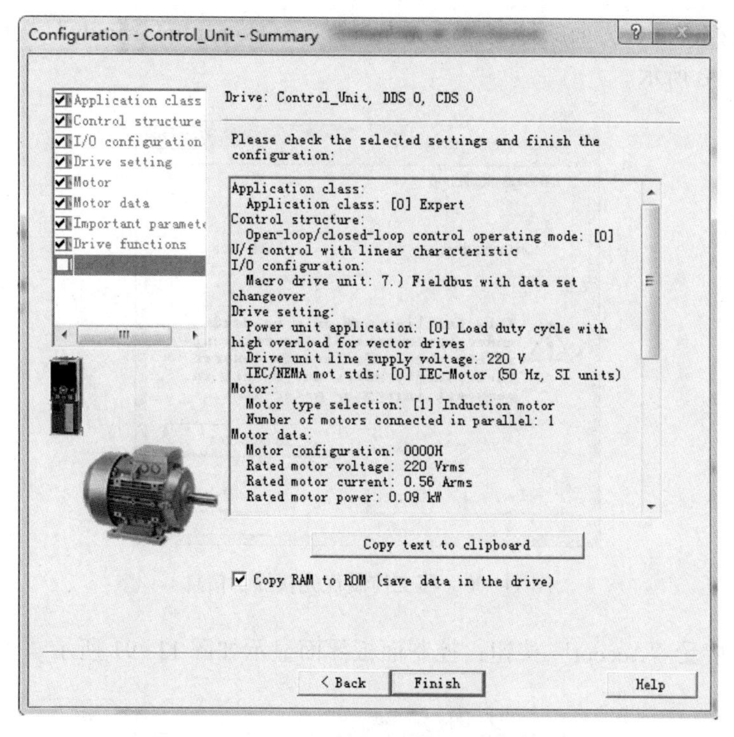

图 11-88　最终变频器组态设置

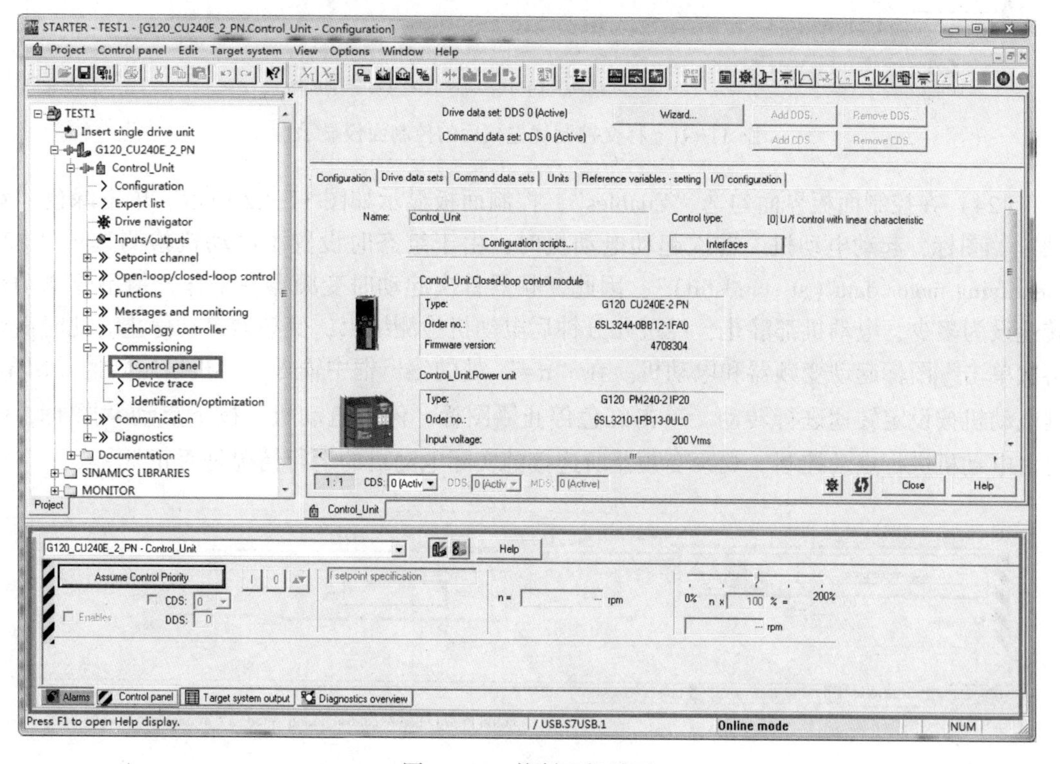

图 11-89　控制面板界面

（22）单击控制面板界面的移交控制优先权“Assume control priority”按钮，弹出提示信息框，如图 11-90 所示。

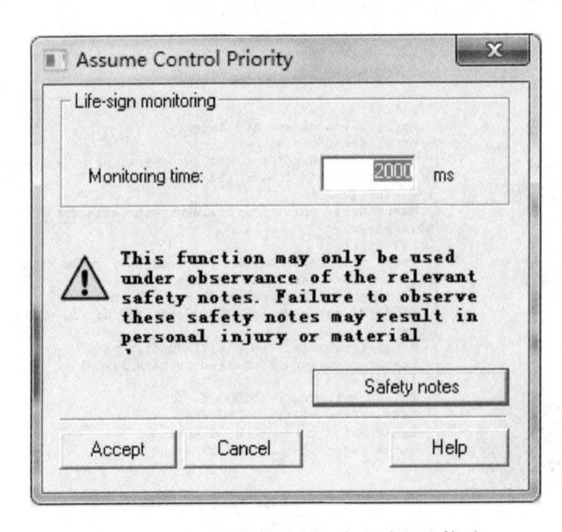

图 11-90　移交控制优先权提示信息

（23）单击接受“Accept”按钮，控制面板界面显示如图 11-91 所示。

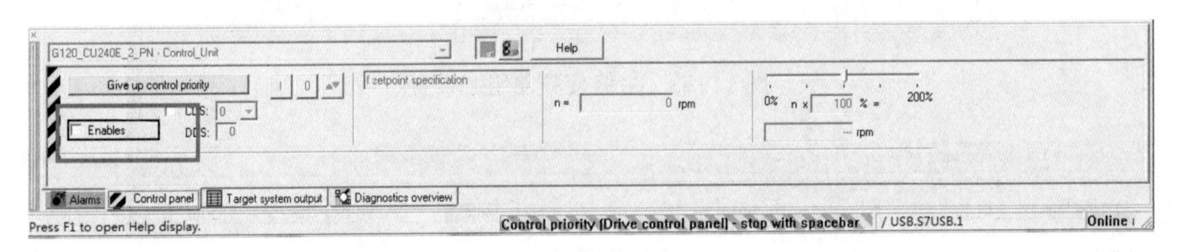

图 11-91　移交控制优先权后的控制面板显示

（24）在控制面板界面勾选“Enables”，控制面板显示如图 11-92 所示。单击绿色“启动”图标，起动电动机。首次起动电动机时，由于组态时设置了电动机检测选项“[2] Identifying motor data (at standstill)”，因此变频器首次起动时变频器在工作，但不管电动机转速设为多少，电动机都静止，经过几分钟后电动机检测结束，变频器自动停止。此时需要再次单击图标起动变频器和电动机。在“n=”处的编辑框中输入电动机设定转速并回车，则电动机按设定转速进行转动。单击红色停止图标，停止电动机。按下点动图标，则可对电动机进行点动控制。观察变频器所连接的实际电动机的运行情况是否正常。

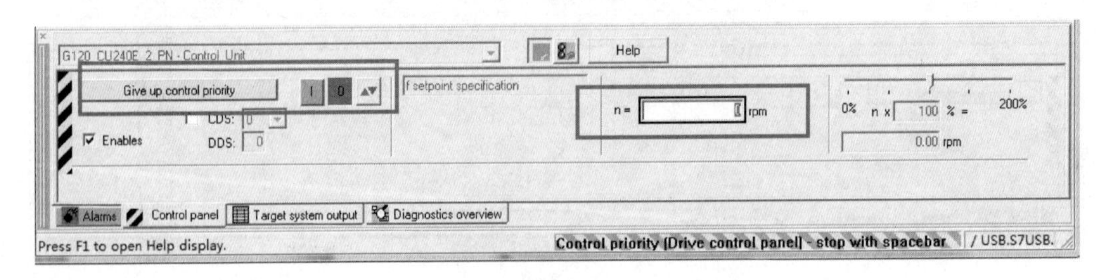

图 11-92　使能后的控制面板显示

（25）完成调试后，单击放弃控制优先权“Give up control priority”按钮，弹出提示对话框，如图 11-93 所示。单击“Yes”按钮进行确认，结束变频器基本调试。

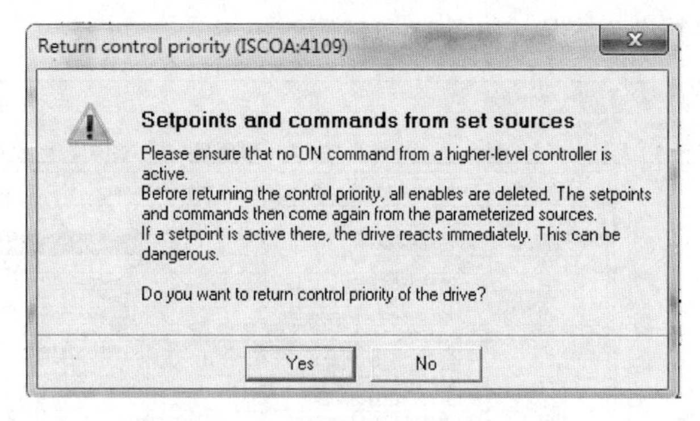

图 11-93　放弃控制优先权的提示信息

（26）最后，选择项目树中的变频器设备，再单击图标，将数据保存至变频器。

11.7　实践 6：对 G120 变频器的 I/O 端子进行设置

1. 实践目的

（1）了解 G120 变频器 I/O 端子及相关设置。

（2）熟悉并掌握如何对 G120 变频器的 I/O 端子进行定义。

（3）熟悉并掌握如何对 G120 变频器的 I/O 端子进行关联。

（4）掌握利用变频器的 I/O 端子进行基本调试及简单操作运行。

2. 实践设备

（1）G120 变频器教学实践装置。（完成实践 1，且依据图 11-9 完成变频器与变频器控制盒上的 I/O 设备之间的接线）。

（2）装有 STARTER 软件的计算机。

（3）G120 变频器配套的 USB 电缆。

（4）工具箱。

3. 实践内容

（1）利用 STARTER 软件设置 G120 变频器 DI 端口。

（2）修改变频器 I/O 端子设置，应用双线制控制的方法 2 对电动机控制。

（3）利用 G120 变频器控制盒上的 I/O 设备进行操作，实现电动机的正反转及起停操作。

4. 注意事项

（1）在参数下载过程中，可能会出现过电流报错，出现后可将 p1900 参数值设置为 11，并重新下载即可解决问题。

（2）注意用电安全。

5. 实践步骤

（1）打开实践 5 中所创建的 STARTER 软件项目“TEST1”，使用 STARTER 软件完成对 G120 变频器的基本调试。

（2）展开左侧项目树，选中在线的变频器设备，单击工具条中的 图标，进入离线状态。然后双击变频器设备下的“Expert list”专家列表，则右侧窗口显示专家列表，列出项目中该变频器所有参数设置情况。如图 11-94 所示。

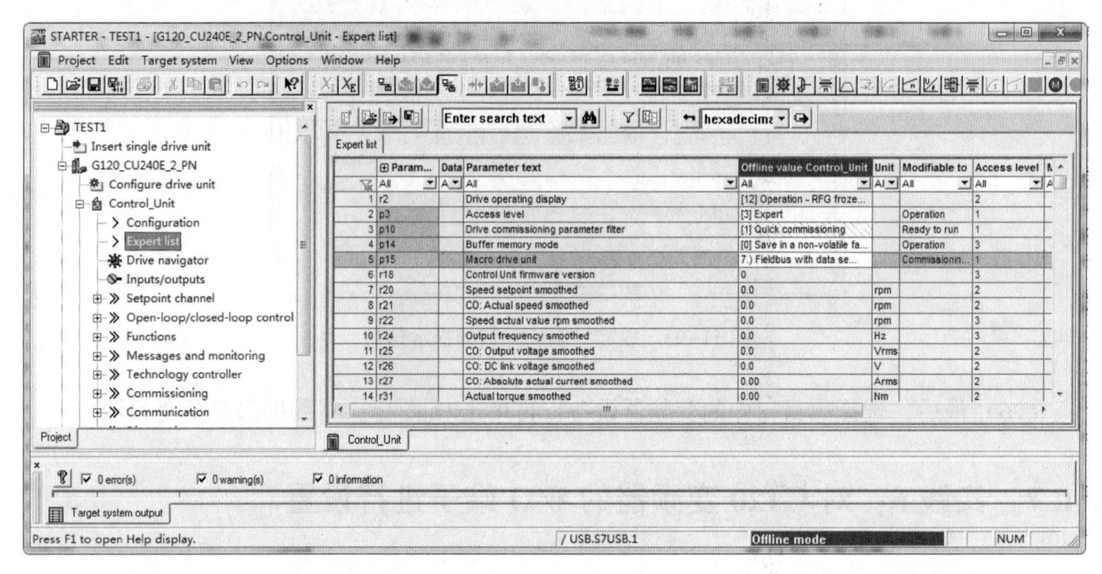

图 11-94　专家列表

（3）在专家列表窗口中找到 p15 参数，在对应“Offline value Control_Unit”列中单击下拉列表，选择“17.）2-wire（for/rev1）”，如图 11-95 所示，使 p15＝17，即设置双线制控制方法 2 控制电动机起停及换向。

	Param...	Data	Parameter text	Offline value Control_Unit	Unit	Modifiable to	Access level
	All	A	All	All	Al	All	All
1	r2		Drive operating display	[12] Operation - RFG froze...			2
2	p3		Access level	[3] Expert		Operation	1
3	p10		Drive commissioning parameter filter	[1] Quick commissioning		Ready to run	1
4	p14		Buffer memory mode	[0] Save in a non-volatile fa...		Operation	3
5	p15		Macro drive unit	7.) Fieldbus with data set		Commissionin...	1
6	r18		Control Unit firmware version				
7	r20		Speed setpoint smoothed				
8	r21		CO: Actual speed smoothed				
9	r22		Speed actual value rpm smoothed				
10	r24		Output frequency smoothed				
11	r25		CO: Output voltage smoothed				
12	r26		CO: DC link voltage smoothed				
13	r27		CO: Absolute actual current smoothed				
14	r31		Actual torque smoothed				
15	r32		CO: Active power actual value smoothed				

5.) Conveyor technology with fieldbus and Basic Safety
7.) Fieldbus with data set changeover
8.) Motorized potentiometer with Basic Safety
9.) Standard I/O with motorized potentiometer
12.) Standard I/O with analog setpoint
13.) Standard I/O with analog setpoint and safety
14.) Process industry with fieldbus
15.) Process industry
17.) 2-wire (for/rev1)
18.) 2-wire (for/rev2)
19.) 3-wire (rel/for/rev)
20.) 3-wire (rel/on/revers)

Control_Unit

图 11-95　设置 p15 参数

（4）在专家列表窗口中找到 p3330[0]参数，该参数为“BI:2/3 wire control command 1”，默认设置为“0”。单击 p3330[0]参数对应“Offline value Control_Unit”列，弹出 p3330[0]参数设置对话框，选择“r722：Bit1”，再单击“OK”按钮，则成功将 p3330[0]参数与 r722.1

(DI1)互联。如图 11-96 所示。

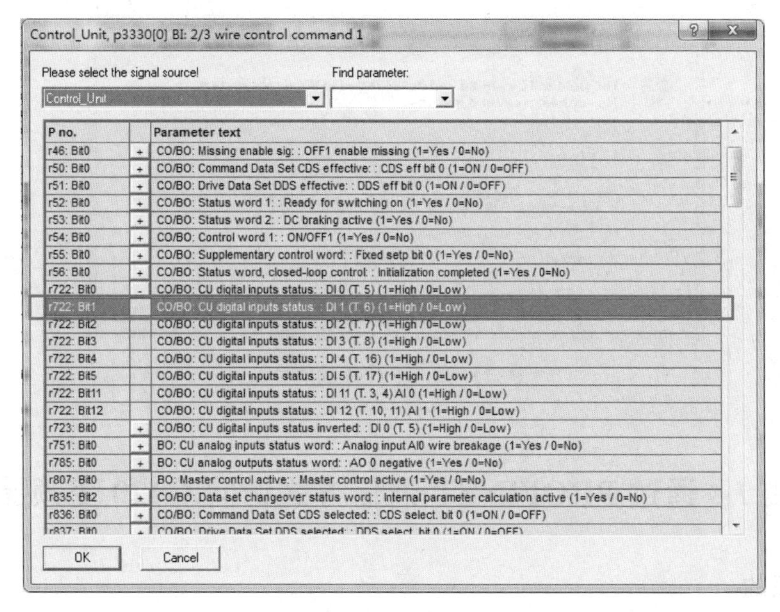

图 11-96 设置 p3330[0]参数

（5）使用同样的操作，将 p3330[1]参数设置为“r722:Bit2”，将 p3330[1]参数与 r722.2(DI2)互联。参数 p3330[0]和 p3330[1]的设置结果如图 11-97 所示。

Enter search text　hexadecimal　Expert list

	Param...	Data	Parameter text	Offline value Control_Unit	Unit	Modifiable to	Access level	Minimum	Maximum
	All	All	All	All	All	All	All	All	All
775	p3325[0]	D	Fluid flow machine speed point 3	50.00		Operation	2	0	100
776	p3326[0]	D	Fluid flow machine power point 4	92.00		Operation	2	0	100
777	p3327[0]	D	Fluid flow machine speed point 4	75.00		Operation	2	0	100
778	p3328[0]	D	Fluid flow machine power point 5	100.00		Operation	2	0	100
779	p3329[0]	D	Fluid flow machine speed point 5	100.00		Operation	2	0	100
780	p3330[0]	C	BI: 2/3 wire control command 1	Control_Unit : r722.1		Operation	3		
781	p3331[0]	C	BI: 2/3 wire control command 2	Control_Unit : r722.2		Operation	3		
782	p3332[0]	C	BI: 2/3 wire control command 3	0		Operation	3		
783	r3333		CO/BO: 2/3 wire control control word	CH			3		
784	p3820[0]	D	Friction characteristic value n0	209.75	rpm	Ready to run	2	0	210000
785	p3821[0]	D	Friction characteristic value n1	213.00	rpm	Ready to run	2	0	210000
786	p3822[0]	D	Friction characteristic value n2	232.50	rpm	Ready to run	2	0	210000

图 11-97 参数 p3330[0]和 p3330[1]的设置结果

（6）参数修改完成后，单击工具条中的“保存并编译”图标，保存并编译项目。

（7）选中项目树下的变频器设备，单击工具条中的“在线”图标，将变频器切换为在线模式。单击工具条中的“下载项目”图标，弹出下载提示信息，如图 11-98 所示。单击“Yes”按钮进行确认，依次弹出下载进度条和参数保存提示，提示下载进度和正在存储的状态。

（8）下载完成后，接通 DI1 开关，起动电动机并正转，断开 DI1 开关，电动机停止；接通 DI2 开关，起动电动机并反转，断开 DI2 开关，电动机停止。需要注意的是，如果在基本调试中设置了电动机检测，则初次起动时执行电动机检测，电动机不转，几分钟后自动结束。然后才能通过 DI1 和 DI2 开关正常起停电动机及换向。

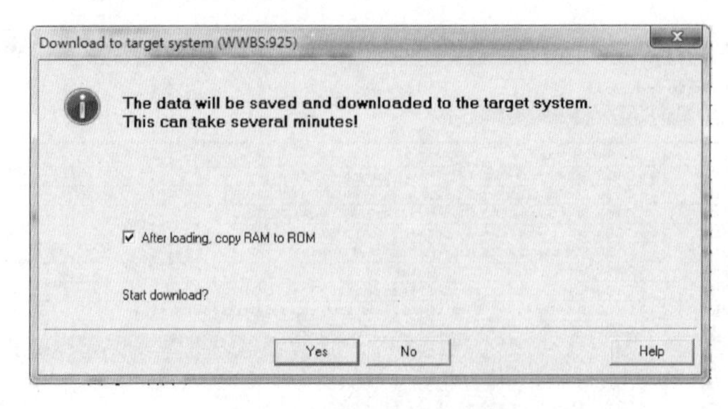

图 11-98 下载提示信息

11.8 实践 7：通过 PROFINET 通信方式访问 G120 变频器

1. 实践目的

（1）了解 G120 变频器的通信方式。

（2）熟悉 G120 变频器的 PROFINET（简称 PN）通信设置。

（3）熟悉并掌握使用 PROFINET 通信方式访问 G120 变频器。

2. 实践设备

（1）G120 变频器教学实践装置（完成实践 1，且依据图 11-10 完成 PLC 的电源接线）。

（2）装有 STARTER 软件和博途（TIA 博途 V13）软件的计算机。

（3）G120 变频器配套的 USB 电缆。

（4）PN 网线。

（5）工具箱。

3. 实践内容

（1）使用 STARTER 软件对变频器进行 PN 通信参数设置。

（2）实现编程器（电脑）通过 PN 方式访问 G120 变频器。

4. 注意事项

（1）在设置 IP 地址时，变频器的 IP 地址要保证与编程器的 IP 地址在同一个网段下，且 IP 地址不重复。

（2）为 G120 变频器设置完 PN 通信参数后，需重新给变频器上电，即先断电，再上电，数据才会生效。

5. 实践步骤

（1）使用配套的 USB 电缆连接计算机与 G120 变频器。

（2）双击打开控制面板中的“网络和共享中心”，选中连接变频器的网卡，设置该网卡的“Internet 协议版本 4（TCP/IPv4）属性”，将电脑的 IP 地址设置为 192.168.0.100，如图 11-99所示。

（3）打开实践 6 中所保存的 STARTER 软件项目“TEST1”，在项目树下展开变频器设

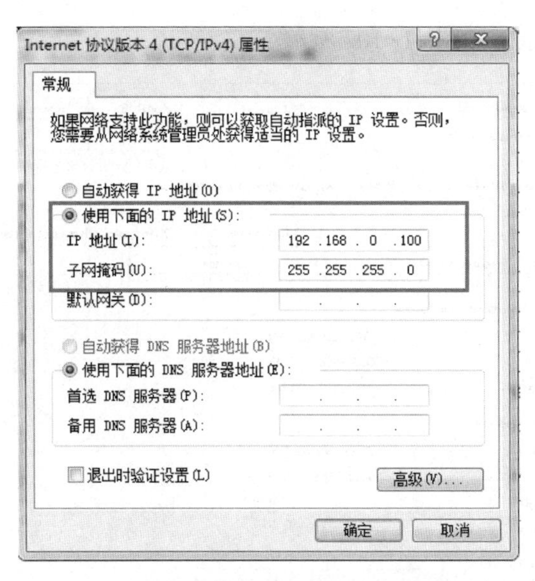

图 11-99　计算机网卡的 IP 地址设置

备，双击“Control_Unit”下的“Expert list”，在右侧显示的专家列表窗口中修改 p15 参数值，使 p15=7，如图 11-100 所示，即变频器通过现场总线控制。将 p922 参数设置为 1，如图 11-101所示，即选择默认值“[1] Standard telegram 1，PZD-2/2”，通过标准报文 1 方式与 PLC 通信，为后续实践任务做准备。

Expert list

	Param...	Data	Parameter tex	Offline value Control_Unit	Unit	Modifiable to	Access level	Minimum	Maximu
	All	A	All	All	Al	All	All	All	All
1	r2		Drive operati...	[31] Ready for switching o...			2		
2	p3		Access level	[3] Expert		Operation	1		
3	p10		Drive commis...	[0] Ready		Ready to run	1		
4	p14		Buffer memor...	[0] Save in a non-volatile fa...		Operation	3		
5	p15		Macro drive u...	7.) Fieldbus with data set		Commissionin...	1		
6	r18		Control Unit fi...	4708317			3		
7	r20		Speed setpoi...	0.0	rpm		2		
8	r21		CO: Actual s...	0.0	rpm		2		

图 11-100　设置 p15 参数为现场总线控制方式

Enter search text　hexadecima

Expert list

	Param...	Data	Parameter tex	Offline value Control_Unit	Unit	Modifiable to	Access level	Minimur
	All	A	All	All	Al	All	All	All
244	p897		BI: Parking ax...	0		Ready to run	2	
245	r898		CO/BO: Contr...	147EH			2	
246	r899		CO/BO: Statu...	22B1H			2	
247	p922		PROFIdrive P...	[1] Standard telegram 1, PZD-2/2		Ready to run	1	
248	r944		CO: Counter f...	0			3	
249	r945[0]		Fault code	0			3	

图 11-101　设置 p922 参数为标准报文 1

（4）单击工具条中的“离线”图标，切换为离线模式。在项目树下展开变频器设备，双击“Control_Unit”下的“Configuration”，右侧窗口默认显示“Configuration”选项卡，即变频器的组态信息，如图 11-102 所示。

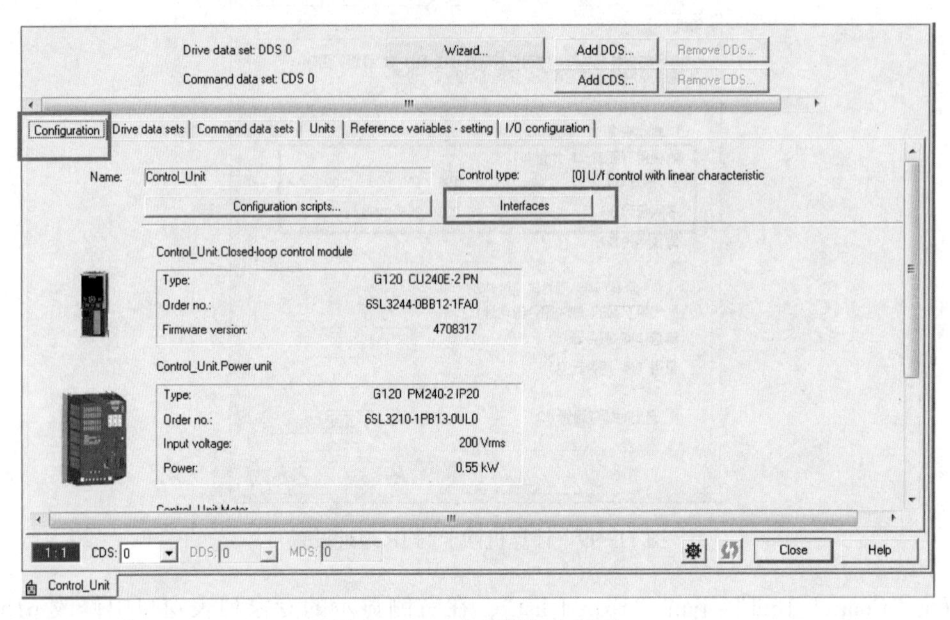

图 11-102　变频器组态界面

（5）单击“Configuration”选项卡中的“Interfaces”按钮，默认显示“Commissioning interfaces”界面，在该界面中显示目前设置的 PG/PC 通信接口设置，如图 11-103 所示。可以通过单击“Change...”按钮修改 PG/PC 接口参数，但由于目前还没有成功设置 PN 通信方式，故仍采用 USB. S7USB. 1 通信方式。

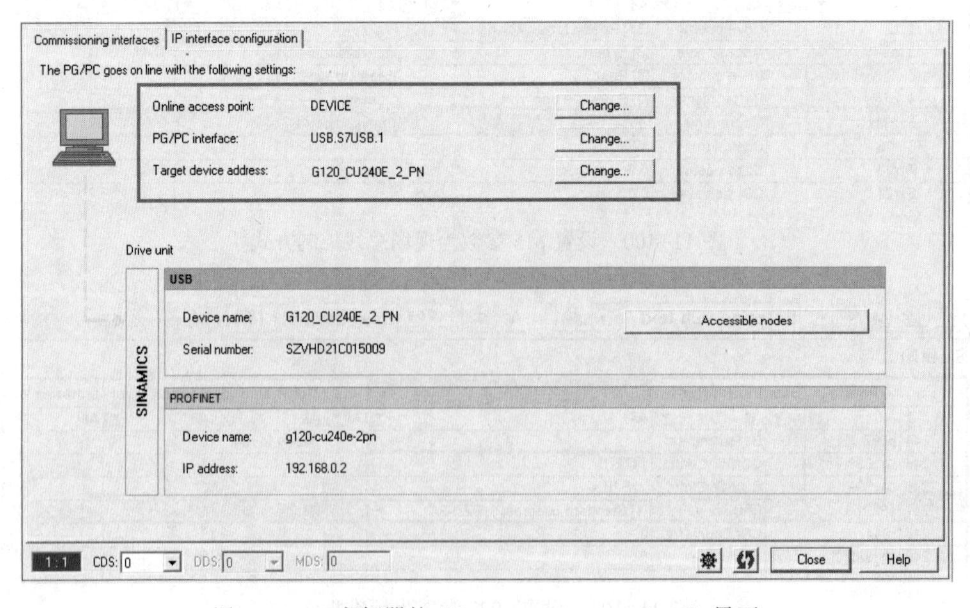

图 11-103　变频器的“Commissioning interfaces”界面

（6）单击“Commissioning interfaces”选项卡右侧的“IP interface configuration”标签，修改目标变频器的 IP 接口设置。将变频器的设备名称“Device name”保留为默认值“g120-cu240e-2pn”，设置 IP 地址“Device address”为 192.168.0.2，子网掩码“Subnet dialog box”设为 255.255.255.0，激活操作“Activation”选择“[2] Save and activate configuration”，如图 11-104 所示。

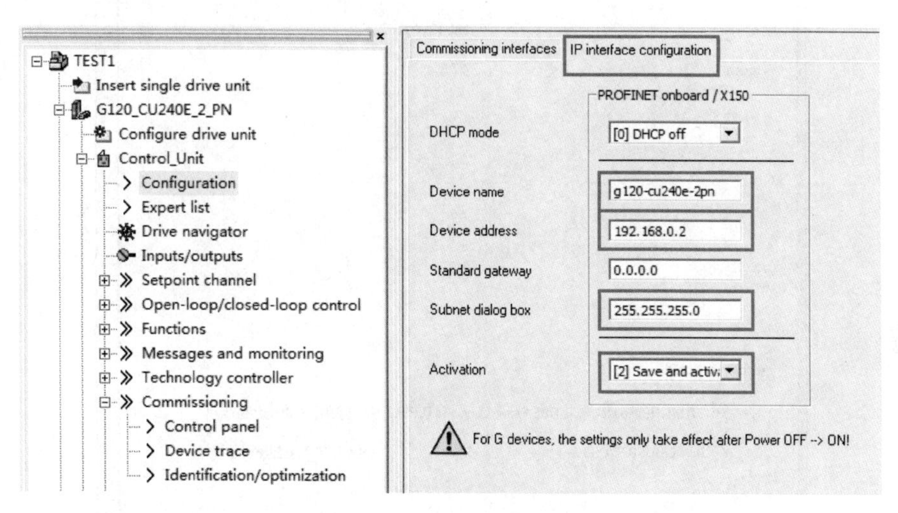

图 11-104 设置变频器 IP 接口

（7）保存并编译项目，然后切到在线模式，使用 USB 通信方式将项目下载至目标变频器。

（8）下载完成后，将 STARTER 项目转至离线模式。

（9）将变频器断电，然后重新对变频器接通电源。只有将变频器重新启动（例如重新接通电源），对变频器的 IP 参数设置才会生效，这一步很重要。

（10）使用一根 PN 网线，一端连接计算机网卡接口，一端连接变频器的任一 PN 接口。

（11）单击“Configuration”选项卡中的“Interfaces”按钮，显示“Commissioning interfaces”界面，在该界面中通过单击相应的“change”按钮（图 11-103），对通信接口参数进行修改。单击图 11-103 中第 1 个“change”按钮，弹出修改在线访问节点的通信方式的对话框，在下方“Access point used”的位置，选择“S7ONLINE”，如图 11-105 所示。

（12）单击图 11-103 中第 2 个“change”按钮，弹出“设置 PG/PC 接口”的对话框，在“为使用的接口分配参数(P)：”的位置选择与目标变频器相连的计算机网卡的 TCP/IP 方式，例如本任务中使用的网卡是“Realtek PCIe GBE Family Controller #2”，故接口参数选择“Realtek PCIe GBE Family Controller. TCPIP. 2”，如图 11-106 所示，然后单击“确定”按钮进行确认。

（13）修改完 PG/PC 通信接口设置后，“Commissioning interfaces”选项卡显示如图 11-107所示。

（14）单击“Commissioning interfaces”选项卡的可访问节点“Accessible nodes”按钮，则显示可访问节点界面，如图 11-108 所示。根据图 11-108 所显示的节点，可以判断目标变频器的 IP 通信参数设置已生效。

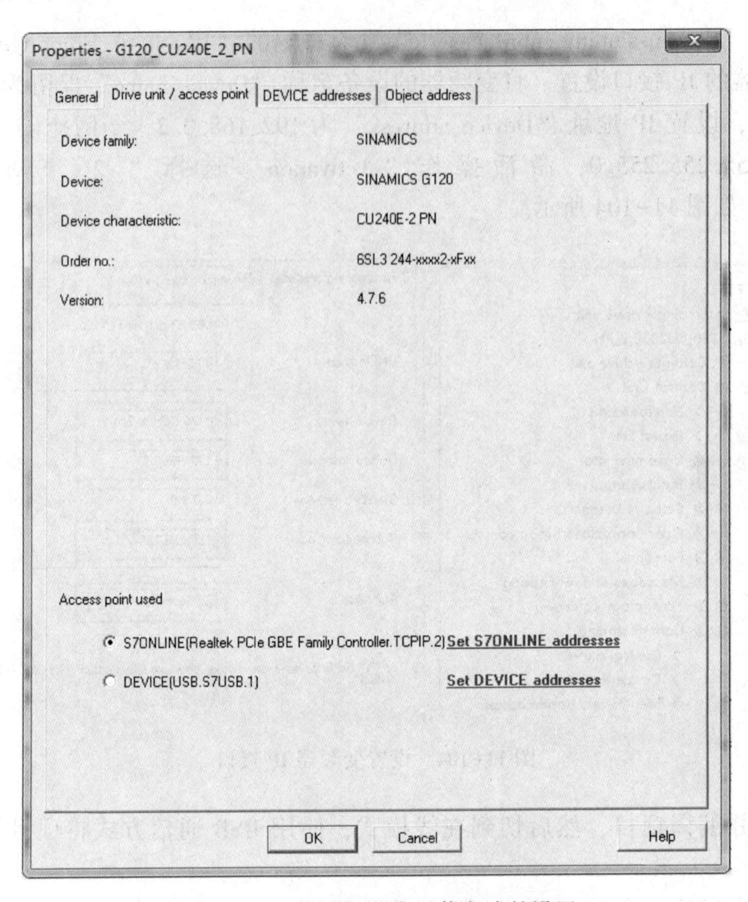

图 11-105　可访问节点通信方式的设置

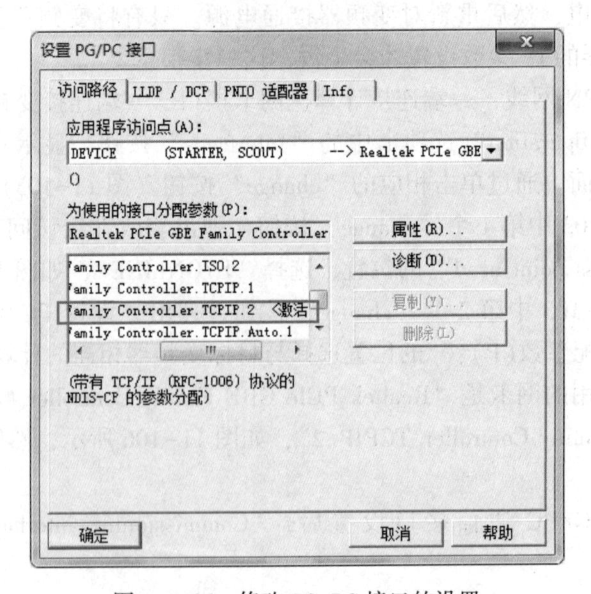

图 11-106　修改 PG/PC 接口的设置

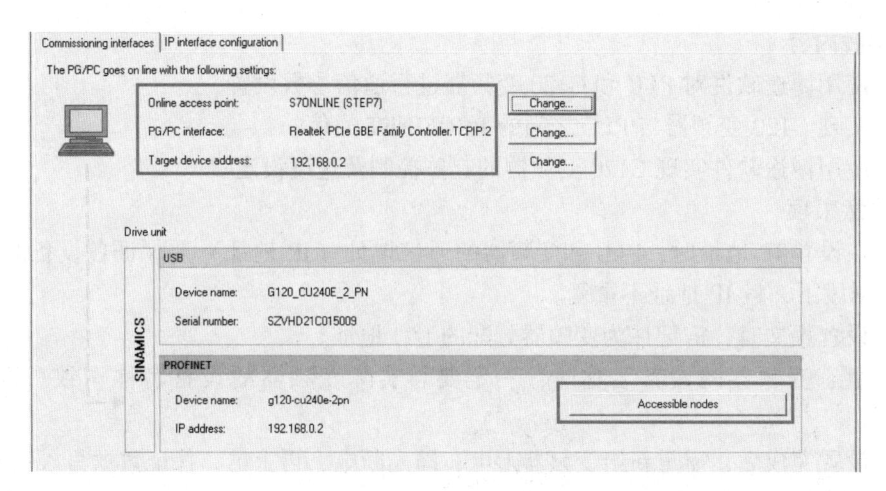

图 11-107　修改 PG/PC 设置后的“Commissioning interfaces”选项卡

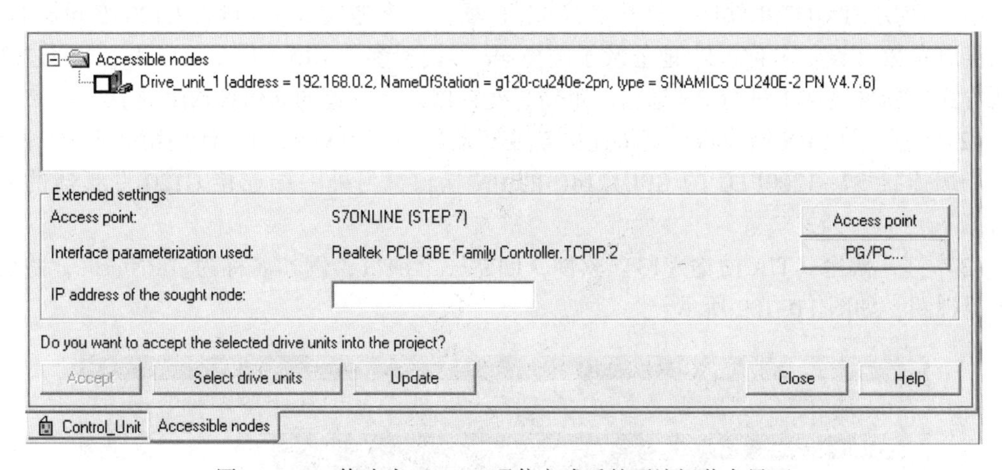

图 11-108　修改为 TCP/IP 通信方式后的可访问节点界面

11.9　实践 8：使用博途软件实现变频器与 PLC 的 PN 通信

1. 实践目的

（1）了解 G120 变频器的通信方式。

（2）掌握 G120 变频器与 PLC 的 PROFINET（PN）通信设置（硬件组态）。

（3）掌握变频器与 PLC 之间的 PROFINET 通信的故障诊断。

2. 实践设备

（1）G120 变频器教学实践装置（完成实践 1，且依据图 11-10 完成 PLC 与 PLC 控制盒上的 I/O 设备之间的接线）。

（2）装有 STARTER 软件和博途软件（STEP7 Professional V13 SP1）的计算机。

（3）G120 变频器配套的 USB 电缆。

（4）PN 网线若干根。

（5）工具箱。

3. 实践内容

（1）使用博途软件对 PLC 和 G120 变频器进行通信参数设置。

（2）实现 G120 变频器与 PLC 之间的 PROFINET 通信。

（3）应用博途软件实现 G120 变频器的起停控制及速度设定。

4. 注意事项

（1）在设置 IP 地址时，PLC 和变频器的通信地址（IP 地址）要保证各设备的 IP 地址在同一个网段下，且 IP 地址不重复。

（2）设置报文时，需记住为变频器分配的 I/O 地址。

（3）组态变频器的设备名称时，一定要与实际变频器的设备名称一致，否则无法通信。

（4）设置完成后，需重新给变频器上电，即先断电，再上电，保证数据写入变频器中。

5. 实践步骤

（1）使用 STARTER 软件，打开“TEST1”项目，参考实践 7，设置 G120 变频器的 PN 通信接口参数（设备名称、IP 地址及子网掩码），设置参数 p15 = 7，p922 = 1，即通过现场总线方式、标准报文 1 进行 PN 通信。重新起变频器，使设置的通信参数生效。

（2）使用 1 根 PN 网线将计算机连接至变频器的一个 PN1 接口；使用第 2 根 PN 网线，将其一端连接 S7 - 1200PLC 的 CPU1214C 的 PN 接口，另外一端连接 G120 变频器的 PN2 接口。

（3）打开博途（TIA 博途 V13）软件，创建一个项目，例如名称为“PNtest”，并切换至项目视图，如图 11-109 所示。

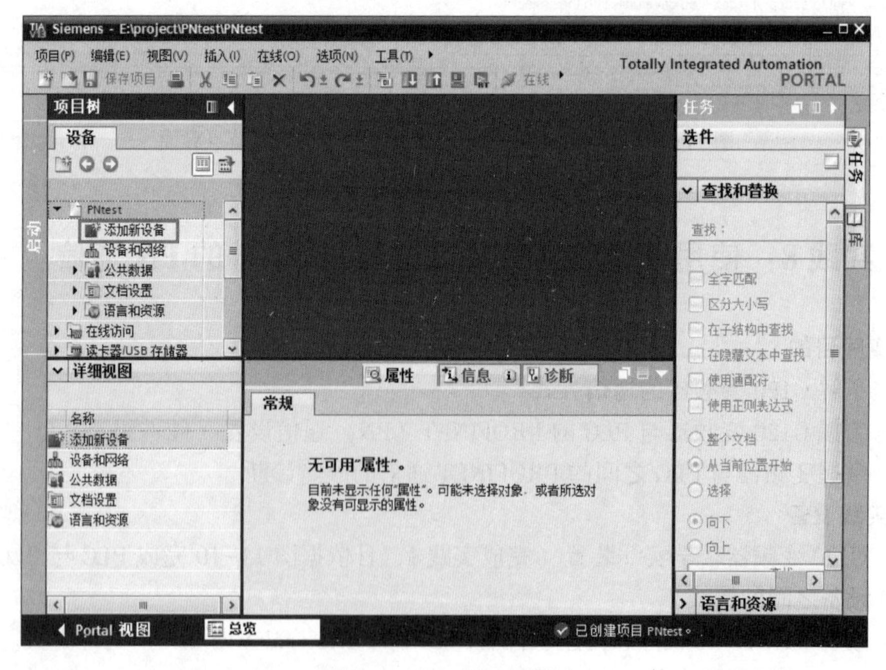

图 11-109　项目视图

（4）双击项目视图左侧项目树下的“添加新设备”，弹出“添加新设备”的对话框，选择左侧“控制器”图标，在中间窗口通过单击▶，依次层级展开控制器、SIMATIC S7-1200 和 CPU，找到实际使用的 CPU 的型号“CPU1214C AC/DC/Rly”，务必选择与实际设备一致的订货号，例如本任务所使用的 CPU 订货号为“6ES7 214-1BG40-0XB0”，在右侧下拉列表中选择正确的版本号，如图 11-110 所示。

图 11-110　添加 PLC 控制器

（5）单击“确定”按钮，则在项目树中自动添加了一个“PLC_1”的设备，双击该设备下的“设备组态”，则软件界面中间区域上方显示“设备视图”标签，软件界面中间区域下方显示该设备的“属性”标签，如图 11-111 所示。

（6）在 CPU 模块“属性”选项卡的“常规”子选项卡中，选中“PROFINET 接口［X1］”下的“以太网地址”，则右侧显示该 CPU 模块的以太网地址默认设置，如图 11-112 所示。在本任务中，CPU 模块使用默认设置的 IP 地址：192.168.0.1，默认勾选“自动生成 PROFINET 设备名称”。

（7）在左侧项目树中双击“设备和网络”，进入“网络视图”界面。在右侧硬件目录中依次展开“其他现场设备/PROFINET IO/Drivers/SIEMENS AG/SINAMICS”，找到 SINAMICS G120 CU240E-2 PN(-F) V4.7，将其拖拽到“网络视图”中，如图 11-113 所示。

（8）在网络视图下，选中 PLC 的 PN 通信接口，并按住鼠标左键拖拽至 G120 变频器的

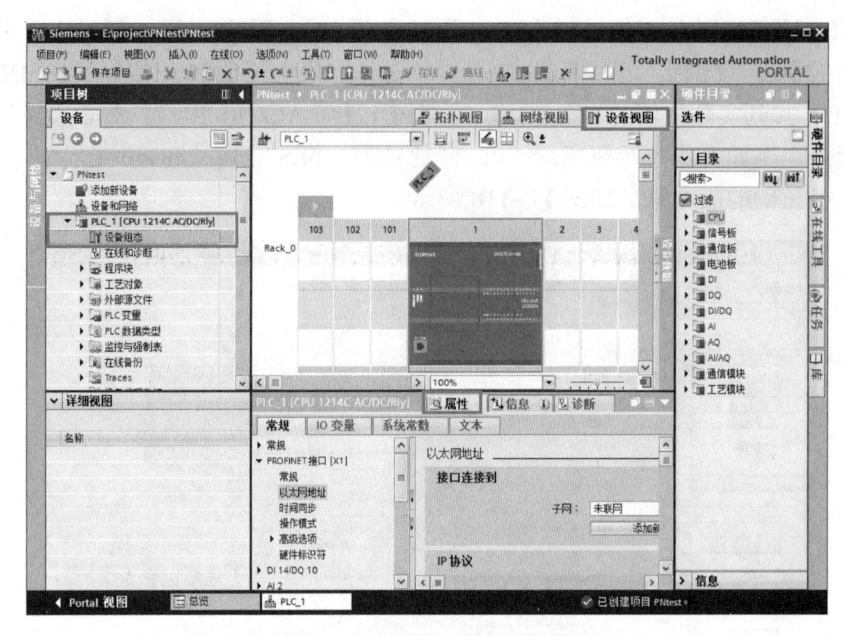

图 11-111　设备视图及属性

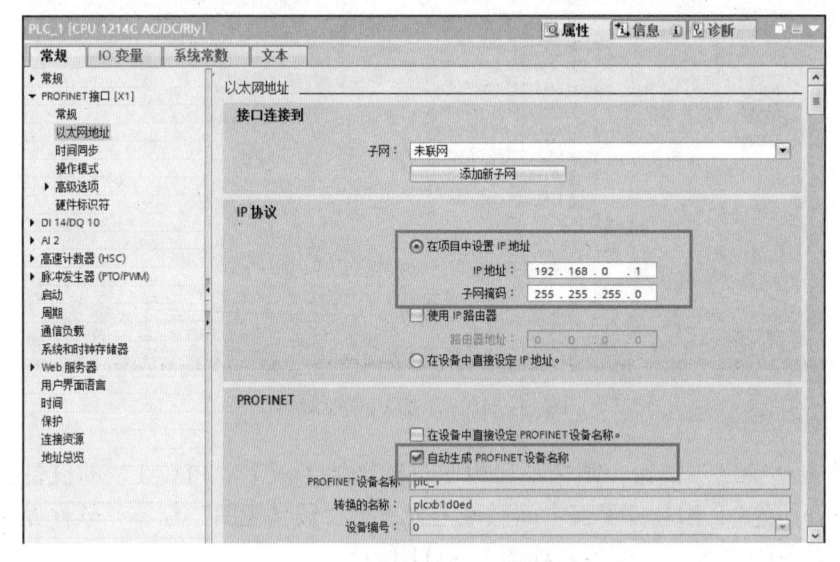

图 11-112　CPU 模块的 IP 地址设置

PN 通信接口，会出现一条绿色的 PROFINET 通讯线“PN/IE_1”，如图 11-114 所示。表示 G120 变频器与 PLC_1 连接在“PN/IE_1”网络。

（9）选中 G120 变频器，单击“属性”标签，依次展开“PROFINET 接口［X1］/以太网地址”，在变频器属性窗口中设置“在项目中设置 IP 地址”为“192.168.0.2”。为保证与实际变频器的配置（前面应用 STARTER 软件已配置为“g120-cu240e-pn”，已下载至变频器并生效）一致，取消勾选“自动生成 PROFINET 设备名称”，并设置变频器的“PROFINET 设备名称”为“g120-cu240e-2pn”，如图 11-115 所示。

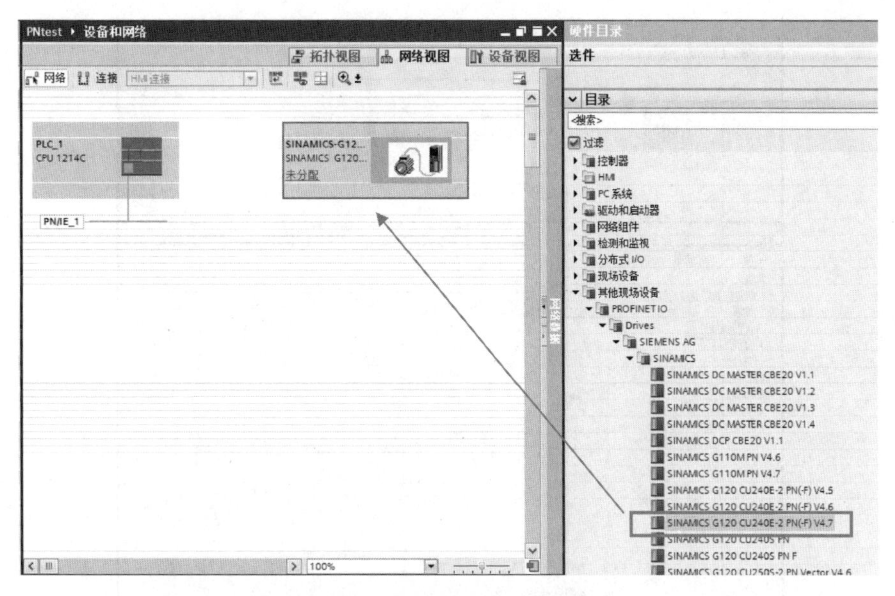

图 11-113　添加变频器设备

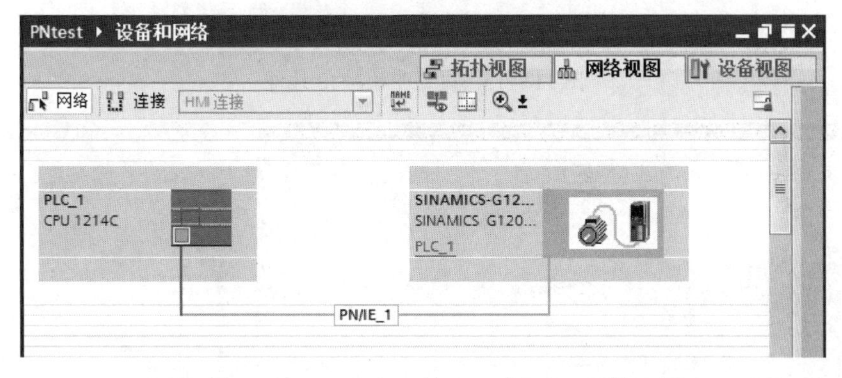

图 11-114　G120 变频器与 PLC 建立 PN 网络连接

（10）双击“网络视图”中的变频器图标，进入变频器的“设备视图”。在右侧硬件目录中选中“子模块”下的标准报文 1“Standard telegram 1，PZD-2/2”，并将其拖曳至变频器设备视图的“设备概览”窗口相应位置中，如图 11-116 所示。

（11）在“设备概览”中设置报文通信的 I/O 地址，对应“I 地址”设置为“100…103”，对应“Q 地址”设置为“100…103”，如图 11-117 所示。

（12）在项目树中选中“PLC_1”设备，单击工具条中的“下载”图标，弹出“扩展的下载到设备”对话框，在该对话框中设置“PG/PC 接口的类型：”为“PN/IE”，设置“PG/PC 接口：”为实际使用的网卡，设置“接口/子网的连接：”为“PN/IE_1”，单击“开始搜索”按钮，待“目标子网中的兼容设备：”处显示已访问到的 PLC 设备，选中该设备，单击“下载”按钮，如图 11-118 所示，将硬件组态下载至实际的 PLC。

（13）如果完成 PLC 和 G120 变频器的硬件组态并下载后，PLC 与变频器还无法进行通信，请检查组态的 G120 变频器设备名称和 IP 地址是否与实际的 G120 变频器一致。如果不一致，可以使用博途软件的“在线访问”功能，重新配置为一致。如果变频器设备名称和

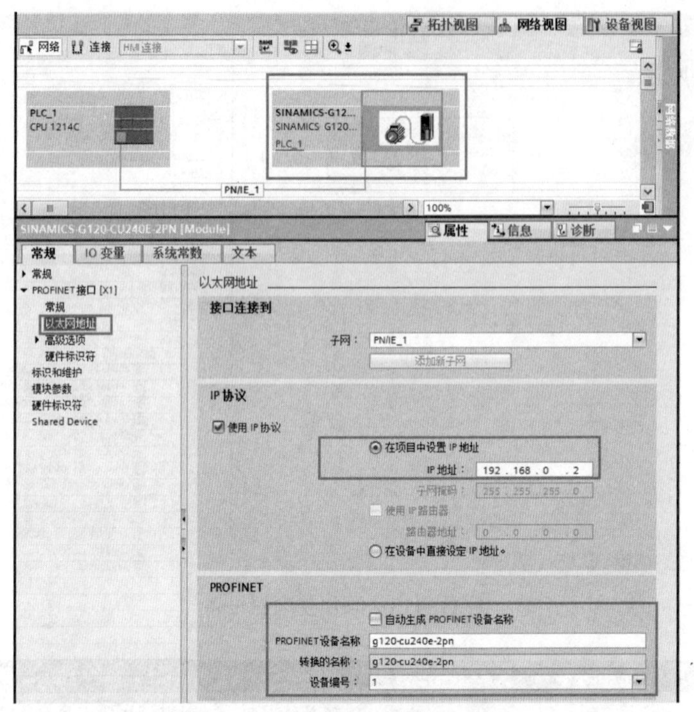

图 11-115　设置变频器 IP 地址

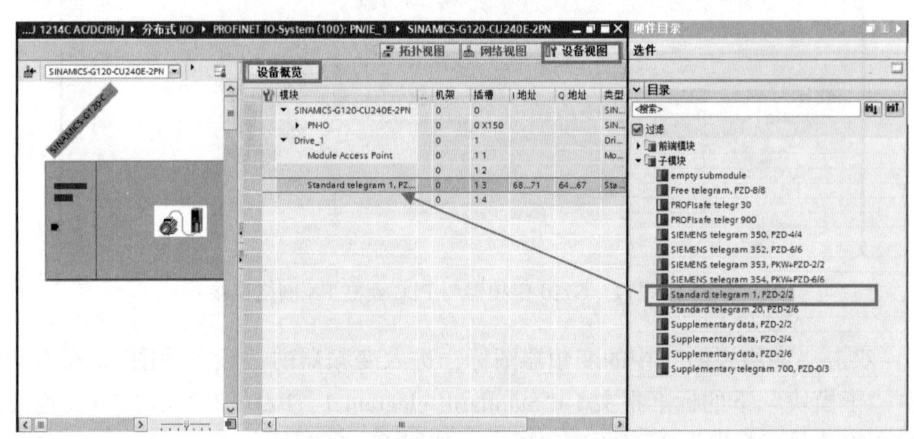

图 11-116　选择变频器报文格式

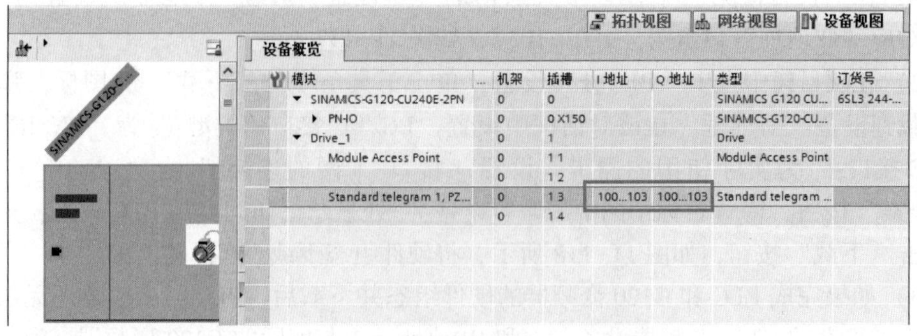

图 11-117　设置变频器的 I/O 地址

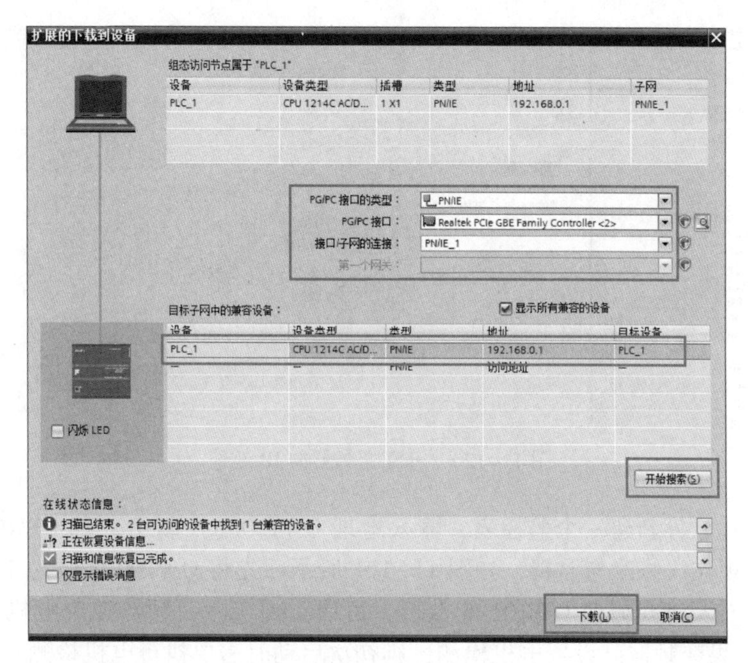

图 11-118　下载 PLC 项目

IP 地址的组态与实际一致，则不需要该步骤操作。

展开项目树下的“在线访问”，找到连接变频器和 PLC 的网卡，双击“更新可访问的设备”，则该网卡下显示已连接的变频器和 PLC 设备。双击变频器设备下的“在线并诊断”，右侧显示在线诊断页面。展开在线诊断页面的“功能”项，选择“分配名称”，在右侧设置组态的设备名称“g120-cu240e-2pn”，然后再单击“分配名称”按钮，如图 11-119 所示。选择“分配 IP 地址”，在右侧设置“IP 地址”为 192.168.0.2，设置“子网掩码”为 255.255.255.0，然后再单击“分配 IP 地址”按钮，如图 11-120 所示。执行完分配名称和 IP 地址的操作后，需要重新起动 G120 变频器。

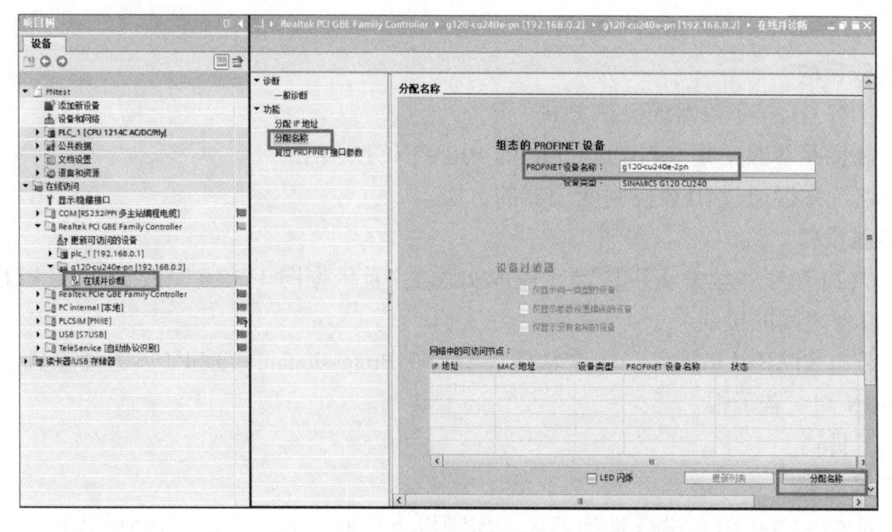

图 11-119　分配变频器的设备名称

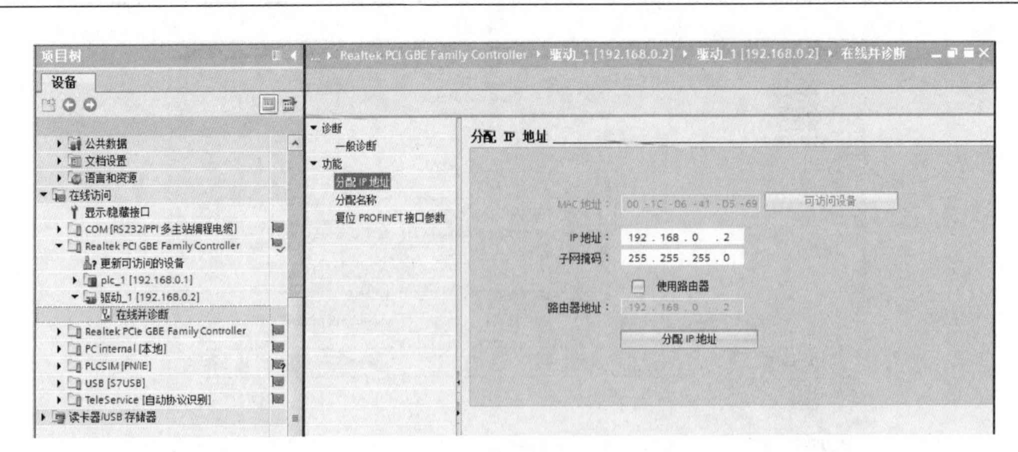

图 11-120　分配变频器的 IP 地址

（14）在博途软件新建一个监控表，输入地址 QW100（控制字）和 QW102（变频器转速设定值），实现在线修改与监视，如图 11-121 所示。先将 QW100 修改为 16#047E，然后再修改为 16#047F，通过修改 QW102 的数值，可以看到实际变频器控制电机按照设定的转速进行转动。如果变频器已设置电机检测，则初次启动时需要执行电机检测。

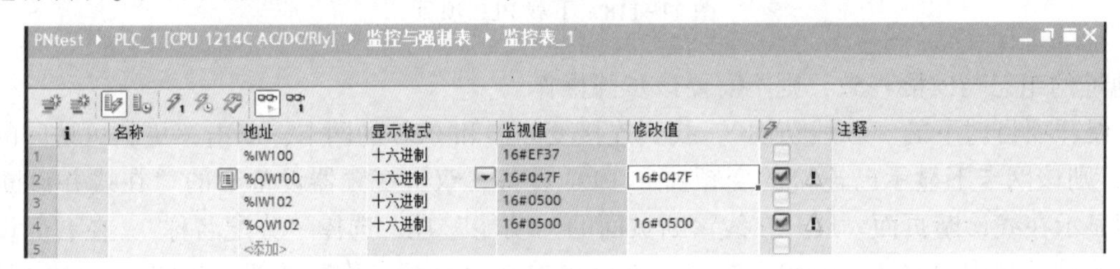

图 11-121　测试变频器与 PLC 的 PN 通信

11.10　实践 9：通过 PN 方式实现 PLC 对变频器的控制

1. 实践目的

（1）了解 G120 变频器的通信方式。

（2）熟悉并掌握变频器与 PLC 之间的 PROFINET 通信。

（3）熟练掌握通过 PLC 控制变频器的方法。

2. 实践设备

（1）G120 变频器教学实践装置（完成实践 1，且依据图 11-10 完成 PLC 与 PLC 控制盒上的 I/O 设备之间的接线）。

（2）装有 STARTER 软件和博途软件（STEP7 Professional V13 SP1）的计算机。

（3）PN 网线若干根。

（4）工具箱。

3. 实践内容

（1）对 S7-1200 PLC 进行基础编程，实现以下功能：通过手动/自动模式选择开关选择手动模式或自动模式，手动模式和自动模式状态由手动模式指示灯和自动模式指示灯进行指示；手动模式下，通过点动向前按钮和点动向后按钮实现电动机的点动控制；自动模式下，通过正转起动按钮、反转起动按钮和停止按钮对电动机进行连续正转、连续反转和停止控制；电动机转速大小由旋钮进行调解；电动机正转、反转和停止的工作状态由相应指示灯进行指示；任何时候按下急停按钮，变频器和电动机立即停止工作。

（2）应用 PN 网络实现 PLC 和变频器之间的网络通信。

（3）应用 PLC 控制 G120 变频器，从而实现对电动机的起停、正反转及调速等控制。

4. 注意事项

（1）在设置 IP 地址时，PLC 和变频器的通信地址（IP 地址）要保证各设备的 IP 地址在同一个网段下，且 IP 地址不重复。

（2）设置报文时，需记住为变频器分配的 I/O 地址。

（3）通信参数设置完成后，需重新给变频器上电，即先断电，再上电，保证数据写入变频器中。

（4）给设备下载项目或工程时，断开该设备与其他设备的连接，只保留计算机与该设备的连接，下载成功后，再恢复各设备之间的连接。

5. 实践步骤

（1）一根 PN 网线连接计算机至 G120 变频器的 PN1 接口，另一根 PN 网线连接 CPU1214C 至 G120 变频器的 PN2 接口。应用博途软件打开实践 8 所做“PNtest”项目，实现实践 8 的功能，即实现 PLC 和 G120 变频器的 PN 通信。

（2）明确 PLC 控制任务，对 PLC 使用到的 I/O 设备进行地址分配，见表 11-6。

表 11-6　PLC 的 I/O 地址分配表（实践 9）

序号	PLC 信号类型	文 字 符 号	地址	设 备 名 称
1	DI	SB0	I0. 0	急停按钮
2	DI	SA1	I0. 1	手动/自动模式选择开关
3	DI	SB1	I1. 0	正转起动按钮
4	DI	SB2	I1. 1	反转起动按钮
5	DI	SB3	I1. 2	停止按钮
6	DI	SB4	I1. 3	点动正转按钮
7	DI	SS5	I1. 4	点动反转按钮
8	AI	RP2	IW66	调速旋钮
9	DO	HL0	Q0. 0	自动模式指示灯
10	DO	HL1	Q0. 1	手动模式指示灯
11	DO	HL2	Q0. 2	正转指示灯
12	DO	HL3	Q0. 3	反转指示灯
13	DO	HL4	Q0. 4	停止指示灯
14	DO	HL7	Q0. 7	急停指示灯

（3）在“PNtest”项目中，找到项目树中PLC设备下的“PLC变量”，双击“添加变量表”，生成“变量表_1”。双击“变量表_1”，右侧显示该变量表。在该变量表中，参考表11-6和PN通信的I/O地址，定义变量，如图11-122所示。

PNtest ▸ PLC_1 [CPU 1214C AC/DC/Rly] ▸ PLC变量 ▸ 变量表_1 [25]

变量表_1

	名称	数据类型	地址	保持	在H…	可从…	注释
1	急停按钮	Bool	%I0.0	☐	☑	☑	SB0
2	手动/自动模式选择开关	Bool	%I0.1	☐	☑	☑	SA1
3	正转启动按钮	Bool	%I1.0	☐	☑	☑	SB1
4	反转启动按钮	Bool	%I1.1	☐	☑	☑	SB2
5	停止按钮	Bool	%I1.2	☐	☑	☑	SB3
6	点动正转按钮	Bool	%I1.3	☐	☑	☑	SB4
7	点动反转按钮	Bool	%I1.4	☐	☑	☑	SB5
8	调速旋钮	Word	%IW66	☐	☑	☑	RP2
9	自动模式指示灯	Bool	%Q0.0	☐	☑	☑	HL0
10	手动模式指示灯	Bool	%Q0.1	☐	☑	☑	HL1
11	正转指示灯	Bool	%Q0.2	☐	☑	☑	HL2
12	反转指示灯	Bool	%Q0.3	☐	☑	☑	HL3
13	停止指示灯	Bool	%Q0.4	☐	☑	☑	HL4
14	急停指示灯	Bool	%Q0.7	☐	☑	☑	HL7
15	状态字	Word	%IW100	☐	☑	☑	
16	转速实际值	Word	%IW102	☐	☑	☑	
17	控制字	Word	%QW100	☐	☑	☑	
18	转速设定值	Word	%QW102	☐	☑	☑	

图11-122　为实践9添加变量表

（4）对S7-1200PLC进行编程。为方便阅读和调试程序，本任务采用模块化编程，程序块分为Main（主程序）OB1、手动模式子程序FC1、自动模式子程序FC2和急停子程序FC3。

展开项目树中PLC设备下的程序块，默认程序块中已存在一个空的OB1块，作为主程序。双击“添加新块”，弹出“添加新块”对话框，如图11-123所示。选择左侧FC图标，定义名称为“手动模式子程序”，编号默认为1，单击“确定”按钮，则成功添加手动模式子程序FC1块。使用同样的方法，添加自动模式子程序FC2块和急停子程序FC3块。

图11-123　添加新程序块

(5) 双击项目树中程序块“Main[OB1]”，打开 OB1 程序块，如图 11-124 所示。对 OB1 程序块编程，程序如图 11-125 所示。

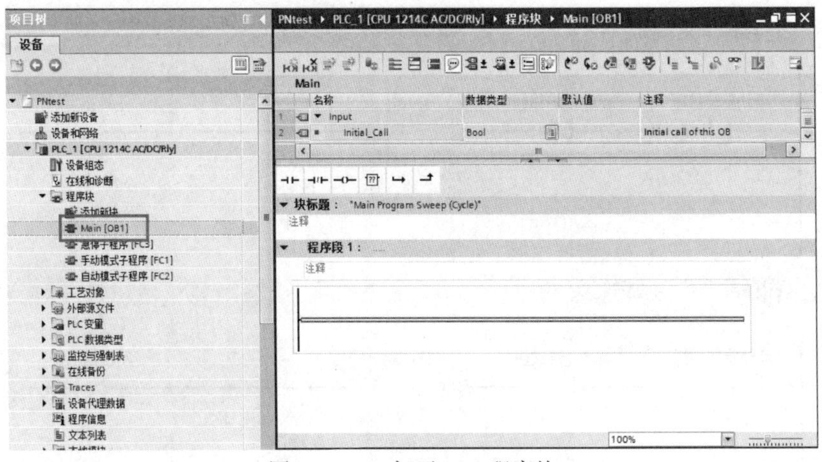

图 11-124　打开 OB1 程序块

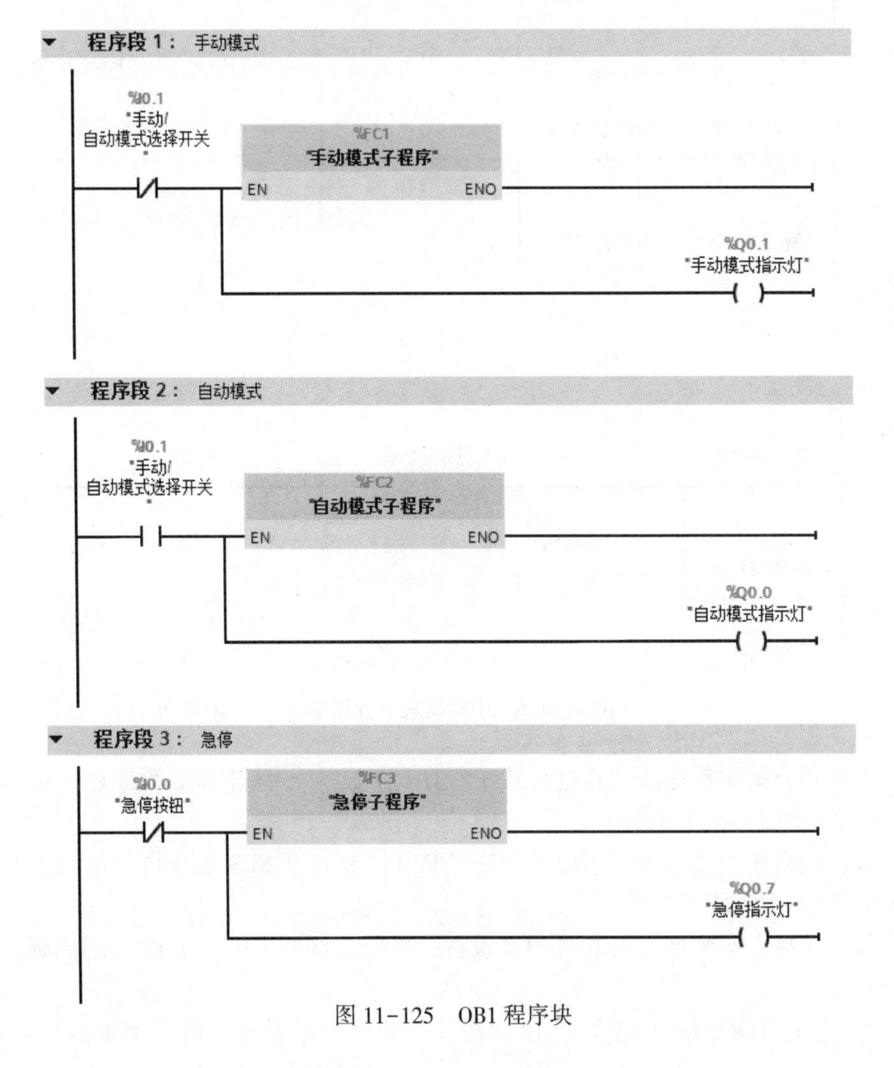

图 11-125　OB1 程序块

（6）双击项目树中程序块“手动模式子程序［FC1］”，打开 FC1 程序块，对 FC1 程序块编程，程序如图 11-126 所示。

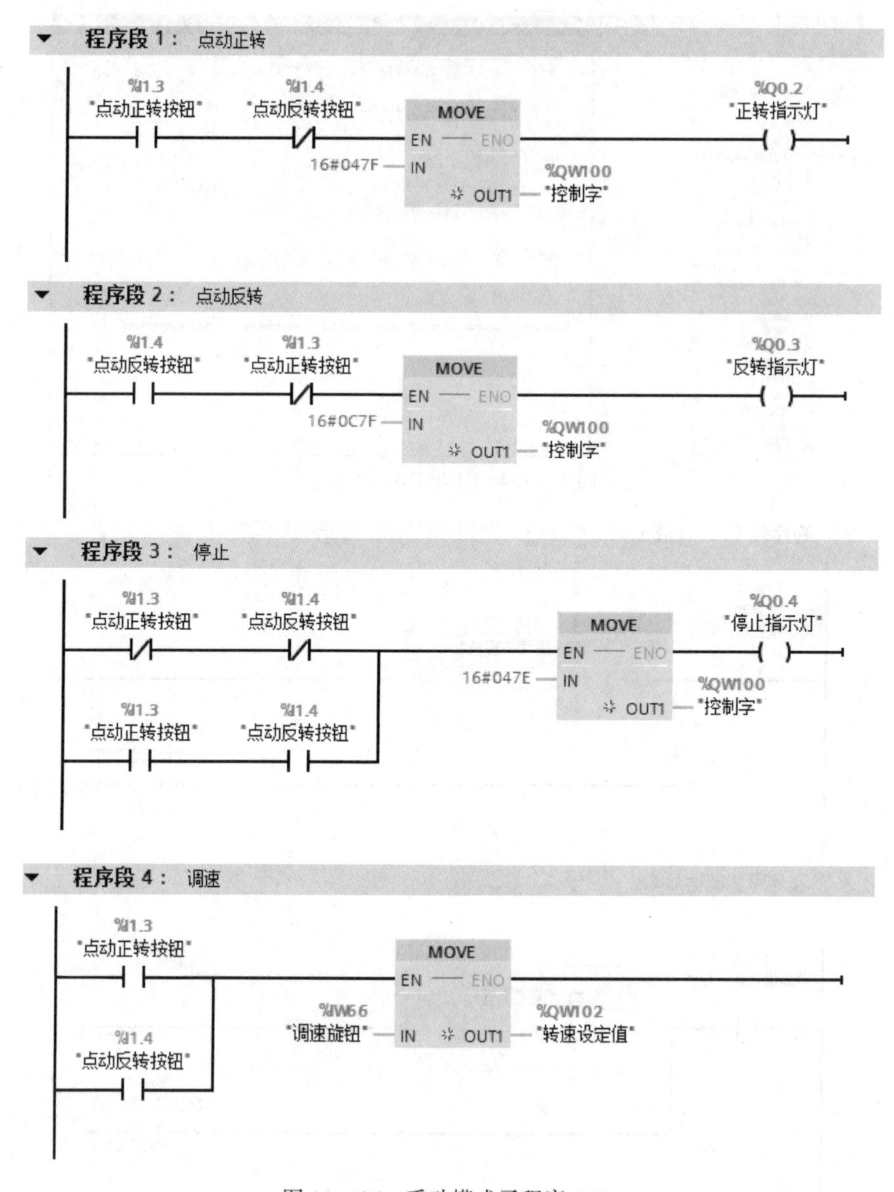

图 11-126　手动模式子程序 FC1

（7）双击项目树中程序块“自动模式子程序［FC2］”，打开 FC2 程序块，对 FC2 程序块编程，程序如图 11-127 所示。

（8）双击项目树中程序块“急停子程序［FC3］”，打开 FC3 程序块，对 FC3 程序块编程，程序如图 11-128 所示。

（9）保存项目。选中项目树下的 PLC 设备，单击工具条中的“下载”图标，将项目下载至 PLC 中。

（10）双击项目树中的“变量表_1”，在打开的“变量表_1”窗口中单击“监视”

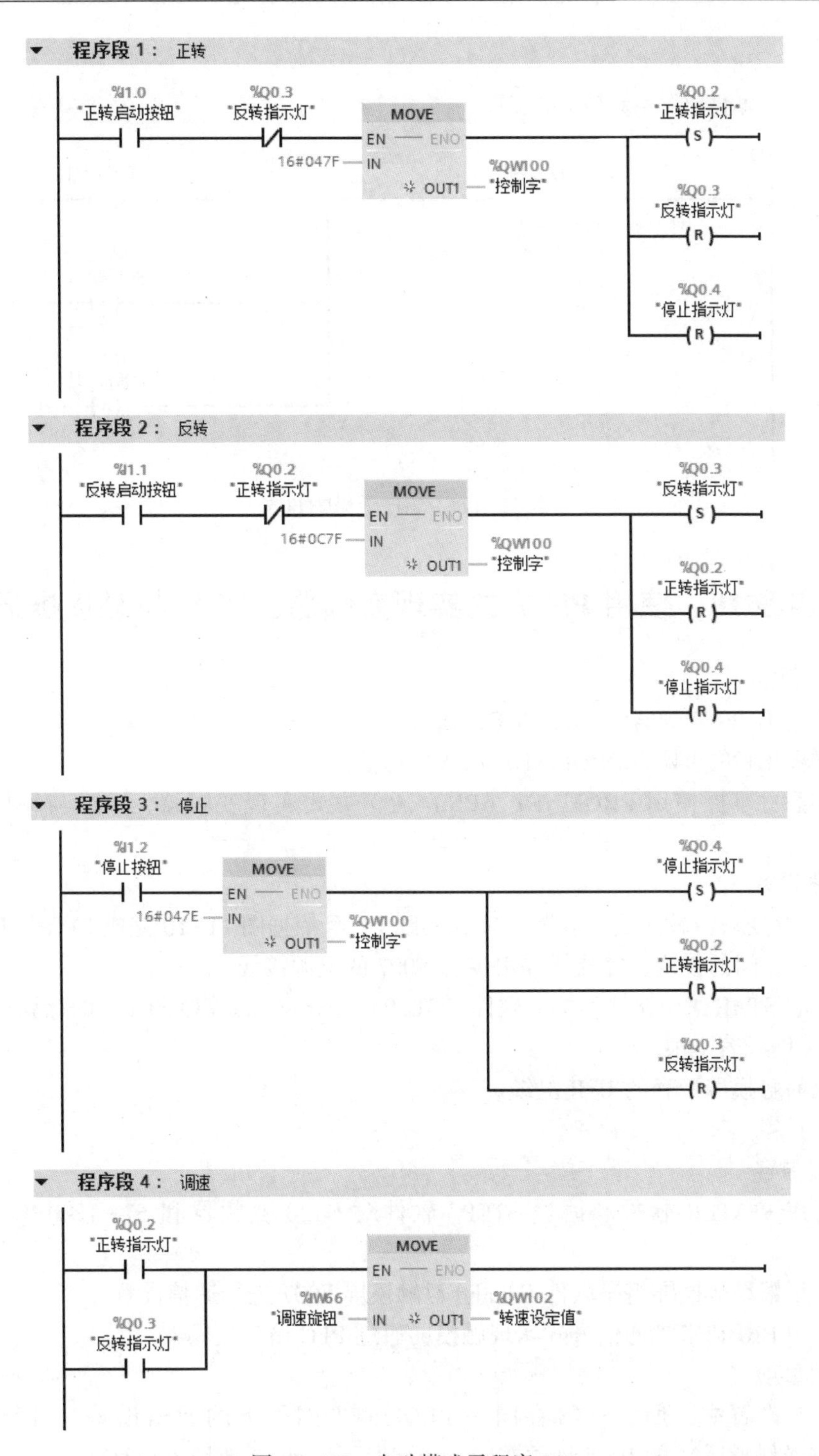

图 11-127　自动模式子程序 FC2

按钮，对 PLC 操作面板上使用到的按钮、开关和指示灯进行硬件测试。根据表 11-6 定义的功能，通过操作 PLC 操作面板上的按钮和开关，依次测试手动模式下的点动正反转、调速和停止功能，测试自动模式下的连续正反转、调速和停止功能，测试各指示灯功能和急停功能。

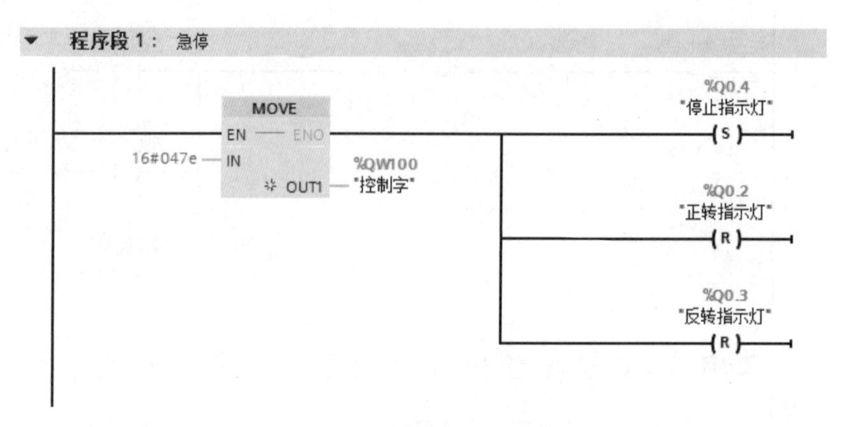

图 11-128 急停子程序 FC3

11.11 实践 10：使用 PN 方式实现变频器、PLC 与触摸屏通信

1. 实践目的

（1）熟悉 G120 变频器的 PROFINET（PN）通信方式。

（2）熟悉 G120 变频器 PROFINET（PN）通信设置。

（3）熟悉并掌握使用 PROFINET（PN）通信方式实现变频器、PLC 与触摸屏之间的通信。

2. 实践设备

（1）G120 变频器教学实践装置（完成实践 1，且依据图 11-10 完成 PLC 与 PLC 控制盒上的 I/O 设备之间的接线，完成繁易触摸屏 F007 的电源接线）。

（2）装有 STARTER 软件和博途软件（STEP7 Professional V13 SP1）的计算机。

（3）PN 网线若干根。

（4）繁易触摸屏配套的 USB 电缆。

（5）工具箱。

3. 实践内容

（1）应用 STATER 软件和博途 STEP7 软件对 G120 变频器和 S7-1200PLC 进行通信设置。

（2）应用繁易触摸屏组态软件 FStudio 对触摸屏 F007 进行通信设置。

（3）使用 PROFINET 通信方式实现触摸屏通过 PLC 访问变频器。

4. 注意事项

（1）通信设置中，所有连接在同一 PROFINET 网络下的通信设备（计算机、PLC、G120 变频器及触摸屏）的 IP 地址须在同一个网段下，且 IP 地址不重复。

（2）修改 G120 变频器的 PN 网络参数等操作，需要对变频器重新上电起动，数据才会生效。

（3）给设备下载时，断开该设备与其他设备的连接，只保留计算机与该设备的连接，下载成功后，再恢复各设备之间的连接。

5. 实践步骤

应用 PROFINET 通信方式实现变频器、PLC 与触摸屏之间的通信，可以实现触摸屏通过 PLC 访问变频器。

（1）一根 PN 网线连接计算机至 G120 变频器的 PN1 接口，另一根 PN 网线连接 CPU1214C 至 G120 变频器的 PN2 接口。所使用的计算机网卡的 IP 地址设置为 192. 168. 0. 100。

（2）使用 IOP 智能操作面板检查 G120 变频器的 PN 通信接口参数（设备名称“g120-cu240e-2pn”，IP 地址“192. 168. 0. 2”，子网掩码“255. 255. 255. 0”），参数 p15=7（通过现场总线方式），参数 p922=1（标准报文 1 进行 PN 通信）。如果 G120 变频器参数有变化，则可以使用 STARTER 软件，打开实践 7 所做“TEST1”项目，下载至 G120 变频器，然后重新起动变频器，使设置的通信参数生效。如果参数没有变化，则不需要下载“TEST1”项目。

（3）应用博途软件打开实践 9 所做“PNtest”项目，下载至 PLC，实现实践 9 的功能，即通过 PN 网络实现 PLC 所连接的控制面板上的按钮和开关对 G120 变频器和电动机的控制。

（4）为实现繁易触摸屏与 S7-1200 PLC 之间的通信，需要对 S7-1200 PLC 的“保护”属性进行设置。在打开的“PNtest”项目中，进入 PLC 的“设备视图”，对 CPU 的“保护”属性进行设置：存取等级选择“完全访问权限（无任何保护）”，如图 11-129 所示；在连接机制中勾选“允许从远程伙伴（PLC、HMI、OPC……）使用 PUT/GET 通信访问”，如图 11-130 所示。保存项目，并重新下载至 PLC。

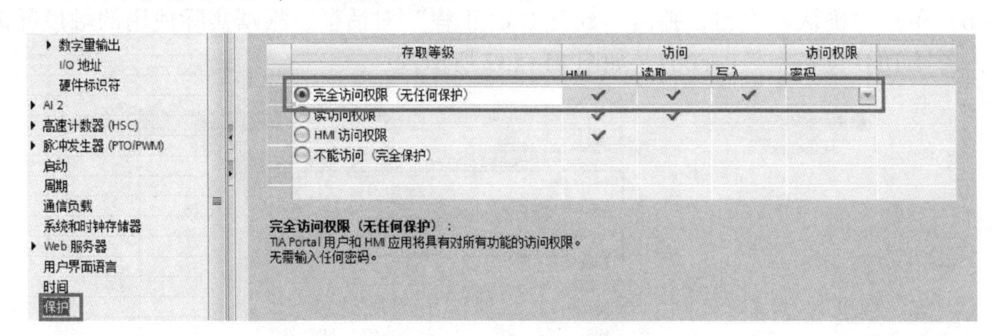

图 11-129　完全访问权限

图 11-130　允许远程伙伴通信访问

（5）打开繁易触摸屏 F007 的组态软件 FStudio（版本 V2.0，可从“上海繁易信息科技股份有限公司”官网上免费下载使用），单击“文件”菜单下的“新建工程”选项，弹出

“新建工程”对话框，选择保存路径，输入工程名称，例如“F007pn”，如图 11-131 所示。

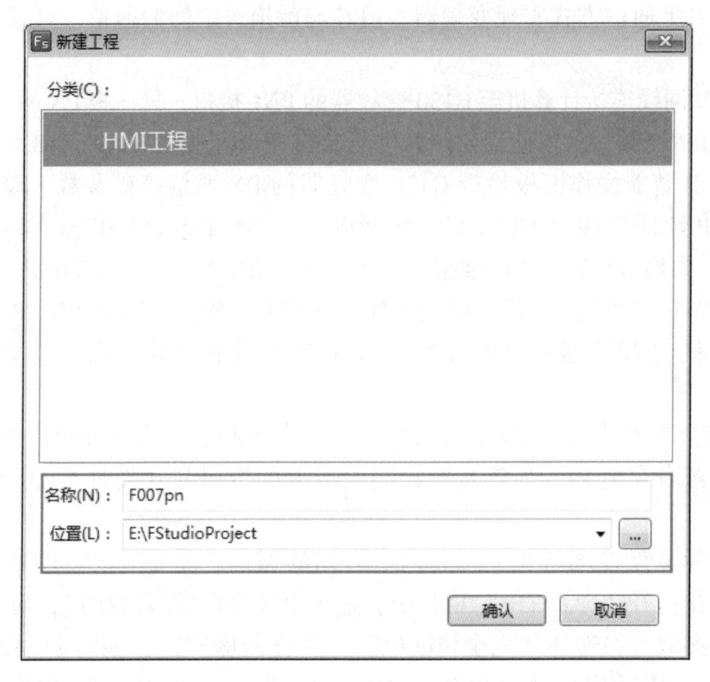

图 11-131　新建 HMI 工程

（6）单击“确认”按钮，弹出“建立 HMI 工程”对话框，根据实际使用的触摸屏设备型号，选择 HMI 设备型号：F007，如图 11-132 所示。

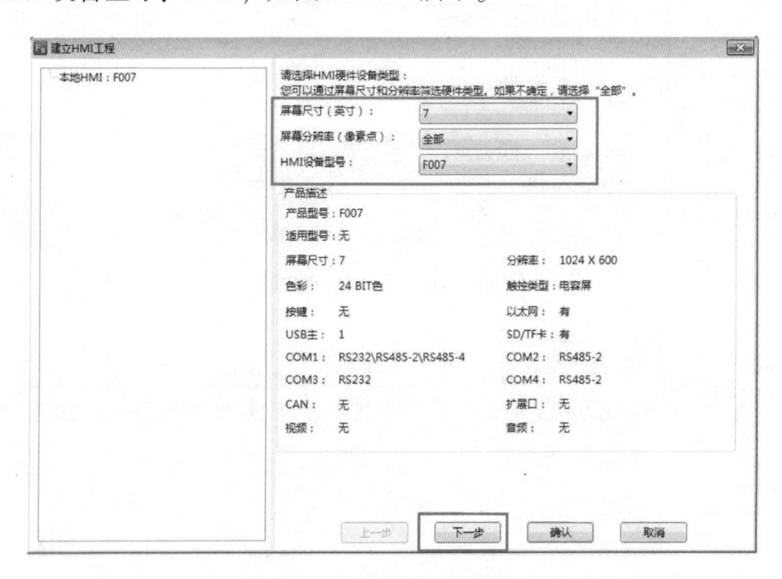

图 11-132　选择 HMI 型号

（7）单击“下一步”按钮，设置 HMI 属性。这里选择“静态分配 IP 地址”，设置触摸屏的 IP 地址为 192.168.0.200，子网掩码为 255.255.255.0，网关为 192.168.0.1，如图 11-133 所示。

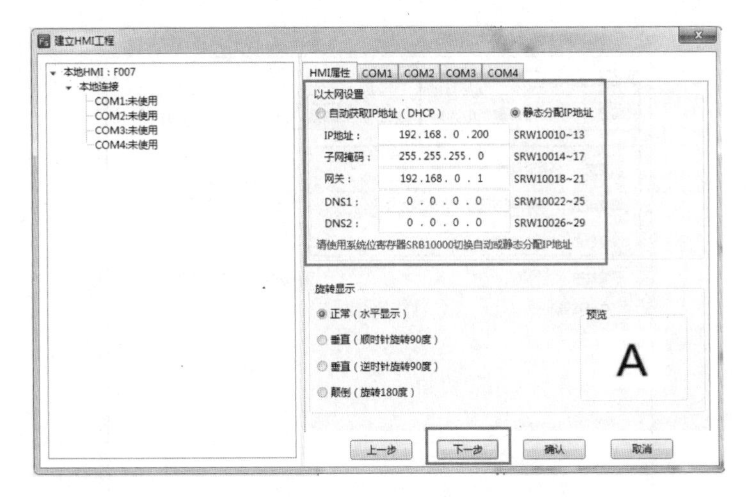

图 11-133　HMI 属性设置

（8）单击“下一步”按钮，在接下来的窗口界面中选择“网络 PLC（或远程 HMI 提供的服务）”标签，如图 11-134 所示。

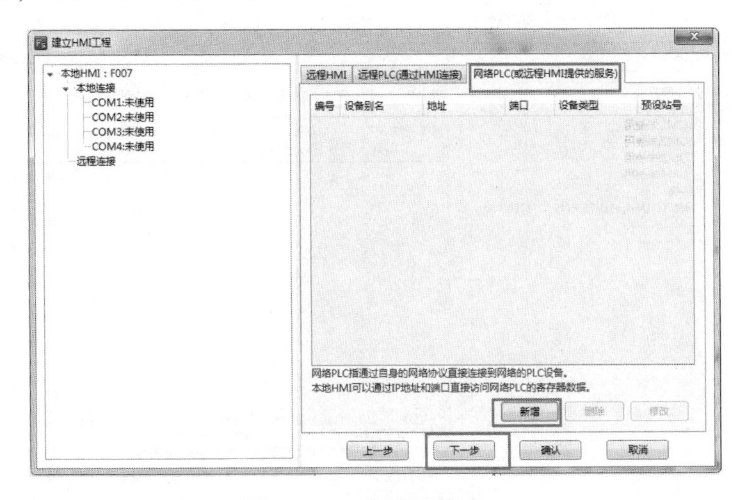

图 11-134　新增网络 PLC

（9）单击“新增”按钮，弹出“网络 PLC（或远程 HMI 提供的服务）”对话框，设置触摸屏所实际连接的 PN 网络 PLC 的 IP 地址为 192.168.0.1，端口号为 4097，选择 PLC 的制造商为“SIMENSE-西门子”，选择 PLC 设备类型为“SIMENSE S7-1200_Network”，如图 11-135所示。单击“确定”按钮，完成网络 PLC 的添加，如图 11-136 所示。

（10）单击“下一步”按钮，再单击“确认”按钮，等待工程初始化完毕，完成新建工程。

（11）通过“绘图”菜单下的“椭圆”选项，在 FStudio 软件作图窗口绘制一个“椭圆”图形，双击该“椭圆”图形，弹出该对象的属性窗口，在“一般属性”选项卡中勾选“填充”选项，设置背景色为灰色，如图 11-137 所示。在添加的“椭圆”对象的属性窗口中，单击“指示灯”标签，在该选项卡中勾选“用作位指示灯”选项，如图 11-138所示。在“控制地址”位置单击▦图标，弹出“标准位地址输入”对话框，选

图 11-135 设置网络 PLC 属性

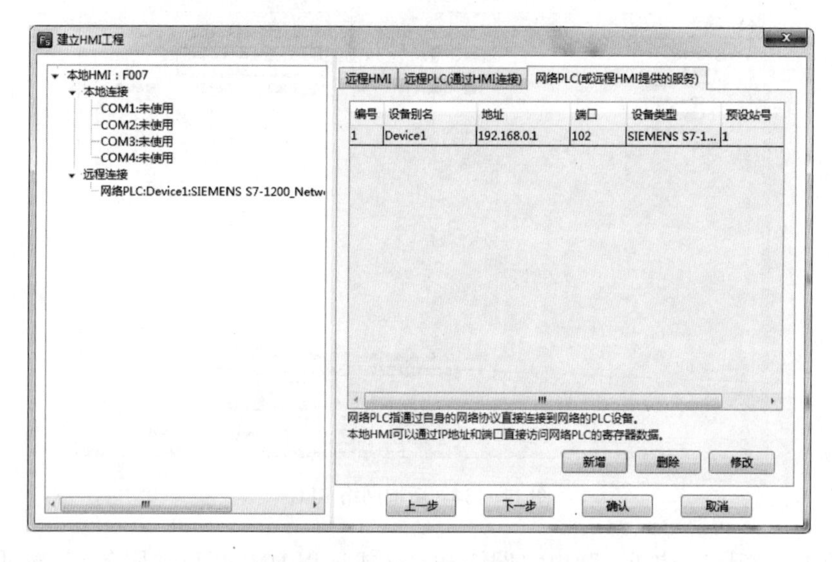

图 11-136 完成添加网络 PLC

择设备为已连接的网络 PLC，设置地址为 Q0.4（停止指示灯），如图 11-139 所示，单击“确定”按钮进行确认。在“当地址变为 ON 时：”的位置勾选“填充”选项，并设置填充的背景色为绿色，填充方式为纯色，如图 11-140 所示。单击“确定”按钮进行确认，完成对“椭圆”图形的组态，实现当停止指示灯亮时，该图形显示绿色，当停止指示灯灭时，该图形显示灰色。

（12）给 F007 触摸屏接通电源，准备下载 HMI 工程至触摸屏。如果是第一次下载，使用配套的 USB 电缆线，连接计算机至触摸屏 F007 的 USB 接口上（繁易触摸屏出厂时 IP 地址为空）；如果不是第一次下载，触摸屏已存在 IP 地址，可以使用 PN 网络连接计算机和触摸屏。

FStudio - E:\FStudioProject\F007pn\F007pn.fsprj
文件(F) 视图 编辑 窗口 绘图 元件 库 宏指令 配方 设置 工具 帮助
椭圆
一般属性 动态图形 指示灯 显示设置
椭圆 正圆
边框
线条颜色
线条宽度
线型选择
位置
固定点坐标： X： 88 Y： 165
锁定 宽： 38 高： 35
旋转
固定点
旋转角度（顺时针）： 0 不旋转
填充
背景色 填充方式 纯色

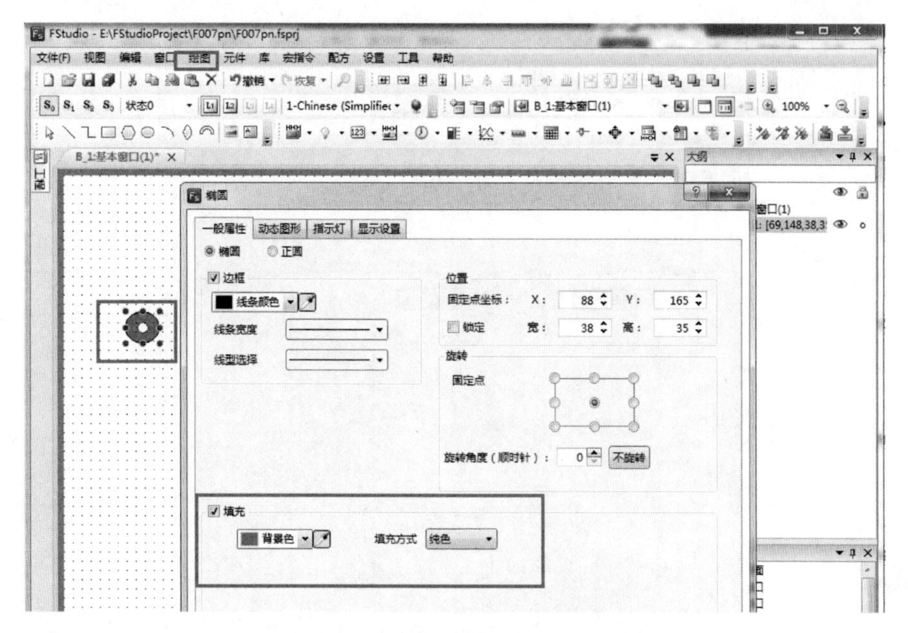

图 11-137　绘制圆图形并设置一般属性

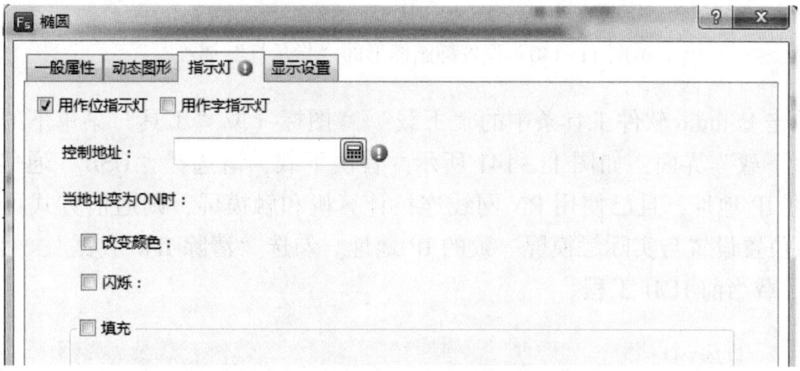

椭圆
一般属性 动态图形 指示灯 显示设置
用作位指示灯 用作字指示灯
控制地址：
当地址变为ON时：
改变颜色：
闪烁：
填充

图 11-138　“指示灯”属性

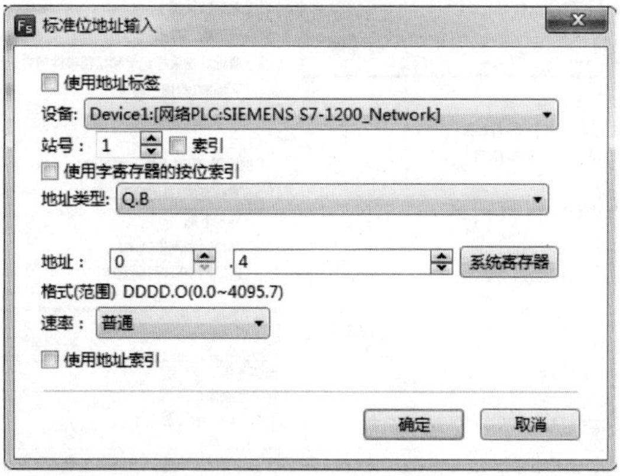

标准位地址输入
使用地址标签
设备: Device1:[网络PLC:SIEMENS S7-1200_Network]
站号： 1 索引
使用字寄存器的按位索引
地址类型: Q.B
地址： 0 .4 系统寄存器
格式(范围) DDDD.O(0.0~4095.7)
速率： 普通
使用地址索引
确定 取消

图 11-139　设置位地址

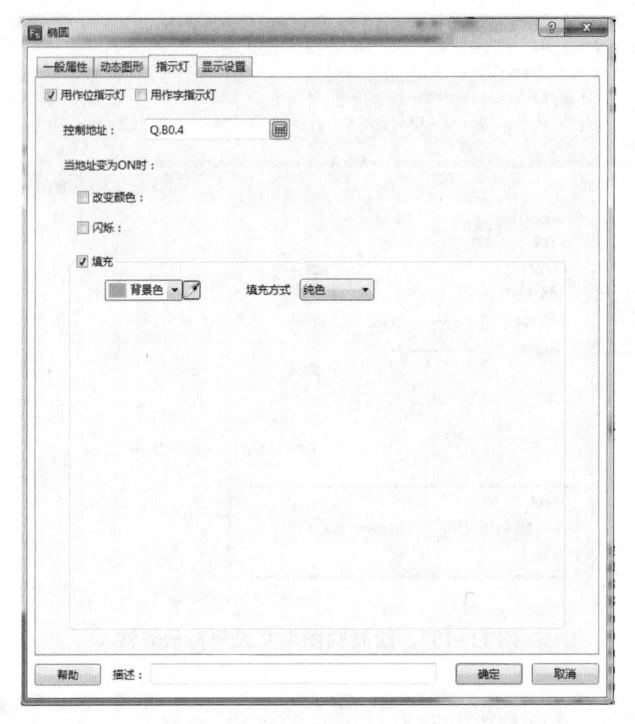

图 11-140　设置椭圆图形的“指示灯”属性

（13）单击 FStudio 软件工具条中的“下载”图标（或“工具”菜单下的“下载”选项），弹出“下载”界面，如图 11-141 所示。首次下载，请选择“USB”通信方式；如果触摸屏已存在 IP 地址，且已使用 PN 网线连接计算机和触摸屏，则通信方式可选择“以太网”，并在该位置设置与实际触摸屏一致的 IP 地址。勾选“清除 RW 数据”，然后单击“下载”按钮，下载当前 HMI 工程。

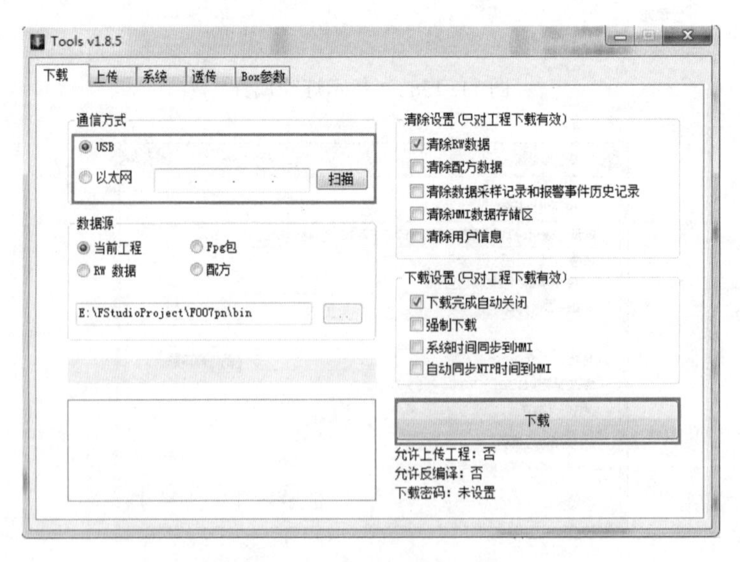

图 11-141　下载 HMI 工程

（14）下载完成后，将弹出“下载成功”信息框，单击“确定”按钮进行确认。

（15）将计算机与 G120 变频器所连接的 PN 网线从电脑网卡接口拔出，连接至触摸屏。即触摸屏连接 G120 变频器的 PN1 接口，而另一根 PN 网线仍然连接 CPU1214C 至 G120 变频器的 PN2 接口。

（16）在完成上述步骤后，如果触摸屏弹出提示窗口，显示通信接口通信超时，如图 11-142 所示，可能原因是变频器、PLC 和触摸屏设备的通信参数不正确或硬件连接不通畅，检查各设备通信参数，尤其是 IP 地址，以及网线连接。检查无误后，将触摸屏 F007 设备重新上电。如果通信设置无误，则当电动机停止时，触摸屏上的椭圆图形显示绿色，当电动机运行时，触摸屏上的椭圆图形显示灰色。

图 11-142　触摸屏通信不成功的信息提示

11.12　实践 11：触摸屏和 PLC 对变频器的就地/远程控制

1. 实践目的

（1）熟悉并掌握使用 PROFINET（PN）通信方式实现变频器、PLC 与触摸屏之间的通信。

（2）熟练掌握通过 PLC 操作面板及触摸屏实现对变频器的控制。

2. 实践设备

（1）G120 变频器教学实践装置（完成实践 1，且依据图 11-10 完成 PLC 与 PLC 控制盒上的 I/O 设备之间的接线，完成繁易触摸屏 F007 的电源接线）。

（2）装有 STARTER 软件和博途软件（STEP7 Professional V13 SP1）的计算机。

（3）PN 网线若干根。

（4）工具箱。

3. 实践内容

（1）对 S7-1200 PLC 进行基础编程。在实践 10 任务的基础上，实现以下功能：通过 PLC/HMI 选择开关选择 PLC 就地控制模式或 HMI 远程控制模式，两种模式都有对应的指示灯进行指示；在 HMI 远程控制模式下，通过触摸屏的正转按钮、反转按钮和停止按钮实现自动模式下电动机的正反转和停止控制，通过触摸屏上的调速控件调解电动机转速。

（2）应用 PN 网络实现 PLC、HMI、触摸屏之间的网络通信。

（3）组态触摸屏，通过触摸屏控制 G120 变频器，从而实现电动机的起停、正反转及速度监控等控制，通过触摸屏监视就地/远程模式、手动/自动模式、正转/反转状态及电动机转速设定值等数据。

4. 注意事项

（1）确保远程 HMI（触摸屏）的 IP 设置地址与变频器、PLC 和计算机在同一网段下。

（2）如果变频器和触摸屏为出厂设置，在对变频器和触摸屏执行首次下载操作时，要使用 USB 通信方式进行下载。

（3）给设备下载时，断开该设备与其他设备的连接，只保留计算机与该设备的连接，下载成功后，再恢复各设备之间的连接。

5. 实践步骤

（1）一根 PN 网线连接计算机至 G120 变频器的 PN1 接口，另一根 PN 网线连接 CPU1214C 至 G120 变频器的 PN2 接口。所使用的计算机网卡的 IP 地址设置为 192. 168. 0. 100。

（2）使用 IOP 智能操作面板检查 G120 变频器的 PN 通信接口参数（设备名称“g120-cu240e-2pn”，IP 地址“192. 168. 0. 2”，子网掩码“255. 255. 255. 0”），参数 p15=7（通过现场总线方式），参数 p922=1（标准报文 1 进行 PN 通信）。如果 G120 变频器参数有变化，则可以使用 STARTER 软件，打开实践 7 所做“TEST1”项目，下载至 G120 变频器，然后重新起动变频器，使设置的通信参数生效。如果参数没有变化，则不需要下载“TEST1”项目。

（3）应用博途软件打开实践 10 所做的“PNtest”项目，下载至 PLC。应用繁易公司的 FStudio 软件打开实践 10 所做的“F007pn”项目，下载至触摸屏。实现实践 10 的功能，即通过 PN 网络实现 PLC 所连接的控制面板上的按钮和开关对 G120 变频器和电动机的控制，触摸屏能与 G120 变频器通信。

（4）对表 11-6 的 I/O 地址分配表再增加 PLC 就地/HMI 远程模式 SA2、PLC 就地模式指示灯 HL5 及 HMI 远程模式指示灯 HL6，见表 11-7。

表 11-7　PLC 的 I/O 地址分配表（实践 11）

序号	PLC 信号类型	文字符号	地　址	设备名称
1	DI	SB0	I0. 0	急停按钮
2	DI	SA1	I0. 1	手动/自动模式选择开关
3	DI	SB1	I1. 0	正转起动按钮
4	DI	SB2	I1. 1	反转起动按钮
5	DI	SB3	I1. 2	停止按钮
6	DI	SB4	I1. 3	点动正转按钮
7	DI	SS5	I1. 4	点动反转按钮
8	AI	RP2	IW66	调速旋钮
9	DO	HL0	Q0. 0	自动模式指示灯
10	DO	HL1	Q0. 1	手动模式指示灯
11	DO	HL2	Q0. 2	正转指示灯
12	DO	HL3	Q0. 3	反转指示灯

（续）

序号	PLC 信号类型	文 字 符 号	地　　址	设 备 名 称
13	DO	HL4	Q0. 4	停止指示灯
14	DO	HL7	Q0. 7	急停指示灯
15	DI	SA2	I0. 2	PLC 就地/HMI 远程模式选择开关
16	DO	HL5	Q0. 5	PLC 就地模式指示灯
17	DO	HL6	Q0. 6	HMI 远程模式指示灯

（5）对博途软件打开实践 10 所做的“PNtest”项目，打开变量表，添加 3 个 I/O 变量和 5 个上位控制变量，如图 11-143 所示。

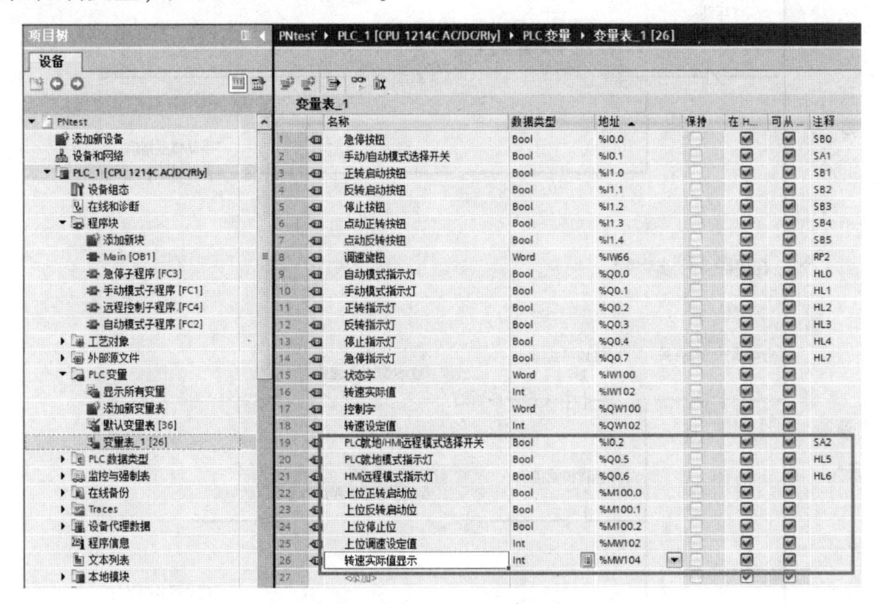

图 11-143　添加变量

（6）在任务 10 的基础上，添加一个远程控制子程序 FC4。修改完善主程序 OB1，如图 11-144 所示，远程控制子程序 FC4 如图 11-145 所示，手动模式子程序 FC1、自动模式子程序 FC2 和急停子程序 FC3 不做修改。

（7）保存“PNtest”项目，并将该项目下载至 PLC。

（8）对于通过 FStudio 软件打开的“F007pn”工程，通过“绘图”菜单添加“静态文本”和“椭圆”，参考实践 10 连接变量，实现 PLC 就地模式指示、HMI 远程模式指示、手动模式指示、自动模式指示、正转指示、反转指示、停止指示及急停指示；通过“元件”菜单添加“开关”/“位设定”、“数值与字符显示”/“数值显示”和“滑动块”，组态画面如图 11-146 所示，所使用到的 PLC 变量地址见表 11-8。其中，对“正转”开关的属性设置如图 11-147 所示，同理可实现“反转”开关和“停止”开关的属性设置，从而实现上位正转、上位反转和上位停止的功能。对实现速度设定功能的滑动块的属性设置如图 11-148 所示。对实现实际速度显示的“数值显示”元件的属性设置如图 11-149 所示，同理可实现速度设定值的“数值显示”元件的属性设置。

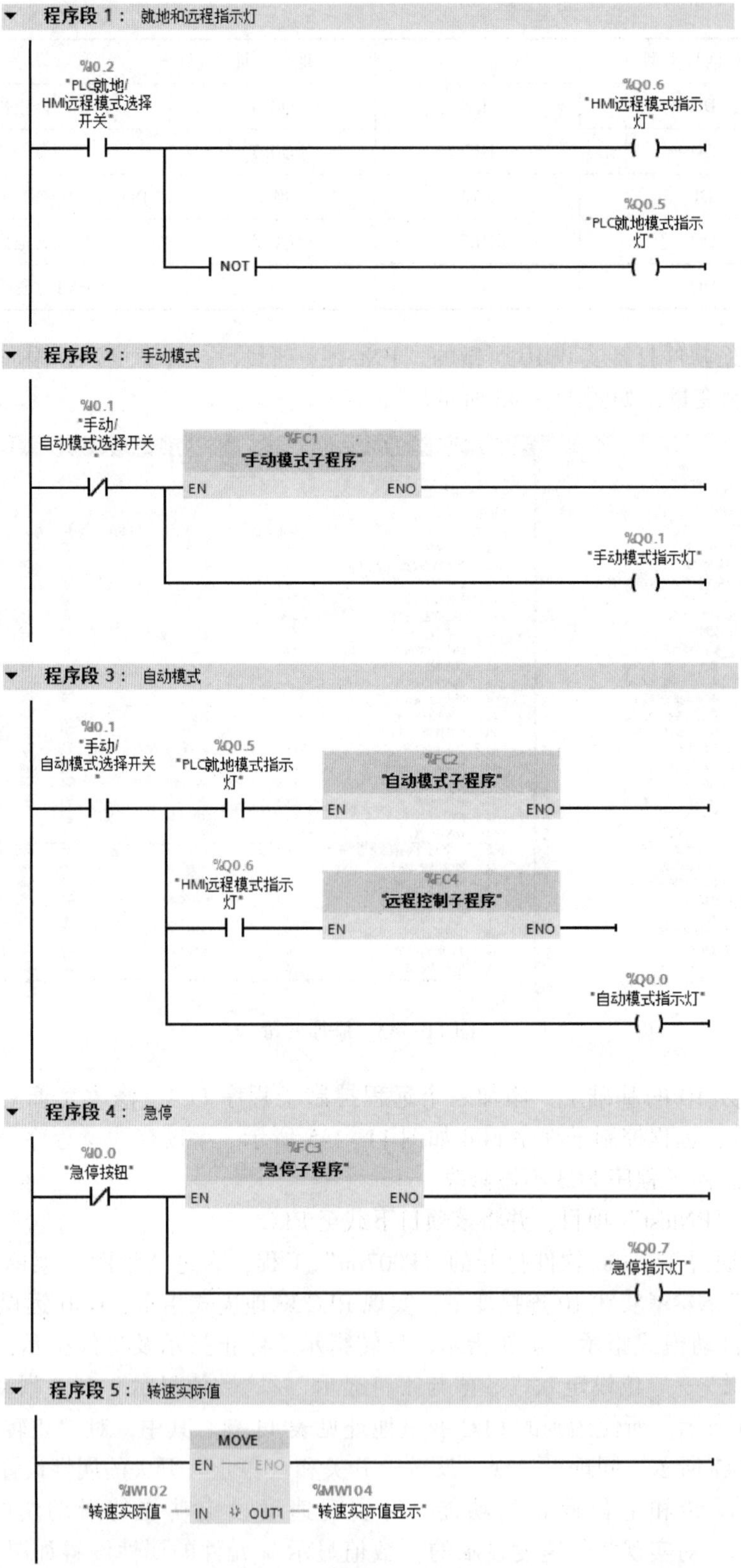

▼ 程序段 1： 就地和远程指示灯

%I0.2
"PLC就地/HMI远程模式选择开关"

%Q0.6
"HMI远程模式指示灯"

%Q0.5
"PLC就地模式指示灯"

NOT

▼ 程序段 2： 手动模式

%I0.1
"手动/自动模式选择开关"

%FC1
"手动模式子程序"
EN ENO

%Q0.1
"手动模式指示灯"

▼ 程序段 3： 自动模式

%I0.1
"手动/自动模式选择开关"

%Q0.5
"PLC就地模式指示灯"

%FC2
"自动模式子程序"
EN ENO

%Q0.6
"HMI远程模式指示灯"

%FC4
"远程控制子程序"
EN ENO

%Q0.0
"自动模式指示灯"

▼ 程序段 4： 急停

%I0.0
"急停按钮"

%FC3
"急停子程序"
EN ENO

%Q0.7
"急停指示灯"

▼ 程序段 5： 转速实际值

MOVE
EN ENO
%IW102
"转速实际值" IN OUT1 %MW104 "转速实际值显示"

图 11-144　主程序 OB1

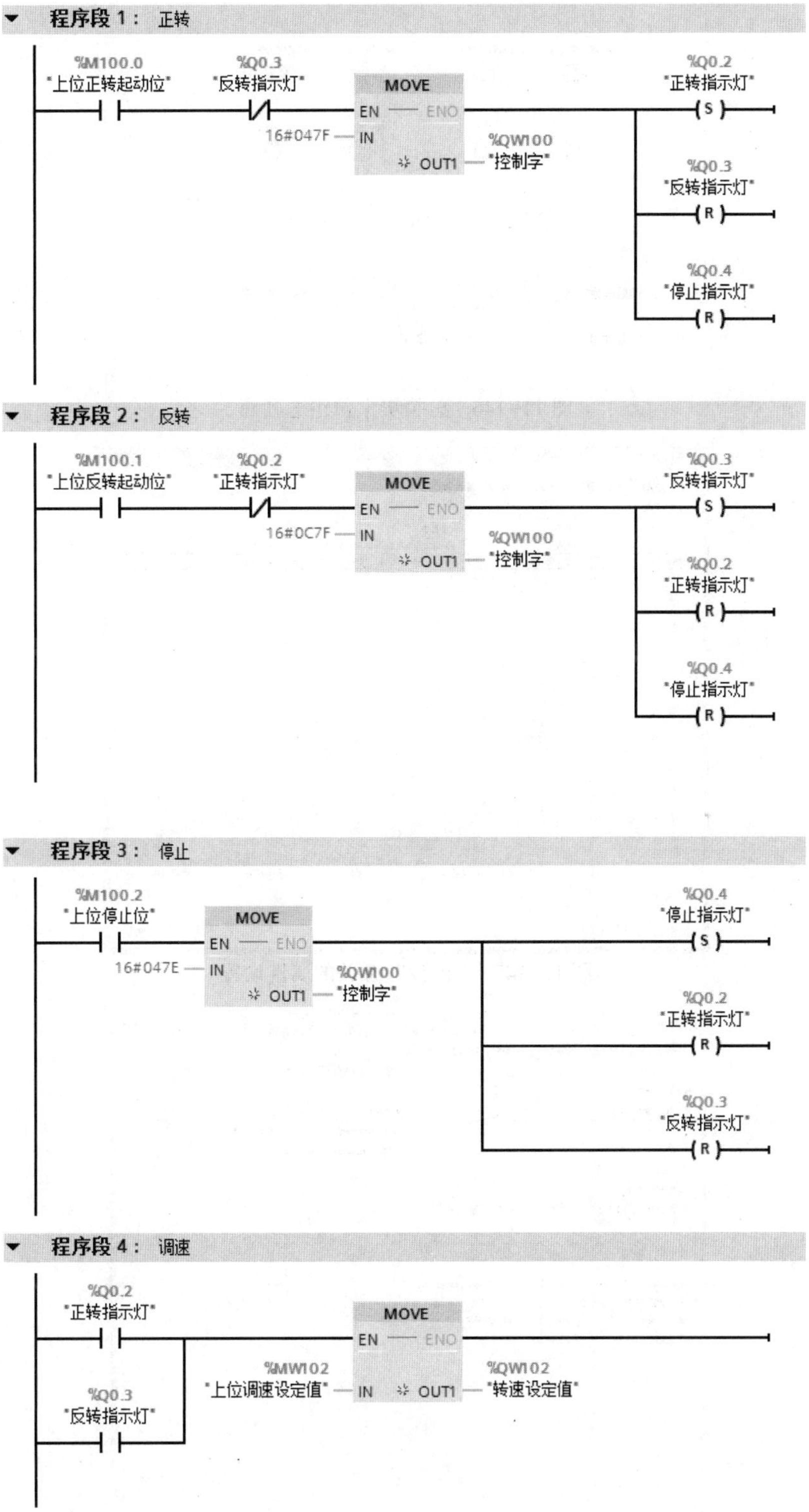

▼ 程序段 1： 正转

%M100.0 "上位正转起动位"
%Q0.3 "反转指示灯"
MOVE
EN ENO
16#047F IN
OUT1 %QW100 "控制字"
%Q0.2 "正转指示灯" (S)
%Q0.3 "反转指示灯" (R)
%Q0.4 "停止指示灯" (R)

▼ 程序段 2： 反转

%M100.1 "上位反转起动位"
%Q0.2 "正转指示灯"
MOVE
EN ENO
16#0C7F IN
OUT1 %QW100 "控制字"
%Q0.3 "反转指示灯" (S)
%Q0.2 "正转指示灯" (R)
%Q0.4 "停止指示灯" (R)

▼ 程序段 3： 停止

%M100.2 "上位停止位"
MOVE
EN ENO
16#047E IN
OUT1 %QW100 "控制字"
%Q0.4 "停止指示灯" (S)
%Q0.2 "正转指示灯" (R)
%Q0.3 "反转指示灯" (R)

▼ 程序段 4： 调速

%Q0.2 "正转指示灯"
%Q0.3 "反转指示灯"
MOVE
EN ENO
%MW102 "上位调速设定值" IN
OUT1 %QW102 "转速设定值"

图 11-145　远程控制子程序 FC4

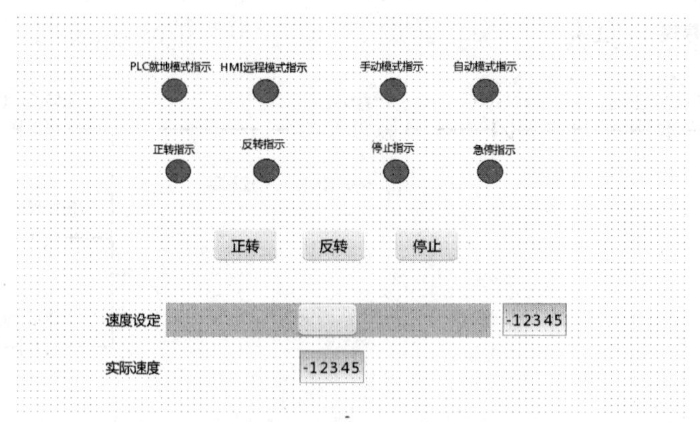

图 11-146　触摸屏上位组态画面

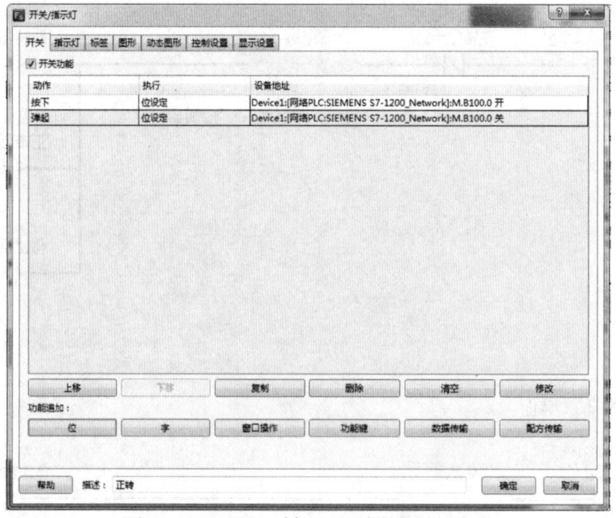

图 11-147　“正转”开关的属性设置

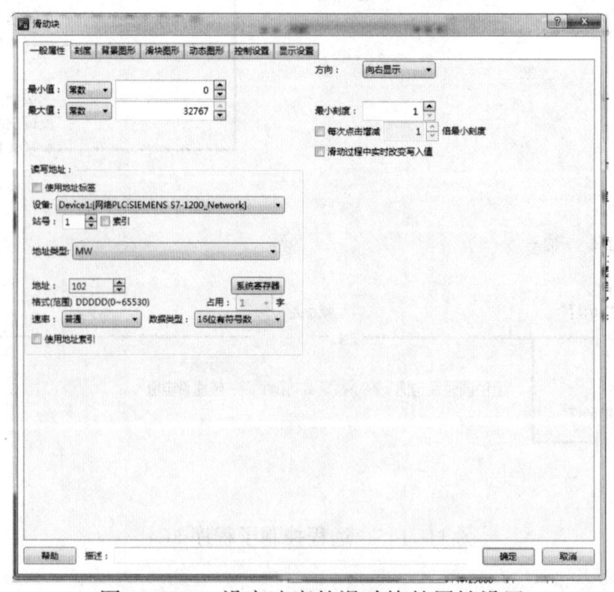

图 11-148　设定速度的滑动块的属性设置

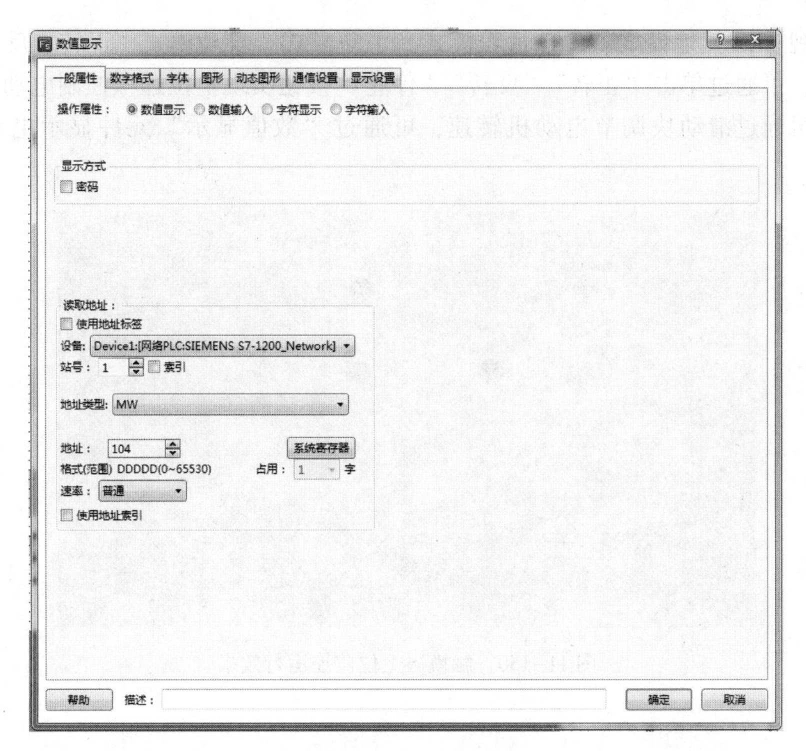

图 11-149　显示实际速度的“数值显示”元件的属性设置

表 11-8　HMI 变量

变 量 名 称	PLC 地址	功　　能
自动模式指示灯	Q0. 0	自动模式指示
手动模式指示灯	Q0. 1	手动模式指示
正转指示灯	Q0. 2	正转指示
反转指示灯	Q0. 3	反转指示
停止指示灯	Q0. 4	停止指示
PLC 就地模式指示灯	Q0. 5	PLC 就地模式指示
HMI 远程模式指示灯	Q0. 6	HMI 远程模式指示
急停指示灯	Q0. 7	急停指示
上位正转起动位	M100. 0	远程起动电动机正转
上位反转起动位	M100. 1	远程起动电动机反转
上位停止位	M100. 2	远程停止电动机转动
上位调速设定值	MW102	转速设定值
转速实际值显示	MW104	转速实际值显示

(9) 保存“F007pn”工程，并将该工程下载到触摸屏中。

(10) PLC、触摸屏和变频器使用 PN 网络连接后，触摸屏运行效果如图 11-150 所示。

该画面可监视 PLC 就地模式、HMI 远程模式、手动模式、自动模式、正转、反转、停止及急停等状态，可通过单击“正转”“反转”“停止”按钮实现上位远程控制电动机正转、反转或停止，可通过滑动块调节电动机转速，可通过“数值显示”元件显示电动机的实际转速。

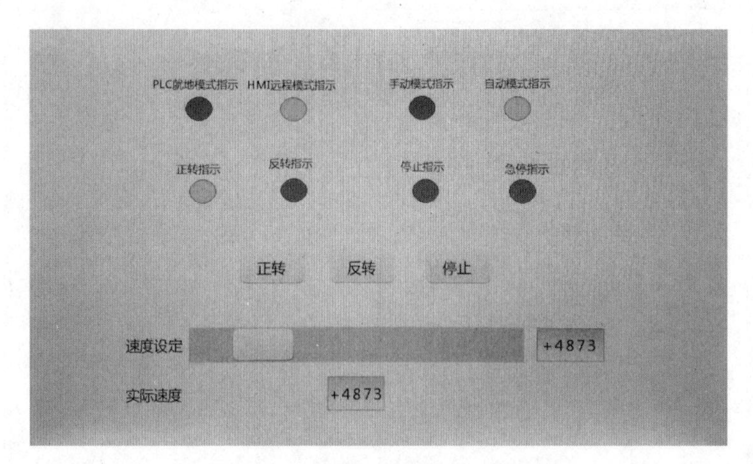

图 11-150　触摸屏上位监控运行效果

参 考 文 献

[1] 肖海乐，顾月刚．变频器应用现状及发展趋势［J］．电子技术与软件工程，2018(20)：217.

[2] 刘玉丛．变频器应用现状与发展趋势［J］．电子技术与软件工程，2018(17)：219.

[3] 时启东．变频器的原理及在家电中的应用［J］．变频器世界，2008(3)：78-80.

[4] 李志平，刘维林．西门子变频器技术及应用［M］．北京：中国电力出版社，2016.

[5] SIEMENS AG. SINAMICS G120 低压变频器配备控制单元 CU240B-2 和 CU240E-2 的内置模块操作说明（FW V4.7）［Z］．Siemens AG Division Digital Factory，2014.

[6] SIEMENS AG. SINAMICS G120 低压变频器配备控制单元 CU240B-2 和 CU240E-2 的内置模块操作说明（FW V4.7 SP10）［Z］．Siemens AG Division Digital Factory，2018.

[7] 张忠权．SINAMICS G120 变频控制系统实用手册［M］．北京：机械工业出版社，2016.

[8] SIEMENS AG. SINAMICS 智能型操作面板（IOP）操作说明（FW V1.5.1）［Z］．Siemens AG Division Digital Factory，2015.

[9] SIEMENS AG. SINAMICS 基本操作面板 2（BOP-2）操作说明［Z］．Siemens AG Industry Sector，2010.

[10] SIEMENS AG. SINAMICS G120D 变频器配备控制单元 CU240D-2 操作说明（FW V4.9 SP10）［Z］．Siemens AG Division Digital Factory，2018.

[11] SIEMENS AG. SINAMICS G120C 低压变频器操作说明（FW V4.7 SP10）［Z］．Siemens AG Division Digital Factory，2018.

参考文献

[1] [illegible] 2019(20): 31 [illegible]
[2] [illegible] 2018 [illegible] 29 [illegible]
[3] [illegible] 机械工业出版社, 2016: 78-80.
[4] [illegible] 2016.
[5] [illegible] SINAMICS S120 [illegible] Siemens AG Division Digital Factory, 2014.
[6] [illegible] SINAMICS S120 [illegible] Siemens AG Division Digital Factory, 2014.
[7] [illegible] 2016.
[8] [illegible] Siemens AG Division Digital Factory, 2018.
[9] SIEMENS AG. SINAMICS [illegible] Siemens AG Industry Sector, 2010.
[10] [illegible] SINAMICS [illegible] Siemens AG Division Digital Factory, 2018.
[11] [illegible] SINAMICS [illegible] Siemens AG Division Digital Factory, 2018.